U0793005

中等职业教育机电类专业“十一五”规划教材

# 机　械　制　图
## （任务驱动模式）


中国机械工业教育协会
全国职业培训教学工作指导委员会　组编
机电专业委员会
叶曙光　主编



机 械 工 业 出 版 社

本教材是为适应中等职业学校“工学结合、校企合作”的培养模式，满足以提高学生的综合能力为教学目标的教育教学改革需要，根据中国机械工业教育协会和全国职业培训教学工作指导委员会机电委员会组织制定的中等职业教育教学计划大纲编写的。本教材以任务驱动课程模式理念为指导，以职业活动为主线，通过任务加强技能训练。主要内容包括：制图基础知识与技能、投影基本知识、图样的基本表达方法、零件与零件图、装配图。

本套教材的公共课、专业基础课、专业课、技能课、企业生产实践成龙配套，教学计划大纲、教材、电子教案（或课件）齐全，大部分教材还有配套的习题及解答。

本教材可供中等职业技术学校、技工学校、职业高中使用。

**图书在版编目（CIP）数据**

机械制图（任务驱动模式）/叶曙光主编. —北京：机械工业出版社，2008.7（2025.7 重印）

（中等职业教育机电类专业“十一五”规划教材）

ISBN 978-7-111-24517-9

Ⅰ. 机…　Ⅱ. 叶…　Ⅲ. 机械制图-专业学校-教材　Ⅳ. TH126

中国版本图书馆 CIP 数据核字（2008）第 094723 号

机械工业出版社（北京市百万庄大街 22 号　邮政编码 100037）

策划编辑：荆宏智　王晓洁　责任编辑：王英杰　版式设计：霍永明

责任校对：陈延翔　封面设计：马精明　责任印制：单爱军

北京盛通数码印刷有限公司印刷

2025 年 7 月第 1 版第 7 次印刷

184mm×260mm · 20.5 印张 · 504 千字

标准书号：ISBN 978-7-111-24517-9

定价：39.80 元

电话服务　　网络服务

客服电话：010-88361066　机　工　官　网：www.cmpbook.com

010-88379833　机　工　官　博：weibo.com/cmp1952

010-68326294　金　书　网：www.golden-book.com

封底无防伪标均为盗版

机工教育服务网：www.cmpedu.com

# 中等职业教育机电类专业“十一五”规划教材
# 编审委员会


**主　任**　郝广发　季连海

**副主任**　刘亚琴　周学奎　何阳春　林爱平　李长江　李晓庆
徐　彤　刘大力　张跃英　董桂桥

**委　员**（按姓氏笔画排序）
于　平　王　军　王兆山　王泸均　王德意　方院生
付志达　许炳鑫　杜德胜　李　涛　杨柳青（常务）
杨耀双　何秉戌　谷希成　张　莉　张正明　周庆礼
孟广斌　赵杰士　郝晶卉　荆宏智（常务）　姜方辉
贾恒旦　奚　蒙　徐卫东　章振周　梁文侠　喻勋良
曾燕燕　蒙俊健　戴成增

**策划组**　荆宏智　徐　彤　何月秋　王英杰


## 《机械制图》（任务驱动模式）编审人员


**主　编**　叶曙光
**参　编**　白植真　苏志平
**主　审**　房　芳

# 序

为贯彻《国务院关于大力发展职业教育的决定》精神，落实文件中提出的中等职业学校实行“工学结合、校企合作”的新教学模式，满足中等职业学校、技工学校和职业高中技能型人才培养的要求，更好地适应企业的需要，为振兴装备制造业提供服务，中国机械工业教育协会和全国职业培训教学工作指导委员会机电专业委员会共同聘请有关行业专家制定了中等职业学校6个专业10个工种新的教学计划大纲，并据此组织编写了这6个专业的“十一五”规划教材。

这套新模式的教材共近70个品种。为体现行业领先的策略，编出特色，扩大本套教材的影响，方便教师和学生使用，并逐步形成品牌效应，我们在进行了充分调研后，才会同行业专家制定了这6个专业的教学计划，提出了教材的编写思路和要求。共有22个省（市、自治区）的近40所学校的专家参加了教学计划大纲的制定和教材的编写工作。

本套教材的编写贯彻了“以学生为根本，以就业为导向，以标准为尺度，以技能为核心”的理念，“实用、够用、好用”的原则。本套教材具有以下特色：

1. 教学计划大纲、教材、电子教案（或课件）齐全，大部分教材还有配套的习题集和习题解答。

2. 从公共基础课、专业基础课，到专业课、技能课全面规划，配套进行编写。

3. 按“工学结合、校企合作”的新教学模式重新制定了教学计划大纲，在专业技能课教材的编写时也进行了充分考虑，还编写了第三学年使用的《企业生产实习指导》。

4. 为满足不同地区、不同模式的教学需求，本套教材的部分科目采用了“任务驱动”形式和传统编写方式分别进行编写，以方便大家选择使用；考虑到不同学校对软件的不同要求，对于《模具CAD/CAM》课程，我们选用三种常用软件各编写了一本教材，以供大家选择使用。

5. 贯彻了“实用、够用、好用”的原则，突出“实用”，满足“够用”，一切为了“好用”。教材每单元中均有教学目标，本章小结、复习思考题或技能练习题，对内容不做过高的难度要求，关键是使学生学到干活的真本领。

本套教材的编写工作得到了许多学校领导的重视和大力支持以及各位老师的热烈响应，许多学校对教学计划大纲提出了很多建设性的意见和建议，并主动推荐教学骨干承担教材的编写任务，为编好教材提供了良好的技术保证，在此对各个学校的支持表示感谢。

由于时间仓促，编者水平有限，书中难免存在某些缺点或不足，敬请读者批评指正。

**中国机械工业教育协会**
**全国职业培训教学工作指导委员会**
**机电专业委员会**

# 前　言

本教材是为了适应当前中等职业学校以提高学生的综合能力为教学目标的教育教学改革需要，根据中等职业教育“十一五”规划教材的编写要求，以最新课程理论——任务驱动课程模式而组织编写的。教材的编写，打破了以往按章节编排的思路，重构了以任务驱动学习的课程模式为指导，以职业活动为主线，以项目任务为主题，以应用意识和能力培养为重点的完整知识体系和全新的课程组织形式，从而达到以项目任务来驱动理论学习，以理论来辅助实践，以实践来深化理论学习的教学目的，形成理论、实践一体化的交互式教学。

本教材分为五个单元共二十个课题。教材编写力求以职业能力为本位，以掌握必备的知识、技能为基础，突出实践教学环节，加强技能训练，使学习者在学习中体验成功，激发学习者的学习内驱力。为便于学生学习，本书的文字叙述着意通俗、详尽。每个课题内容分为学习指南、任务书、知识链接和巩固练习四部分，其中“知识链接”的内容以必须掌握的，系统性的“正文知识点”为主，同时辅以“小试身手”、“提示”、“想一想”、“试一试”等有利于知识横向拓展与纵向延伸的“插入知识点”，形成一个知识与技能、理论与实践有机结合的完整课程体系。

本教材适用于技工学校、中等职业技术学校机械类各专业的机械制图课教学，亦可作为职业岗位培训教材。教学中，可以根据专业特点和要求，对教材内容和顺序进行必要的调整和删减。

本教材由叶曙光任主编，并编写绪论和第四、五单元的八个课题；白植真编写第一、三单元的七个课题；苏志平编写第二单元的五个课题。本教材经过两轮教学实践后，在原来的基础上，由叶曙光负责改编，由房芳老师负责主审。

本套教材的编写工作得到了相关专家、领导和同仁的重视和支持，在此对提供帮助或提出宝贵意见的人员表示感谢。

由于编者水平所限，且任务驱动课程模式属于起步阶段，书中难免存在某些缺点或错误，敬请读者不吝指正。

**编　者**

# 目　　录

# 绪　论

## 一、课程性质及其研究对象

在工程技术中，为了准确地表达机械、仪器、建筑物等的形状、结构和大小，根据投影原理、标准或有关规定画出的，表示工程对象的图样，称为工程图样，简称图样。

通过图样可表达出设计者的设计思想和设计意图，传递技术信息。图样是工业生产中重要的技术文件，是生产活动的主要依据，是进行技术交流的重要工具，因此图样是工程技术人员必须掌握的“技术语言”。

本课程是一门理论性、实践性和应用性均较强的专业技术基础课，是中等职业学校机械类专业的必修课程。

本课程主要研究绘制和识读机械图样的基本原理和基本方法。其内容包括：国家标准的相关规定、制图的基本知识和基本技能、投影原理、机件的表达和机械图样的识读。

## 二、学习目的和任务

通过本课程的学习，培养空间想象和思维能力，初步掌握简单零件图和装配图的绘制方法和技能，了解零件测绘的一般方法，能识读中等复杂程度的零件图和装配图，为学习其他专业技术课和生产实践奠定必要的理论和实践基础。本课程的学习目的和任务是：

1）掌握投影的基本理论及其应用。

2）掌握识读和绘制机械图样的基本知识、基本方法和技能。

3）了解与制图相关的国家标准。

4）掌握徒手绘图的基本技能。

5）培养空间想象和形象思维能力。

6）培养严肃认真的学习态度和耐心细致的工作作风。

## 三、本课程的学习方法

本课程实践性较强，其主要内容必须通过画图、识图才能领会掌握，为此，学习中必须注意如下几个方面：

1）在学习绘图、识图的实践过程中，注意逐步熟悉国家标准《技术制图》、《机械制图》和有关技术标准，确立“严格遵守标准”的意识，贯彻执行国家标准和有关技术标准。

2）根据本教材的内容结构，学习活动将按照“项目教学法”展开。为了能顺利、有效地完成各课题的学习任务，学生必须有计划地在各课题教学前先行熟悉各学习项目的内容，有针对性地预习项目任务书之后的“知识链接”内容，做好课堂学习准备。学习过程中，认真听讲，及时复习，结合实际，独立完成各课题中规定的学习项目和与此相关的练习和作业。做到边学、边想、边分析，培养独立思考、分析的能力。

3）掌握正确的识图和绘图方法，做到“三多三基本”，即多看、多想、多画，理解掌握基本概念、基本理论和基本方法。画图是手段，识图是目的，在画图练习中加深印象，熟悉内容，提高绘图、识图能力。

4）充分利用自我学习、团队学习、教师讲学等各种学习形式和学习机会，认真学习。注重自主学习，发挥自我独立学习能力，同时也不应忽视同学间的学习交流和教师辅导学习的作用。

5）随着计算机技术的迅速发展和普及，计算机绘图正在逐步取代手工尺规绘图。但应注意的是，计算机仅仅是现代绘图技术的一个先进绘图工具而已，并不能完全取代各种场合的手工绘图，特别是生产现场的徒手绘图。因此，我们在学习过程中要注意加强徒手绘图训练，有意识地培养提高徒手绘图技能。

# 第一单元　制图基础知识与技能

## 课题一　绘图工具和制图基本规定

### 学习指南

机械图样是设计和制造机器的过程中所使用的重要技术文件，是工程技术人员的共同语言。要保证绘制图样的质量和速度，必须养成正确使用绘图工具和仪器的良好习惯。为满足生产、管理和国内外技术交流的需要，国家质量技术监督检验检疫总局依据国际标准组织的标准，制定并颁布了与ISO国际标准接轨的我国制图国家标准《技术制图》和《机械制图》。每个工程技术人员必须确立标准意识，熟识和掌握并严格遵守制图标准的各项规定。

本课题将向大家介绍手工绘图所需的一些工具和它们的使用方法；介绍国家标准《技术制图》和《机械制图》中有关图幅、比例、字体、图线、尺寸等基本规定。

**教学目标**　1. 了解手工绘图所需的工具，掌握它们的使用方法。

2. 理解国家标准的作用及标准的编号规则。

3. 掌握并严格遵守国家制图标准的基本规定。

**教学重点**　1. 掌握手工绘图所需工具的使用方法。

2. 掌握并严格遵守国家制图标准的基本规定。

**教学难点**　掌握并严格遵守国家制图标准的基本规定。

**教学课时**　6学时。

# 任务书 一、绘图工具及其使用方法

| 项　目 | 购买绘图工具并掌握使用方法 | 用　时 | 45 分钟 |
| --- | --- | --- | --- |
| 目的 | 1. 了解手工绘图所需的工具，掌握它们的使用方法。<br>2. 熟练使用各种绘图仪器来完成绘图任务。 | | |
| 要求 | 1. 向高年级同学或家长咨询绘图所需的各种工具。<br>2. 在老师的指导下购买绘图工具，并削好铅笔。<br>3. 抄画下列图线，熟练掌握绘图工具的使用。<br>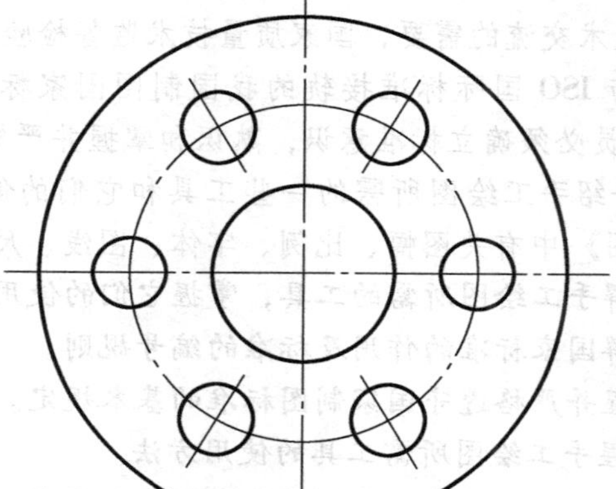<br> | | |
| 后记 | | | |

## 知识链接

作为工程技术人员，必须掌握绘图工具的正确使用方法，养成良好的作图习惯。现将几种常用的绘图工具及仪器的使用方法介绍如下：

**1. 图板和丁字尺**

图板——绘图时用来固定图纸的垫板。图纸可用胶带纸固定在图板上，如图1-1所示。

丁字尺——它是由尺头和尺身两部分组成的，主要用来画水平线。使用时尺头紧贴图板的导边（左边），上下移动即可按尺身的工作边画出水平线，如图1-1所示。

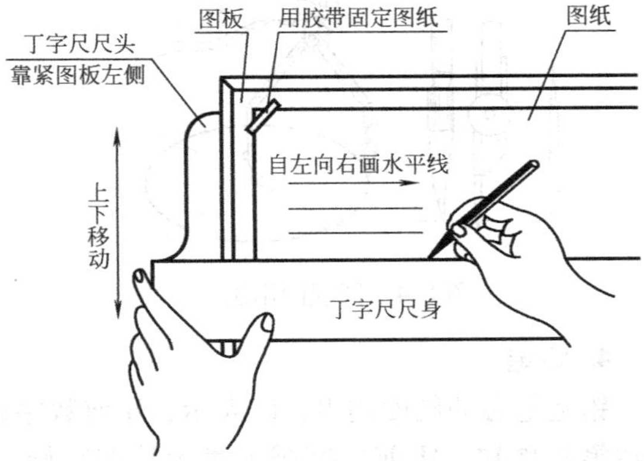


图1-1　图板和丁字尺

**2. 三角板**

每副三角板有两块，一块为45°，另一块为30°（60°），可用来画直线和量尺寸。两块三角板配合使用，可画出已知直线的平行线和垂直线，如图1-2所示。

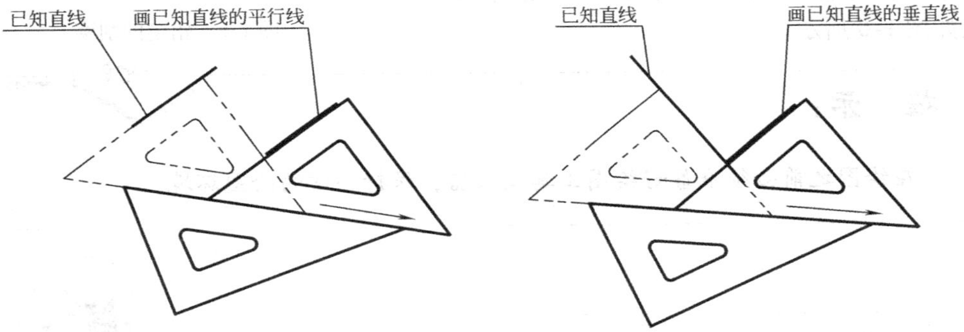


图1-2　两块三角板配合使用

三角板与丁字尺配合使用，可画出垂直线及与水平线成15°角及其倍角的斜线，如图1-3所示。

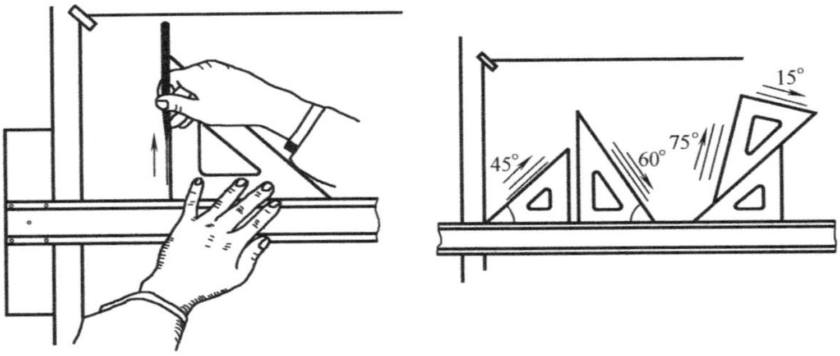


图1-3　三角板和丁字尺的配合使用

**3. 圆规、分规**

圆规——用来画圆和圆弧的工具，其用法如图 1-4 所示。

分规——用来等分线段、量取尺寸的工具，其用法如图 1-5 所示。

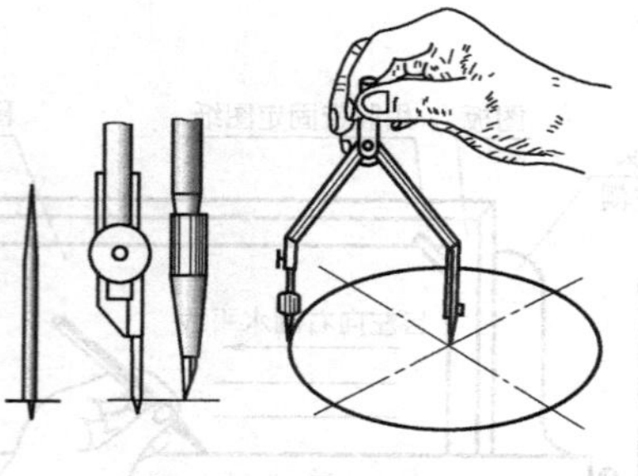

图 1-4　圆规的用法

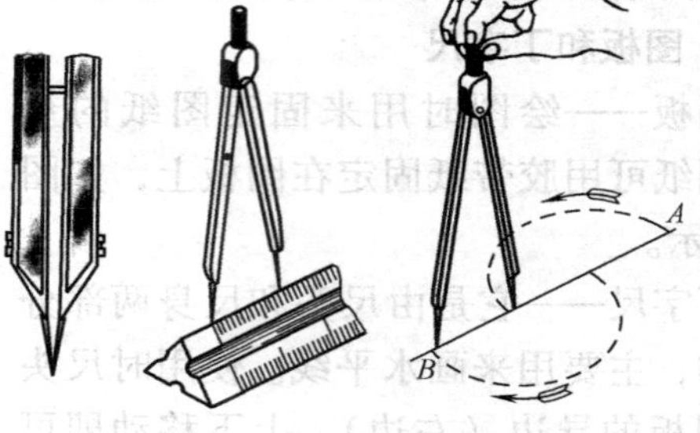


图 1-5　分规的用法

**4. 铅笔**

铅笔笔芯的硬度用 B、H 表示，B 前数字越大表示笔芯越软，H 前数字越大表示笔芯越硬，HB 笔芯硬度适中。绘图时，一般用 H、2H 铅笔画细线，打底稿；用 HB、B、2B 铅笔画粗实线，加深图线；用 HB 铅笔书写文字。铅笔应从没有标号的一端开始削磨使用，以便保留硬度标号。铅笔的削磨方法如图 1-6 所示。

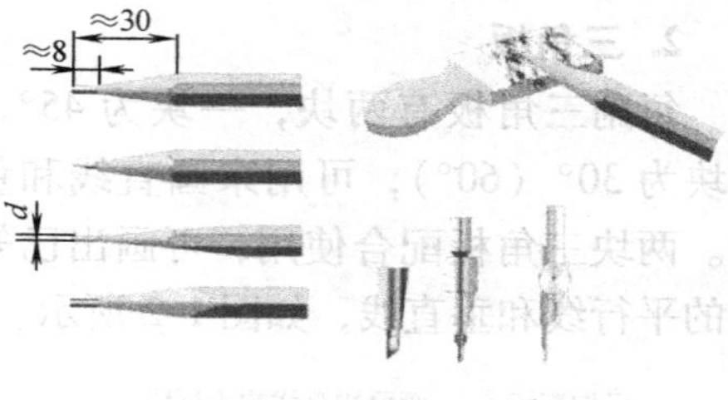


图 1-6　铅笔的削磨

**提　示：**

在绘图之前必须准备好绘图工具及仪器，保持整洁的绘图环境。

**小试身手：**

根据任务书的要求，尝试画出任务书上的图示图线。

# 任务书 二、制图基本规定的认识和应用

| 项　目 | 制图基本规定的认识和应用 | 用　时 | 225 分钟 |
|---|---|---|---|

**目的**

1. 掌握国家标准《技术制图》和《机械制图》中有关图幅、比例、字体、图线和尺寸标注等基本规定。
2. 能初步树立起标准是技术法规的标准化意识。
3. 初步掌握徒手绘图的方法。

**要求**

1. 识读千斤顶顶垫的零件图，指出这些图样包含哪些内容？

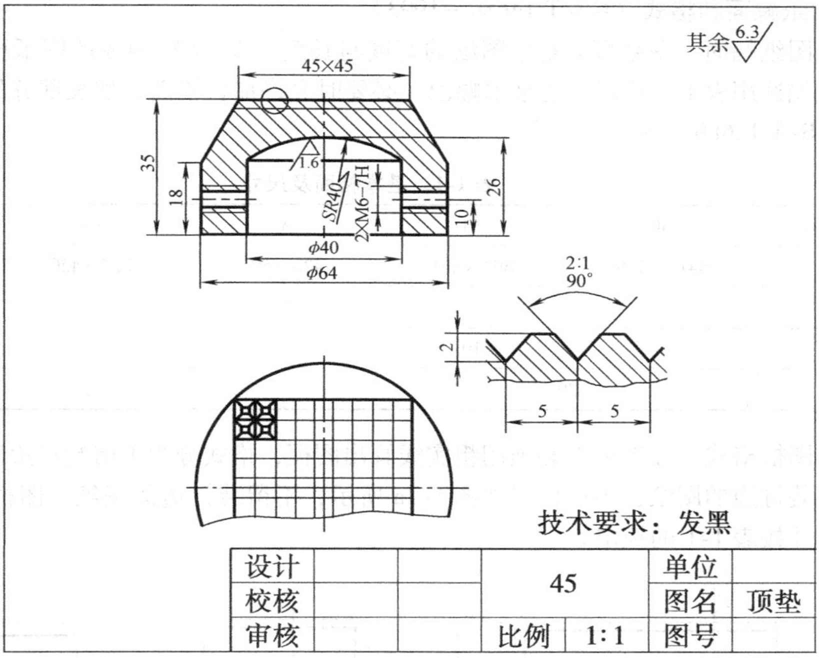


| | | | | | |
|---|---|---|---|---|---|
| 设计 | | | 45 | 单位 | |
| 校核 | | | | 图名 | 顶垫 |
| 审核 | | | 比例 1∶1 | 图号 | |

2. 为了在全国各地区之间或在国际上进行技术交流，国家对图样的画法是怎样统一规定的？
3. 请用绘图工具按 1∶1 比例在 A4 图纸上抄画下列图形：

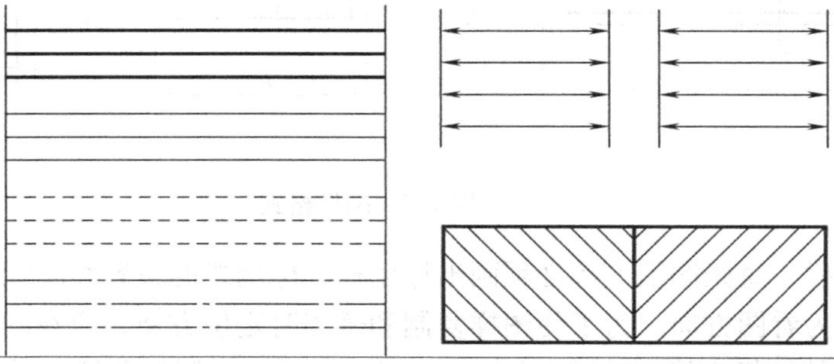

**后记**

## 知识链接

图样是现代工业生产中最基本的技术文件。为了正确地绘制和阅读机械图样以及在国内各地区之间或在国际上进行技术交流，必须要熟悉和掌握有关制图标准及其规定。我国国家标准（简称国标）的代号是“GB”（“GB/T”为推荐性国标），它是由“国标”两个字的汉语拼音的第一个字母“G”和“B”组成的，例如GB/T 17451—1998《技术制图　图样画法　视图》即表示制图标准中图样的视图部分，编号为17451，标准发布的年号为1998。需要注意的是，《机械制图》标准适用于机械图样，《技术制图》标准则对工程界各种专业技术图样普遍适用。国家标准是技术领域的技术法规，具有严肃性、权威性和法制性，我们在学习时及今后工作中必须不折不扣地严格贯彻执行。

**1. 图纸幅面和格式**（GB/T 14689—1993）

（1）图纸幅面　图纸幅面是指图纸的宽度与长度（$B \times L$）围成的图纸面积。绘制图样时，应优先选用表1-1所规定的基本幅面。必要时允许加长幅面，加长部分的尺寸可查阅国家标准GB/T 14689—1993。

**表1-1　基本幅面及尺寸**　　（单位：mm）

| 幅面代号 | A0 | A1 | A2 | A3 | A4 |
|---|---|---|---|---|---|
| $B \times L$ | 841×1189 | 594×841 | 420×594 | 297×420 | 210×297 |
| $a$ | 25 | | | | |
| $c$ | 10 | | | 5 | |
| $e$ | 20 | | 10 | | |

（2）图框格式　在图纸上必须用粗实线画出图框，格式分为不留装订边和留有装订边两种。留有装订边的图纸，图框格式如图1-7a所示，不留装订边的图纸，图框格式如图1-7b所示，尺寸按表1-1的规定。

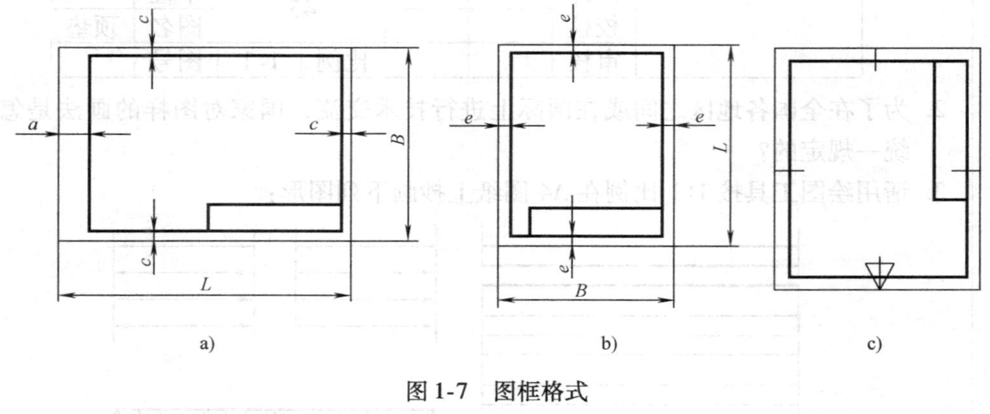


a)　b)　c)

图1-7　图框格式

（3）标题栏　每张图纸上都必须画出标题栏。标题栏的位置在图纸的右下角，一般标题栏的文字方向为看图方向。为了使图样复制和微缩时定位方便，应在图纸各边长的中点处分别画出对中符号（粗实线，见图1-7c）。如果使用预先印制的图纸，需要改变标题栏的方位时，必须将其旋转至图纸的右上角，此时，为了明确绘图与看图的方向，应在图纸的下边对中符号处画一个方向符号，如图 1-7c 所示。标题栏的内容、格式及尺寸，标准均作了规定，在学校制图作业中，建议采用图 1-8 所示的格式。

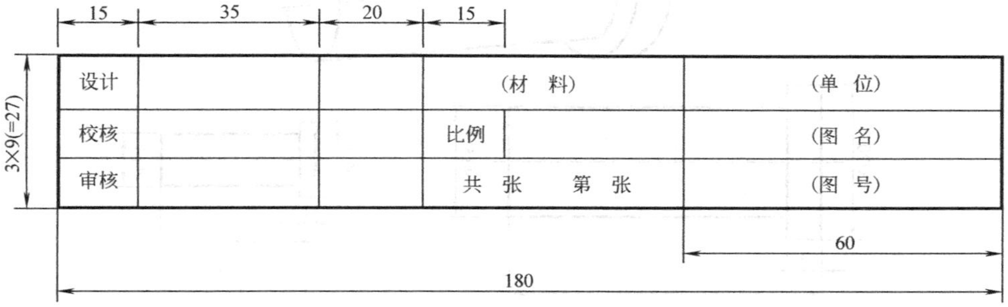


图 1-8　标题栏格式

**2. 比例**（GB/T 14690—1993）

比例是指图形与其实物相应要素的线性尺寸之比。线性尺寸是指用直线表达的尺寸，如直线长度、圆的直径等。

图样比例分为原值比例、放大比例、缩小比例三种，比值为 1 的比例（即 1∶1）称为原值比例；比值大于 1 的比例（如 2∶1）称为放大比例；比值小于 1 的比例（如 1∶2）称为缩小比例。常用比例见表 1-2。

**表 1-2　比例**

| 种　类 | 优先选用的比例 | 允许选用的比例 |
|---|---|---|
| 原值比例 | 1∶1 | |
| 放大比例 | 5∶1　2∶1<br>$5\times10^n$∶1　$2\times10^n$∶1　$1\times10^n$∶1 | 4∶1　2.5∶1<br>$4\times10^n$∶1　$2.5\times10^n$∶1 |
| 缩小比例 | 1∶2　1∶5　1∶10<br>1∶2 $\times10^n$　1∶5 $\times10^n$　1∶1 $\times10^n$ | 1∶1.5　1∶2.5　1∶3　1∶4　1∶6<br>1∶1.5 $\times10^n$　1∶2.5 $\times10^n$　1∶3 $\times10^n$<br>1∶4 $\times10^n$　1∶6 $\times10^n$ |

注：$n$ 为正整数。

同一物体的各视图应采用相同的比例，并将比例填写在标题栏的比例栏内。当某个视图需要采用不同的比例时，必须另行标注。

为看图方便，应尽可能按机件的实际大小即原值比例画图，如机件太大或太小，则采用缩小或放大比例画图。但不管按什么比例绘图，图样中的尺寸数值均应按设计要求尺寸数值标注，如图 1-9 所示。

**3. 字体**（GB/T 14691—1993）

图样中的字体是指文字、数字、字母，书写时必须做到：字体工整、笔画清楚、间隔均匀、排列整齐。

字体的大小用号数来表示，号数即为字体的高度 $h$，其公称尺寸系列为 20mm，14mm，10mm，7mm，5mm，3.5mm，2.5mm，1.8mm 八种。如需要更大的字，其字体高度应按$\sqrt{2}$的比率递增。

（1）汉字　汉字应写成直体长仿宋体，并采用中华人民共和国国务院正式公布推行的

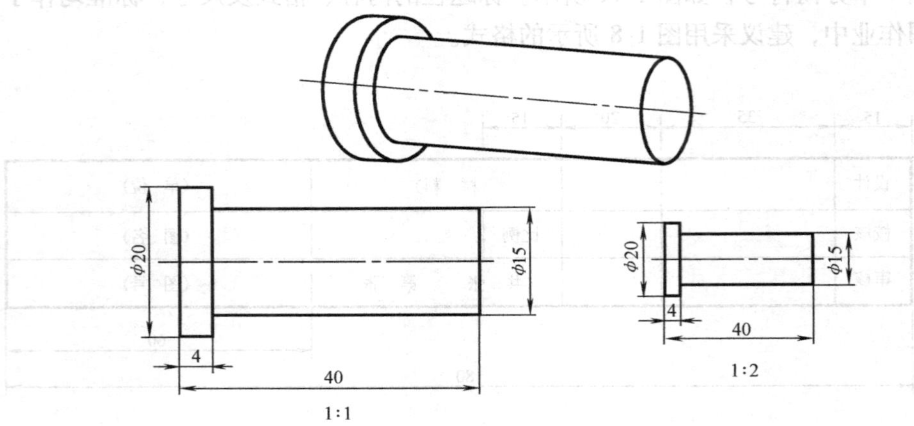


图 1-9　用不同比例画出的图形

《汉字简化方案》中规定的简化字。汉字的高度不应小于 3.5mm，其字宽一般为 $h/\sqrt{2}$。

长仿宋体汉字的书写要领是：横平竖直、注意起落、结构匀称、填满方格。其基本笔画如表 1-3 所示。

**表 1-3　长仿宋体的基本笔画**

| 横 | 竖 | 撇 | 提 | 捺 | 点 |
| --- | --- | --- | --- | --- | --- |
| 横弯-横折 | 竖钩 | 横折钩 | 横弯钩 | 弯钩 | 特殊偏旁 |

书写示例如图 1-10 所示

（2）数字和字母　字母和数字分 A 型和 B 型两种。A 型字体的笔画宽度（$d$）为字高（$h$）的 1/14，B 型字体的笔画宽度（$d$）为字高（$h$）的 1/10，建议采用 B 型字体，如图 1-11b 所示。在同一张图样上，只允许采用一种形式的字体。数字和字母可写成斜体或直体。斜体字字头向右倾斜，与水平基准线约成 75°。但是量的单位、化学元素、符号一定是直体。斜体数字如图 1-11 所示。

**4. 图线**

我国现行的图线国家标准有两项，即《技术制图　图线》（GB/T 17450—1998）和《机械制图　图样画法　图线》（GB/T 4457.4—2002）。规定了技术制图所用图线的名称、形式、结构、标记及画法规则。

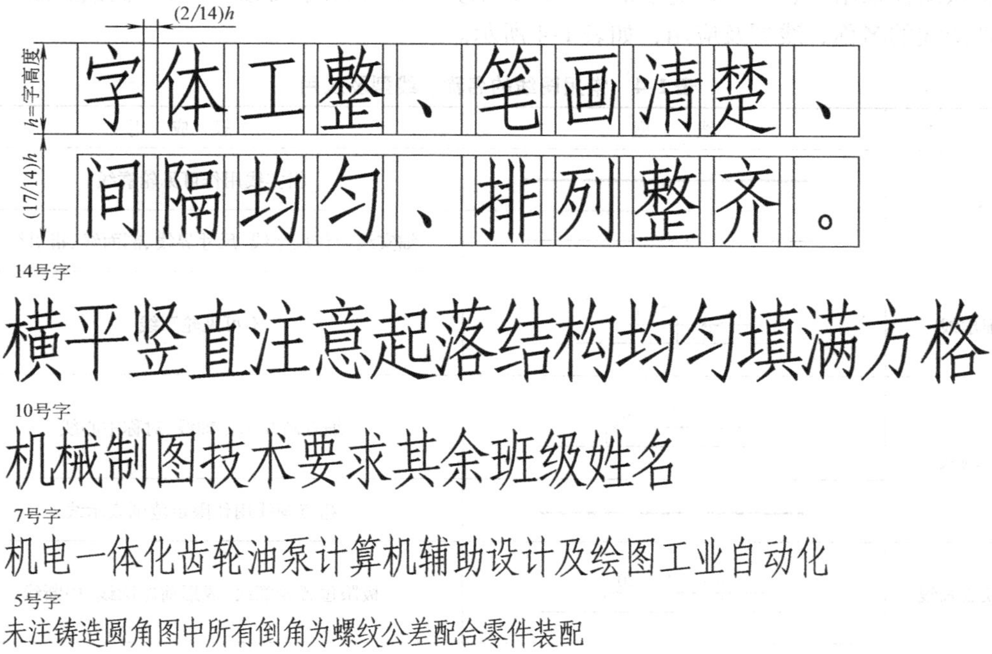


图 1-10　汉字书写示例

图 1-11　斜体数字与字母

国家标准规定了 9 种图线宽度。其宽度（单位为 mm）系列为：0.13、0.18、0.25、0.35、0.5、0.7、1、1.4、2。

机械图样采用粗、细两种宽度的图线，其线宽比率为粗线∶细线 =2∶1。机械制图中常用的几种图线的名称、线型及应用，如表 1-4 所示。

**表 1-4　常用图线的名称、线型及应用**

| 名　　称 | 线　　型 | 一　般　应　用 |
| --- | --- | --- |
| 实线 | （粗实线） | 粗实线用作可见轮廓线 |
| | （细实线） | 细实线用作尺寸线、尺寸界线、剖面线、指引线等 |
| 细虚线 | 1　2～6 | 不可见轮廓线 |
| 点画线 | ≈3　15～30 | 细点画线用作轴线、对称中心线 |
| | （粗点画线） | 粗点画线用作限定范围表示线 |
| 细双点画线 | ≈5　15～20 | 极限位置轮廓线、成形前轮廓线、中断线 |
| 双折线 | | 断裂处的边界线 |
| 波浪线 | | 断裂处的边界线、视图与剖视图的分界线 |

各种图线的应用实例如图 1-12 所示。

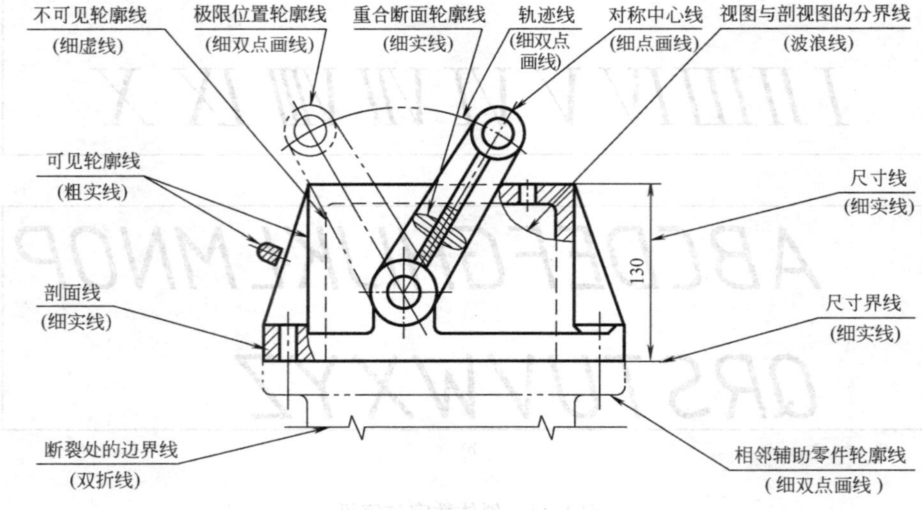


图 1-12　图线应用实例

图线的画法应遵守下列要求：

1）在同一张图样中，同类图线的宽度应一致。虚线、点画线、双点画线的线段长度和间隔应各自大致相等，应保持图线的匀称协调。

2）虚线、点画线、双点画线的相交处应是线段，而不应是点或间隔处，如图 1-13a 所示。

3）虚线在粗实线的延长线上时，虚线应留出间隙，如图 1-13a 所示。

4）细点画线伸出图形轮廓的长度一般为 2～3mm。当细点画线较短时，允许用细实线代替点画线，如图 1-13a 所示。

5）图线重叠时，应根据粗实线、细实线、细点画线的顺序，按照画前一种图线的原则进行。

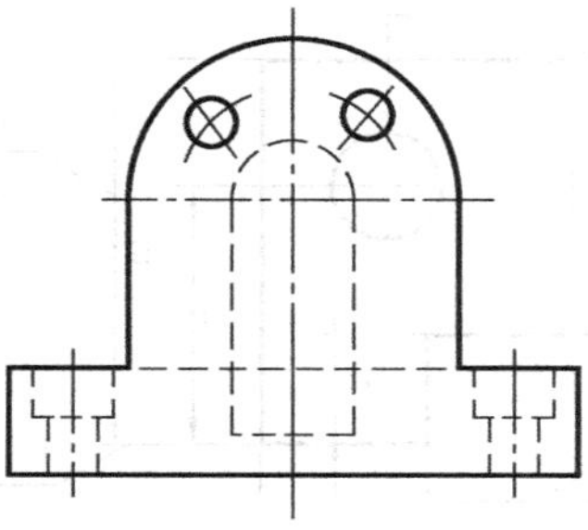

a)

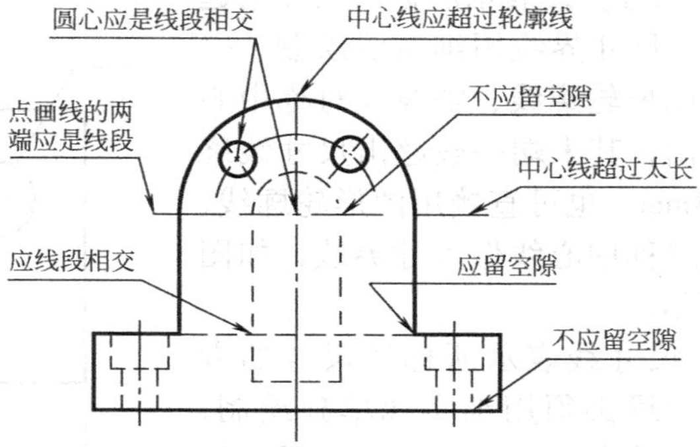


b)

图 1-13　图线画法
a）正确　b）错误

**提　示：**

正确地绘制图线是绘制高质量图样的保证，因此，应严格按照规定的要求绘制。

**5. 尺寸注法**（GB/T 4458.4—2003 和 GB/T 16675.2—1996）

图形只能表示物体的形状，而其大小则要由尺寸表示，因此，尺寸标注十分重要。标注尺寸时，应严格遵照国家标准有关尺寸注法的规定，做到正确、齐全、清晰、合理。

（1）尺寸注法的基本规则

1）图样中（包括技术要求和其他说明）的尺寸以 mm（毫米）为单位时，不需标注计量单位的符号或名称。否则，必须标注相应单位的符号或名称，如图 1-14 所示。

2）机件的真实大小应以图样上所标注的尺寸数值为依据，与图样绘制比例的大小及绘图的准确度无关，如图 1-15 所示。

3）机件的每一尺寸，在图样上一般只标注一次，并应标注在反映结构最清晰的图形上。

4）图样中所标注的尺寸为该图样所示机件的最后完工尺寸，否则应另加说明。

（2）尺寸要素及其画法规定　一个完整的尺寸，由尺寸界线、尺寸线、尺寸数字组成，如图 1-16 所示。

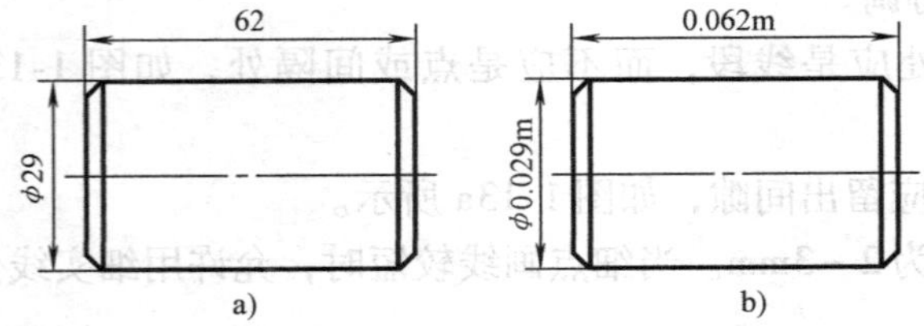


图 1-14 尺寸单位

a）以毫米为单位 b）以米为单位

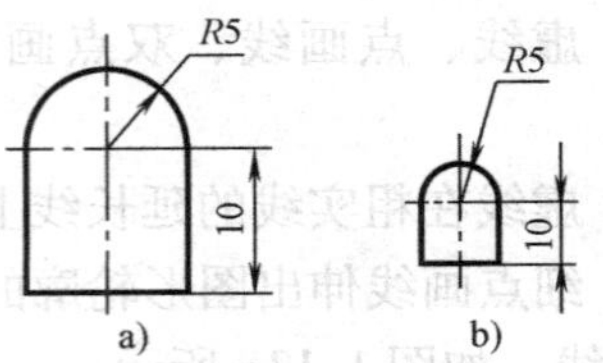


图 1-15 用不同比例画图

a）按 1:1 比例画图 b）按 1:2 比例画图

1）尺寸界线表示所标注尺寸的起止范围。尺寸界线用细实线绘制，一般应由图形轮廓线、轴线或对称中心线处引出，其末端一般超出尺寸线终端 2～3mm。也可直接用图形轮廓线、轴线或对称中心线做尺寸界线，如图 1-16 所示。

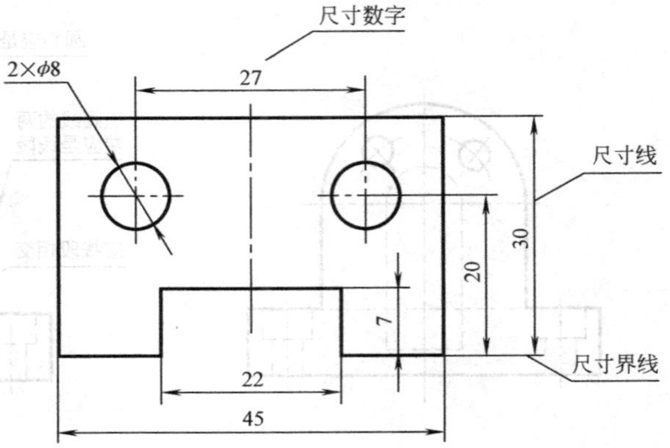


图 1-16 尺寸要素

2）尺寸线表示所标注尺寸的方向。尺寸线必须用细实线单独绘制，不能用其他图线代替，一般也不能和其他图线（如图形轮廓线、中心线）重合或画在其延长线上。

① 标注线性尺寸时，尺寸线必须与所注的线段平行。尺寸线与轮廓线的距离以及相互平行的尺寸线间的距离应尽量一致，小尺寸靠近图形轮廓线，大尺寸应依次等距离地平行外移，如图 1-16 所示，标注直径或半径时，尺寸线要通过圆心或其延长线通过圆心。

② 尺寸标注应尽量避免尺寸线之间及尺寸界线之间相交，如图 1-16 所示。

③ 尺寸线终端有箭头和细斜线两种形式，机械图样的尺寸线终端一般采用箭头形式。

• 箭头形式的画法如图 1-17a 所示（$d$ 为粗实线宽度）。在同一张图样上，箭头的大小要一致。

• 细斜线形式的方向和画法如图 1-17b 所示（$h$ 为字体高度）。当尺寸线终端采用斜线时，尺寸线与尺寸界线必须保持垂直。

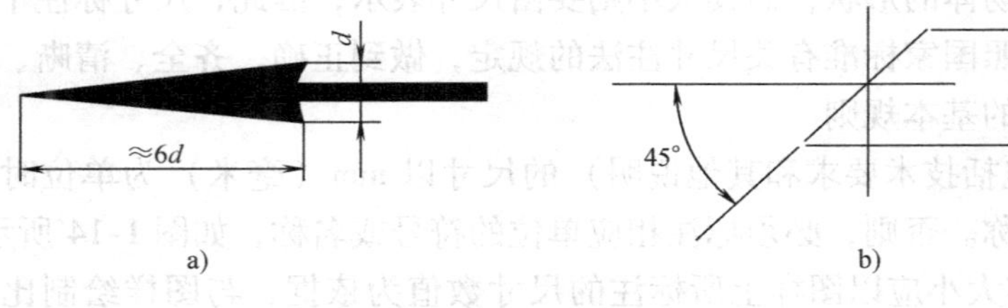


图 1-17 尺寸线终端形式

a）箭头形式 b）细斜线形式

在同一张图样中，尺寸线终端只能采用其中一种形式。

3）尺寸数字的数值表示机件的真实大小。线性尺寸的尺寸数字应标注在尺寸线的上方或左方，也允许注写在尺寸线的中断处。在同一图样上，数字的注法应一致。线性尺寸数字的方向，如尺寸线为水平方向时，尺寸数字规定由左向右书写，字头向上；如尺寸线为竖直方向时，尺寸数字由下向上书写，字头朝左；在倾斜的尺寸线上注写尺寸数字时，必须使字头方向有向上的趋势。线性尺寸、角度尺寸、圆、圆弧、小尺寸等尺寸的注法见表 1-5。

**表 1-5　尺寸的注法示例**

| 标注内容 | 示　例 | 说　明 |
| --- | --- | --- |
| 线性尺寸 | 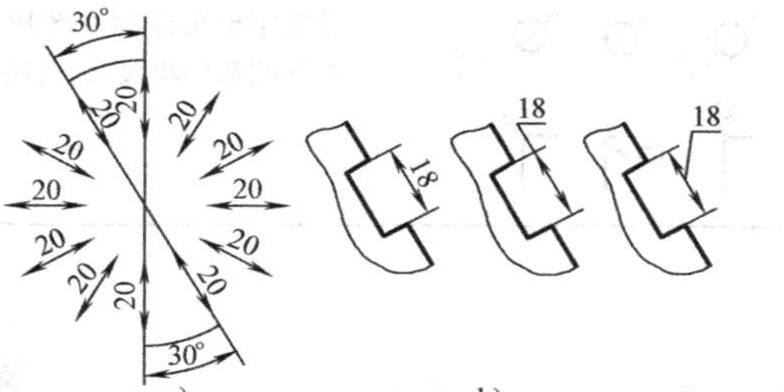 a)　b) 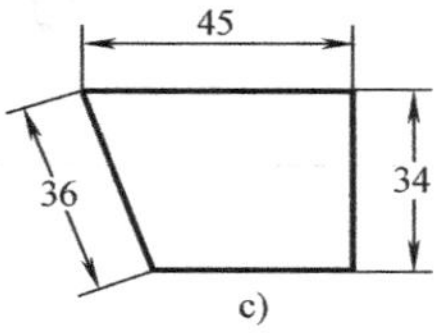 c) | 线性尺寸的数字应按图 a 中的方向书写，并尽量避免在图示 30° 范围内标注尺寸。当无法避免时，可按图 b 的方法标注。在不致引起误解时，非水平方向的尺寸数字也允许水平地注写在尺寸线的中断处（图 c），但在同一图样中注法应一致 |
| 角度尺寸 | 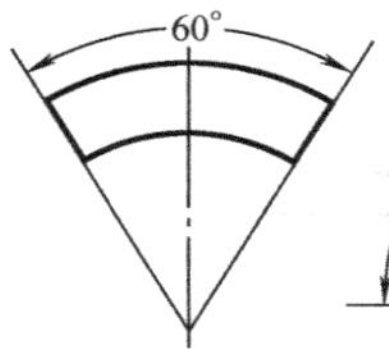 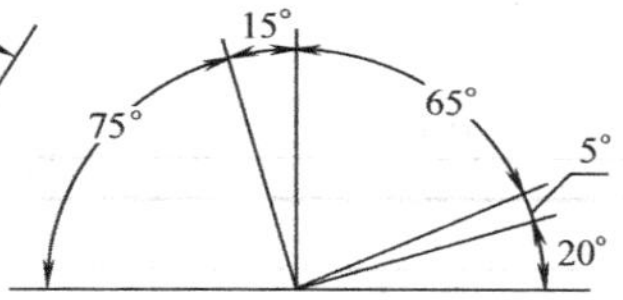 | 尺寸界线应沿径向引出，尺寸线画成圆弧，圆心是角的顶点。尺寸数字一律水平书写，一般注在尺寸线的中断处，必要时也可按右图的形式标注 |
| 圆 | 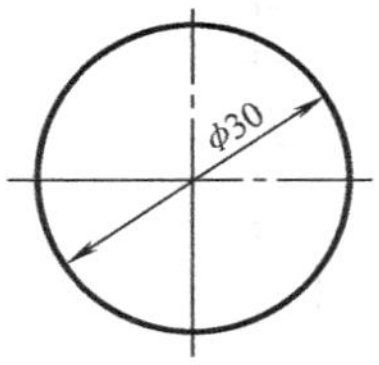 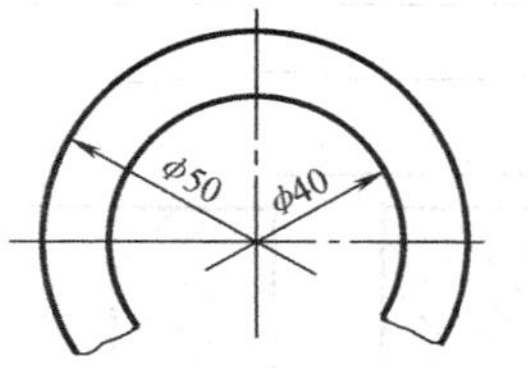 | 标注圆的直径时，应在尺寸数字前面加注符号"$\phi$"，尺寸线的终端应画成箭头 |
| 圆弧 | 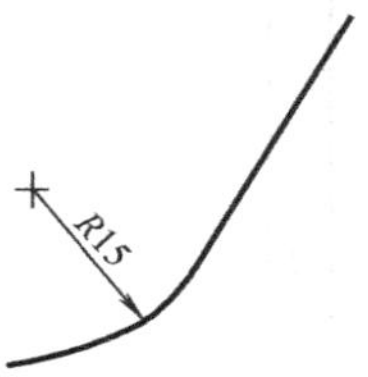 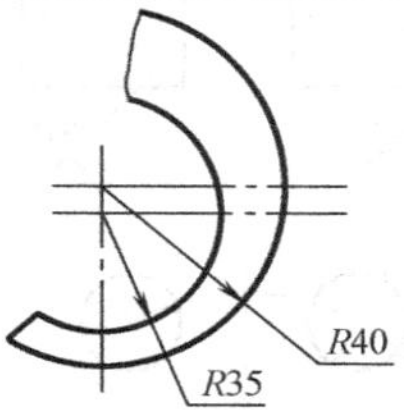 | 标注圆弧的半径时，应在尺寸数字前面加注符号"$R$"，尺寸线终端应画成箭头 |
| 大圆弧 | 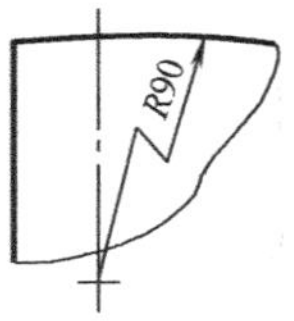 a) 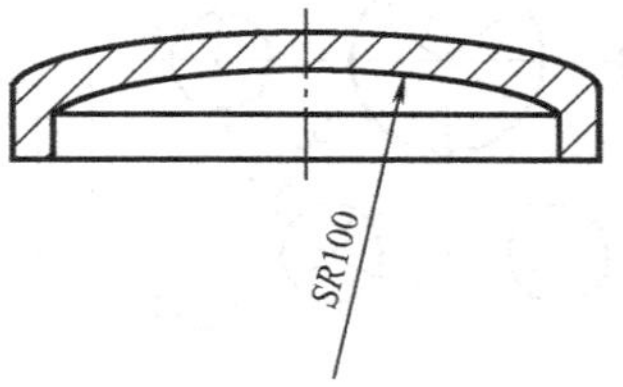 b) | 在图纸范围内无法标出圆心位置时，可按图 a 标注；不需标出圆心位置时，按图 b 标注 |

（续）

| 标注内容 | 示　例 | 说　明 |
|---|---|---|
| 小尺寸 | 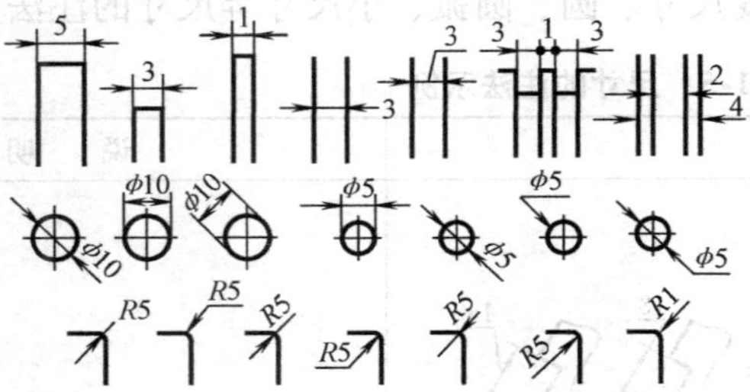 | 如上排图例所示，没有足够空间时，箭头可画在外面，或用小圆点代替两个箭头；尺寸数字也可注写在图形外面或引出标注。圆和圆弧的小尺寸，可按下两排图例标注 |

**小试身手：**

根据任务书的要求回答问题，并绘制图形。

## 巩固练习

1. 抄画题图 1-1 中的图形

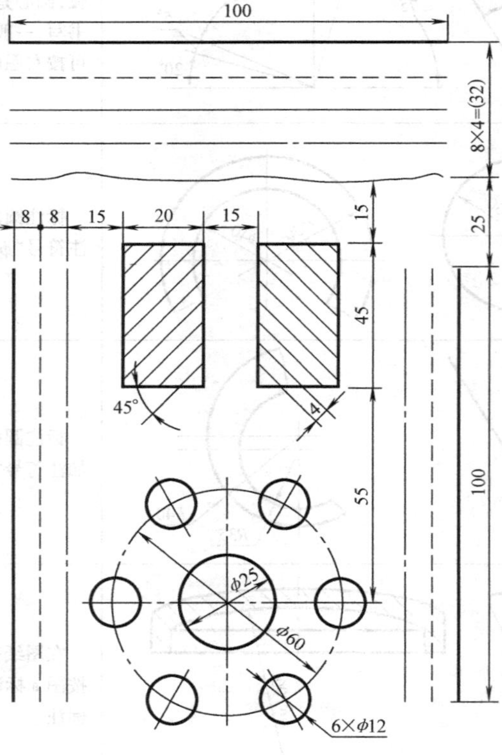


题图 1-1

2. 检查题图 1-2a 中尺寸标注的错误，并在题图 1-2b 中进行正确标注。

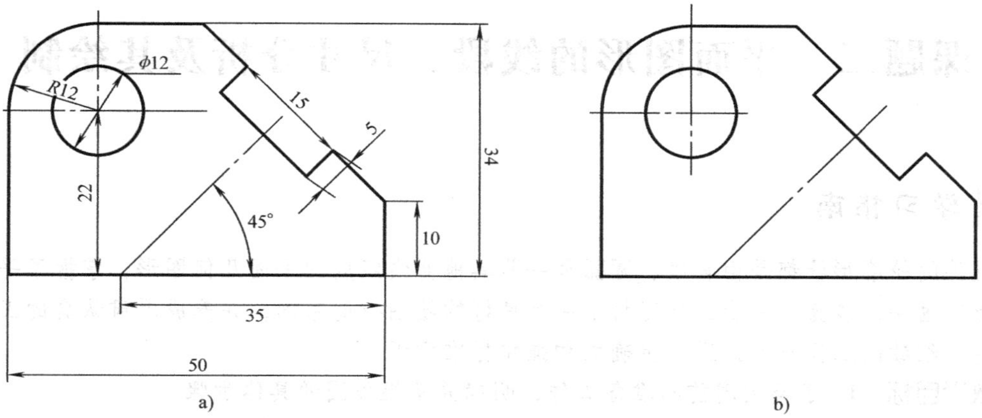


题图 1-2

# 课题二　平面图形的线段、尺寸分析及其绘制

## 学习指南

机件的轮廓形状都是由直线、圆弧和一些其他曲线组成的平面几何图形，掌握了平面几何图形的画法，能为下一步的学习打下一个良好的绘图技能基础，并养成严肃认真的工作态度和耐心细致的工作作风，进一步确立和强化标准意识。

**教学目标**　1. 了解制图前的准备工作，明确并掌握作图的具体步骤。

2. 能分析平面图形中的各线段性质，掌握各种基本作图方法，熟练运用绘图工具绘制各种平面图形。

3. 进一步理解并掌握国标中有关尺寸标注的基本规则，能对平面图形的尺寸做出必要的正确分析并标注。

4. 培养严肃认真的工作态度和耐心细致的工作作风，进一步确立和强化标准意识。

**教学重点**　1. 圆的等分及圆弧连接的作图方法。

2. 尺寸标注。

3. 平面图形图线的分析和绘制。

**教学难点**　平面图形图线的分析和绘制。

**教学课时**　14 学时。

任务书

# 一、圆的等分及正多边形画法

| 项　目 | 设计制作绘图模板图样 | 用　时 | 90 分钟 |
|---|---|---|---|
| 目的 | 1. 掌握圆的等分和正多边形的画法。<br>2. 熟练使用各种绘图仪器。 | | |
| 要求 | 参照下图，自行设计一副长方形的平面模板图样，要求模板内有正三角形、正方形、正五边形、正六边形等图形，并注上尺寸。<br>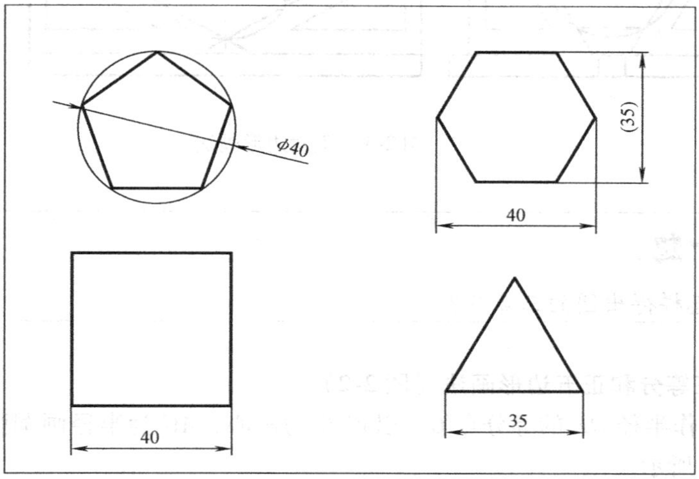<br><br>模板平面图 | | |
| 提示 | 在绘图之前必须做好准备工作：<br>1. 准备好绘图工具及仪器，保持整洁的绘图环境。<br>2. 根据图形大小、复杂程度及数量选取比例，确定图纸幅面。<br>3. 鉴别图纸正反面，校正并固定图纸。 | | |
| 后记 | | | |

## 知识链接

**1. 圆的六等分和正六边形画法**（图 2-1）

方法一：通过圆的中心线与圆的交点 *A*、*B*，利用直尺与 30°三角板作出线段 *AE*、*BF* 及 *AC*、*BD*，再连接 *CD*、*EF* 即成，如图 2-1a、b 所示。

方法二：以圆的半径 *R* 为半径，在圆上画弧，顺次连接各点，即得圆的内接正六边形，如图 2-1c 所示。

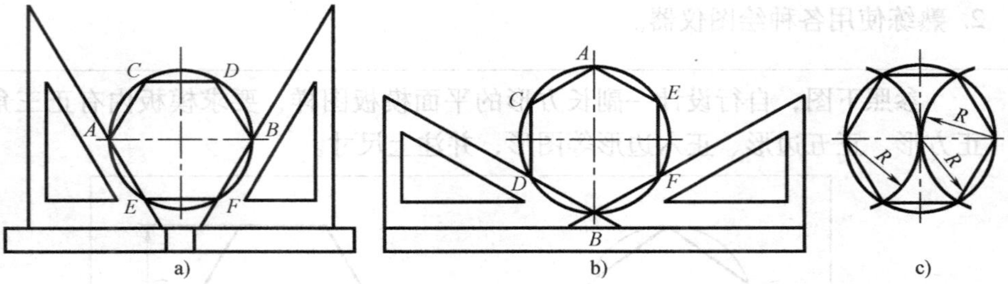


图 2-1　正六边形画法

**想一想：**

该怎样得出圆的三等分？

**2. 圆的五等分和正五边形画法**（图 2-2）

步骤一：作半径 *OF* 的等分点 *G*，以点 *G* 为圆心，*AG* 为半径画圆弧交水平直径线于点 *H*，如图 2-2b 所示。

步骤二：以 *AH* 为半径，分圆周为五等份，顺序连接各等分点即成正五边形，如图 2-2c 所示。

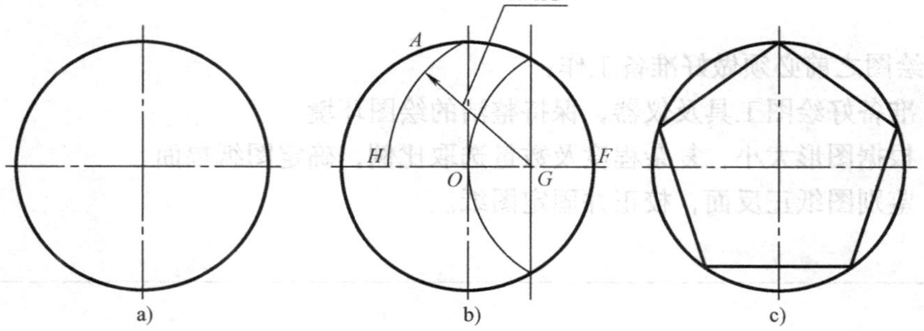


图 2-2　正五边形画法

**3. 用查表法等分圆周**

根据圆周等分数 *n*，在等分系数表中查得相应的等分系数 *k*（表 2-1），乘以圆直径 *D*，即可得到等分边长 *a*，按等分边长 *a* 对圆周进行 *n* 等分。

表 2-1　圆周等分系数表（摘录）

| 等分数 $n$ | 5 | 7 | 9 | 10 | 11 | 13 | 14 | 15 | 17 | 18 | 19 | 20 | 21 |
|---|---|---|---|---|---|---|---|---|---|---|---|---|---|
| 等分系数 $k$ | 0.588 | 0.434 | 0.349 | 0.309 | 0.282 | 0.239 | 0.223 | 0.208 | 0.184 | 0.174 | 0.165 | 0.156 | 0.149 |

**小试身手：**

1. 根据任务书的要求，绘制模板平面图。
2. 一圆的直径 $D=120\text{mm}$，试用查表法将该圆七等分。

# 任务书 二、锥度和斜度的画法与标注

<table>
<tr><td>项　目</td><td>画出锥体和斜度的平面图</td><td>用　时</td><td>90 分钟</td></tr>
<tr><td>目的</td><td colspan="3">1. 掌握锥度与斜度的画法。<br>2. 掌握锥度与斜度的标注。</td></tr>
<tr><td>要求</td><td colspan="3">参照题中图样，作锥体、斜度平面图形，并标注<br>1. 锥体平面图<br>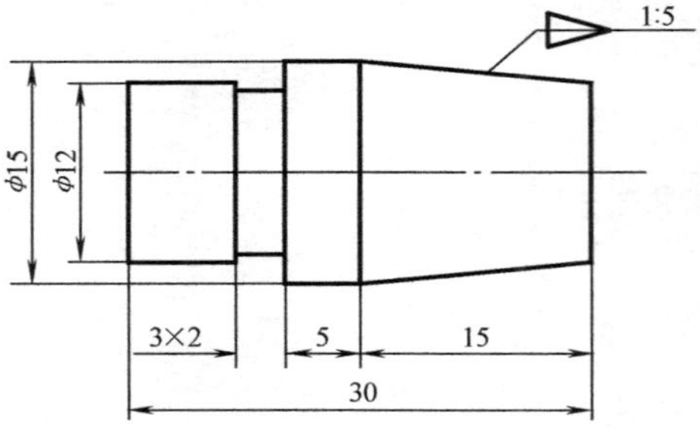<br><br>2. 作 1:9 斜度图形<br>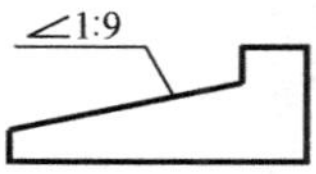<br><br>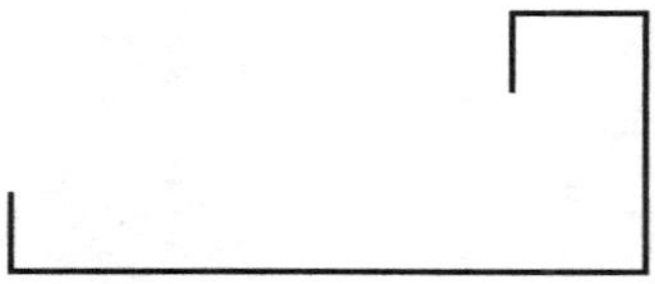</td></tr>
<tr><td>后记</td><td colspan="3"></td></tr>
</table>

## 知识链接

**1. 锥度**

锥度是指正圆锥底圆直径与圆锥高度之比。

(1) 画法（以1∶3锥度为例） 如图2-3所示，由点*S*起在水平线段上六个单位长度得点*O*；过*O*作*SO*的垂线，分别向上和向下截取一个单位长度，得*A*、*B*两点；分别过点*A*、*B*与*S*点相连，即得1∶3的锥度。

(2) 标注 锥度符号要与锥度方向一致（如图2-4所示）。

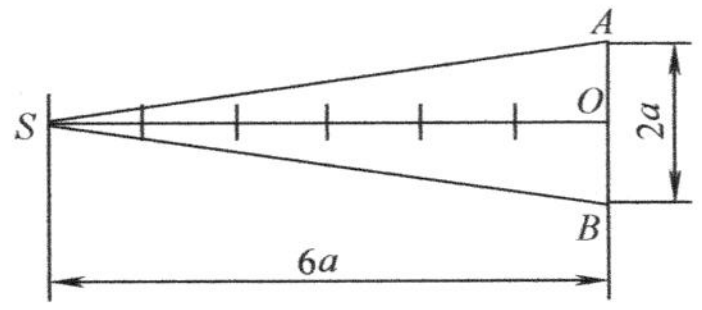


图2-3 锥度的画法

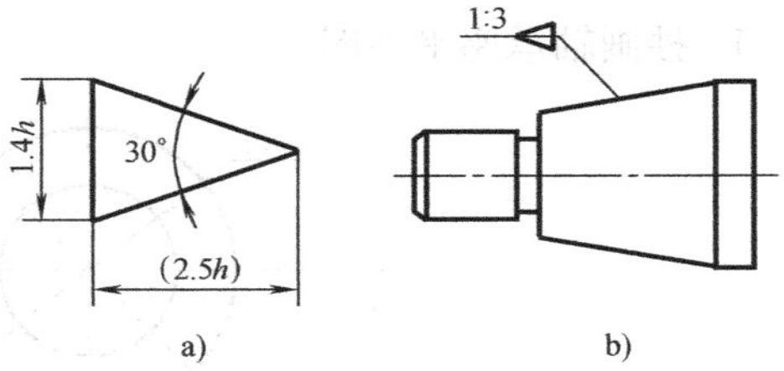


图2-4 锥度符号及标注

**2. 斜度**

斜度是指一直线（或平面）对另一直线（或平面）的倾斜程度。其大小用该两直线（或平面）间夹角的正切来表示，通常把比值化成1∶*n*的形式。

(1) 画法（以1∶6斜度为例） 如图2-5所示，由点*A*起在水平线段取六个单位长度，得点*D*，过点*D*作*AD*的垂线*DE*，取*DE*为一个单位长，连接*AE*即得斜度为1∶6的直线。

(2) 标注 斜度符号要与斜度方向一致，如图2-6所示。

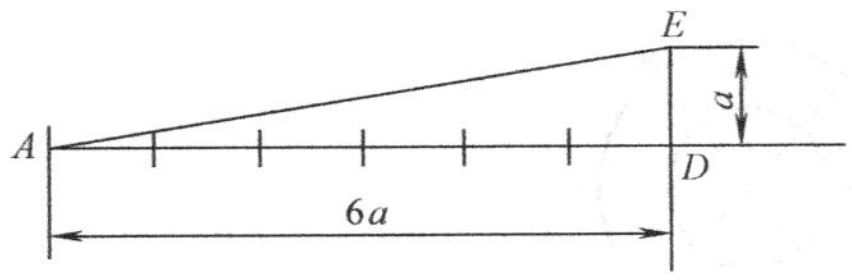


图2-5 斜度的画法

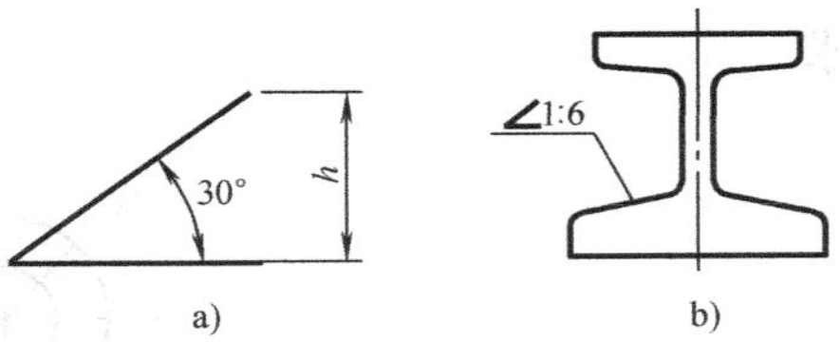


图2-6 斜度符号及标注

**小试身手：**

根据任务书的要求，分别绘制锥体和斜度件的平面图。

任务书

# 三、圆弧连接

<table>
<tr><td>项　目</td><td>绘制轴承座和连杆的平面图形并标注尺寸</td><td>用　时</td><td>90 分钟</td></tr>
<tr><td>目的</td><td colspan="3">1. 理解平面图形中各线段的性质，掌握各种圆弧连接的画法。<br>2. 理解并掌握平面图形中各尺寸的作用，并能按国标要求正确标注尺寸。</td></tr>
<tr><td>要求</td><td colspan="3">1. 抄画轴承座平面图。<br>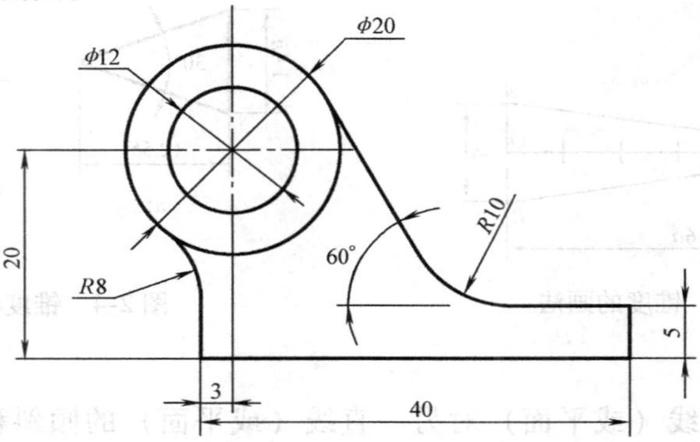<br><br>2. 抄画连杆平面图。<br>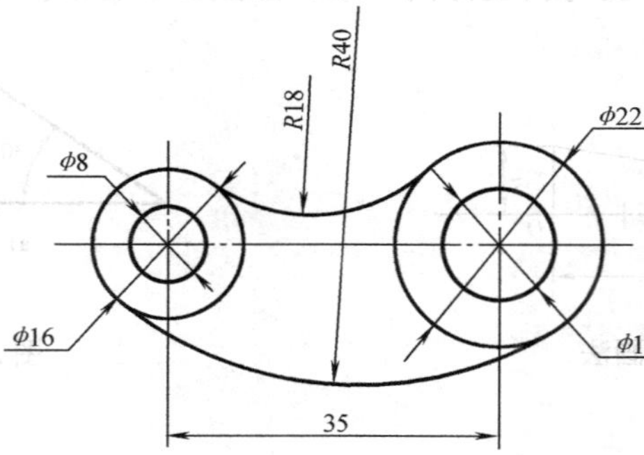<br></td></tr>
<tr><td>后记</td><td colspan="3"></td></tr>
</table>

## 知识链接

**圆弧连接**

（1）圆弧连接两相交直线

已知：两直线（*MN*、*EF*）、圆弧半径 *R*（图 2-7a）。

步骤一：分别作与已知线距离为 *R* 的平行线，交于一点 *O*，如图 2-7b 所示。

步骤二：过交点 *O* 分别作已知直线的垂线，垂足分别为 *A*、*B*，*A*、*B* 两点即为圆弧切点。(如图 2-7c 所示)

步骤三：以点 *O* 为圆心，过切点画弧即可，如图 2-7d 所示。

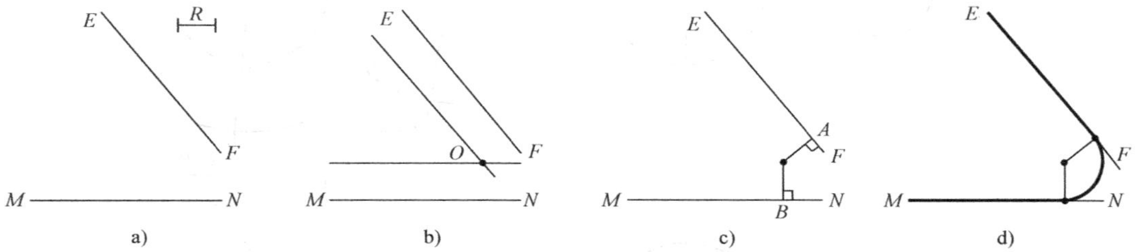


图 2-7　直线间的圆弧连接

> **想一想：**
>
> 如果两直线的夹角是直角、钝角，该如何连接？

（2）圆弧连接直线与圆弧

已知：一直线（*MN*）、圆弧、连接圆弧半径 *R*（图 2-8a）。

步骤一：如图 2-8b 所示，作与已知直线距离为圆弧半径 *R* 的平行线，与以 $O_1$ 为圆心，$R-R_1$ 为半径所画的圆弧交于一点 *O*。

步骤二：如图 2-8c 所示，过交点 *O* 分别作已知直线、圆弧的垂线，垂足分别为 *A*、*B*，*A*、*B* 两点即为连接圆弧的切点。

步骤三：以点 *O* 为圆心，*R* 为半径，过切点画弧即可，如图 2-8d 所示

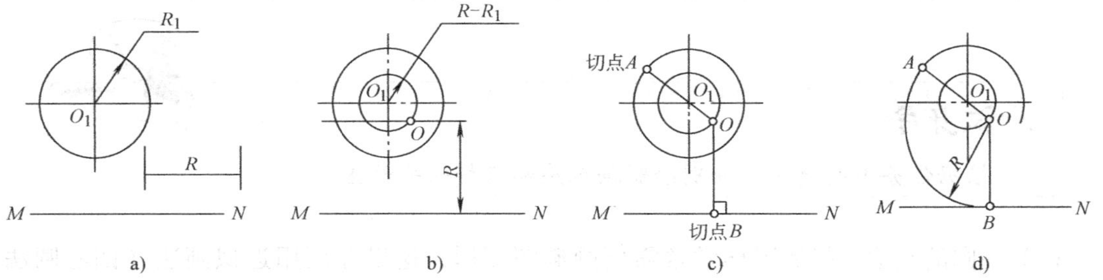


图 2-8　直线与圆弧的连接

(3) 圆弧外连接两已知圆弧

已知：两圆（$O_1$ 和 $O_2$）、连接圆弧半径 $R$（图 2-9a）。

步骤一：如图 2-9b 所示，分别以 $O_1$、$O_2$ 为圆心，$R+R_1$、$R+R_2$ 为半径画弧，两弧交于一点 $O$。

步骤二：如图 2-9c 所示，过交点 $O$ 分别与点 $O_1$、$O_2$ 连接，且与圆 $O_1$、$O_2$ 分别交于 $A$、$B$ 点，$A$、$B$ 两点即为连接圆弧的切点。

步骤三：以点 $O$ 为圆心，$R$ 为半径，过切点画弧即可，如图 2-9d 所示。

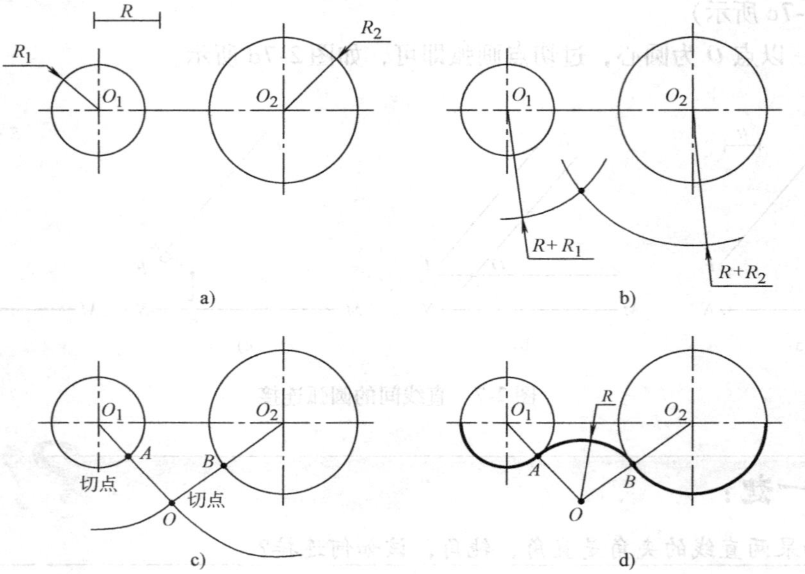


图 2-9 圆弧外连接

(4) 圆弧内连接两已知圆弧

已知：两圆（$O_1$ 和 $O_2$）、连接圆弧半径 $R$（图 2-10a）。

步骤一：如图 2-10b 所示，分别以 $O_1$、$O_2$ 为圆心，$R-R_1$、$R-R_2$ 为半径画弧，两弧交于一点 $O$。

步骤二：如图 2-10c 所示，过交点 $O$ 分别与点 $O_1$、$O_2$ 连接，且与圆 $O_1$、$O_2$ 分别交于 $A$、$B$ 点，$A$、$B$ 两点即为连接圆弧的切点。

步骤三：如图 2-10d 所示，以点 $O$ 为圆心，$R$ 为半径，过切点画弧即可。

**小试身手：**

根据任务书的要求，分别绘制轴承座和连杆的平面图。

(5) 椭圆的画法　机械图样常常需要画椭圆图形，这里介绍用近似画法（四心圆法）画椭圆的方法和步骤。

已知椭圆长轴 $AB$ 和短轴 $CD$，用四心圆法作椭圆的步骤如下：

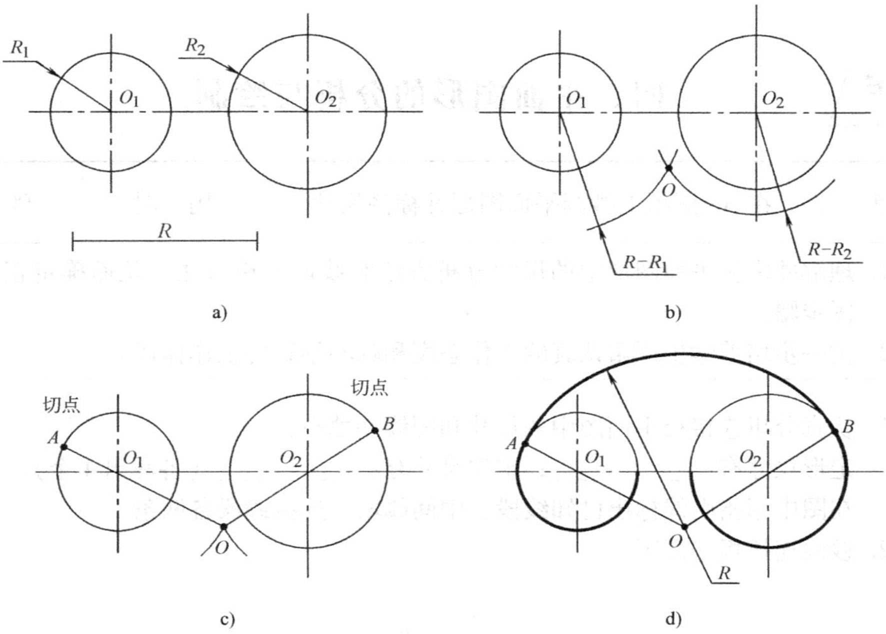


图 2-10　圆弧内连接

1）画出相互垂直且平分的长轴 $AB$ 和短轴 $CD$。

2）连接 $AC$，并在 $AC$ 上取 $CE = OA - OC$，如图 2-11a 所示。

3）作 $AE$ 的中垂线，并与长、短轴分别交于 $O_3$、$O_1$，再作对称点 $O_4$、$O_2$，如图 2-11b 所示。

4）以 $O_1$、$O_2$、$O_3$、$O_4$ 各点为圆心，$O_1C$、$O_2D$、$O_3A$、$O_4B$ 为半径，分别画弧，即得近似椭圆，如图 2-11c 所示。

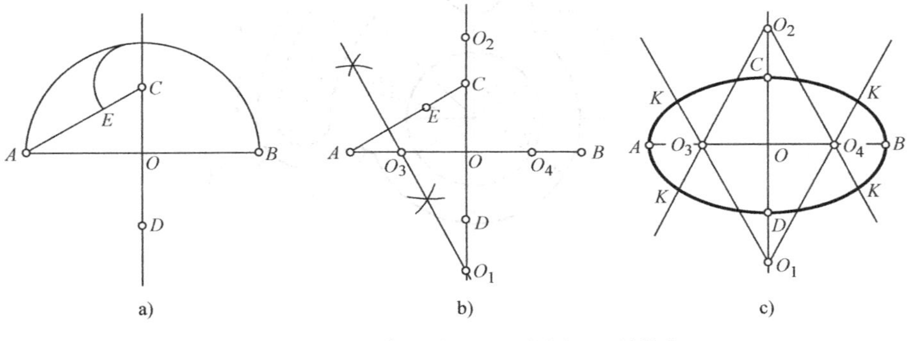


图 2-11　用近似画法（四心圆法）画椭圆

任务书

# 四、平面图形的分析与绘制

<table>
<tr><td>项　目</td><td>在 A3 图纸上抄画平面图形并标注尺寸</td><td>用　时</td><td>90 分钟</td></tr>
<tr><td>目的</td><td colspan="3">1. 理解并掌握平面图形中的尺寸分析方法和线段分析方法，从而确定正确的作图步骤。<br>2. 进一步培养学生严肃认真的工作态度和耐心细致的工作作风。</td></tr>
<tr><td>要求</td><td colspan="3">1. 认真分析连接板平面图中的尺寸和图线并填空：<br>定形尺寸有：__________；定位尺寸有：__________（各写出 4 个）。<br>在图中用指引线标出已知线段、中间线段、连接线段各两条。<br>2. 抄画连接板平面图。<br>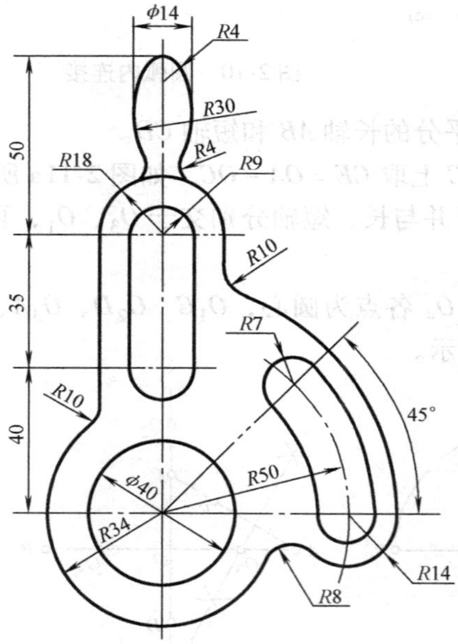<br></td></tr>
<tr><td>提示</td><td colspan="3">做好绘图各项准备工作，并注意图形布置。</td></tr>
<tr><td>后记</td><td colspan="3"></td></tr>
</table>

## 知识链接

**1. 平面图形的分析**

平面图形是由若干直线和曲线封闭连接组合而成。画平面图形时，要通过对这些直线或曲线的尺寸及连接关系的分析，才能确定平面图形的作图步骤。下面以图 2-12 所示的手柄的平面图形为例，来介绍平面图形的画法和尺寸标注。

（1）尺寸分析　平面图形中所注尺寸按其作用可分为两类：

1）定形尺寸。指确定形状大小的尺寸，如线段的长度、圆的直径或半径等。如图 2-12 中 $\phi$20，$\phi$5，15，*R*15，*R*50，*R*10，$\phi$32 等尺寸。

2）定位尺寸。指确定各组成部分之间相对位置的尺寸，一般指圆心的 *X*，*Y* 两个方向定位和线段的定位。如图 2-12 中的 8 是确定 $\phi$5 小圆位置的定位尺寸。有的尺寸既有定形尺寸的作用，又有定位尺寸的作用，如图 2-12 中的尺寸 75。

标注定位尺寸，应有相应的尺寸基准。从几何角度理解，尺寸基准是确定尺寸位置的几何元素，点、直线、对称中心线等均可为尺寸基准。一个平面图形应有两个坐标方向（*X*，*Y*）的尺寸基准。定位尺寸为零时，不标注。

（2）线段分析　平面图形中的各线段，有的尺寸齐全，可以根据其定形、定位尺寸直接作图画出；有的尺寸不齐全，必须根据其连接关系通过几何作图的方法画出。按尺寸是否齐全，线段分为已知线段、中间线段、连接线段三类：

1）已知线段：指定形、定位尺寸齐全的线段，如手柄的 $\phi$5，*R*10，*R*15 为已知圆弧。

2）中间线段：指只有定形尺寸和一个定位尺寸，而缺少另一定位尺寸的线段。这类线段要在其相邻一端的线段画出后，再根据连接关系（如相切），通过几何作图的方法画出。如手柄的 *R*50。

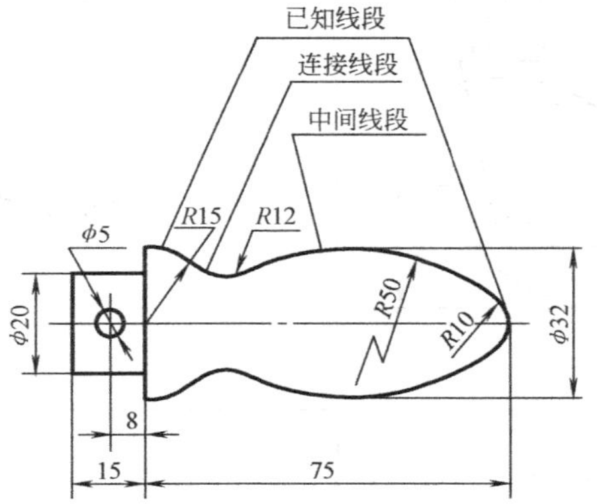


图 2-12　手柄的图形分析

3）连接线段：指只有定形尺寸而缺少定位尺寸的线段，如手柄的 *R*12，需要利用其两侧相切的关系确定圆心和切点，圆弧才能画出。

**2. 平面图形作图方法与步骤**

（1）准备工作

1）准备好绘图工具及仪器，保持整洁的绘图环境。

2）根据图形大小、复杂程度及数量选取比例，确定图纸幅面。

3）鉴别图纸正反面，校正并固定图纸。

（2）画底稿的步骤（用 H 或 2H 铅笔）

1）画图框和标题栏。

2）布置图面，画基准线。

3）画主要轮廓线，然后画细节。

4）检查、修改底稿，保留作图辅助线，擦去不必要的线条。

（3）加深图线　用 B 或 2B 铅笔及圆规，加深图线。每种宽度图线的加深顺序为：先加深圆和圆弧，再由上而下加深所有水平线、由左向右加深所有铅直线，最后加深所有倾斜线。

（4）注写文本　画箭头，注写尺寸数字，填写标题栏及其他文字。

以手柄的平面图形为例，其作图步骤见表 2-2。

**表 2-2　手柄作图步骤**

| | | |
|---|---|---|
| 1 | 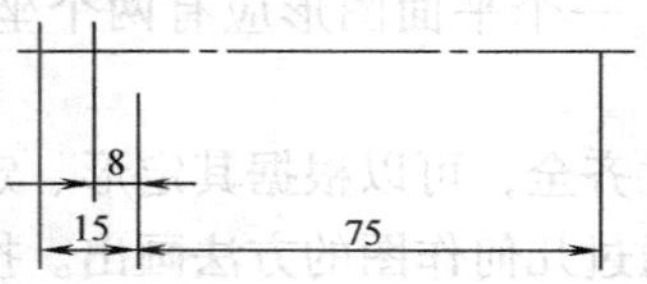 | 分析图形，确定基准，作基准线 |
| 2 | 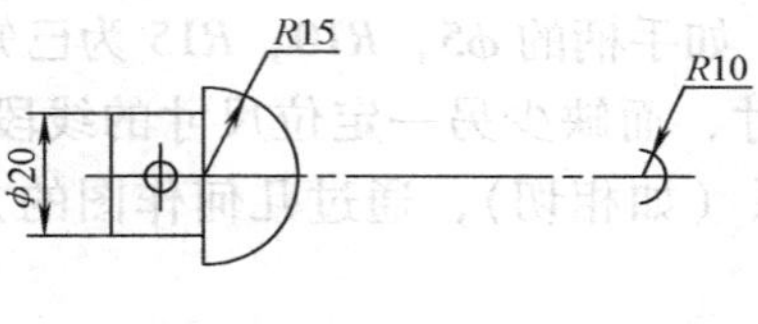 | 画已知线段 |
| 3 | 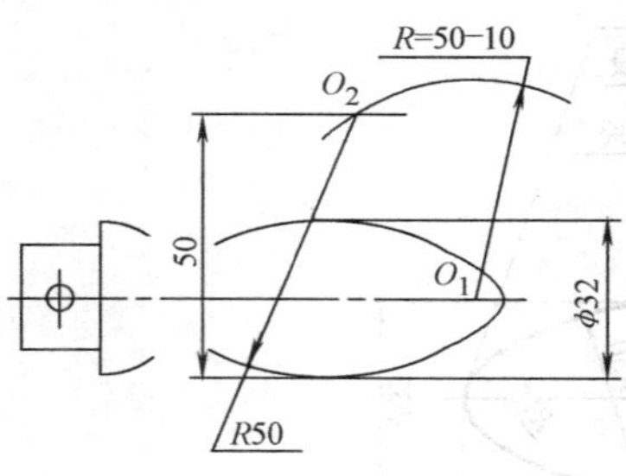 | 画中间线段（求出圆心、切点） |
| 4 | 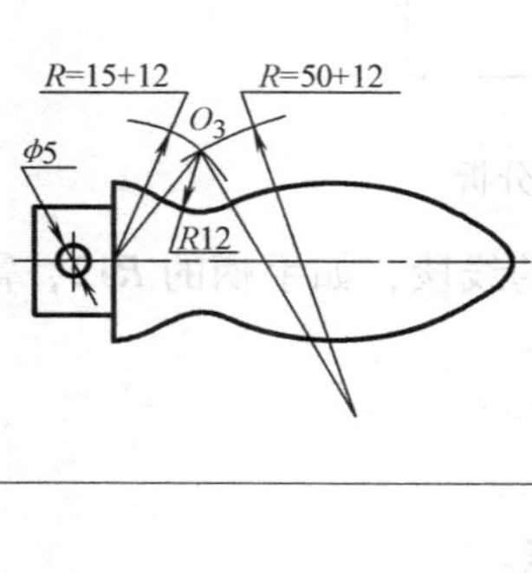 | 画连接线段（求出圆心、切点） |
| 5 | | 检查、描深、注写尺寸，并按要求填写好标题栏 |

**小试身手：**

根据任务书的要求，对连接板平面图进行分析，并绘制连接板的平面图。

**3. 徒手绘图的基本技法**

以目测估计图形与物体的比例，按一定的画法要求徒手绘制的图称为草图。在设计、仿制或修理机器时，经常需要绘制草图。草图是技术人员交流、创作、记录、构思的有力工具，是一种基本技能。

草图虽是徒手绘制，但绝不是潦草的图，仍应做到：图形正确、线型粗细分明、自成比例、字体工整、图面整洁。

（1）直线的画法　画直线时，可先标出直线的两端点，然后执笔悬空沿直线方向比划一下，掌握好方向和走势后再落笔画线。画长直线时，眼睛不要只盯着笔尖，而要目视笔尖运行的方向和终点，小指压住纸面，匀速运笔。可一次画成，也可分几段画成。在画水平线和斜线时，为了运笔方便，可将图纸斜放。如图 2-13 所示。

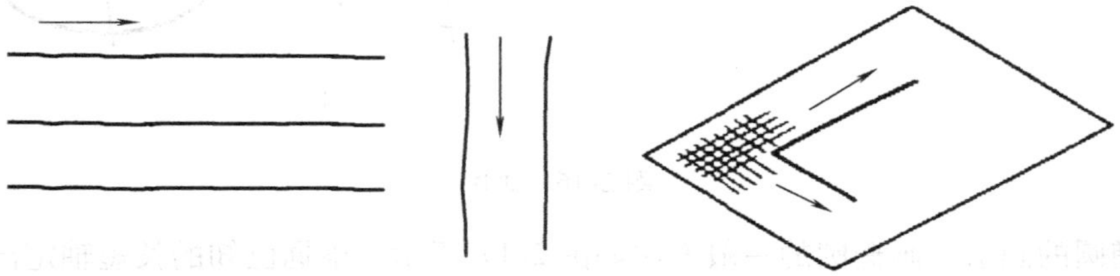

图 2-13　直线画法

（2）等分线段的画法

1）八等分线段（如图 2-14a 所示）：目测取得中点 4，再取分点 2、6，最后取其余分点 1、3、5、7。

2）五等分线段（如图 2-14b 所示）：目测将线段分为 2∶3，得分点 2，再得分点 1，最后取分点 3、4。

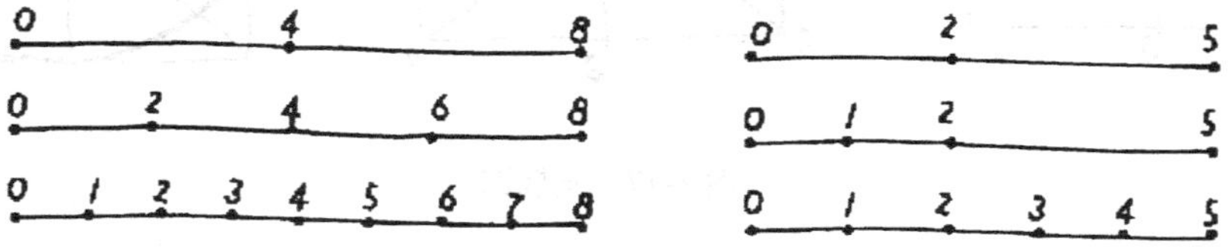


a)　　b)

图 2-14　等分线段

（3）常用角度的画法　可利用直角三角形两直角边的长度比定出两端点，然后连成直线；也可将 1/4 圆弧二等分或三等分画出 45°和 30°，或将 30°弧三等分，画出 10°，如图 2-15所示。

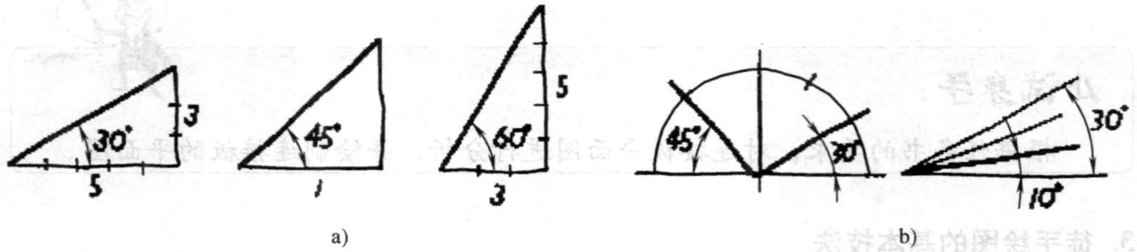


图 2-15　常用角度画法

（4）圆的画法　画圆时，应过圆心先画中心线，再根据半径大小用目测在中心线上定出 4 点，然后过这 4 点画圆，如图 2-16a 所示；对较大的圆，可过圆心加画两条 45°斜线，按半径目测定出 8 点，然后过这 8 点画圆，如图 2-16b 所示。

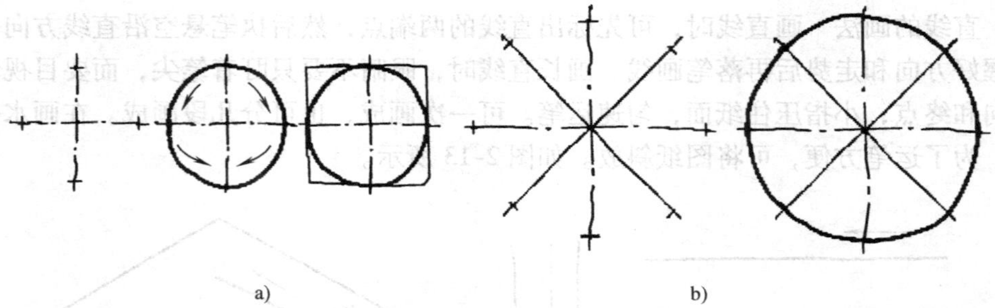


图 2-16　画圆

（5）椭圆的画法　画椭圆的一般方法如图 2-17 所示。根据已知的长短轴定出 4 个端点，画椭圆的外切矩形，将矩形的对角线六等分，过长短轴端点及对角线靠外等分点（共 8 个点）徒手画出椭圆。

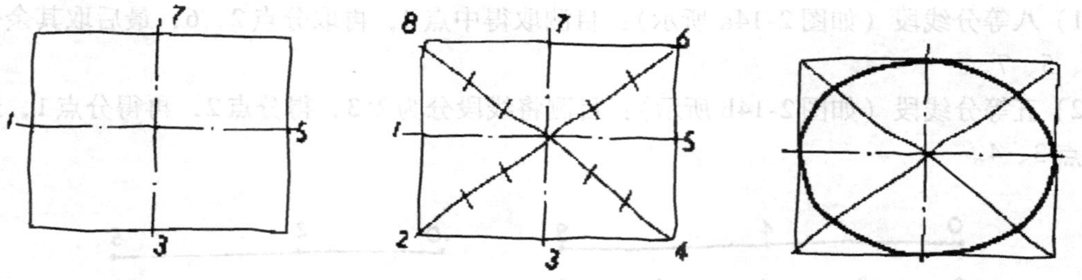


图 2-17　画椭圆

（6）平面图形的画法　初学徒手画图，可在方格纸上进行。在方格纸上画平面图形时，大圆的中心线和主要轮廓线应尽可能利用方格纸上的线条，图形各部分之间的比例可按方格纸上的格数来确定。

## 巩固练习

应用所学知识按照图例，以 1∶1 比例在 A4 图纸上抄画题图 2-1 所示的扳手平面图形。

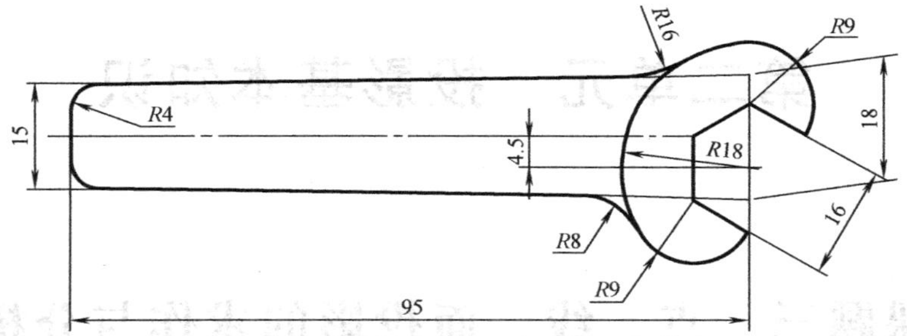


题图 2-1

# 第二单元　投影基本知识

## 课题三　点、线、面投影的求作与分析

### 学习指南

物体在阳光或灯光照射下会产生影子。这个影子在某些方面反映出物体的形状特征。这种自然现象经过科学分析、总结，便建立了“投影法”。

把物体置于光源和投影面之间，投影面上出现的影子称为投影。这种作出物体投影的方法称为投影法。你若知道了投影法，便可理解“图”是如何“制”出来的了。

**教学目标**　1. 明确投影概念，掌握正投影法的基本原理和基本特性。

2. 熟悉三投影面体系的组成和展开。

3. 通过投影基础理论的学习培养空间想象能力。

4. 掌握点的投影作法和规律。

5. 掌握各种位置直线、平面的投影特性，并能借以判断直线、平面的空间位置。

**教学重点**　1. 正投影法的基本原理和基本特性。

2. 三投影面体系的组成和展开。

3. 立体表面上几何元素的投影分析。

4. 空间概念的建立及空间想象能力的培养。

**教学难点**　1. 正投影法的基本原理和基本特性。

2. 空间概念的建立及空间想象能力的培养。

**教学课时**　8 学时。

任务书

# 一、三投影面体系

<table>
<tr><td>项　目</td><td>三投影面体系模型的制作</td><td>用　时</td><td>90 分钟</td></tr>
<tr><td>目的</td><td colspan="3">1. 明确投影概念，掌握正投影法的基本原理和基本特性。<br>2. 熟悉三投影面体系的组成和展开。</td></tr>
<tr><td>准备</td><td colspan="3">每个人准备 400mm × 400mm 的硬纸一张、剪刀、细线、胶带纸、$\phi$10mm 的圆球、100mm 长的硬电线和手电筒。</td></tr>
<tr><td>要求</td><td colspan="3">1. 按照教师所给的模型制作三投影面模型，并标上各部分名称。<br>2. 手电筒分别将圆球和硬电线从不同方向三投影面投影，观察投影的形状变化和规律，完成表格填空。<br><table><tr><td>物品</td><td>正面投影</td><td>水平面投影</td><td>侧面投影</td></tr><tr><td>小球</td><td></td><td></td><td></td></tr><tr><td>直线</td><td></td><td></td><td></td></tr></table></td></tr>
<tr><td>思考</td><td colspan="3">1. 正投影法的投影特性是什么？<br>2. 三视图的投影规律是什么？<br>3. 怎样理解“宽相等”？</td></tr>
<tr><td>后记</td><td colspan="3"></td></tr>
</table>

## 知识链接

**1. 投影法的概念**

物体在光线照射下，会在地面或墙上产生影子。根据这种自然现象，人们进行科学的抽象研究，总结规律，形成了投影的方法。

（1）投射中心　如图3-1所示，把光源抽象为一点$S$，称为投射中心。

（2）投射线　把$S$与物体$ABC$上任一点之间的连线（如$SA$，$SB$……），称为投射线。

（3）投影面　平面$P$称为投影面。

延长$SA$，$SB$，$SC$与投影面$P$相交，其交点$a$，$b$，$c$称为点$A$，$B$，$C$在$P$面上的投影，$\triangle abc$为$\triangle ABC$在$P$面上的投影。

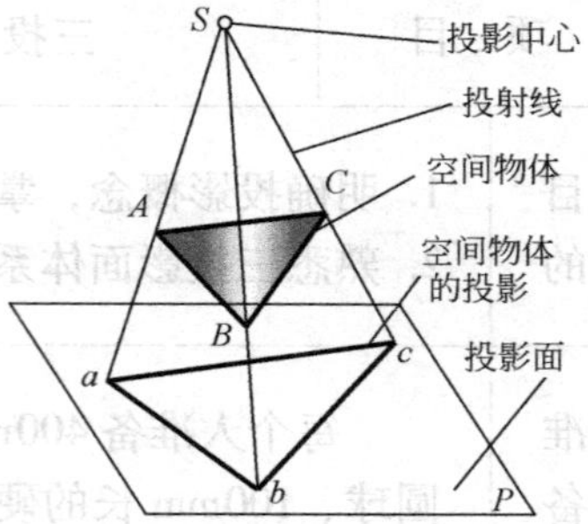

图3-1　中心投影法

（4）投影法　用投射线通过物体，并在选定投影面上得到物体投影的方法，称为投影法。

**2. 投影法的分类**

投影法分为中心投影和平行投影两类。

（1）中心投影法　投影线都通过投影中心的投影法称为中心投影法，如图3-1所示。用中心投影法得到物体的图形，不能反映物体的真实大小，但立体感强，常用于绘制美术图和建筑图的外形图，不能用于绘制机械图样。

（2）平行投影法　当投影中心与投影面的距离为无穷远时，所有投影线相互平行时，这种投影方法称为平行投影法，如图3-2所示。平行投影法又分为斜投影法和正投影法两种。

1）斜投影法：投射线倾斜于投影面的平行投影法，如图3-3a所示。

2）正投影法：投射线垂直于投影面的平行投影法，如图3-3b所示。

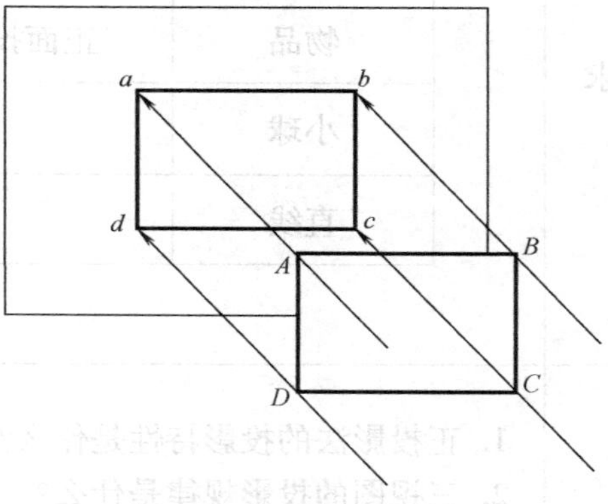

图3-2　平行投影法

由于正投影法能在投影面上准确地表达空间物体的形状和大小，而且度量性好，作图也比较方便，因此在工程上得到了普遍采用。

**3. 正投影法的基本特性**

（1）真实性　当直线或平面平行于投影面时，直线的投影反映实长，平面的投影反映真实形状，如图3-4a所示。

（2）积聚性　当直线或平面垂直于投影面时，直线的投影积聚成一点，平面的投影积聚成直线，如图3-4b所示。

（3）类似性　当直线或平面倾斜于投影面时，直线的投影仍为直线，但小于实长。平面图形的投影小于真实图形的大小，且与真实图形类似，如图3-4c所示。

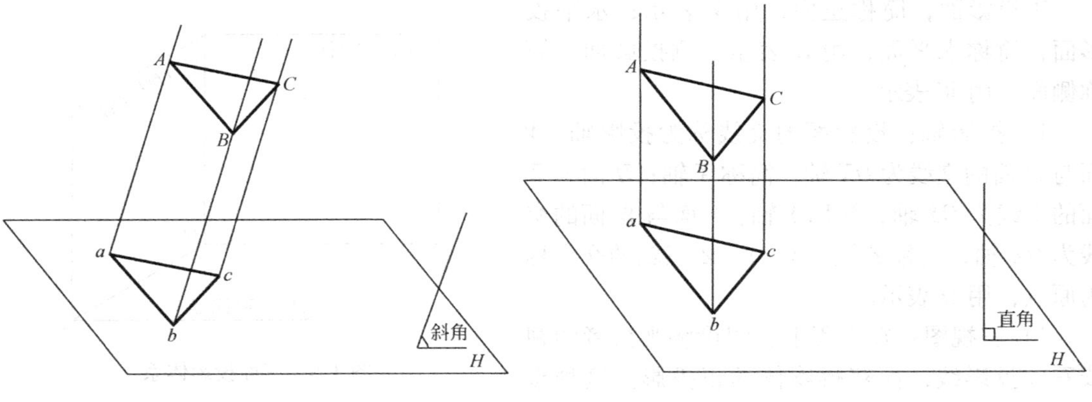


a)　　b)

图 3-3　平行投影法的分类

a）斜投影　b）正投影

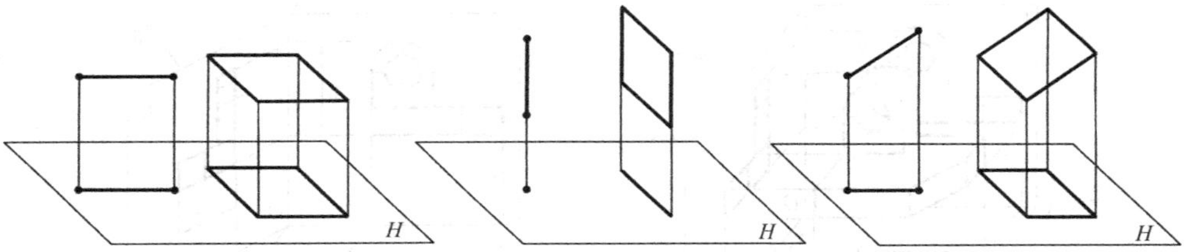


a)　　b)　　c)

图 3-4　正面投影的基本特性

a）真实性　b）积聚性　c）类似性

**4. 物体的三面投影图**

（1）单面投影的情况　用正投影法在一个投影面上得到的一个视图，只能反映物体一个方向的形状、大小，不能完整反映物体的形状和大小，如图 3-5 所示。

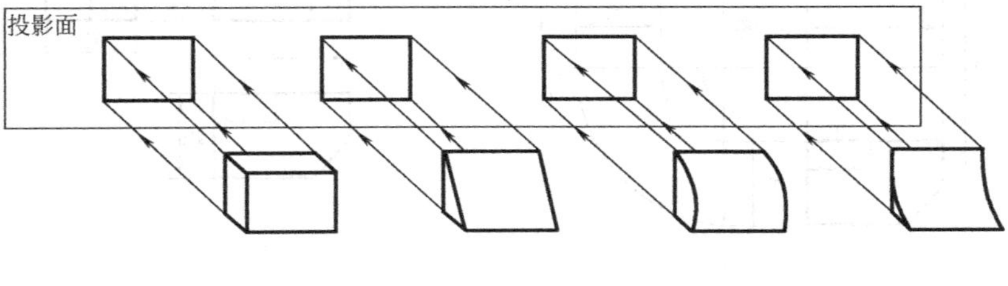


图 3-5　单面投影

（2）三投影面体系的建立　为了准确地表达物体的形状和大小，机械制图采用互相垂直的三个投影面组成的系统——三投影面体系，如图 3-6 所示。

1）投影面：三面投影体系中有三个投影面，分别是：

正投影面，简称正面，用 $V$ 表示；水平投影面，简称水平面，用 $H$ 表示；侧投影面，简称侧面，用 $W$ 表示。

2）投影轴：投影面的交线称为投影轴。$V$ 面与 $H$ 面的交线为 $OX$ 轴，简称 $X$ 轴；$H$ 面与 $W$ 面的交线为 $OY$ 轴，简称 $Y$ 轴；$V$ 面与 $W$ 面的交线为 $OZ$ 轴，简称 $Z$ 轴。$X$、$Y$、$Z$ 三轴的交点称为原点，用 $O$ 表示。

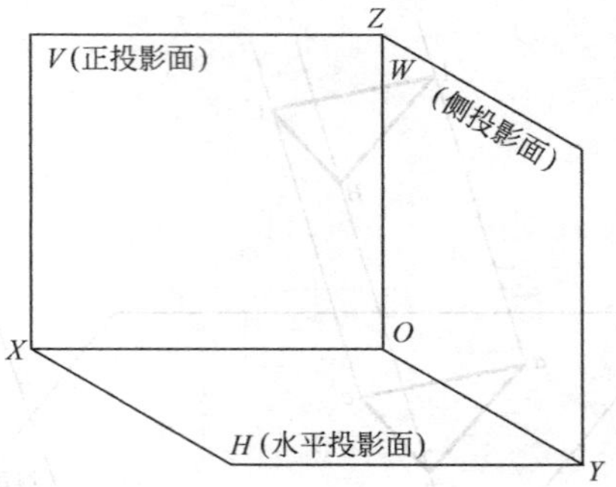

图 3-6　三面投影体系

3）三视图：在工程上，假设将观察者的视线看成投影线，而获得物体的正投影。这种根据国家有关标准和规定，按正投影法绘制的物体的图形，称为视图。在三投影面体系中可获得的视图（图 3-7）有主视图、俯视图、左视图。

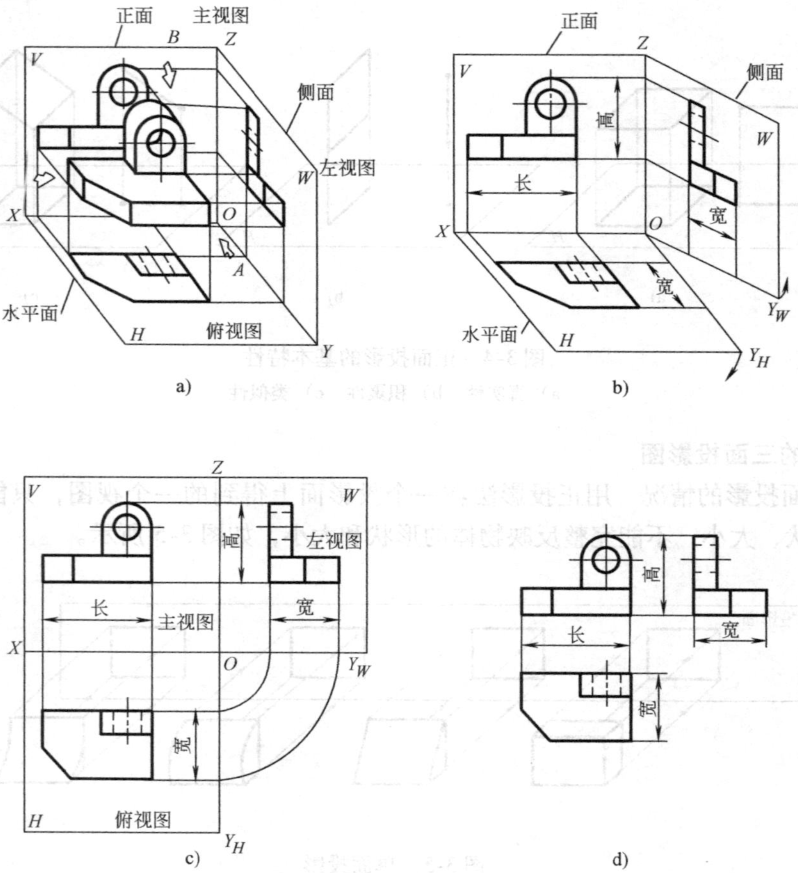

图 3-7　三视图的形成

a）三面投影体系　b）三投影面的旋转　c）三面投影图　d）去掉投影面边框和轴线

主视图——在正面得到的视图（由物体的前方向后方投射所得到的视图）。

俯视图——在水平面上得到的视图（由物体的上方向下方投射所得到的视图）。

左视图——在侧面上得到的视图（由物体的左方向右方投射所得到的视图）。

把三个视图画在同一平面上，必须把三个视图展开，即：正面（$V$）保持不动，水平面（$H$）绕 $OX$ 轴向下旋转 90°，侧面（$W$）绕 $OZ$ 轴向右旋转 90°，如图 3-7b、c 所示。其中 $Y$ 轴随 $H$ 面旋转后以 $Y_H$ 表示，随 $W$ 面旋转后以 $Y_W$ 表示。在投影图上，通常不画出投影面的边界，只画投影轴。画物体的三视图时，投影轴也可省略，如图 3-7d 所示。

展开在一个平面上的三个视图，称为物体的三面视图，简称三视图，如图 3-8 所示。

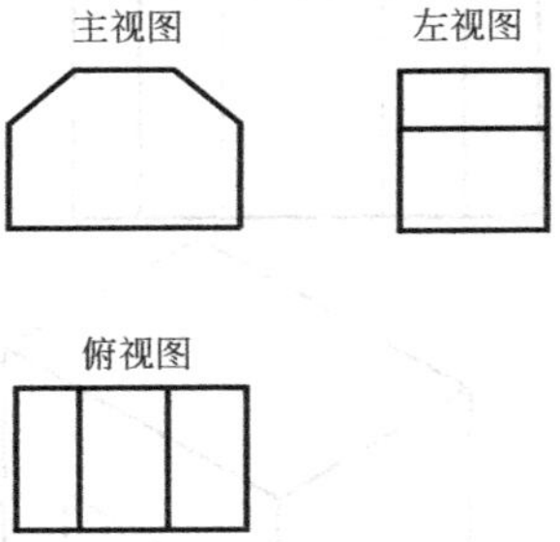

图 3-8　三视图

三视图间的位置关系为：主视图在上方，俯视图在主视图的正下方，左视图在主视图的正右方。

**5. 三视图的投影规律**

从图 3-7c、d 可以看出：

主视图反映物体的长度和高度。

俯视图反映物体的长度和宽度。

左视图反映物体的高度和宽度。

由于三视图反映的是同一物体，因此，三视图之间的投影规律可归纳为：

主视图与俯视图长对正。

主视图与左视图高平齐。

俯视图与左视图宽相等。

简称为：**长对正、高平齐、宽相等**

三视图的投影对应关系是三视图的重要特性，也是画图与看图的依据。

**小试身手：**

根据任务书的要求，在老师的指导下完成三面投影体系模型的制作，并进行投影实验。

## 巩固练习

1. 参照题图 3-1、题图 3-2 中的立体图，在三视图中填写视图的名称。

2. 根据题图 3-3 和题图 3-4 中的轴测图，在三视图的尺寸线上填写长、宽、高尺寸（尺寸数值从图中量出，取整数）。

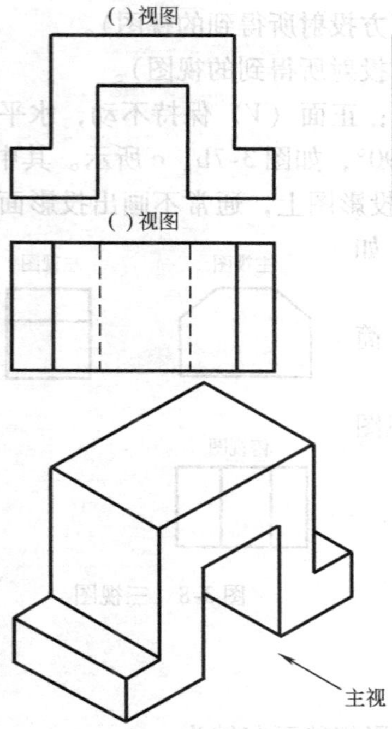


题图 3-1

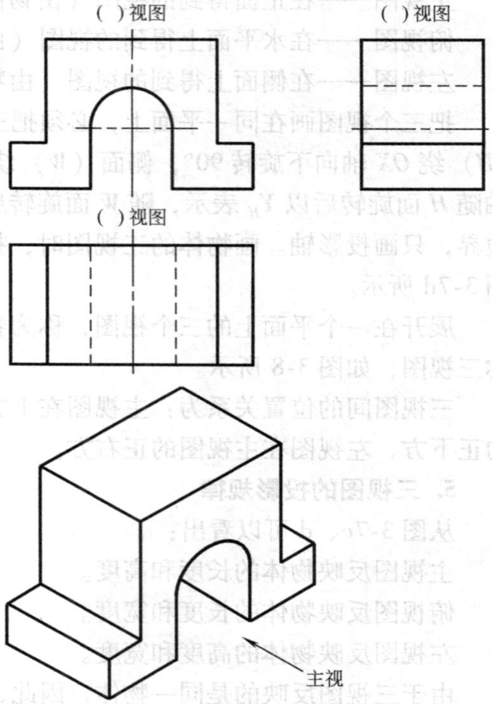


题图 3-2

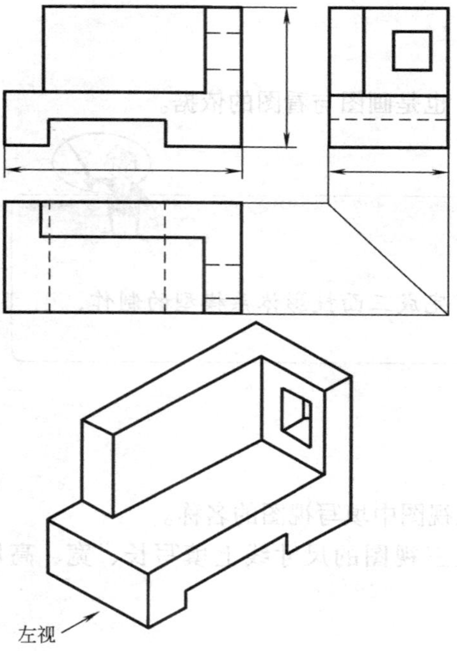


题图 3-3

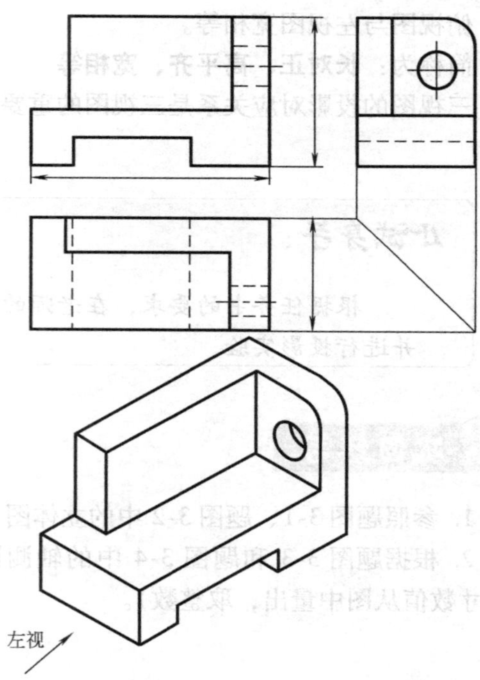


题图 3-4

任务书

# 二、点的投影

<table>
<tr><td>项　目</td><td colspan="2">点的投影图的求作</td><td>用　时</td><td>90 分钟</td></tr>
<tr><td>目的</td><td colspan="4">掌握点的投影作法和规律。</td></tr>
<tr><td>要求</td><td colspan="4">1. 根据空间点的坐标 A（20，15，8），求出点的三面投影。<br>2. 求作 A 点和 B 点的第三面投影<br>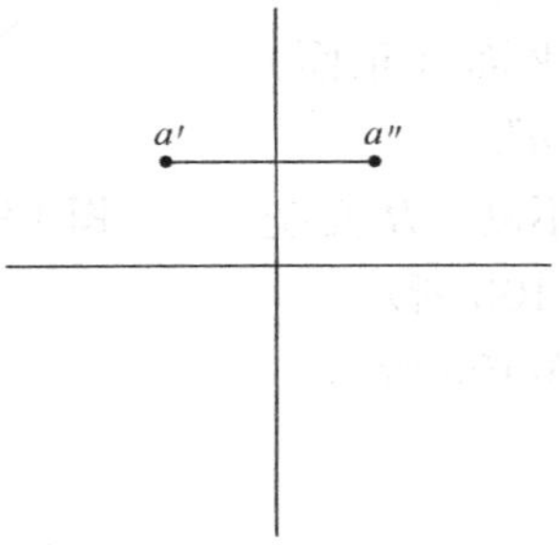<br>(1)<br>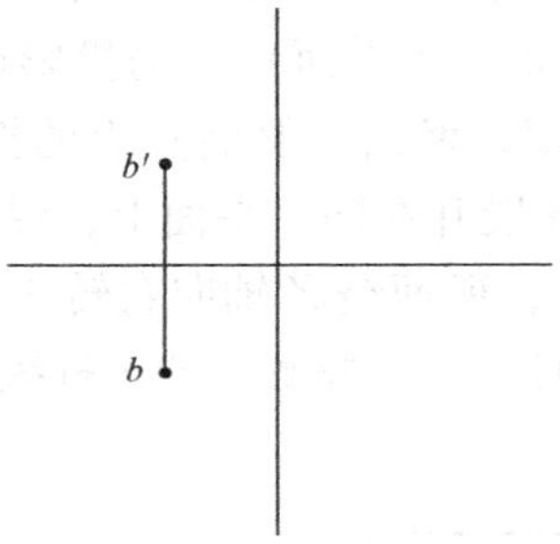<br>(2)<br>3. 根据 A、B 两点的三面投影，判断 A、B 两点的空间位置，并填空：<br>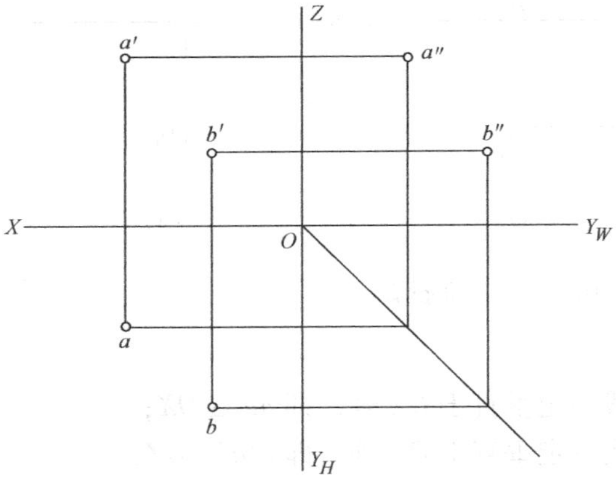<br>A 点在 B 点之________。（上、下）<br>B 点在 A 点之________。（前、后）<br>A 点在 B 点之________。（左、右）</td></tr>
<tr><td>思考</td><td colspan="4">1. 点的三面投影规律是什么？<br>2. 怎样判断空间两点的相对位置？</td></tr>
<tr><td>后记</td><td colspan="4"></td></tr>
</table>

## 知识链接

点是构成物体最基本的几何元素。两点决定一直线，三点决定一个面。任何物体都是由点、线、面所围成。因此，要画出物体的投影图，必须掌握点的投影规律。

**1. 点的空间位置**

空间点的位置通常由点的三个坐标来确定，即由（$x$，$y$，$z$）来确定，如图 3-9 所示。

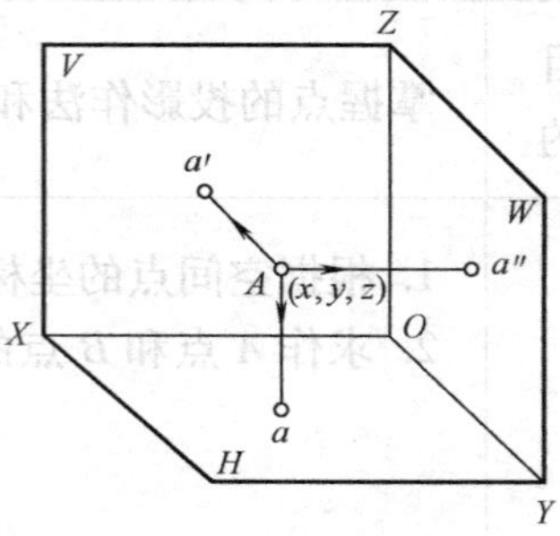

图 3-9　点的空间位置

**2. 点的投影特性**

点的投影永远是点。

**3. 点的三面投影**

空间点 $A$（$x$、$y$、$z$）在 $H$、$V$、$W$ 面上的投影，如图 3-10a所示，$H$ 面（水平面）上的投影记作 $a$，$V$ 面（正面）投影上的记作 $a'$，$W$ 面（侧面）上的投影记作 $a''$。

把图 3-10a 展开在同一平面上，保持 $V$ 面不动，$H$ 面绕 $X$ 轴向下转 90°，$W$ 面绕 $Z$ 轴向右转 90°如图 3-10b 所示。

实际画图时，不画投影面的边框线，如图 3-10c 所示。

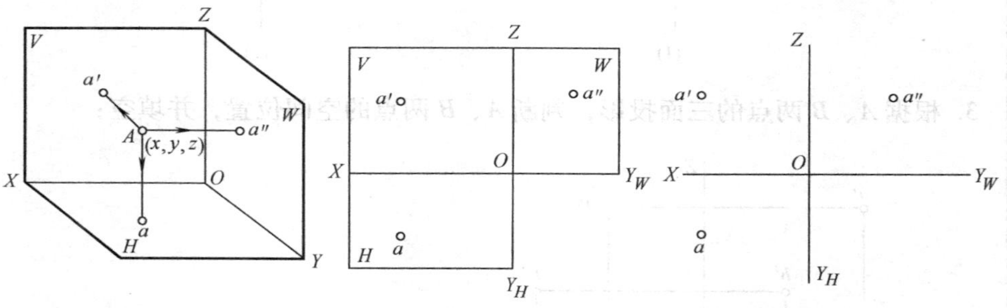

a)　　b)　　c)

图 3-10　点的三面投影

**4. 点的投影规律**

1）点的正面投影与水平投影的连线一定垂直于 $OX$ 轴，即 $aa' \perp OX$；

2）点的正面投影与侧面投影的连线一定垂直于 $OZ$ 轴，即 $a'a'' \perp OZ$；

3）点的水平投影到 $OX$ 轴的距离等于点的侧面投影到 $OZ$ 轴的距离，即 $aa_x = a''a_z$。

点本身没有长、宽、高，但是点在三投影面体系中的投影规律实质上与“三等”对应关系是一致的，如图 3-11 所示。

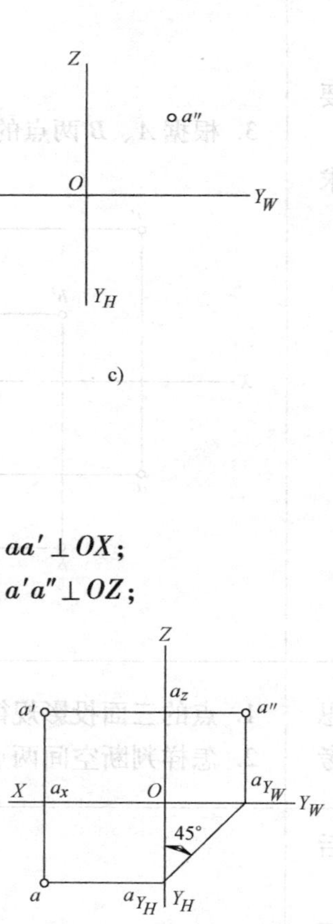

图 3-11　点的投影规律

**5. 点的投影与点坐标的关系**

在三投影面体系中，点的位置可由点到三个投影面的距离来确定。如果将三个投影面作为三个坐标面，投影轴作为坐标轴，则点的投影和点的坐标关系如下（图3-12）：

点 $A$ 到 $W$ 面的距离为 $Aa''=a_xO=a'a_z=aa_y=x$ 坐标；

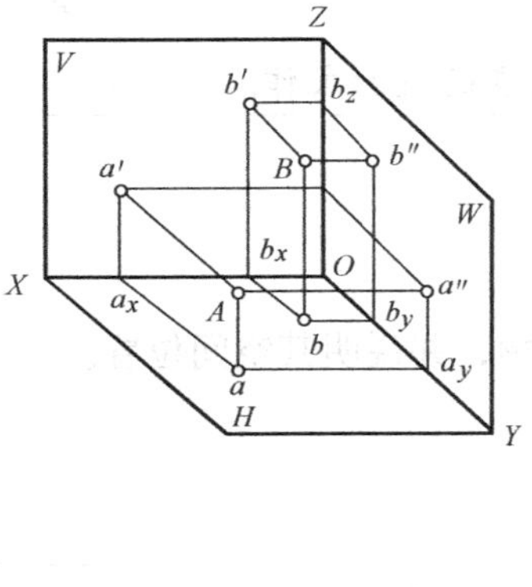


a)

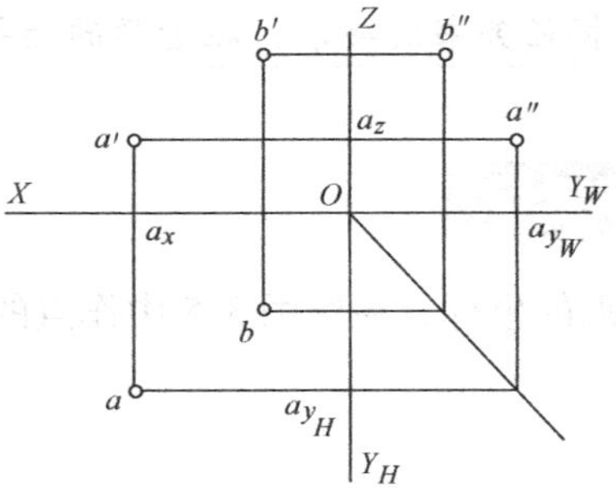


b)

图3-12　点在空间的相对位置

点 $A$ 到 $V$ 面的距离为 $Aa'=a_yO=a''a_z=aa_x=y$ 坐标；

点 $A$ 到 $H$ 面的距离为 $Aa=a_zO=a''a_y=a'a_x=z$ 坐标。

空间一点的位置可由该点的坐标（$x$，$y$，$z$）确定。

$A$ 点三投影的坐标分别为 $a(x,\ y)$，$a'(x,\ z)$，$a''(y,\ z)$。任一投影都包含了两个坐标，故一点的两个投影必包含确定该点空间位置的三个坐标，从而可确定点的空间位置。

**6. 两点的相对位置**

两点相对位置是以一点为基准，判别其他点对这一点的左右、高低、前后位置关系。在三投影面体系中，两点的相对位置是由两点的坐标差决定的。如图3-12所示，$B$ 点比 $A$ 点高，$A$ 点在 $B$ 点的左边，$A$ 点在 $B$ 点的前面。

判定空间两点的相对位置，根据点的 $x$、$y$、$z$ 坐标值的大小确定：$x$ 坐标值大的点在左边，$y$ 坐标值大的点在前边，$z$ 坐标值大的点在上边。

**7. 重影点的投影**

（1）定义　当空间两点的坐标值有两个相同时，该两点在某一投影面上的投影重合于一点，称为对该投影面的重影点。

（2）性质　空间两点的同一投影面上的投影重合于一点的性质，称为重影性。

（3）可见性　在投影图上，如果两个点具有重影性，则重影点中对重合投影面的距离较大的那个点是可见的，而另一点是不可见的，加圆括弧表示，如图3-13中的点投影（$a$）。

如图3-13所示为重影点 $A$、$B$ 的表示。

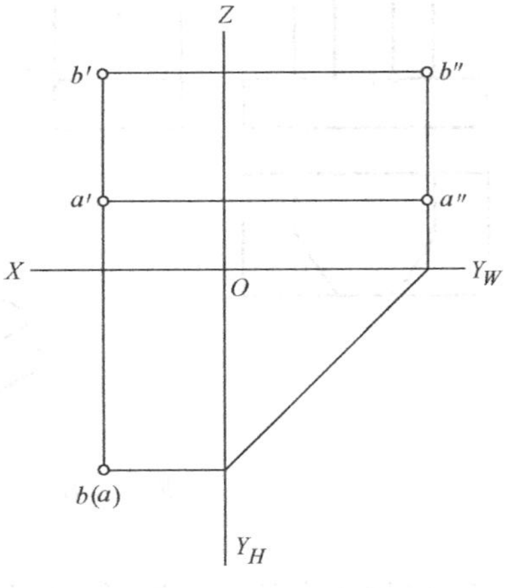


图3-13　重影点的表示

## 小试身手：

根据任务书的要求，在老师的指导下完成点的投影求作。

## 巩固练习

1. 根据点的坐标，在题图 3-5 中作点的三面投影，并说明其空间位置。

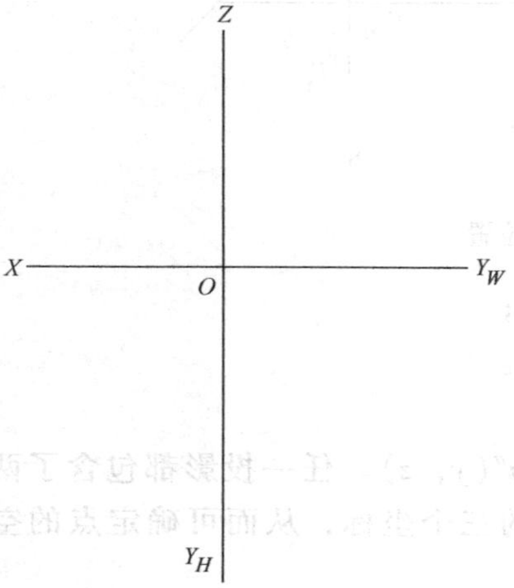


题图 3-5

| 点 \ 坐标 | X | Y | Z |
|---|---|---|---|
| A | 15 | 20 | 10 |
| B | 30 | 0 | 15 |
| C | 25 | 30 | 0 |
| D | 0 | 25 | 20 |

______点最高，______点最低，
______点最前，______点最后，
______点最左，______点最右。

2. 参照题图 3-6 所示的三视图，在立体图上标出 *C*、*D* 两点位置，并填空。

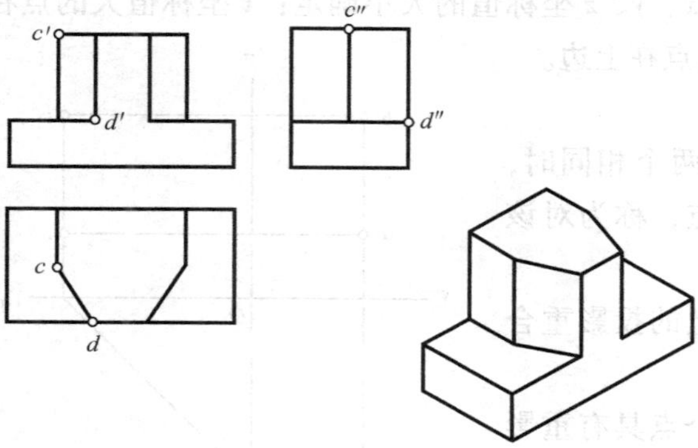


题图 3-6

*C* 点在 *D* 点之______。（上、下）
*C* 点在 *D* 点之______。（前、后）
*C* 点在 *D* 点之______。（左、右）

3. 已知 *A* 点的三面投影，*B* 点在 *A* 点的左方 15，前方 10，下方 5，在题图 3-7 中求作 *B* 点的三面投影图。

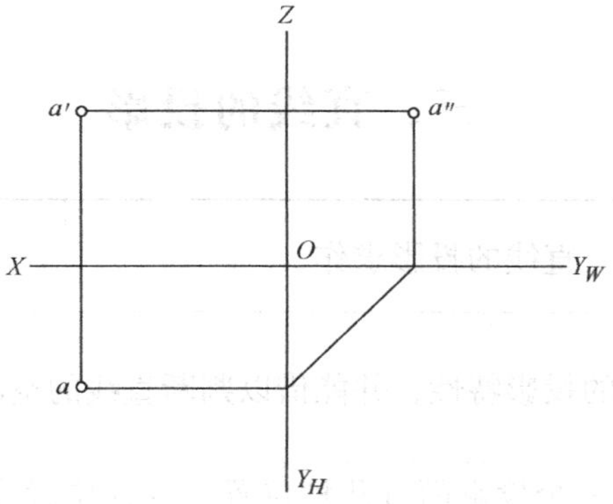


题图 3-7

4. 参照题图 3-8b，在题图 3-8a 中作出 *C*、*D* 两点的三面投影，并标注可见性（尺寸数值从图中量出，取整数）。

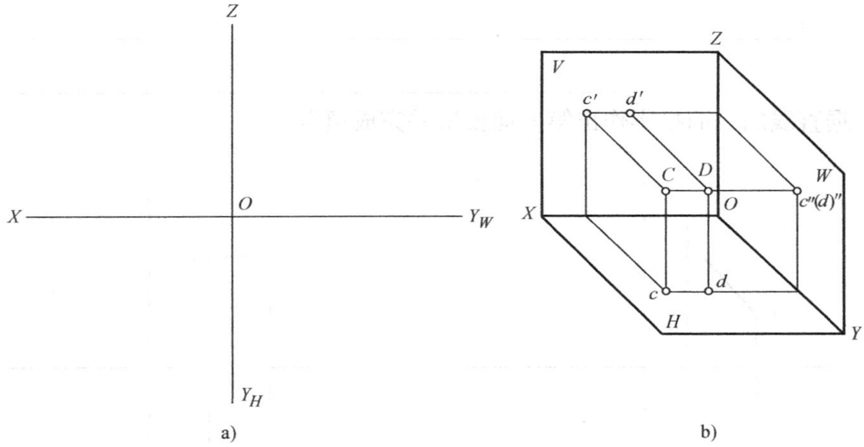


题图 3-8

任务书

# 三、直线的投影

| 项　目 | 直线的投影求作 | 用　时 | 90 分钟 |
|---|---|---|---|

**目的**

掌握各种位置直线的投影特性，并能借以判断直线的空间位置。

**要求**

1. 说说直线相对于一个投影面有几种位置，各种位置投影情况及其图样特性如何，完成表格。

| 直线相对于投影面位置 | 投影 | 投影特性 |
|---|---|---|
| | | |
| | | |
| | | |

2. 据直线的二面投影作出第三面投影并完成填空。

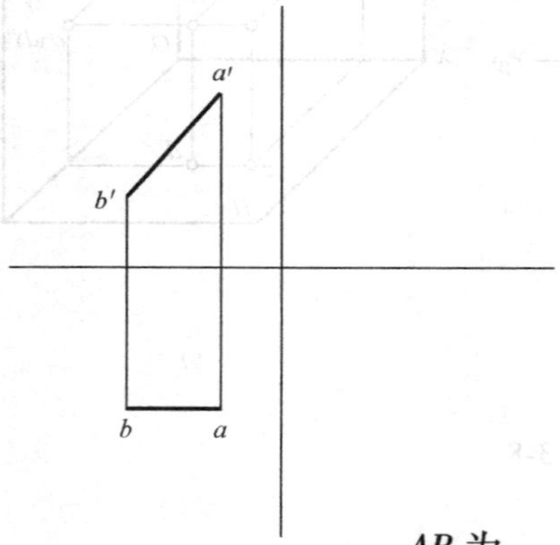


AB 为________线

(1)

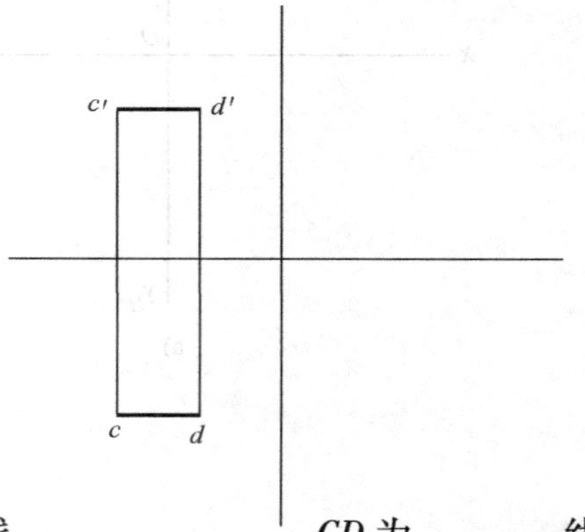


CD 为________线

(2)

**思考**

直线的三面投影规律是什么？

**后记**

知识链接

直线，应包括无限长的直线和直线线段，本书提到的“直线”仅指后者，即讨论直线线段的投影。

空间两点可以决定一直线。因此，作直线的投影时，只需要作直线上任意两点的投影，然后将它们的同面投影连起来，就得到直线投影。

如图3-14a、b所示，直线上两点 $A$、$B$ 的投影分别是 $a$、$a'$、$a''$ 及 $b$、$b'$、$b''$。将水平面投影 $a$、$b$ 连接，便得到直线 $AB$ 的水平面投影 $ab$；同样可以得到直线的正面投影 $a'b'$ 和直线的侧面投影 $a''b''$（图3-14c）。

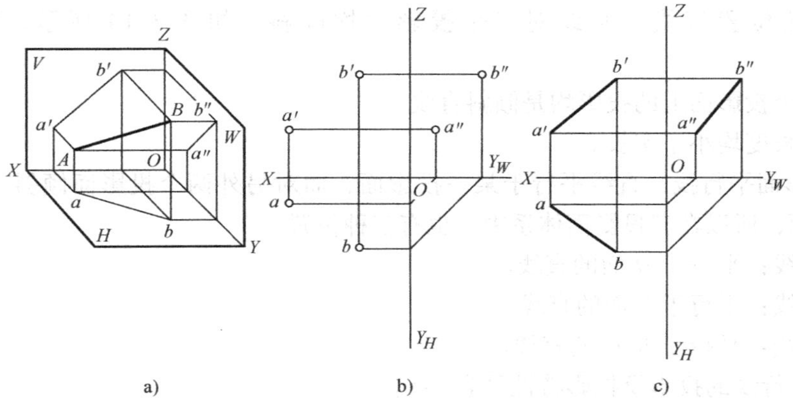


图3-14　直线的三面投影

**1. 直线的投影特性**

如图3-15所示，空间直线相对一个投影面的位置有三种：平行、垂直、倾斜，直线的投影特性分别表现为真实性、积聚性和收缩性。

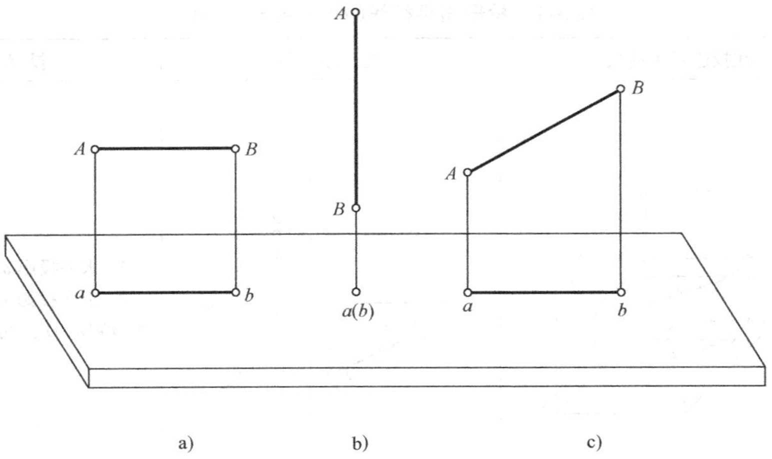


图3-15　直线的投影特性

**助记口诀：**

直线平行投影面，投影原形现；
直线倾斜投影面，投影长度变；
直线垂直投影面，投影聚成点。

**2. 直线在三投影面体系中的投影特性**

在三投影面体系中，空间直线相对于投影面的位置有三种：一般位置直线、投影面平行线、投影面垂直线（后两类直线也称特殊位置直线）。

（1）一般位置直线　直线对三个投影面均倾斜，如图 3-14 所示，其投影特性如下：

1）在三个投影面上的投影均是倾斜直线。

2）投影长度均小于实长。

（2）投影面平行线　直线平行于某一投影面，而对另外两个投影面倾斜。由于只平行于一个投影面，所以在三投影面体系中，也有三种位置。

1）水平线：平行于 *H* 面的直线。

2）正平线：平行于 *V* 面的直线。

3）侧平线：平行于 *W* 面的直线。

投影面平行线的投影及投影特性见表 3-1。

（3）投影面垂直线　直线垂直于某一投影面，而对另外两个投影面平行。它在三投影面体系中，也有三种位置。

1）铅垂线：垂直于 *H* 面的直线。

2）正垂线：垂直于 *V* 面的直线。

3）侧垂线：垂直于 *W* 面的直线。

投影面垂直线的投影及投影特性见表 3-2。

**表 3-1　投影面平行线的投影及投影特性**

<table>
<tr><th>名称</th><th>在投影系中的投影</th><th>投　影　图</th><th>投 影 特 性</th></tr>
<tr><td>水平线<br>//H<br>∠V<br>∠W</td><td>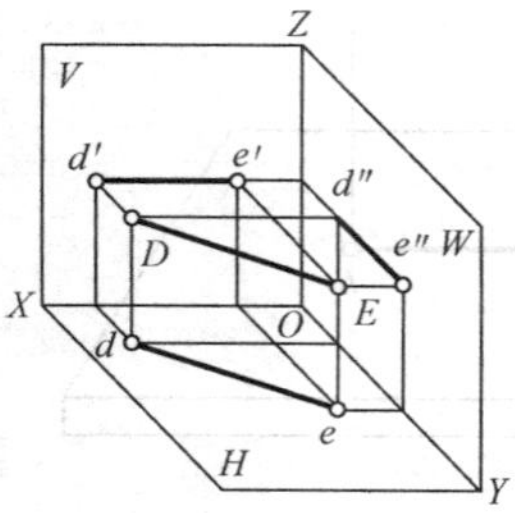
</td><td>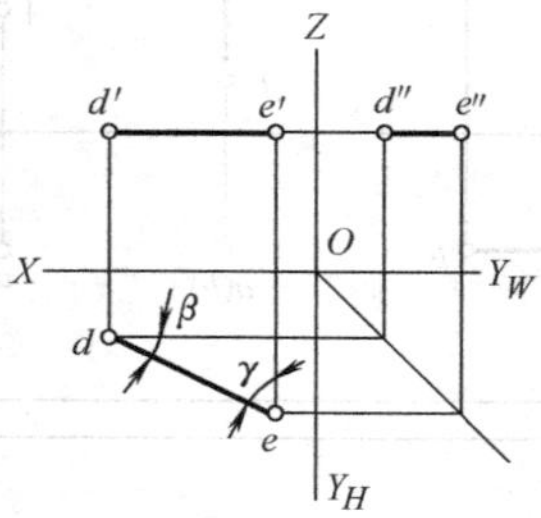
</td><td>1. 水平投影 $de=DE$<br>2. 正面投影 $d'e'//OX$，侧面投影 $d''e''//OY_W$，两者均不反映实长</td></tr>
</table>

（续）

| 名称 | 在投影系中的投影 | 投　影　图 | 投 影 特 性 |
| --- | --- | --- | --- |
| 正平线<br>//*V*<br>∠*H*<br>∠*W* | 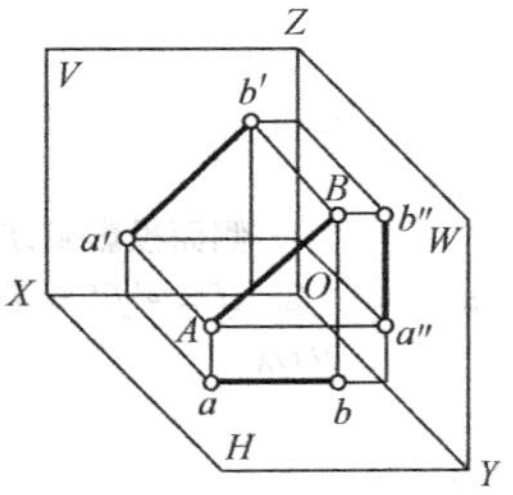 | 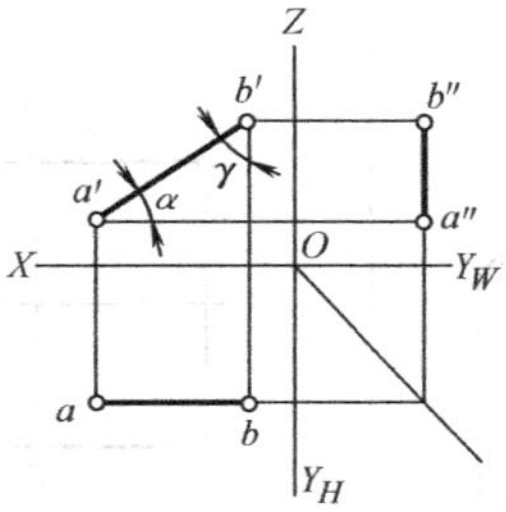 | 1. 正面投影 $a'b'=AB$<br>2. 水平投影 $ab$ // $OX$，侧面投影 $a''b''$ // $OZ$，两者均不反映实长 |
| 侧平线<br>//*W*<br>∠*H*<br>∠*V* | 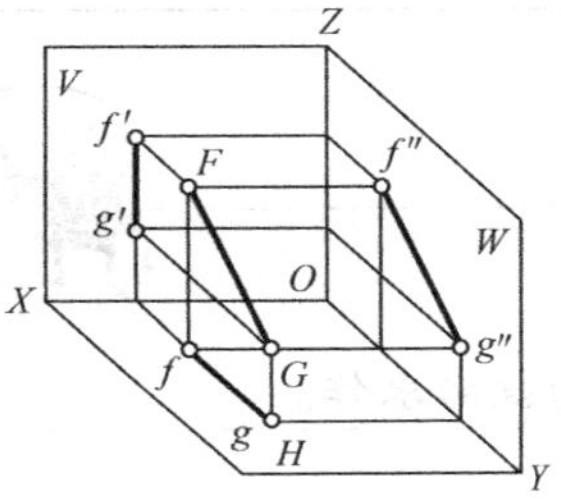 | 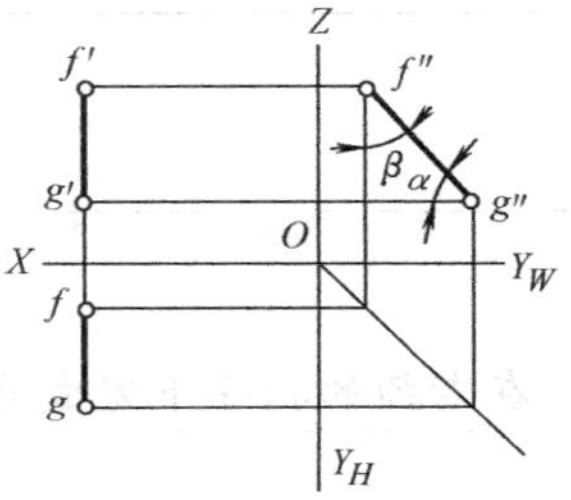 | 1. 侧面投影 $f''g''=FG$<br>2. 水平投影 $fg$ // $OY_H$，正面投影 $f'g'$ // $OZ$，两者均不反映实长 |

**表 3-2　投影面垂直线的投影及投影特性**

| 名称 | 在投影系中的投影 | 投　影　图 | 投 影 特 性 |
| --- | --- | --- | --- |
| 铅垂线<br>⊥*H*<br>//*V*<br>//*W* | 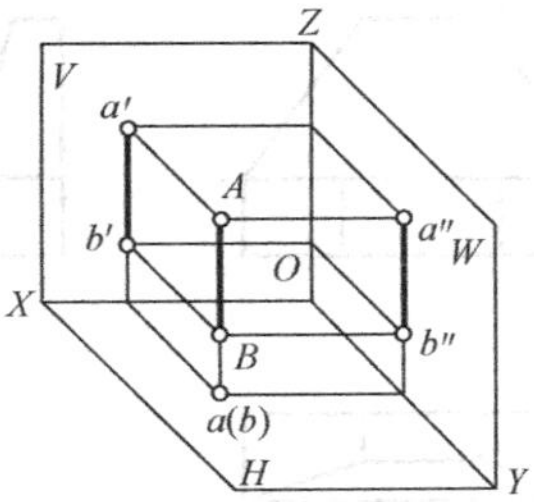 | 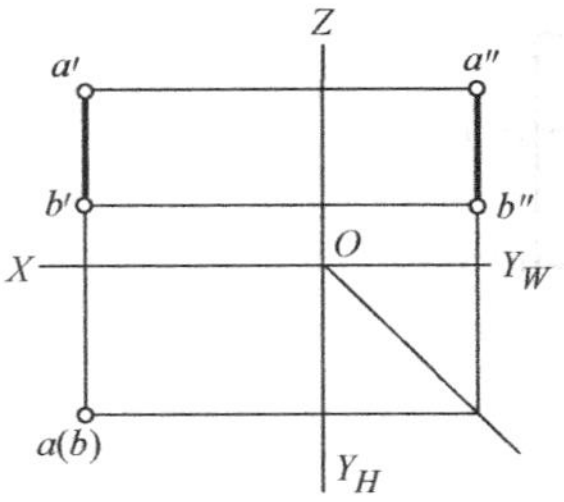 | 1. 水平投影 $a$，$b$ 重影成一点<br>2. $a'b'=a''b''=AB$，且 $a'b'$ // $a''b''$ // $OZ$ |
| 正垂线<br>⊥*V*<br>//*W*<br>//*H* | 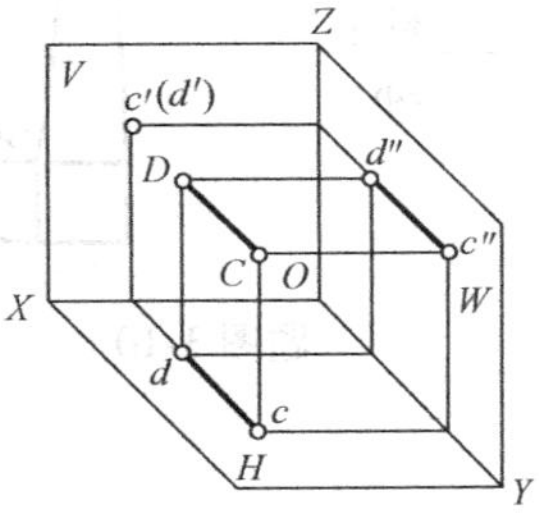 | 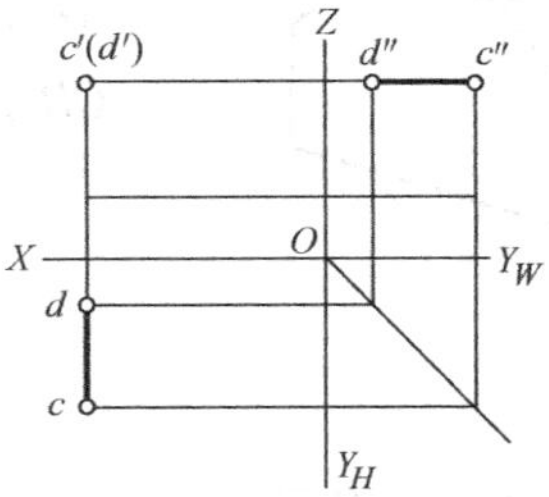 | 1. 正面投影 $c'$，$d'$ 重影成一点<br>2. $cd=c''d''=CD$，且 $cd$ // $OY_H$，$c''d''$ // $OY_W$ |

（续）

| 名称 | 在投影系中的投影 | 投影图 | 投影特性 |
|---|---|---|---|
| 侧垂线<br>⊥W<br>//V<br>//H | 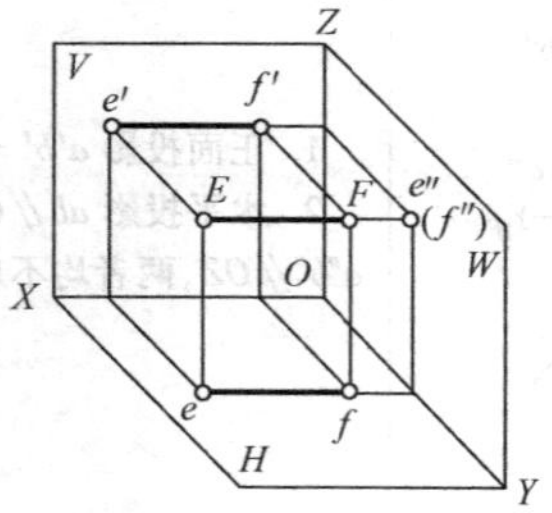 | 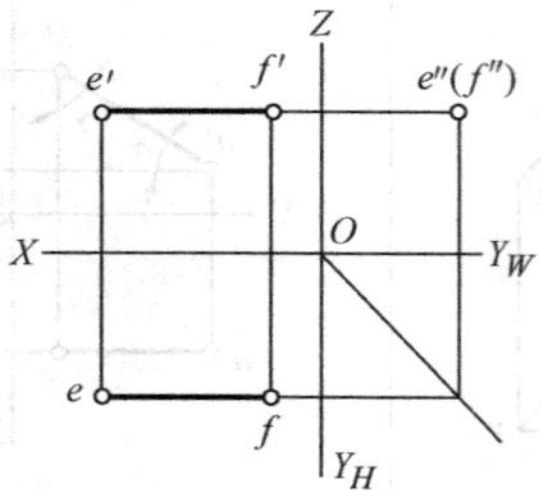 | 1. 侧面投影 $e''$, $f''$ 重影成一点<br>2. $ef = e'f' = EF$，且 $ef$ // $e'f'$ // $OX$ |

**小试身手：**

根据任务书的要求，在老师的指导下完成直线的投影求作。

## 巩固练习

1. 在题图 3-9、题图 3-10 的三视图中标出直线 *AB* 和 *CD* 的第三面投影，并填写它们与投影面的相对位置。

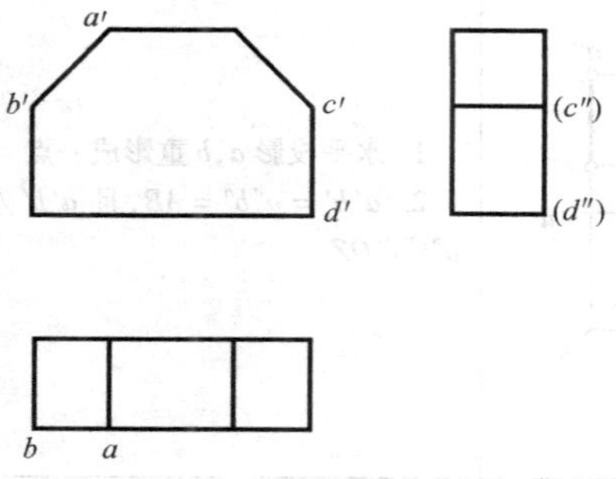


*AB* 是________线；
*CD* 是________线。

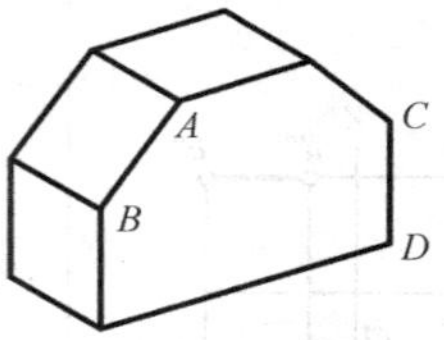


题图 3-9

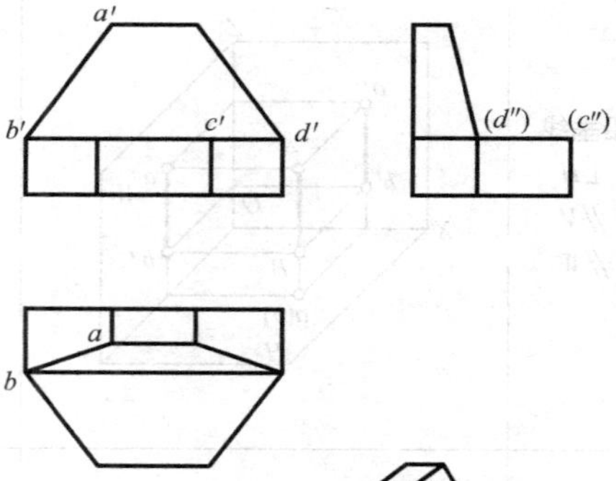


*AB* 是________线；
*CD* 是________线。

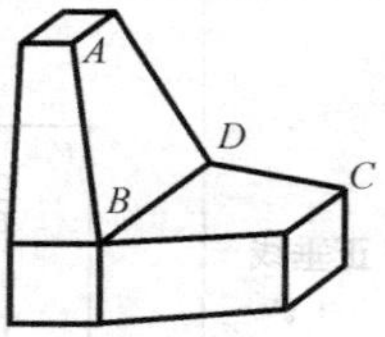


题图 3-10

2. 补画左视图（题图 3-11），并填空。

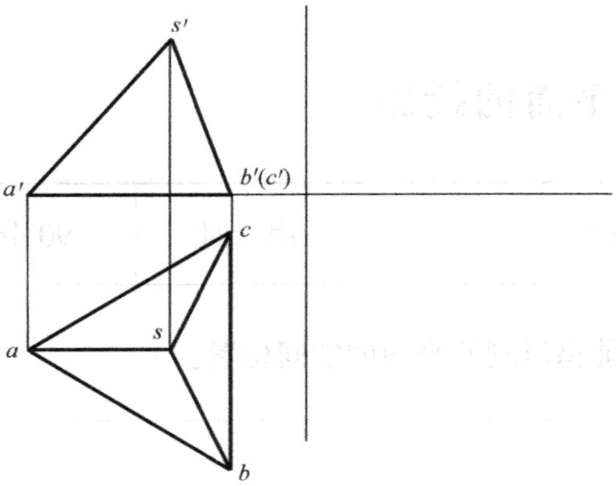


题图 3-11

*SA* 是________线。
*SB* 是________线。
*BC* 是________线。

3. 已知线段 *AB* 长 20mm 和端点 *A* 的投影，在题图 3-12 和题图 3-13 中按给定的条件作 *AB* 的三面投影。

（1）平行于 *V* 面，与 *H* 面夹角为 30°。（2）垂直于 *W* 面。

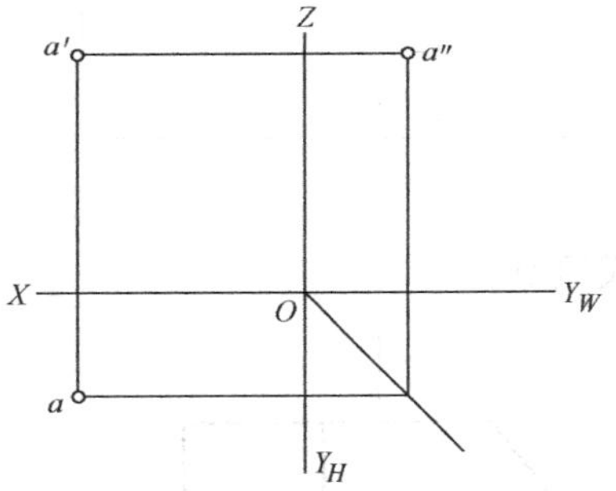


题图 3-12

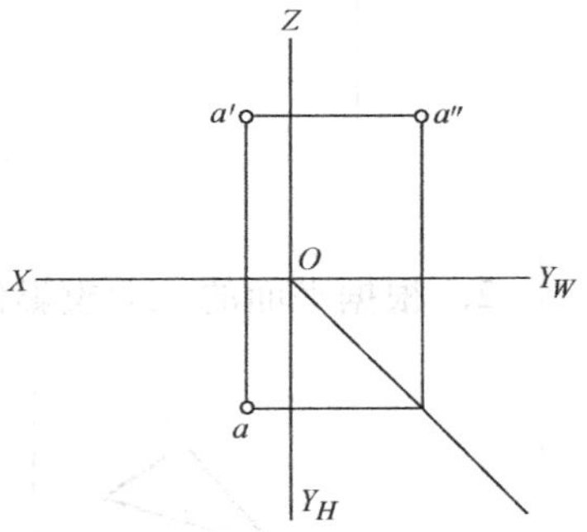


题图 3-13

任务书

# 四、平面的投影

| 项　目 | 平面的投影求作 | 用　时 | 90分钟 |
|---|---|---|---|

**目的**　掌握各种位置平面的投影特性，并能借以判断平面的空间位置。

**要求**

1. 说说平面相对于一个投影面有几种位置，各种位置投影情况及其图样特性如何，完成表格。

| 平面相对于投影面位置 | 投影 | 投影特性 |
|---|---|---|
| | | |
| | | |
| | | |

2. 根据平面的二面投影作出第三面投影并完成填空。

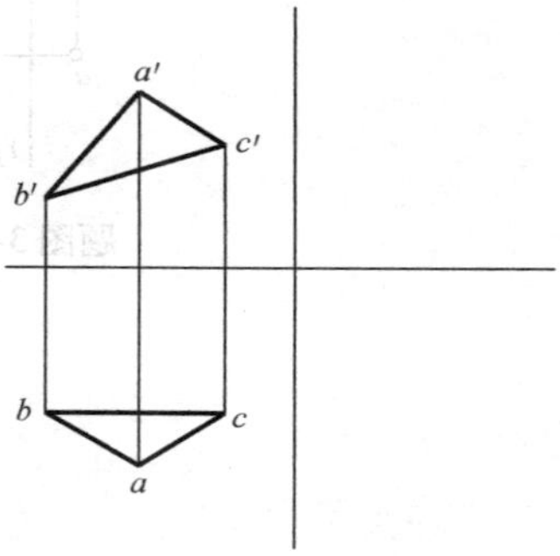


(1)

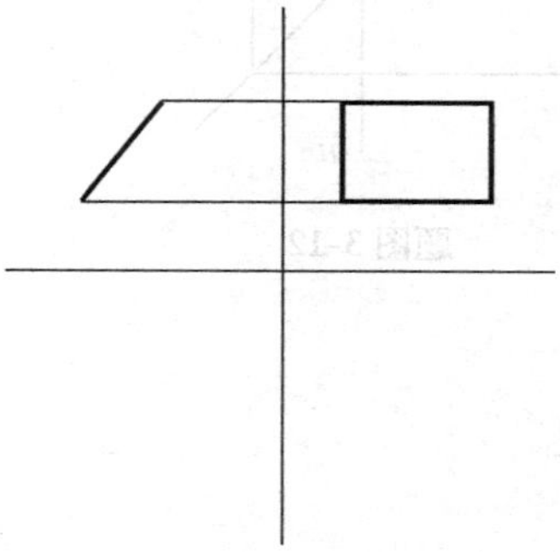

(2)

**思考**　平面的三面投影规律是什么？

**后记**

**知识链接**

不在同一直线上的三点可决定一个平面，所以在投影图上可利用一组几何元素来表示平面。但是形体上任一平面图形，都有一定的形状、大小和位置。因此，作平面的投影时可先作出能决定平面的几何形状特点及其投影面相对位置的一系列点的三面投影，然后连接这些点的同面投影，得到平面的三面投影（图 3-16）。

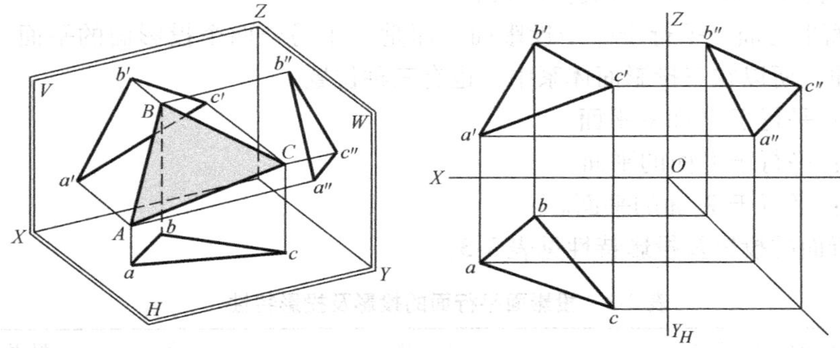


a)　　　　b)

图 3-16　平面的投影

### 1. 平面的投影特性

如图 3-17 所示，空间平面相对一个投影面的位置有：平行、垂直、倾斜三种位置。平面的投影特性分别表现为真实性、积聚性和收缩性。

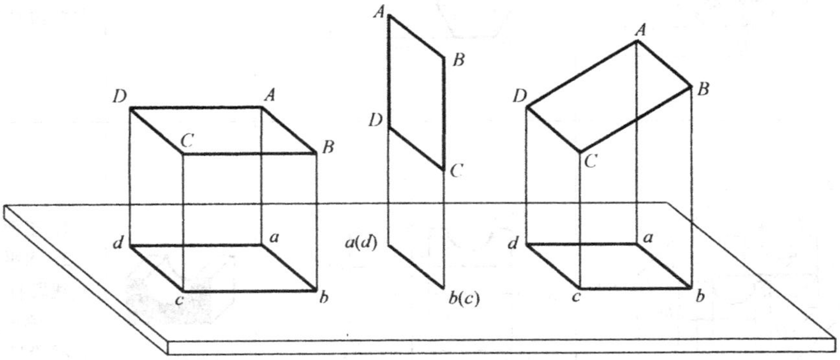


图 3-17　平面的投影特性

**助记口诀：**

平面平行投影面，投影原形现；
平面倾斜投影面，投影面积变；
平面垂直投影面，投影聚成线。

**2. 平面在三投影面体系中的投影特性**

在三投影面体系中，平面相对于投影面的位置可分三种：一般位置平面、投影面平行面、投影面垂直面（后两类平面也称特殊位置平面）。

（1）一般位置平面　与三个投影面都处于倾斜位置的平面，如图 3-16 所示，其投影特性如下：

1）在三个投影面上的投影均为原平面的类似形；

2）投影比原形缩小，不反映真实形状。

（2）投影面平行面　平行于一个投影面，而垂直于另外两个投影面的平面。由于只平行于一个投影面，所以在三投影面体系中，也有三种位置。

1）水平面：平行于 *H* 面的平面。

2）正平面：平行于 *V* 面的平面。

3）侧平面：平行于 *W* 面的平面。

投影面平行面的投影及投影特性见表 3-3。

**表 3-3　投影面平行面的投影及投影特性**

| 名称 | 在投影系中的投影 | 投 影 图 | 实　例 | 投 影 特 性 |
|---|---|---|---|---|
| 水平面<br>//*H*<br>⊥*V*<br>⊥*W* | 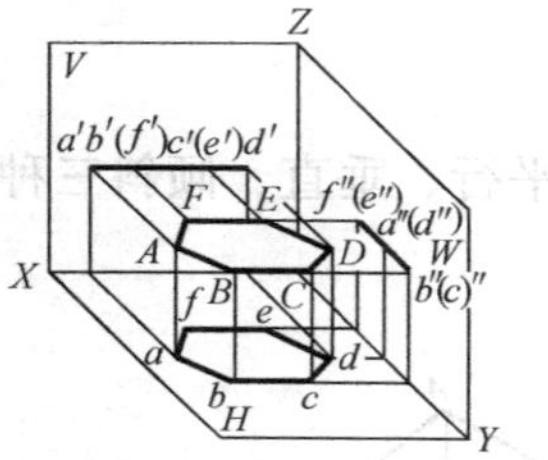 | 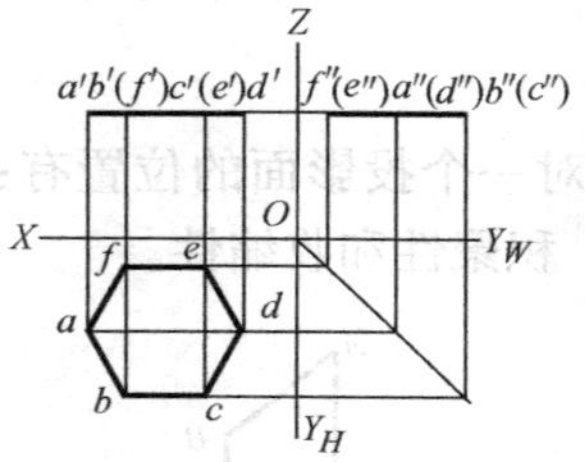 |  | 1. 水平投影反映实形<br>2. 正面投影积聚成一直线段且平行于 *OX*<br>3. 侧面投影积聚成一直线段且平行于 $OY_W$ |
| 正平面<br>//*V*<br>⊥*H*<br>⊥*W* | 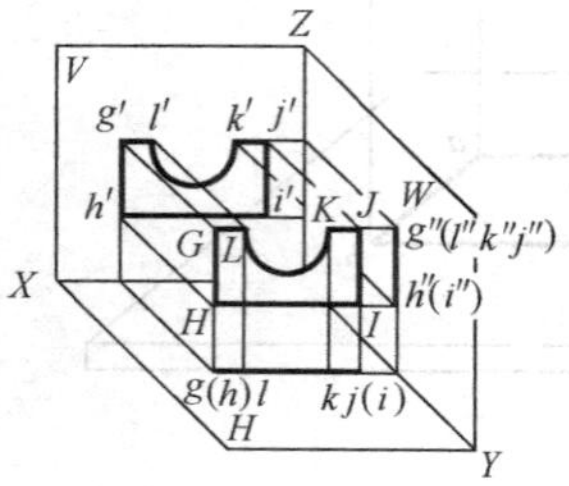 | 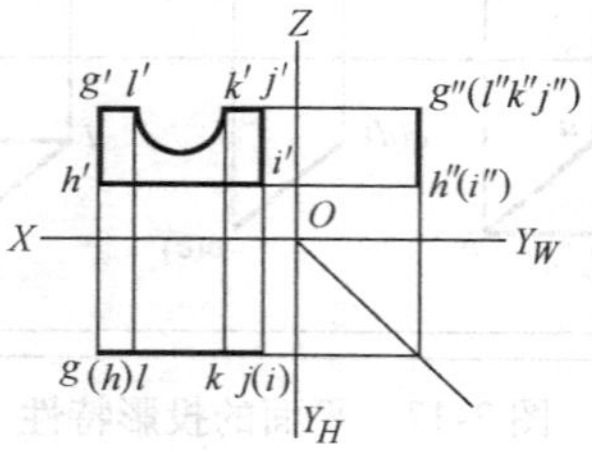 |  | 1. 正面投影反映实形<br>2. 水平投影积聚成一直线段且平行于 *OX*<br>3. 侧面投影积聚成一直线段且平行于 *OZ* |
| 侧平面<br>//*W*<br>⊥*H*<br>⊥*V* | 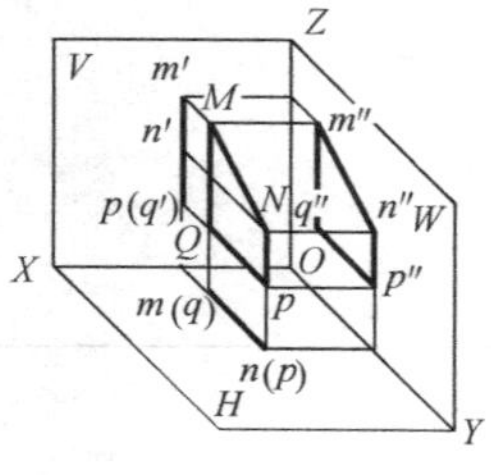 | 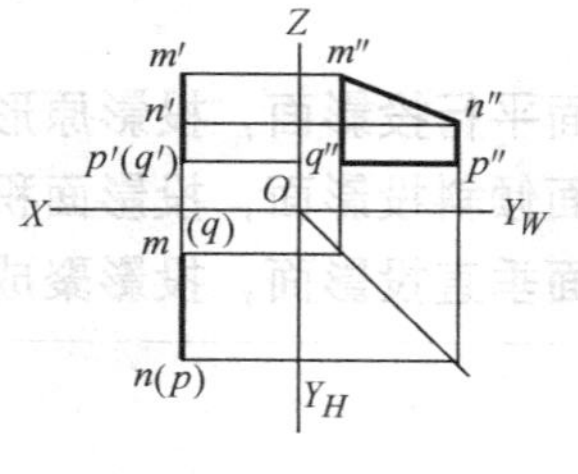 | 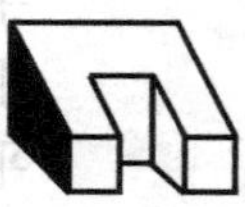 | 1. 侧面投影反映实形<br>2. 正面投影积聚成一直线段且平行于 *OZ*<br>3. 水平投影积聚成一直线段且平行于 $OY_H$ |

(3) 投影面垂直面　垂直于某一投影面，而倾斜于其他两个投影面的平面。它在三投影面体系中，也有三种位置。

1）铅垂面：垂直于 ***H*** 面的平面。

2）正垂面：垂直于 *V* 面的平面。

3）侧垂面：垂直于 ***W*** 面的平面。

投影面垂直面的投影及投影特性见表3-4。

**表3-4　投影面垂直面的投影及投影特性**

| 名称 | 在投影系中的投影 | 投影图 | 实　例 | 投影特性 |
|---|---|---|---|---|
| 铅垂面<br>⊥*H*<br>∠*V*<br>∠*W* | 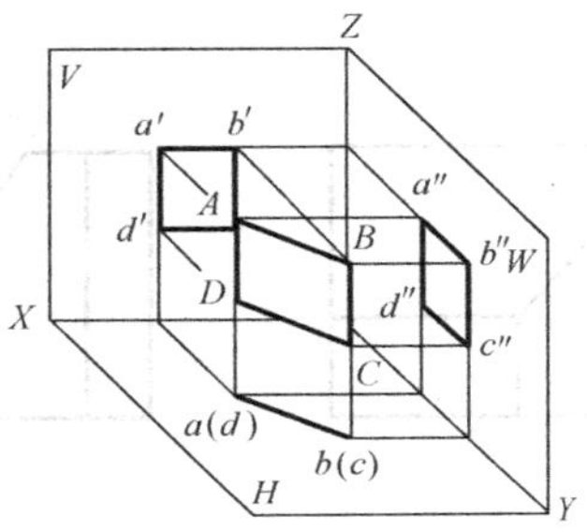 | 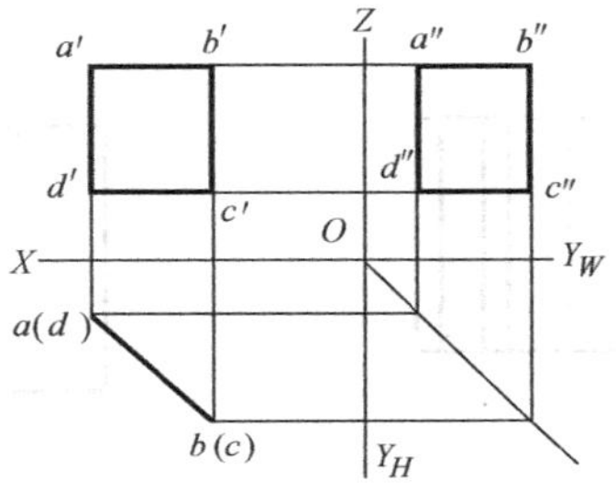 | 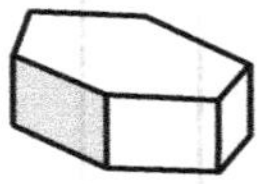 | 1. 水平面投影积聚成直线段<br>2. 正面投影和侧面投影为类似形，不反映实形 |
| 正垂面<br>⊥*V*<br>∠*W*<br>∠*H* | 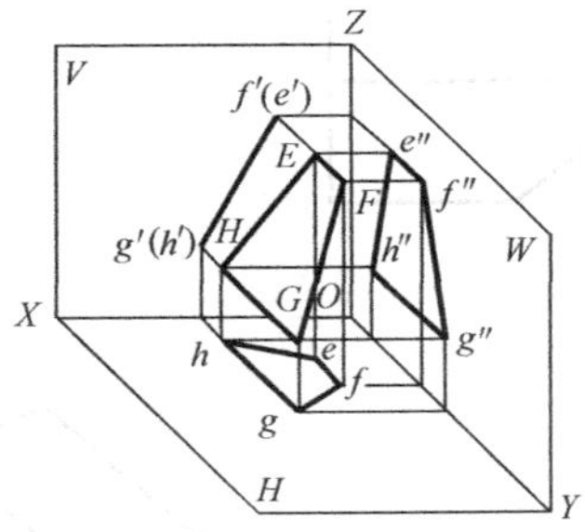 | 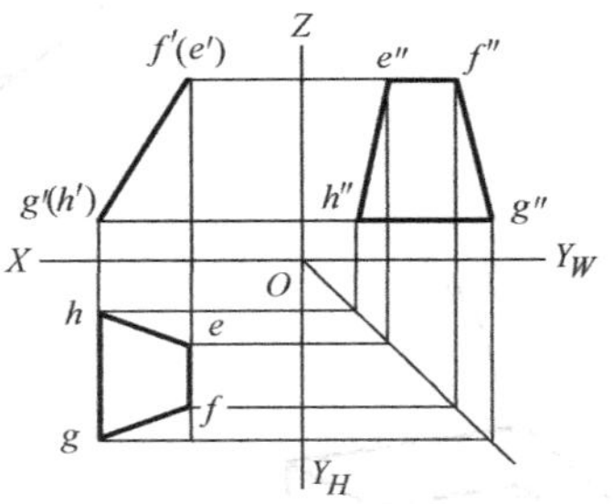 | 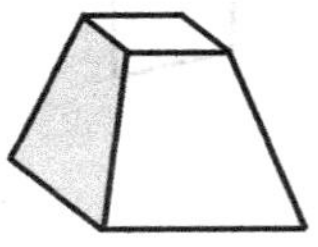 | 1. 正面投影积聚成直线段<br>2. 水平面投影和侧面投影为类似形，不反映实形 |
| 侧垂面<br>⊥*W*<br>∠*H*<br>∠*V* | 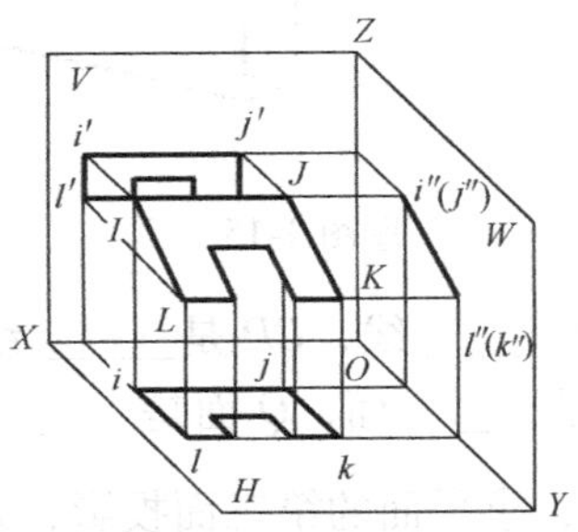 | 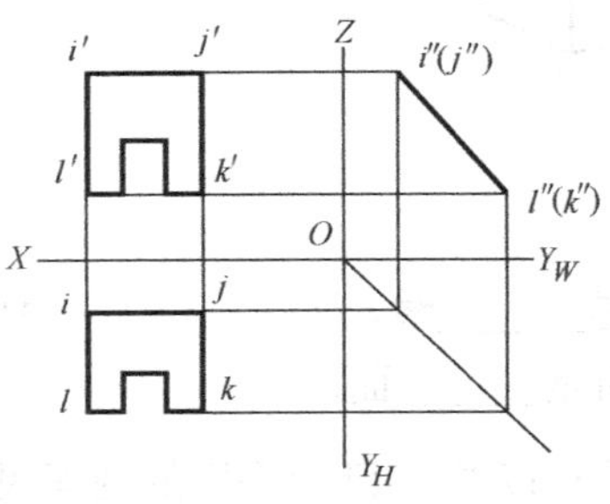 |  | 1. 侧面投影积聚成直线段<br>2. 正面投影和水平面投影为类似形，不反映实形 |

## 小试身手：

根据任务书的要求，在老师的指导下完成平面的投影求作。

## 巩固练习

1. 在题图 3-14、题图 3-15 的三视图中，注出平面 $P$、$Q$ 和直线 $AB$、$CD$ 的三面投影，并根据它们对投影面的相对位置填空。

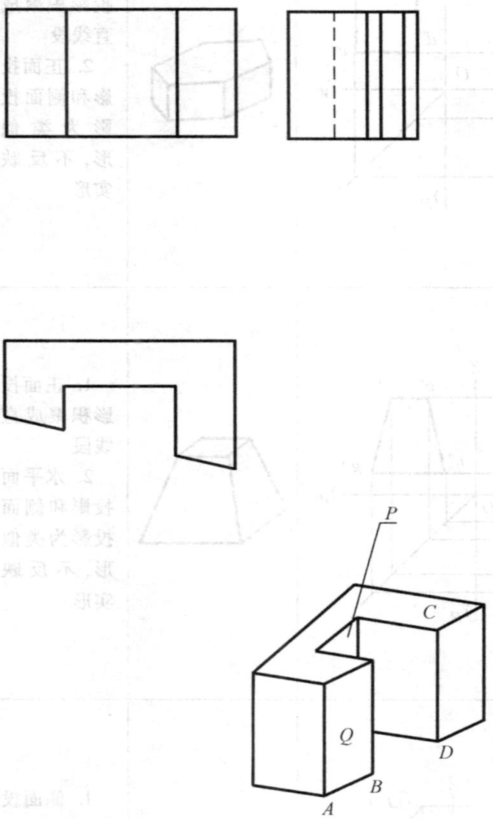


题图 3-14

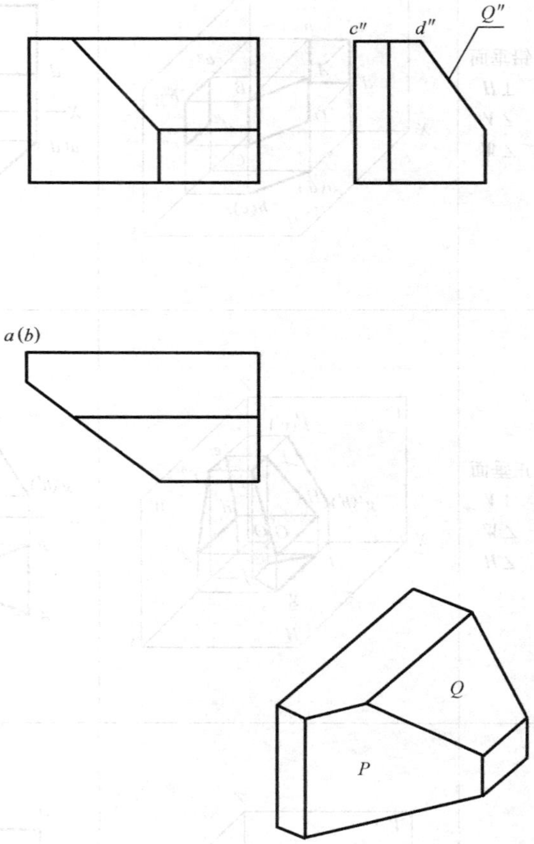


题图 3-15

*AB* 是______线，*CD* 是______线。　　*AB* 是______线，*CD* 是______线。

*P* 面是______面，*Q* 面是______面。　　*P* 面是______面，*Q* 面是______面。

2. 在题图 3-16 和题图 3-17 中，已知平面的两面投影，求平面的第三面投影，并判断其空间位置。

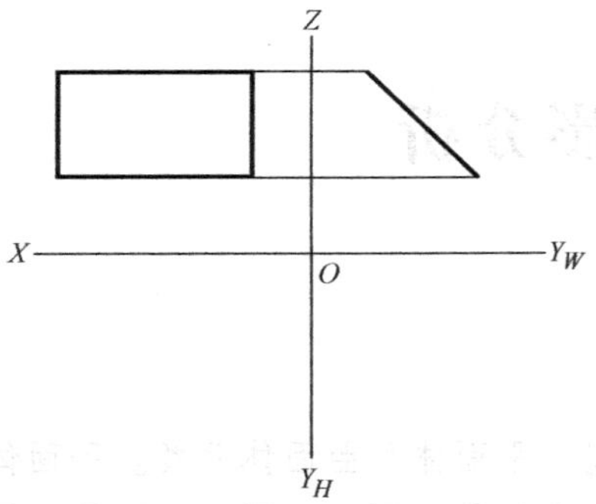


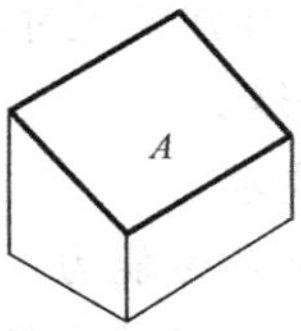


***A*** 面与 ***V*** 面______，
***A*** 面与 ***H*** 面______，
***A*** 面与 ***W*** 面______，
***A*** 面是______面。

题图 3-16

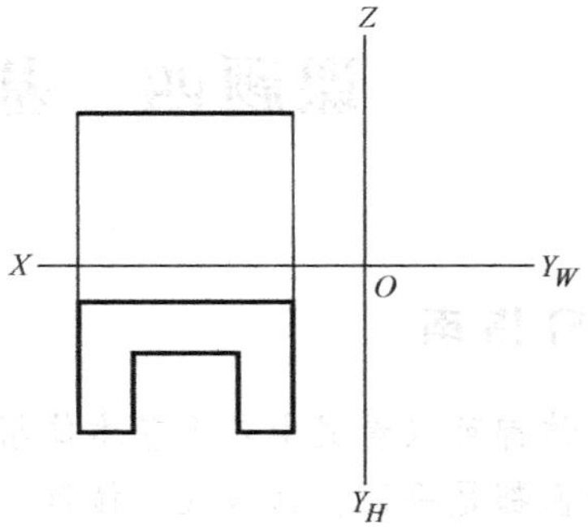


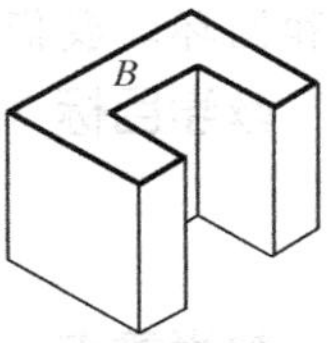


***B*** 面与 ***V*** 面______，
***B*** 面与 ***H*** 面______，
***B*** 面与 ***W*** 面______，
***B*** 面是______面。

题图 3-17

# 课题四　基本体的投影分析

## 学习指南

任何物体都可以看成由若干基本体组合而成。基本体包括平面体和曲面体两类。平面体的每一个表面都是平面，如棱柱、棱锥；曲面体至少有一个表面是曲面，如圆柱、圆锥、圆球和圆环。我们要用正投影法来表达基本体的形状，并标注其尺寸。

**教学目标**　1. 熟练掌握基本体三视图的画法和投影规律。

2. 掌握基本体尺寸标注的基本规则和要求。

3. 通过画三视图培养学生的空间想象和表达能力。

**教学重点**　1. 熟练掌握各基本体的视图画法及正确、完整地标注各基本体的尺寸。

2. 空间概念的建立及画图、识图能力的培养。

**教学难点**　1. 利用三视图的投影规律分析基本体的视图。

2. 空间概念的建立及空间想象能力的培养。

**教学课时**　5 学时。

任务书

# 一、平　面　体

<table>
<tr><td>项　目</td><td>四棱柱、四棱锥三视图的绘制</td><td>用　时</td><td>90 分钟</td></tr>
<tr><td>目的</td><td colspan="3">1. 明确平面体的概念，掌握棱柱、棱锥的投影规律和画法。<br>2. 掌握平面立体尺寸标注的方法。</td></tr>
<tr><td>要求</td><td colspan="3">1. 绘制四棱柱的三视图并标注尺寸。<br>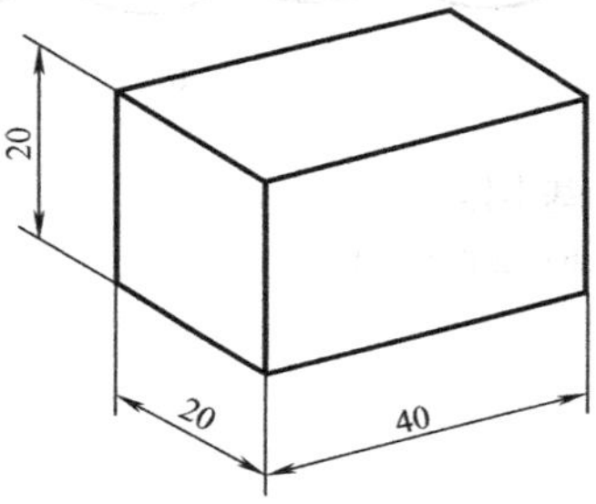<br><br>2. 绘制四棱锥的三视图并标注尺寸。<br>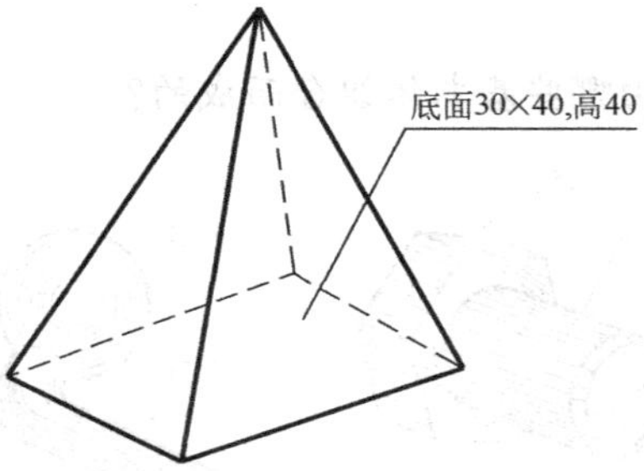<br></td></tr>
<tr><td>思考</td><td colspan="3">标注尺寸时，尺寸应尽量标注在哪个视图上？</td></tr>
<tr><td>后记</td><td colspan="3"></td></tr>
</table>

## 知识链接

**1. 基本体概念**

任何物体均可以看成由若干基本体组合而成。基本体包括平面体和曲面体两大类，如图4-1所示。

（1）平面体　表面都是由平面所构成的形体，如棱柱、棱锥等。

（2）曲面体　表面是由曲面和平面或者全部是由曲面构成的形体（至少有一个表面是曲面），曲面体常见的有圆柱、圆锥、圆球和圆环等回转体。

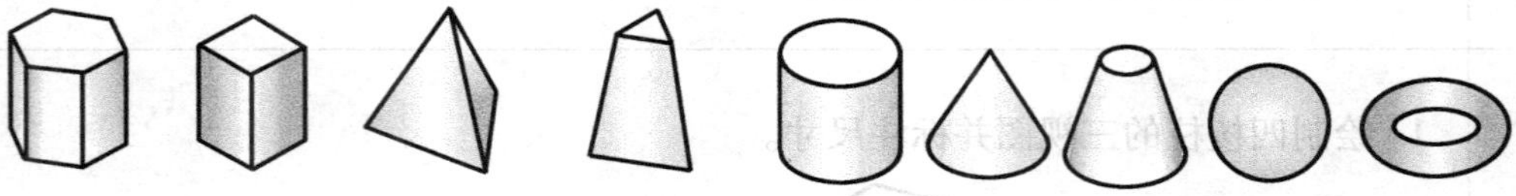

a)　　　　b)

图 4-1　基本体

a）平面基本体　b）曲面基本体

**想一想：**

下图所示各零件可看成是由哪些基本体组合而成的？

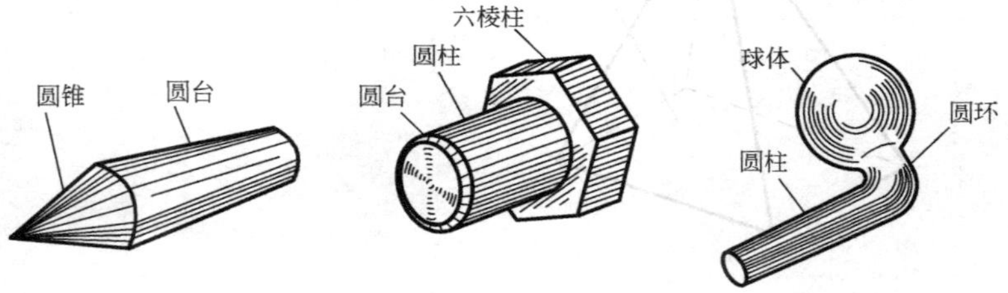


**2. 棱柱**

棱柱的棱线相互平行。常见的棱柱有三棱柱、四棱柱、五棱柱、六棱柱等。下面以图4-2a所示的正五棱柱为例，分析其投影特性和作图方法。

（1）投影分析　正五棱柱的两端面（顶面和底面）是互相平行的正五边形，平行于水平面，五个侧面都是相同的长方形并与底、顶面垂直，后棱面平行于正面，其余棱面均垂直于水平面。在这种位置下，五棱柱的投影特性是：顶面和底面的水平投影重合，并反映实形——正五边形。五个棱面的水平投影分别积聚为五边形的五条边。

（2）三视图分析（图4-2b）

1）主视图：五棱柱的主视图由两个实线长方形和一个虚线长方形线框组成。实线长方

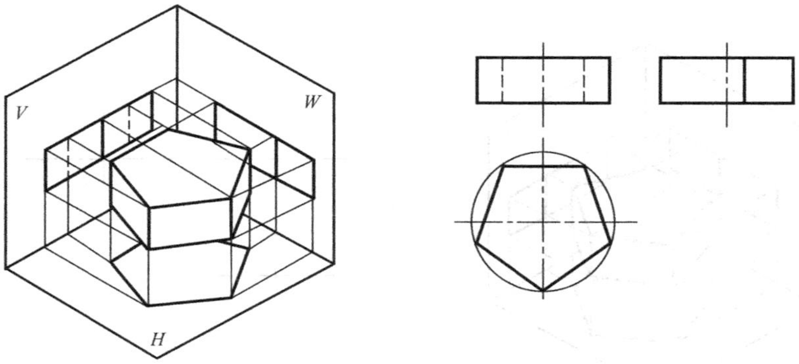


a)　　　　　　　　b)

图 4-2　五棱柱的三视图

形线框反映前后四个侧面的投影；虚线长方形线框反映后面的实形。顶、底面在主视图上的投影积聚为两条平行于 *OX* 轴的直线。

2）俯视图：五棱柱的俯视图为一正五边形，反映顶、底面的实形。五个侧面垂直于水平面 *H*，它们的投影都积聚在正五边形的五条边上。

3）左视图：五棱柱的左视图由两个长方形线框组成。这两个长方形线框是五棱柱左边两个侧面的投影，且遮住了右边两个侧面。由于两侧面与侧投影面 *W* 倾斜，因此投影不反映实形。五棱柱的后侧面在左视图上的投影有积聚性，积聚为右边的一条线；上、下两条水平线是五棱柱顶面和底面的投影，积聚为直线。

（3）三视图作图步骤　画五棱柱（图 4-3a）的三视图一般先从反映形状特征的视图画起；然后按图间投影关系完成其他两面视图。

1）作五棱柱的对称中心线和底面基线，确定各视图的位置（图 4-3b）。

2）先画反映主要形状特征的视图即俯视图的正五边形。按长对正的投影关系及五棱柱的高度画出主视图（图 4-3c）。

3）按高平齐、宽相等的投影关系画出左视图（图 4-3d）。

**3. 棱锥**

棱锥的棱线交于一点。常见的棱锥有三棱锥、四棱锥和五棱锥等。下面以图 4-4a 所示四棱锥为例，分析其投影特征和作图方法。

（1）投影分析　四棱锥的底面平行于水平面，其水平投影反映实形；左、右两个棱面垂直于正面，其正面投影积聚成直线；前、后两个棱面垂直于侧面，其侧面投影积聚成直线。与锥顶相交的四条棱线既不平行也不垂直于任一个投影面，所以它们在三投影面上的投影均不反映实长。

（2）三视图分析

1）主视图：由于四棱锥的底面与左、右两侧面都垂直于 *V* 面，所以四棱锥的主视图是一个三角形线框。三角形的各边分别是底面与左、右两侧面的积聚性投影。整个三角形线框同时也反映了四棱锥前面和后面在正投影面上的投影，但并不反映它们的实形。

2）俯视图：四棱锥的底面平行于水平面，因而它的俯视图反映实形，是一个长方形。四个侧面都于水平面倾斜，它们的俯视图应为四个不显实形的三角形线框，它们的四个底边

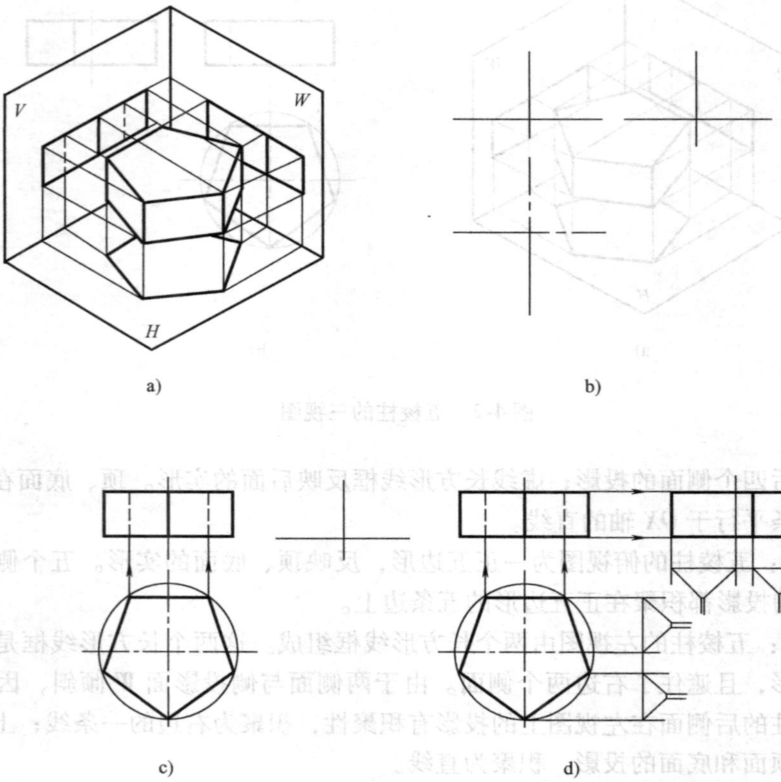


图 4-3　正五棱柱三视图的作图步骤

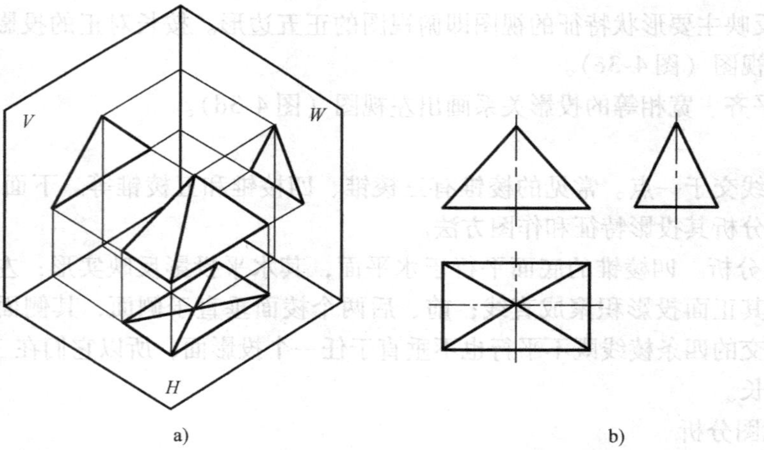


图 4-4　四棱锥的三视图

正好是正方形的四条边线，所以四棱锥的俯视图是由四个三角形组成的外形为正方形的线框。

3）左视图：左视图也是一个三角形线框，但三角形两条斜边是四棱锥的前、后两侧面的积聚性投影。整个三角形线框是左、右两侧面的投影，而不反映左、右两侧面的实形。三角形线框的底边是底面的积聚性投影。

（3）三视图作图步骤　画四棱锥（图4-5a）的三视图一般先从反映形状特征的视图画起；然后按图间投影关系完成其他两面视图。

1）作四棱锥的对称中心线和底面基线（图4-5b）。

2）画底面的俯视图（矩形）和主视图（水平线）。根据四棱锥的高度在主视图上定出锥顶的投影位置，然后在主、俯视图上分别将锥顶及底面各顶点的投影用直线连接，即得四条棱线的投影（图4-5c）。由于是正四棱锥，四条棱线的水平投影恰是底面投影矩形的两条对角线。

3）按高平齐、宽相等画出左视图（图4-5d）。

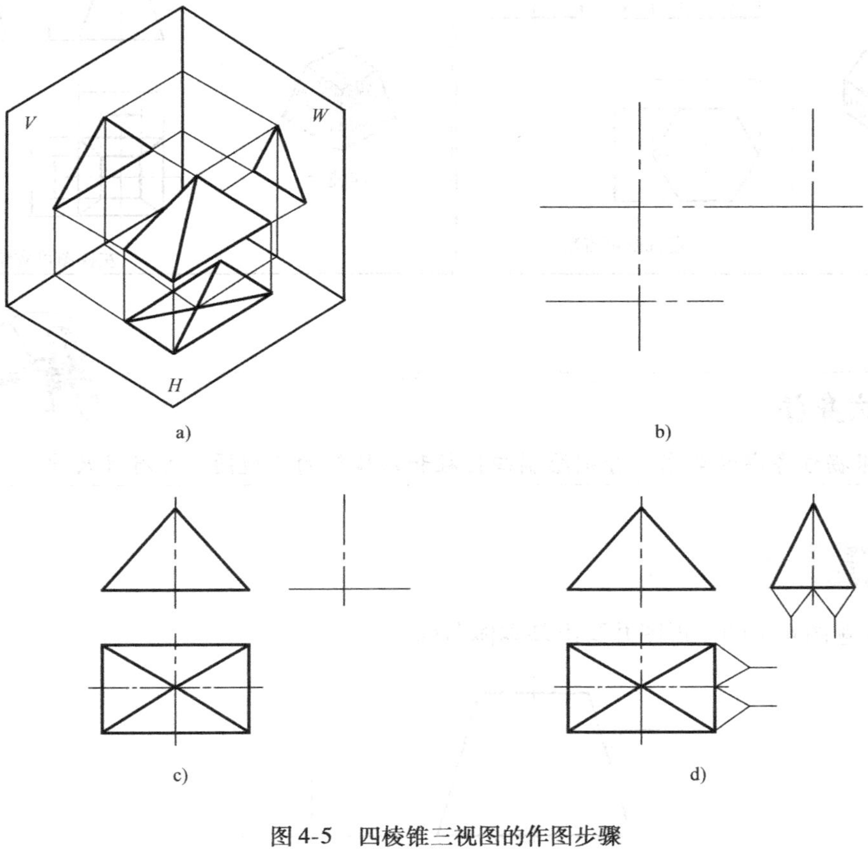


图4-5　四棱锥三视图的作图步骤

**4. 平面体的尺寸标注**

物体的三视图只能表达其形状，要确定物体的大小还需标注尺寸。平面体的大小通常是由长、宽、高三个方向的尺寸来确定的。在视图上标注尺寸时，应将三个方向的尺寸标注齐全，既不能少，也不能重复和多余。

平面体的尺寸要根据其具体形状进行标注。表4-1列举了一些常见平面体的尺寸标注。

**表 4-1　平面体的尺寸标注**

| 平面立体 | | 平面立体 | |
|---|---|---|---|
| 立体图 | 三视图 | 立体图 | 三视图 |
| 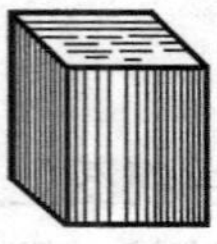<br>四棱柱 | 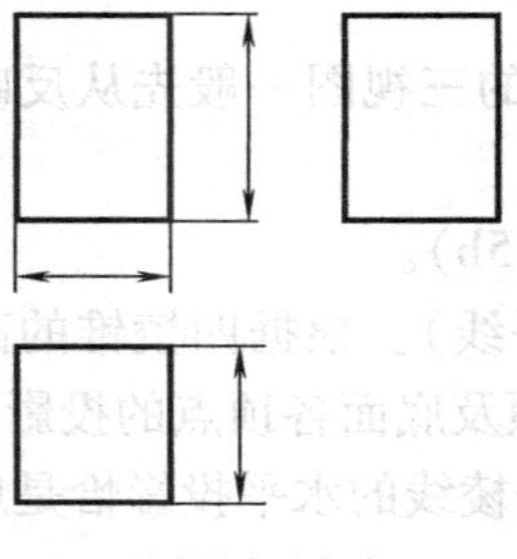<br>左视图可省略 | 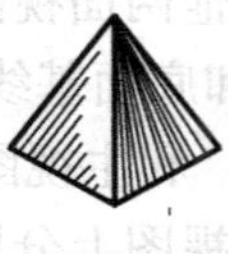<br>四棱锥 | 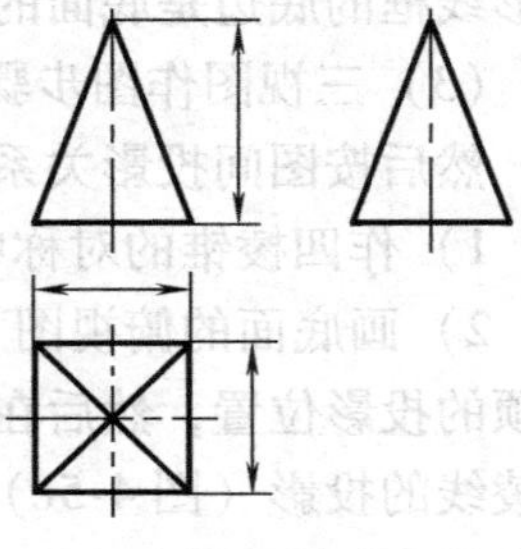<br>左视图可省略 |
| 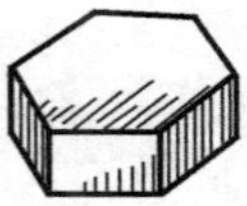<br>六棱柱 | 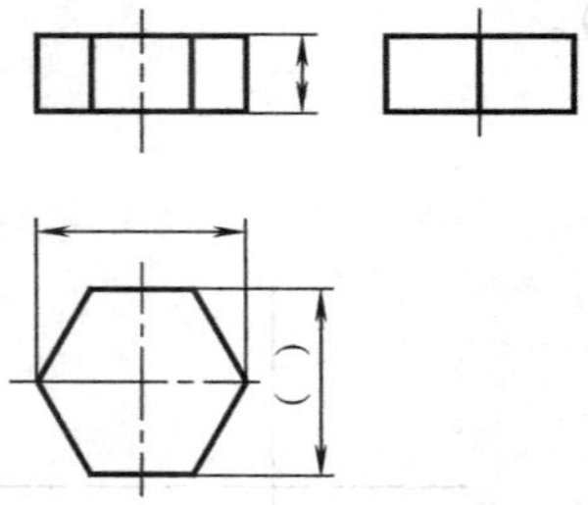<br>左视图可省略 | <br>四棱台 | 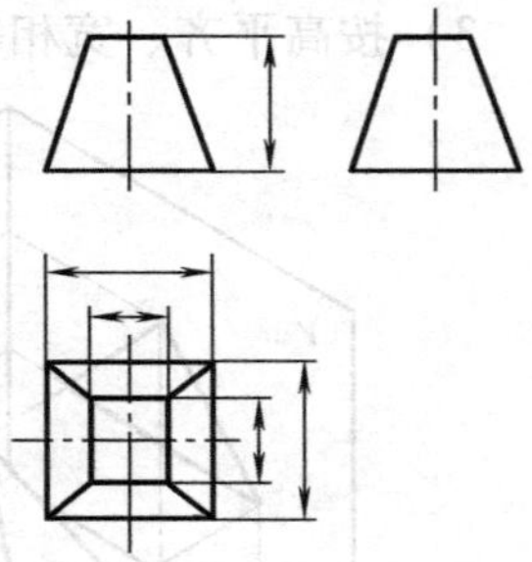<br>左视图可省略 |

**小试身手：**

根据任务书的要求，分别绘制四棱柱和四棱锥的三视图，并标注尺寸。

## 巩固练习

1. 补画题图 4-1 的左视图并写出基本体名称。

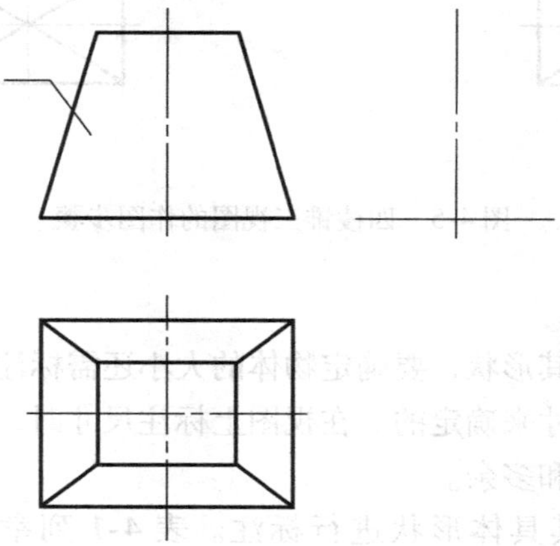

题图 4-1

2. 根据题图 4-2 的轴测图补画视图中的漏线，并写出基本体名称。

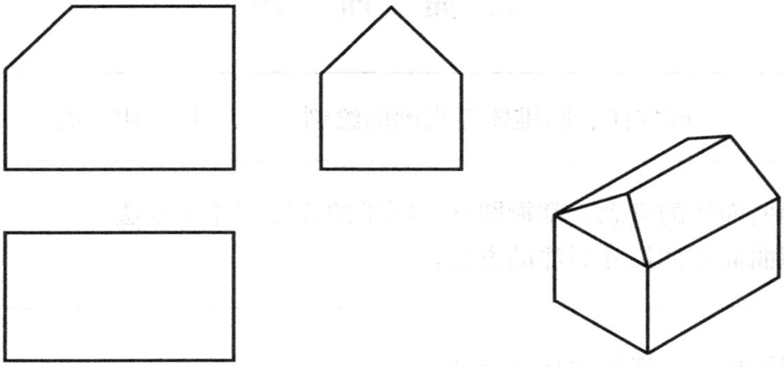

题图 4-2

*3. 根据题图 4-3 的立体图，画出其三视图，并标注尺寸（数值从图中量取）。

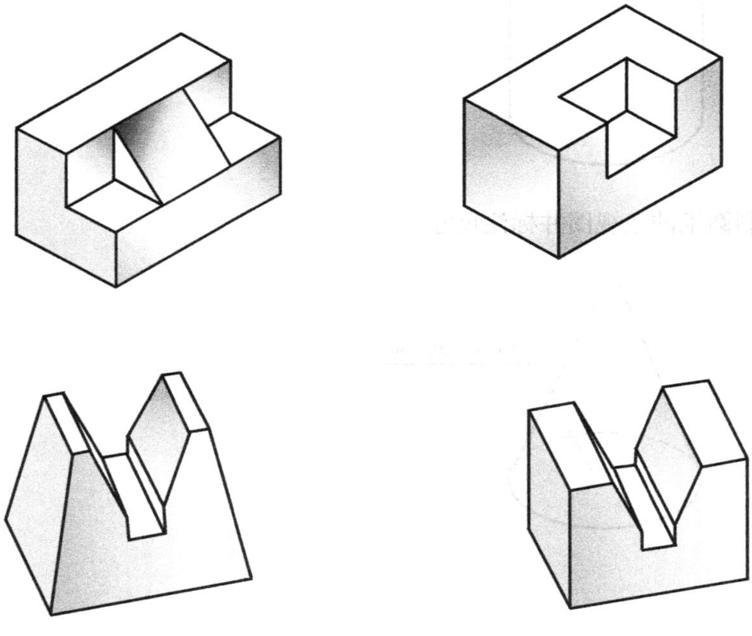

题图 4-3

任务书

# 二、曲　面　体

<table>
<tr><td>项　目</td><td>圆柱体、圆锥体三视图的绘制</td><td>用　时</td><td>90 分钟</td></tr>
<tr><td>目的</td><td colspan="3">1. 明确曲面体的概念，掌握圆柱、圆锥的投影规律和画法。<br>2. 掌握曲面立体尺寸标注的方法。</td></tr>
<tr><td>要求</td><td colspan="3">1. 绘制圆柱的三视图并标注尺寸。<br>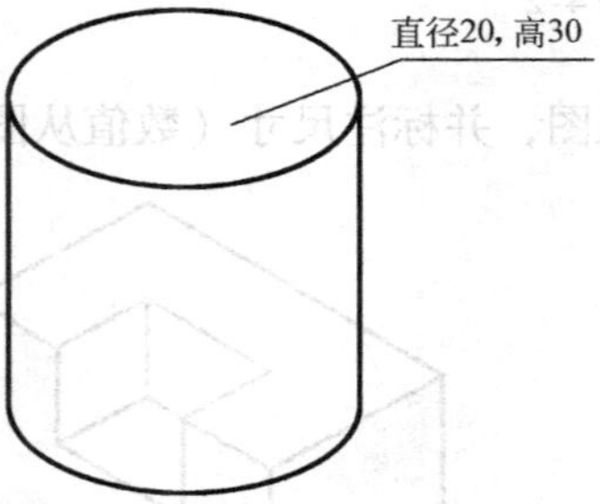<br><br>2. 绘制圆锥的三视图并标注尺寸。<br>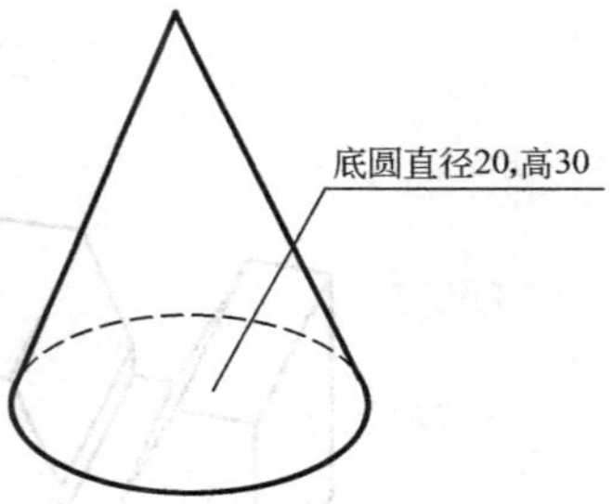<br></td></tr>
<tr><td>思考</td><td colspan="3">对曲面体进行标注时，应注意些什么？</td></tr>
<tr><td>后记</td><td colspan="3"></td></tr>
</table>

## 知识链接

**1. 圆柱**

圆柱体是由圆柱面与上、下两端面围成。圆柱面可看作由一直母线绕与其平行的轴线回转而成，如图4-6所示。圆柱面上任意一条平行于轴线的直线，称为圆柱面的素线。

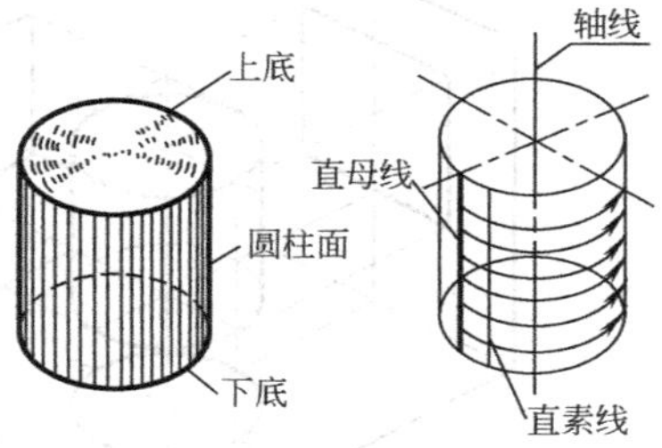


图4-6　圆柱

（1）投影分析　图4-7所示为正圆柱体的三视图。由于圆柱轴线垂直于水平面，因此圆柱上、下端面的水平投影反映实形，正、侧面投影积聚成直线；圆柱面的水平投影积聚成一圆，在正面投影中，前、后两半圆柱面的投影重合为一矩形，矩形的两条竖线分别是圆柱面最左、最右素线的投影，也是圆柱面前、后分界的转向轮廓线，在侧面投影中，左、右两半圆柱面的投影重合为一矩形，矩形的两条竖线分别是圆柱面最前、最后素线的投影，也是圆柱面左、右分界的转向轮廓线。

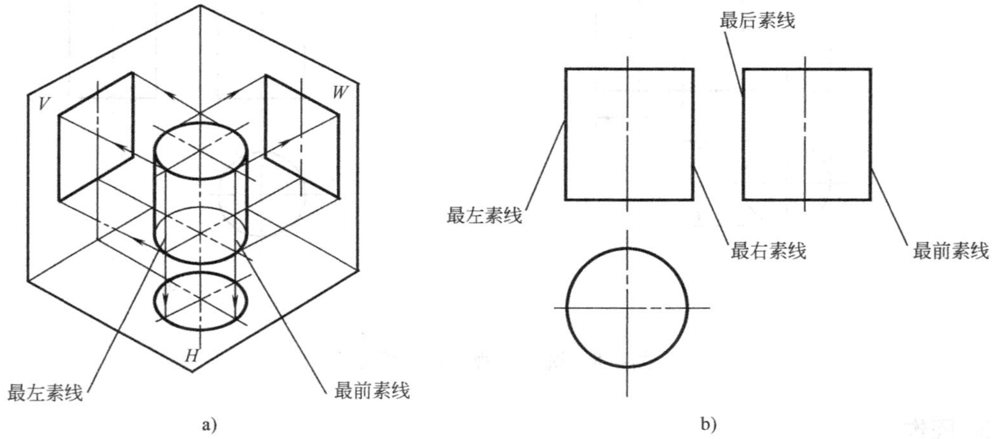


图4-7　圆柱的三视图

（2）三视图分析

1）主视图：圆柱体的主视图是一方形线框组成。线框的上、下两条直线是圆柱体的上底面和下底面在正面上的投影；线框的左、右两轮廓线是圆柱面上最左、最右素线的投影。

2）俯视图：圆柱体的俯视图是一个圆。这个圆的圆平面是圆柱体上、下底面的投影，而圆周又是圆柱面在水平面上的投影。

3）左视图：圆柱体的左视图也是一个长方形线框。其上、下边是圆柱体上、下底面的投影；其左、右边则是圆柱面上最后、最前两素线的投影。

（3）三视图作图步骤

1）先画出圆的中心线，然后画出积聚的圆（图4-8b）。

2）以中心线和轴线为基准，根据投影的对应关系画出其余两个投影图，即两个全等矩形（图4-8c）。

3）完成全图（图4-8d）。

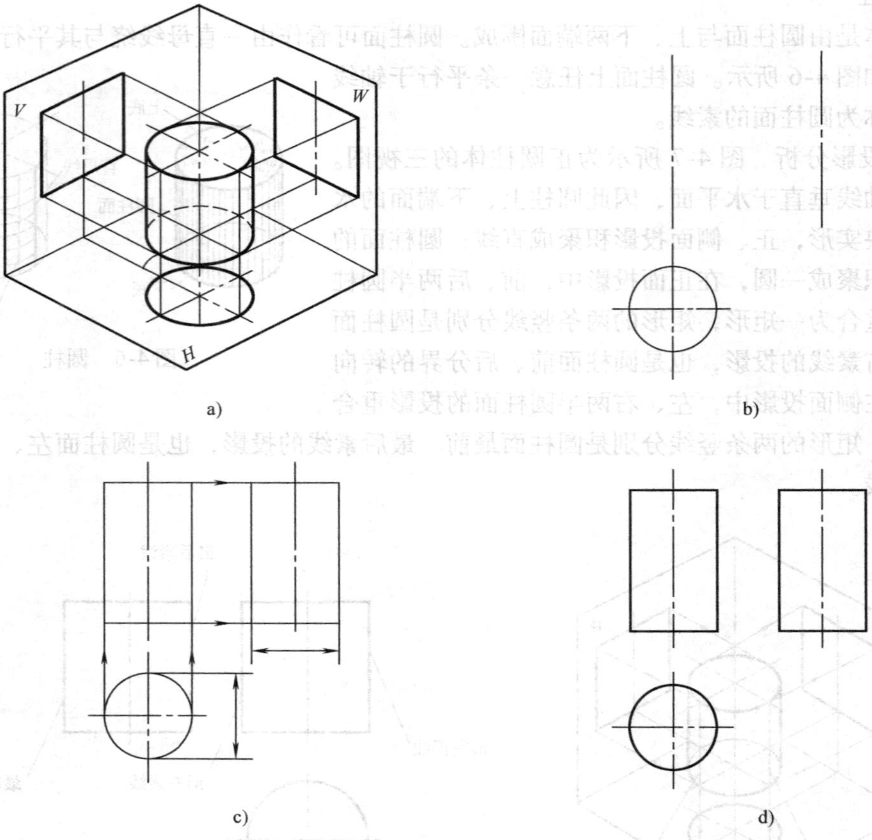


图4-8　圆柱三视图的作图步骤

**2. 圆锥**

圆锥体的表面由圆锥面和底面围成，如图4-9所示。圆锥面可看作是由一条直母线绕与它相交的轴线回转而成的。

（1）投影分析　图4-10所示为轴线垂直于水平面的正圆锥的三视图。锥底平行于水平面，水平投影反映实形，正面和侧面投影积聚成直线。圆锥面的三个投影都没有积聚性，其水平投影与底面的投影重合，全部可见；正面投影前、后两个半圆锥的投影重合为一等腰三角形；圆锥的侧面投影左、右两半圆锥的投影也重合为一等腰三角形。

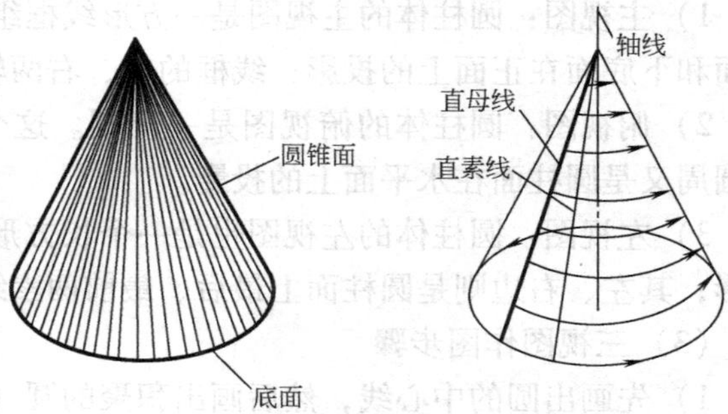


图4-9　圆锥

（2）三视图分析

1）主视图：圆锥的主视图是一个

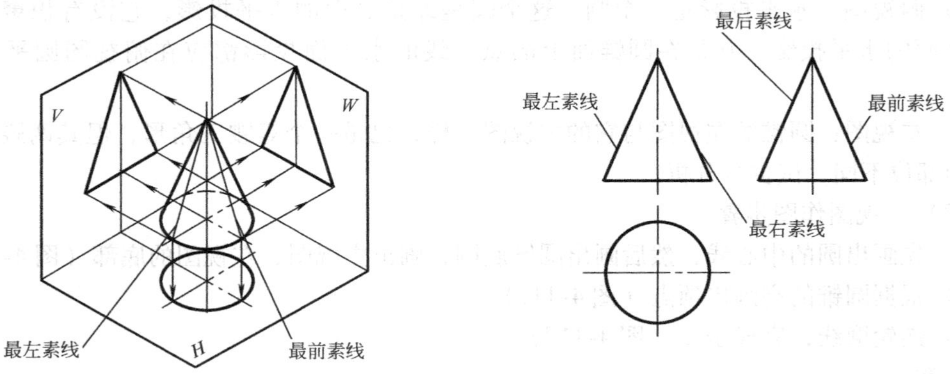


a) b)

图 4-10　圆锥的三视图

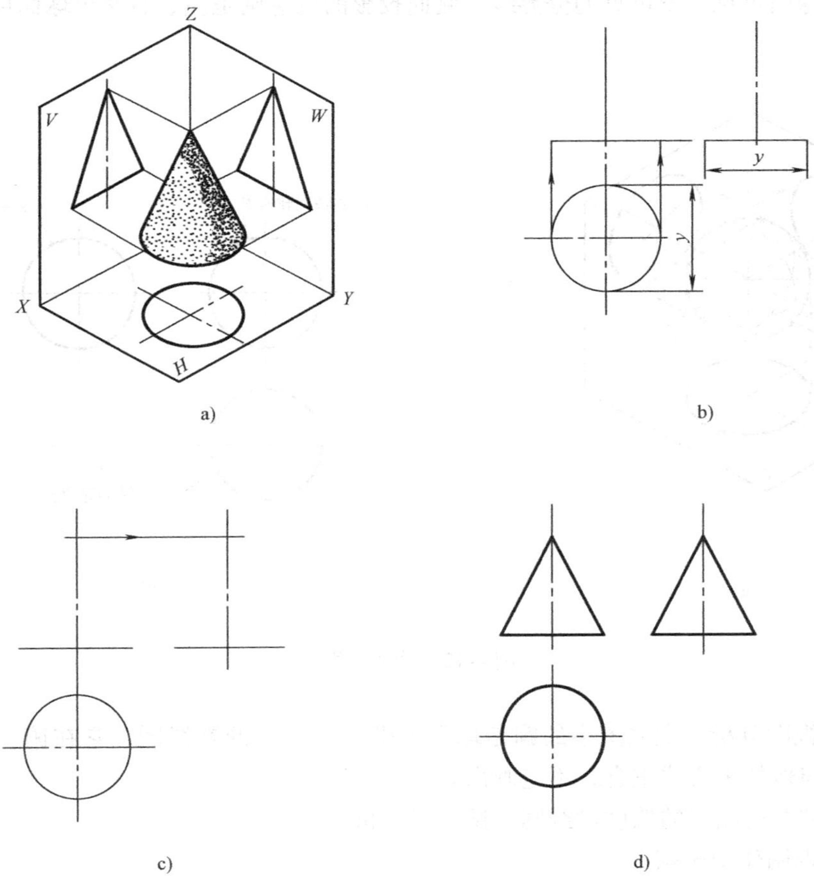


a) b) c) d)

图 4-11　圆锥三视图的作图步骤

等腰三角形，其底边为圆形底面的积聚性投影，两腰是最左、最右两素线的投影。

2）俯视图：水平投影是一个圆。这个圆是即是底面的水平投影，它没有积聚性，也是圆锥面的水平投影。凡是在圆锥面上的点、线的水平面投影都应在俯视图圆平面的范围内。

3）左视图：圆锥的左视图与它的主视图一样，也是一个等腰三角形，但其两腰所表示锥面的部位不同，试自行分析。

（3）三视图作图步骤

1）先画出圆的中心线，然后画出圆锥底圆，画出主视图、左视图的底部（图 4-11b）。

2）根据圆锥的高画出顶点（图 4-11c）。

3）连轮廓线，完成全图（图 4-11d）。

**3. 球**

球的表面可看作是由一条圆母线绕其直径回转而成。

（1）投影分析　从图 4-12 可看出，球向任何方向投影所得到的图形都是与球直径相等的圆，因此其三面视图都为等径圆，并且是球面上平行于相应投影面的三个不同位置的最大轮廓圆。正面投影的轮廓圆是前、后两半球面可见与不可见的分界线；水平投影的轮廓圆是上、下两半球面可见与不可见的分界线；侧面投影的轮廓圆是左、右两半球面可见与不可见的分界线。

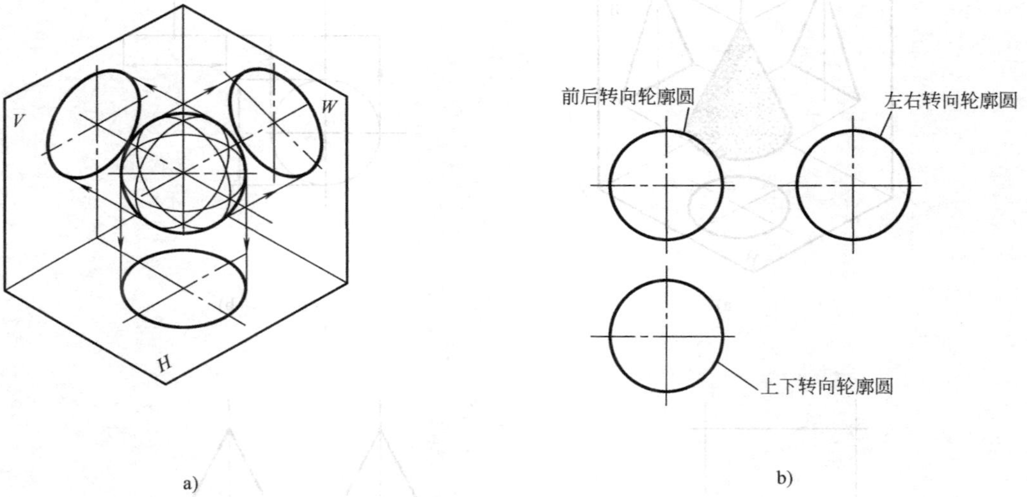


图 4-12　球的三视图

（2）三视图分析　主视图中的圆是球面上平行于 $V$ 面的素线圆，它在俯、左两个视图中的投影都与球的中心线重合，不应画出。

俯视图和左视图中的轮廓素线圆，试自行分析。

（3）三视图作图步骤

1）画出各视图圆的中心线。

2）画出三个与球体等直径的圆（图 4-12b）。

**提 示：**

表达一个立体的形状大小，不一定要画出三个视图，有时画一个或两个视图就可以。当然，有时三个视图也不能完整表达物体的形状，就需要更多的视图。

***4. 圆环**

圆环（图 4-13a）是以与圆形面共面但不相交的直线为轴线，圆形面绕轴线回转一周所形成的立体。圆环的表面是环面，靠近轴线的半个母线圆形成的环面称内环面，远离轴线的半个母线圆形成的环面称外环面。

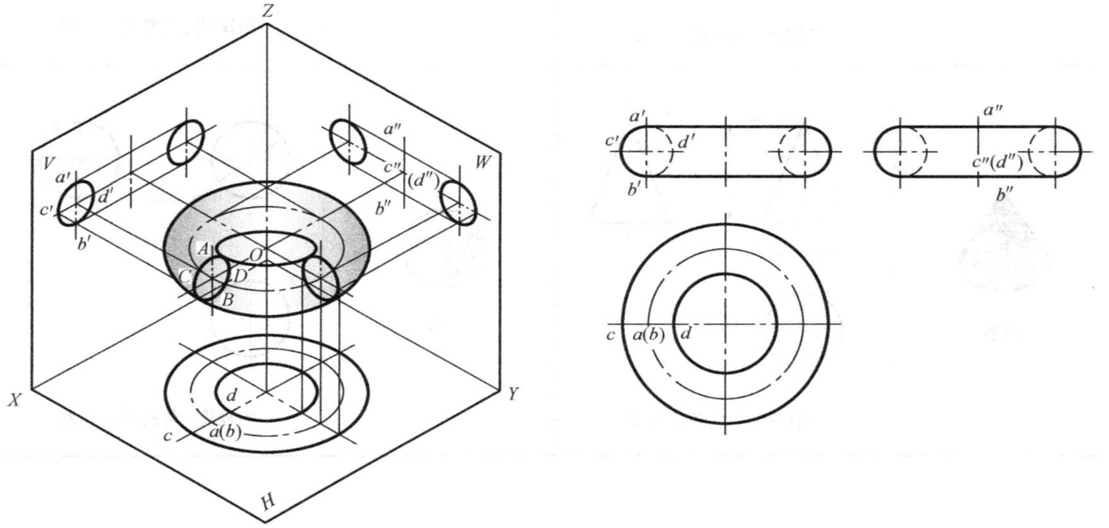


a)　　　　b)

图 4-13　圆环的三视图

三视图分析：

1）主视图：由左、右两圆和与它们相切的上、下两条直线构成。两个圆是圆环面上最左、最右两素线圆的投影，实线半圆表示的是外环面上的半圆，虚线半圆表示的是内环面上的半圆；上、下两条直线是圆母线上最高点 $A$、最底点 $B$ 绕圆环轴线旋转而成的纬圆的投影。

2）俯视图：水平投影是两个圆，分别是母线圆上离轴线最远点 $C$ 和最近点 $D$ 绕轴线旋转而成的最大、最小纬圆的投影。点画线圆是母线圆的圆心绕轴线旋转而形成的水平圆的投影。

3）左视图：圆环的左视图与主视图一样，试作出类似分析。

**5. 曲面体的尺寸标注**

一般来说，曲面体的长、宽、高三个方向尺寸有两个尺寸重合，因此对于曲面体只需标出径向和轴向两个尺寸即可。表 4-2 为一些常见曲面体的尺寸标注。

**表 4-2　常见曲面体的尺寸标注**

| 曲面立体 | | 曲面立体 | |
|---|---|---|---|
| 立体图 | 三视图 | 立体图 | 三视图 |
| 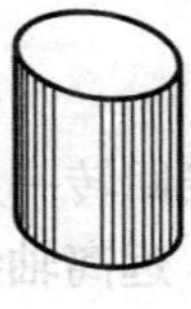<br>圆柱 | 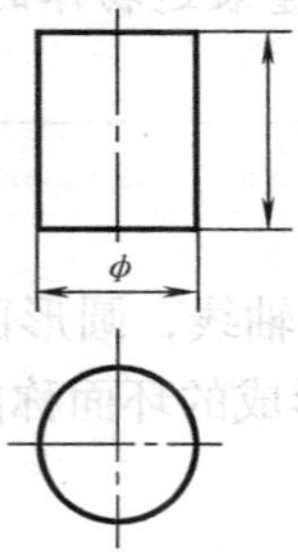<br>俯视图、左视图可省略 | <br>圆锥台 | 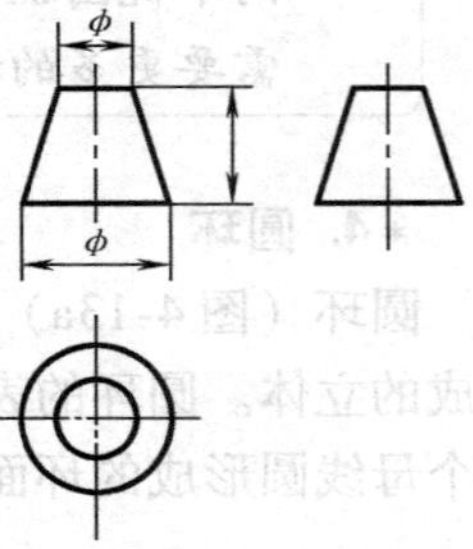<br>俯视图、左视图可省略 |
| 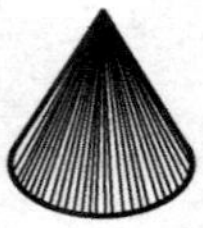<br>圆锥 | 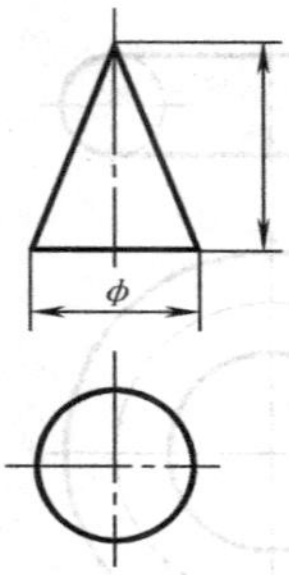<br>俯视图、左视图可省略 | <br>球 | 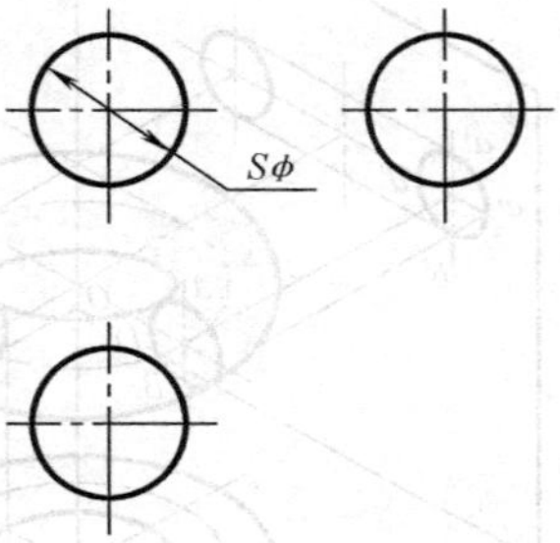<br>俯视图、左视图可省略 |

**想一想：**

若只表达形状，不标注尺寸，正四棱锥、圆柱、圆锥、球各需要几个视图表达？若标注尺寸，圆柱、圆锥、球又需几个视图表达？

**小试身手：**

根据任务书的要求，分别绘制圆柱体和圆锥体的三视图，并标注尺寸。

## 巩固练习

1. 补画题图 4-4 的三视图中漏画的图线。

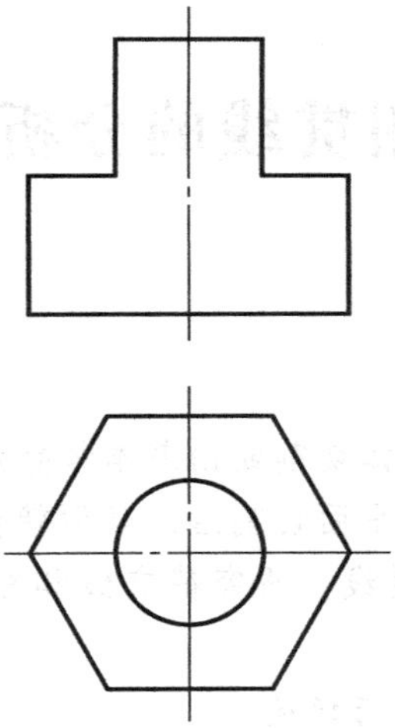

题图 4-4

2. 根据题图 4-5 和题图 4-6 中基本体的两个视图补画第三视图，然后写出基本体名称，并标注尺寸（数值从图中量取）。

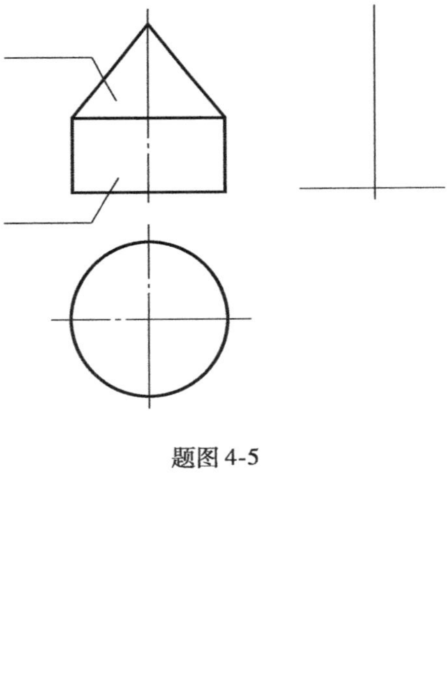

题图 4-5

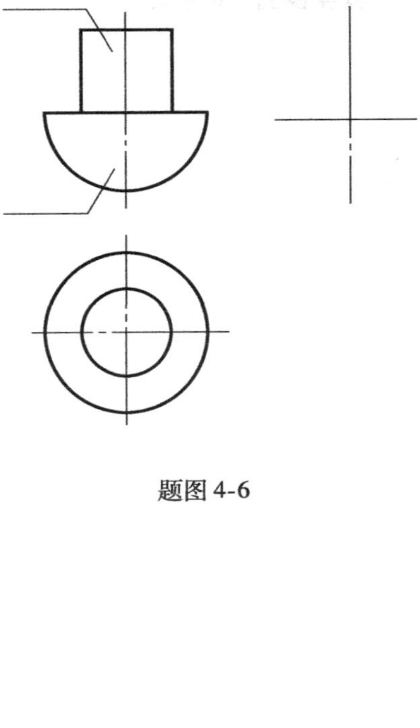

题图 4-6

# 课题五　截交线和相贯线的分析和求作

## 学习指南

在实际生产中，许多机械零件都是由基本体切割或由基本体叠加而成的，基本体的切割和叠加都是组合体的基本组合形式。基本体被平面切割后，表面就会产生截交线，而基本体相交（叠加的一种形式）后表面又会产生相贯线。研究截交线和相贯线是研究复杂组合体投影的基础。

**教学目标**　1. 掌握切割体、截交线的画法与识读。

2. 掌握相贯体、相贯线的画法与识读。

3. 培养学生的空间想象能力。

**教学重点**　截交线、相贯线的识读。

**教学难点**　截交线、相贯线的画法；空间想象能力的培养。

**教学课时**　8 学时。

任务书

# 一、截　交　线

<table>
<tr><td>项　目</td><td>平面切割立体的绘制方法</td><td>用　时</td><td>180 分钟</td></tr>
<tr><td>目的</td><td colspan="3">1. 明确截交线的特性，掌握截交线的画法。<br>2. 正确识读各种截交线。</td></tr>
<tr><td>准备</td><td colspan="3">模型、橡皮泥、小刀</td></tr>
<tr><td>要求</td><td colspan="3">用橡皮泥手工制作正六棱柱、圆柱，按下图所示进行切割，然后完成切割体的投影。<br>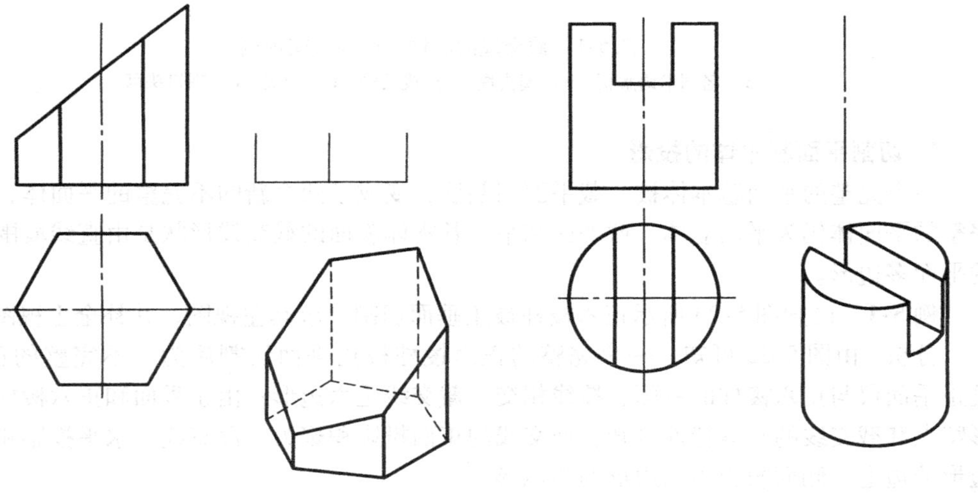</td></tr>
<tr><td>思考</td><td colspan="3">截交线有什么性质？</td></tr>
<tr><td>后记</td><td colspan="3"></td></tr>
</table>

## 知识链接

**1. 截交线的概念及其基本特性**

（1）截交线　用平面切割立体，则平面与立体表面的交线称为截交线，该平面称为截平面。如图 5-1a 所示。被切割后，基本立体便成为有用的物体，如图 5-1b ~ e 所示，它们的表面都有被平面切割而形成的截交线。

（2）基本特性　截交线既在截平面上，又在立体表面上，是截平面与立体表面的共有线，截交线上的点均为截平面与立体表面的共有点。因此，求作截交线就是求截平面与立体表面的共有点和共有线。

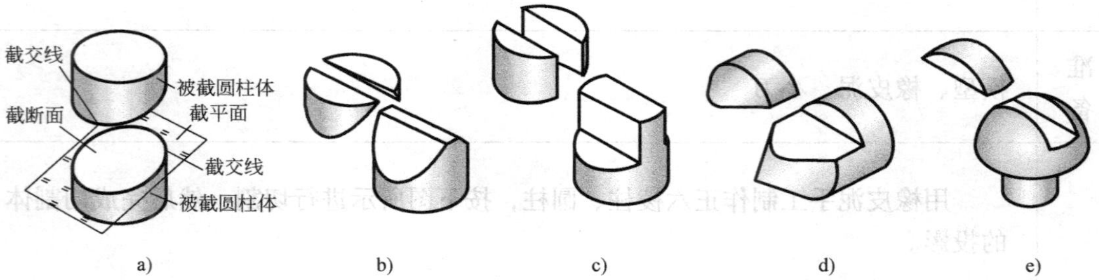


图 5-1　截交线的名词术语和截交示例

a）名词术语解析　b）楔头块　c）拨叉轴　d）顶尖　e）螺钉头部

**2. 切割平面基本体的投影**

一个完整的平面基本体被一截平面切割后，变成了两个新的不完整的平面体，每一个不完整的平面体仍为平面立体。截平面和平面基本体表面的截交线形状是由直线段围成的封闭的平面多边形。

**例 5-1**　已知图 5-2a 所示正六棱柱被正垂面切割，求其左视图，并补全主视图。

分析：由图 5-2a 可知，一个完整的正六棱柱被正垂面切割后为一不完整的正六棱柱，且正垂面仅与正六棱柱的棱面、棱线相交，截交线是六边形；由正垂面和正六棱柱棱面的投影特点和截交线的基本特性可知，截交线的正面投影积聚为一段直线，水平投影积聚在正六边形的边上，侧面投影为六边形的类似形。

作图步骤：

1）画出被切割前六棱柱的三视图，如图 5-2b 所示。

2）根据截交线六边形各顶点的正面和水平投影作出截交线的侧面投影 1″、2″、3″、4″、5″、6″；按水平投影的顺序，用直线依次连接各点，得截交线的侧面投影，如图 5-2c 所示。

3）判别棱线侧面投影的可见性，用相应图线整理确定棱线的侧面投影。

4）完成主视图，加深，完成全图，如图 5-2d 所示。

**例 5-2**　已知图 5-3a 所示的四棱锥被正垂面切割的正面投影（主视图），求其左视图，并补全其俯视图。

分析：图 5-3a 为一个完整的四棱锥被一正垂面切割而成的不完整的四棱锥体，且正垂面与四棱锥的四条棱线全部相交，截交线为截平面与四条棱线的交点为顶点的四边形；由正

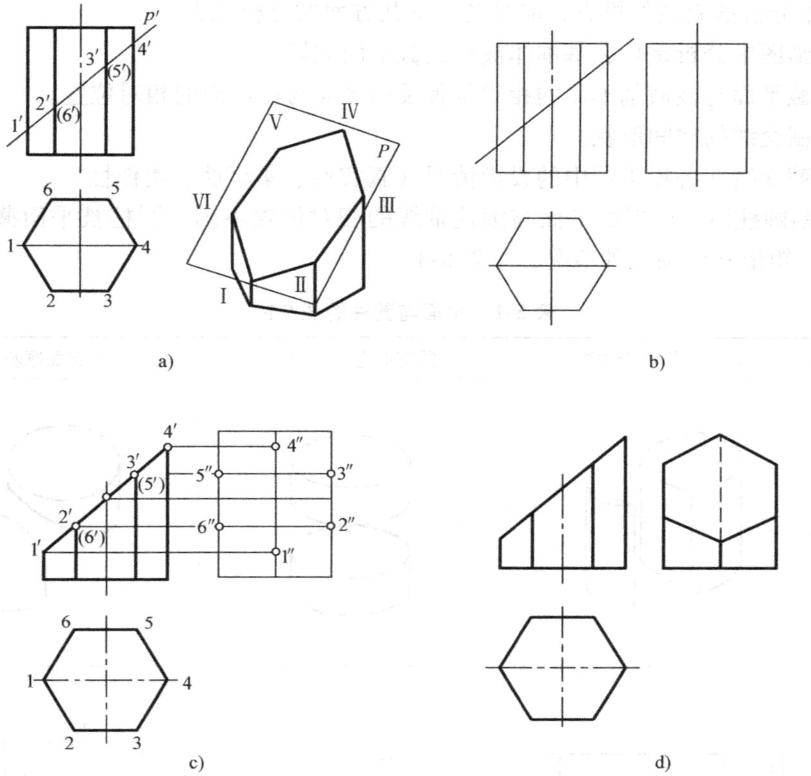


图 5-2　六棱柱被切割

垂面和截交线的基本特性可知，截交线的正面投影积聚为一段直线，其他投影为四边形的类似形。

作图步骤：如图 5-3b、c 所示。

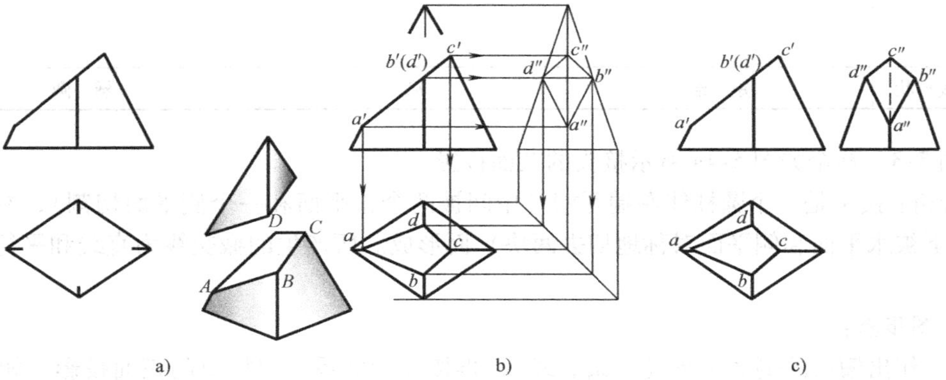


图 5-3　求切割后的四棱锥左视图的作图步骤

a）已知条件　b）求棱线上点的投影　c）整理棱线的投影完成全图

### 3. 切割曲面基本体的投影

为了便于分析截交线的投影，应具备以下几方面的分析能力：

- ◆ 从投影图中分析是什么基本体被什么截平面截切。
- ◆ 分析截平面与被截基本体的相对位置及截平面与投影面的相对位置。
- ◆ 分析截交线的空间形状。
- ◆ 分析截交线在各投影图中的投影情况（真实性、集聚性、类似性）。

（1）切割圆柱体　根据截平面与圆柱轴线的相对位置不同，圆柱被平面截切后产生的截交线有圆、矩形和椭圆三种情况，见表5-1。

**表5-1　平面与圆柱的截交线**

| 截平面位置 | 截交面平行于轴线 | 截交面垂直于轴线 | 截交面倾斜于轴线 |
|---|---|---|---|
| 立体图 | 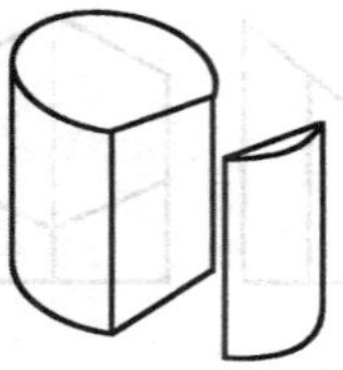 | 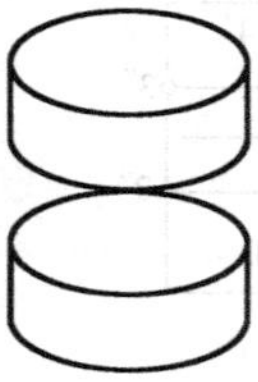 | 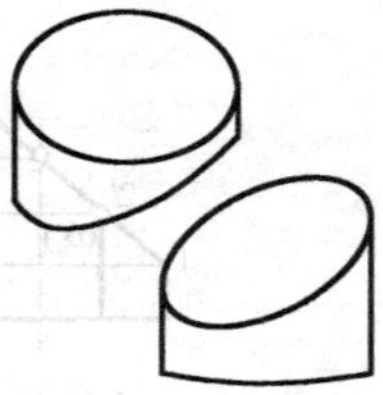 |
| 投影图 | 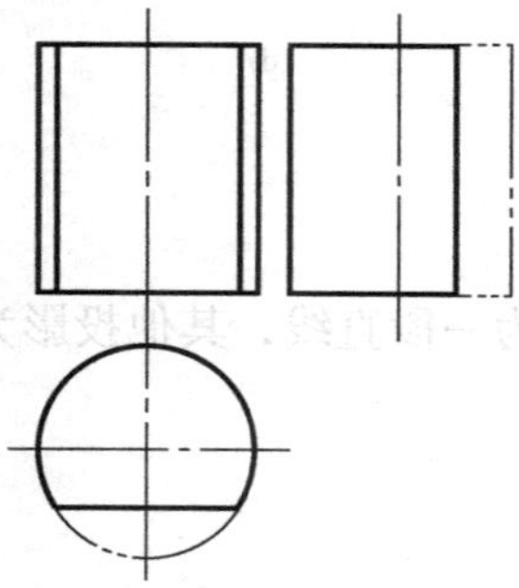 | 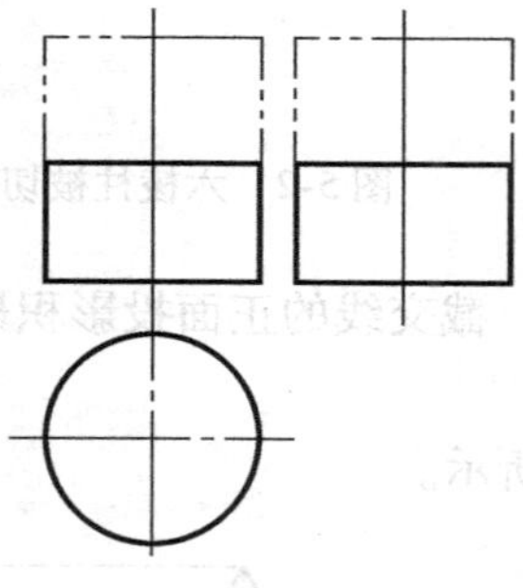 | 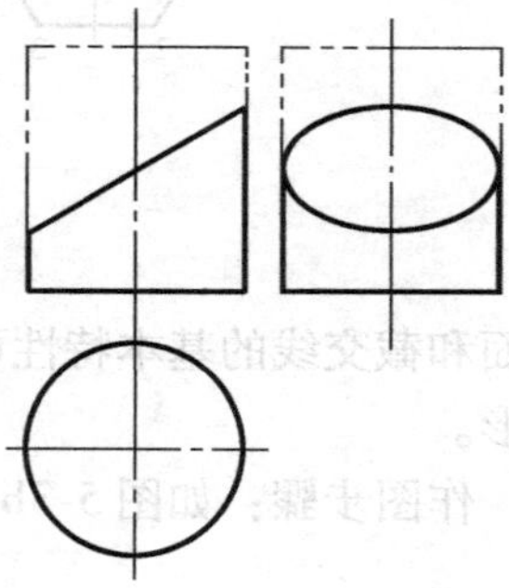 |
| 截交线形状 | 矩　形 | 圆 | 椭　圆 |

**例5-3**　补全如图5-4a所示接头的三面投影

分析：接头是一个圆柱体左端开槽（中间被两个正平面和一个侧平面切割），右端切肩（上、下被水平面和侧平面对称地切去两块）而形成。所产生的截交线为直线和平行于侧面的圆。

作图步骤：

1）作出槽口的侧面投影（两条竖线），再按投影关系作出槽口的正面投影，如图5-4b所示。

2）作出切肩的侧面投影（两条虚线），再按投影关系作出切肩的水平投影，如图5-4c所示。

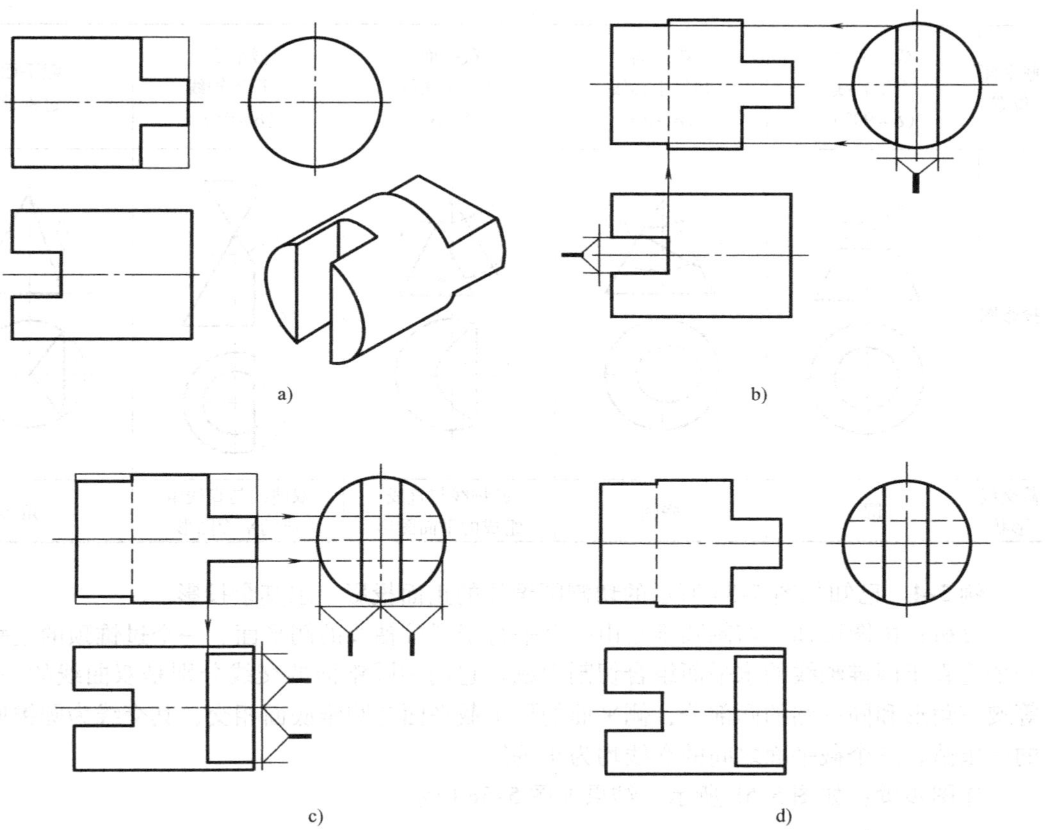


图 5-4 求接头表面截交线的作图步骤

3）擦去多余的图线，加深，如图 5-4d 所示。

（2）切割圆锥体 根据截平面对圆锥轴线的位置不同，圆锥面被平面切割后产生的截交线有圆、椭圆、抛物线与直线组成的平面图形、双曲线与直线组成的平面图形、三角形五种情况，见表 5-2。

表 5-2 平面与圆锥的截交线

| 截平面位置 | 截平面垂直于轴线（$\delta=90°$） | 截平面倾斜于轴线（$\delta>\alpha$） | 截平面平行于素线（$\delta=\alpha$） | 截平面平行于轴线（$\delta=0°$） | 截平面过锥顶 |
|---|---|---|---|---|---|
| 立体图 | 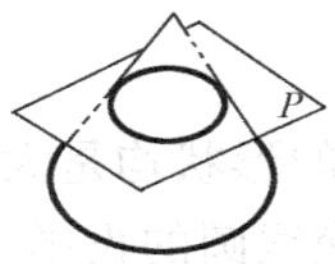 | 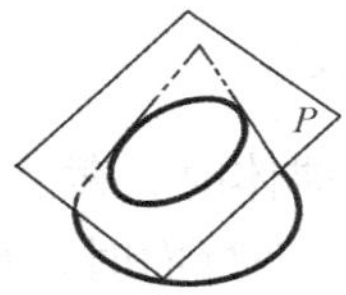 | 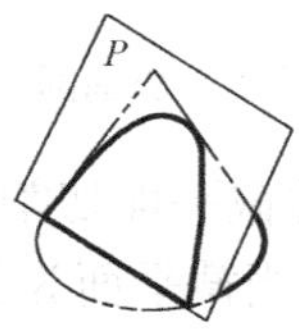 | 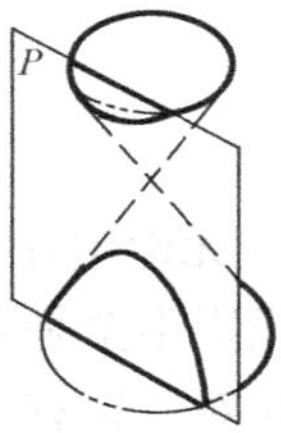 | 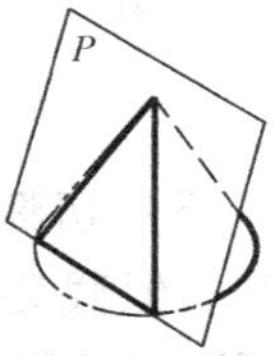 |

（续）

| 截平面位置 | 截平面垂直于轴线（$\delta=90°$） | 截平面倾斜于轴线（$\delta>\alpha$） | 截平面平行于素线（$\delta=\alpha$） | 截平面平行于轴线（$\delta=0°$） | 截平面过锥顶 |
|---|---|---|---|---|---|
| 投影图 | 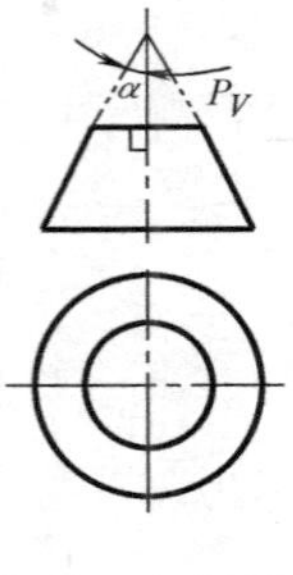  | 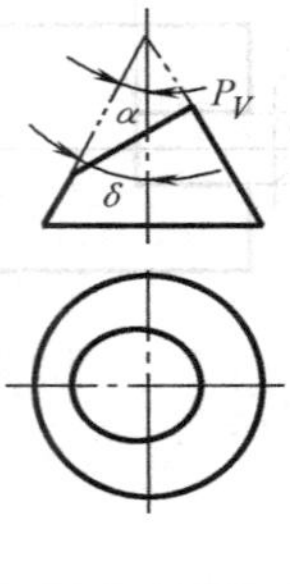  | 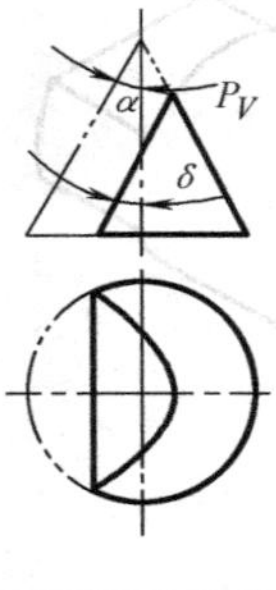  | 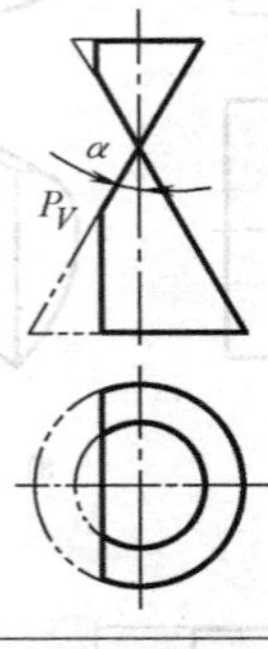  | 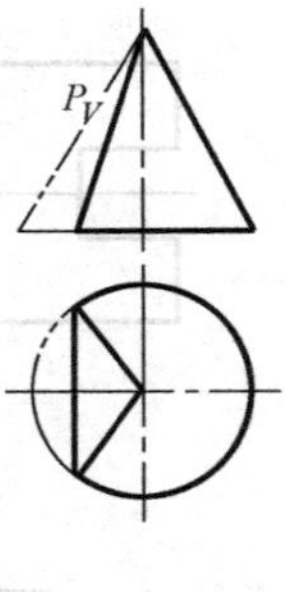  |
| 截交线形状 | 圆 | 椭圆 | 抛物线与直线组成的平面图形 | 双曲线与直线组成的平面图形 | 三角形 |

**例 5-4** 已知如图 5-5a 所示的切割圆锥体的正面投影，求其余投影。

分析：由图可知，切割圆锥是由一个平行于圆锥轴线的侧平面、一个过锥顶的正垂面和一个垂直于圆锥轴线的水平面组合切割而成。它们和圆锥面的交线分别是双曲线的一部分、等腰三角形和同一圆的两部分，侧平面的那个截平面与圆锥底面相交，其交线为圆锥底面圆的一条弦，三个截平面之间的交线均为正垂线。

作图步骤：如图 5-5b 所示，结果如图 5-5c 所示。

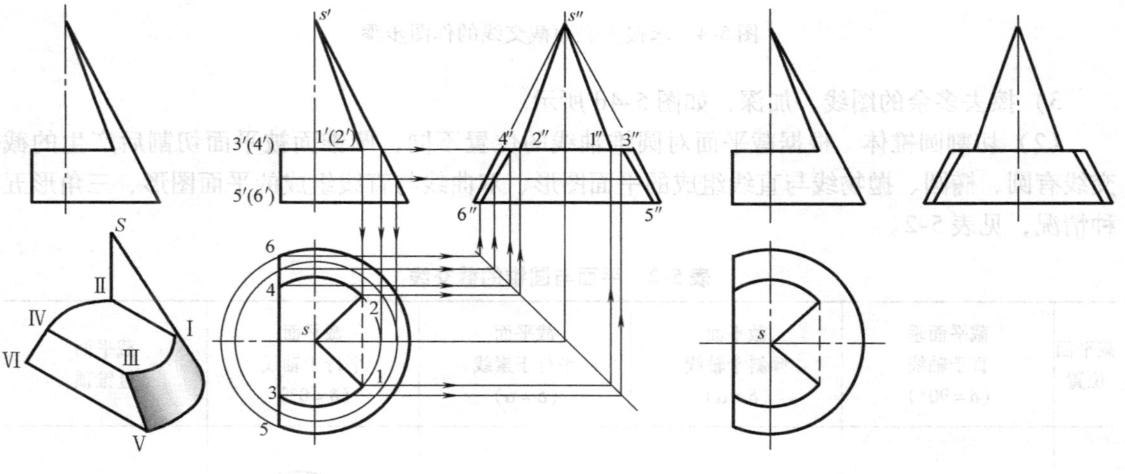


a)　　　　b)　　　　c)

图 5-5　切割圆锥体的投影

（3）切割球体　无论用什么样的截平面切割圆球球体时，截交线的形状均是大小不同的圆。但截交线的投影不全是圆，仅当截平面为投影面平行面时，截交线圆的投影才为圆。截平面对投影面的相对位置有三种，本书仅研究两种截平面为特殊位置时的投影，投影形状见表 5-3。

**表 5-3 平面与圆球的截交线**

| 截平面位置 | 投影面的平行面(如正平面) | 投影面的垂直面(如正垂面) |
|---|---|---|
| 模型图 | 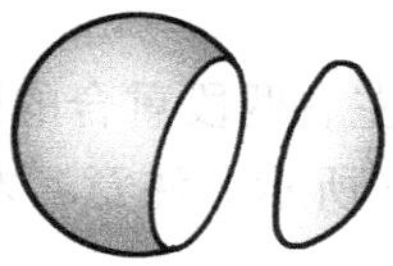 | 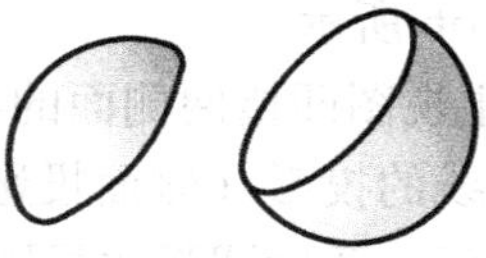 |
| 投影图 | 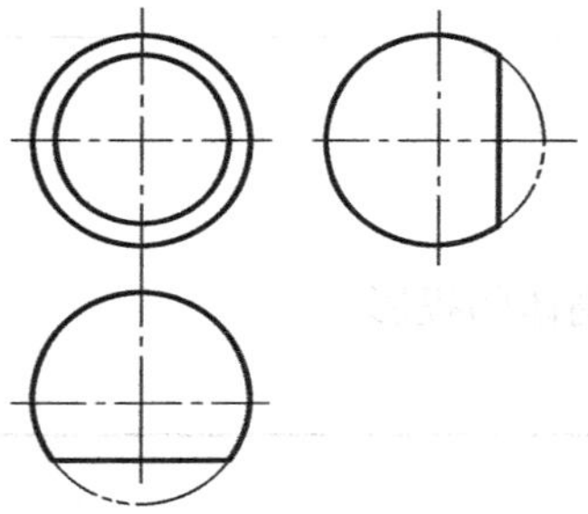 | 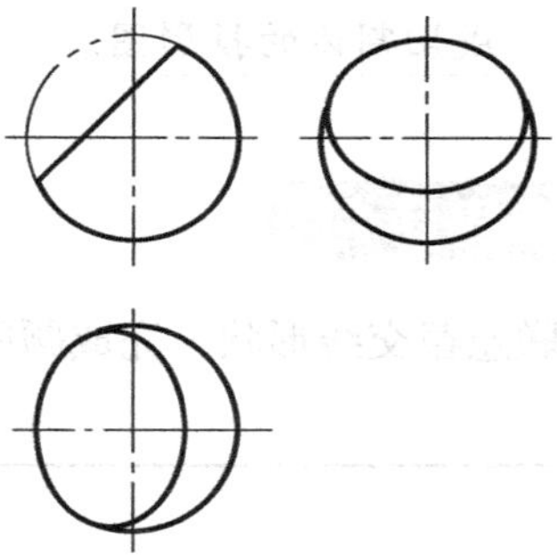 |

**例 5-5** 补全如图 5-6a 所示半球开槽后的其他投影。

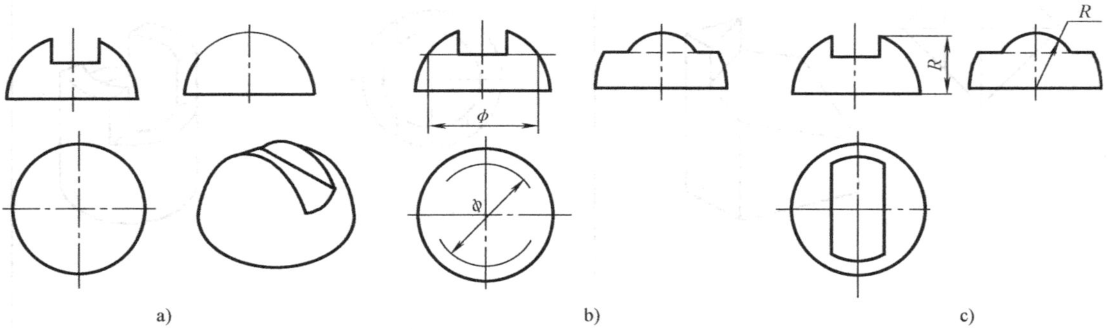


图 5-6 求半圆开槽的作图步骤

分析：半球上部中间的凹槽是由两个侧平面和一个水平面切割而成，两个侧平面各截得一段平行于侧面得圆弧，水平面截得前后各一段平行于水平面的圆弧，三个截平面的两条交线为正垂线。

作图步骤：

1）根据开槽半球的已知条件。以主视图槽底面的直径 $\phi$ 画出俯视图上的前后两段圆弧，如图 5-6b 所示。

2）从主视图凹槽两侧面的半径 $R$ 画出左视图上左右两段重合的圆弧，并画出三个截平面的两条交线的投影（侧面投影为虚线），如图 5-6c 所示。注意：左视图上虚线两端的粗实线是槽底面上两段圆弧的投影。

**小试身手：**

根据任务书的要求，进行六棱柱和圆柱体的切割实验，分别绘制完成切割体的投影图。

## 巩固练习

1. 联想截交线形状，完成题图 5-1 所示切割体的投影。

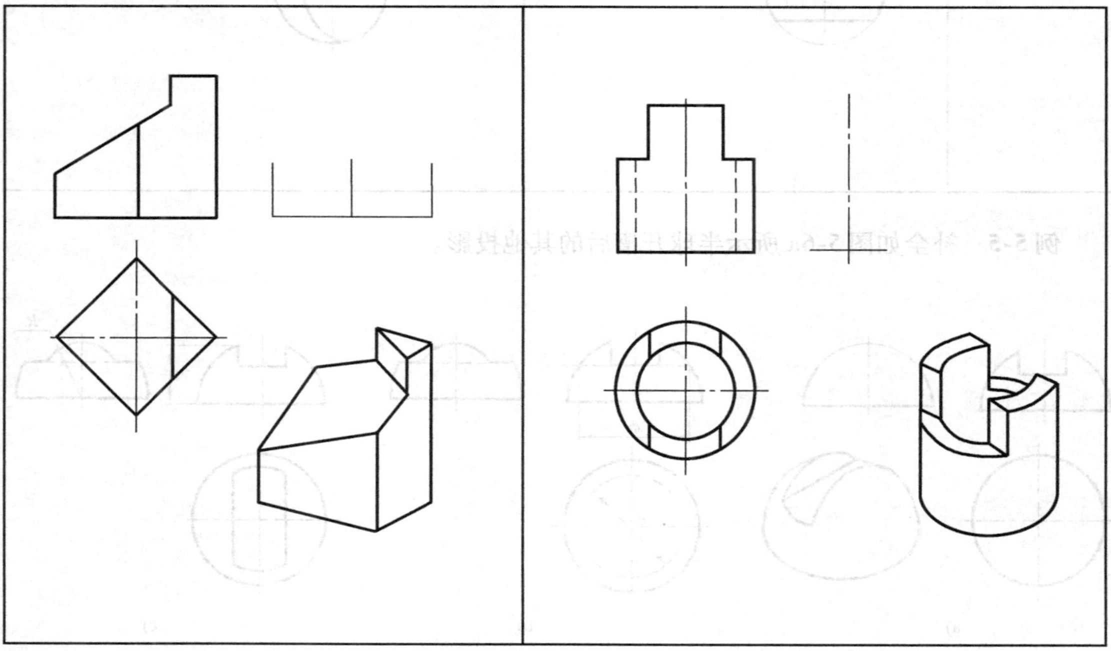

题图 5-1

2. 在题图 5-2 中，根据已知视图，想出截交线形状，补全视图。

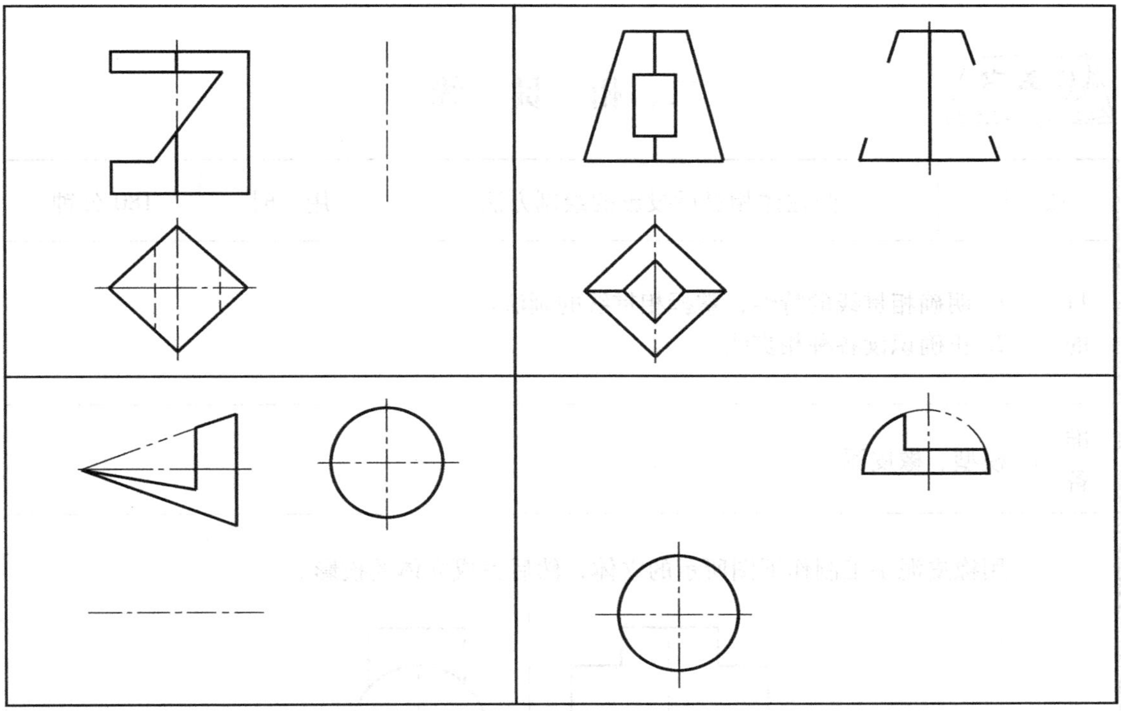

题图 5-2

3. 求题图 5-3 所示切割旋转体的投影。

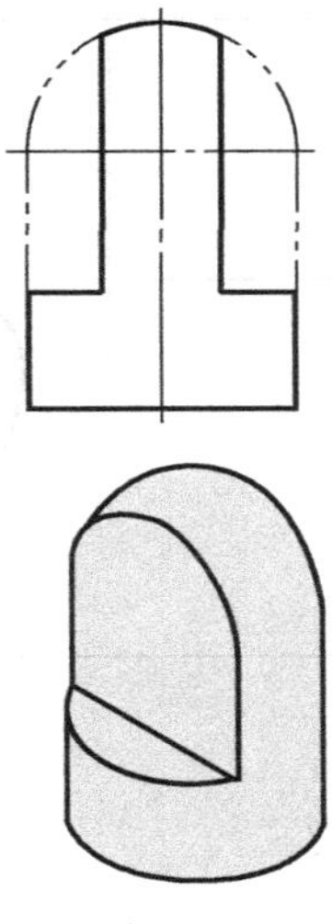

题图 5-3

任务书

# 二、相　贯　线

| 项　目 | 圆柱体相贯后投影的绘制方法 | 用　时 | 180 分钟 |
|---|---|---|---|
| 目的 | 1. 明确相贯线的特性，掌握相贯线的画法。<br>2. 正确识读各种相贯线。 | | |
| 准备 | 模型、橡皮泥 | | |
| 要求 | 用橡皮泥手工制作下图所示的立体，然后完成立体的投影。<br>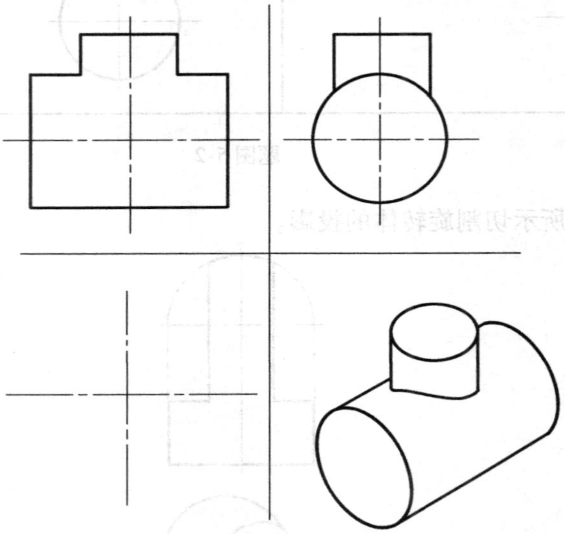 | | |
| 思考 | 相贯线和截交线的区别是什么？ | | |
| 后记 | | | |

知识链接

**1. 相贯线的概念及其基本特性**

（1）相贯线　两立体相交，表面形成的交线称为相贯线，如图 5-7 所示。零件表面的相贯线大都是曲面体相交而成。

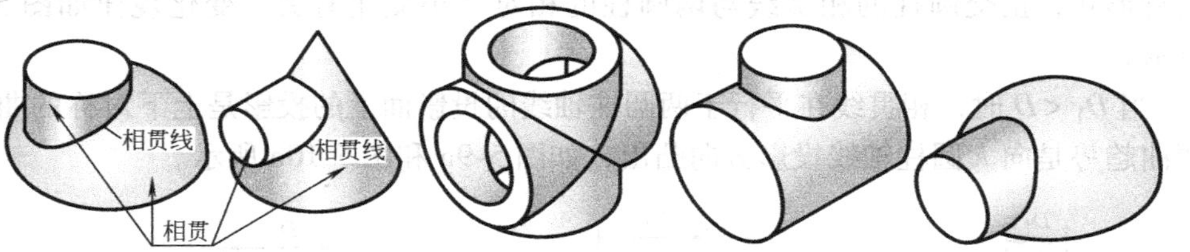


图 5-7　相贯线的名词术语和示例

（2）基本特性　相贯线具有以下两个特性：

1）相贯线一般为封闭的空间曲线，特殊情况下可能是平面曲线或直线。

2）相贯线是两立体表面的共有线，相关线上的点是两立体表面的共有点。

**2. 圆柱与圆柱正交的相贯线**（简化画法）

（1）不同直径两圆柱正交

分析：由图 5-8a 所示，两圆柱轴线垂直相交，直立圆柱的直径小于水平圆柱的直径，其相贯线为封闭的空间曲线，且前后、左右对称。由于直立圆柱的水平投影和水平圆柱的侧面投影都有积聚性，所以相贯线的水平投影和侧面投影分别积聚在它们有积聚性的投影圆上，因此，只作相贯线的正面投影；由于相贯线的前后、左右对称，因此，在其正面投影中，可见的前半部和不可见的后半部重合，左右部分则对称。

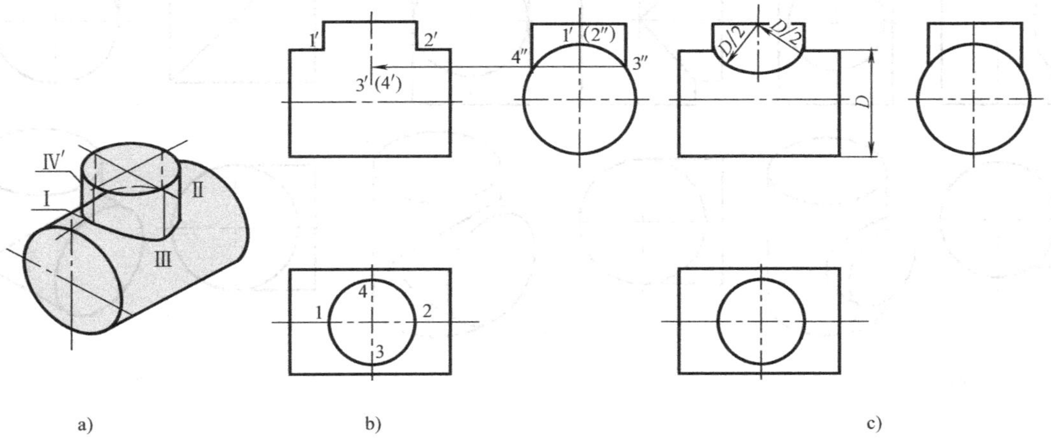


图 5-8　两圆柱正交相贯线的简化画法

作图步骤：

1）直立圆柱的最左、最右素线与水平圆柱最高素线的交点 1、2 是相贯线上的最高点，也是最左、最右点，因此，1′、2′和1、2及1″、2″均可直接作出，图5-8b所示。

2）以大圆柱半径为半径，以1′或2′为圆心画圆弧，与小圆柱的轴线投影有两个交点，半径不变，以远离大圆柱的那个交点为圆心，过1′、2′两点画圆弧来代替，并向大圆柱内弯曲，如图5-8c所示。

（2）两圆柱正交的基本形式及其相贯线的变化影响　两正交圆柱有完全贯通和不完全贯通两种形式，正交圆柱的相贯线与两圆柱的相对大小变化有关。变化规律如图5-9、图5-10所示。

1）当 $D_1 < D$ 时，相贯线在平行于两圆柱轴线的投影面上的投影是上下对称的曲线。曲线的弯曲趋势是向大圆柱轴线投影方向凸出，如图5-9a和图5-10a所示。

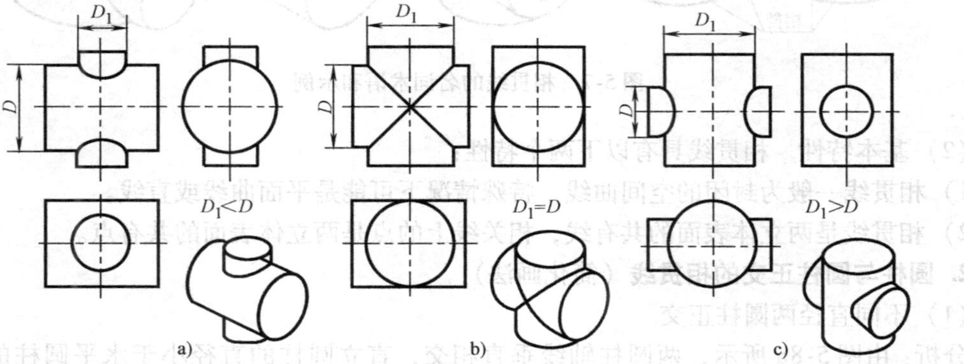


图5-9　两圆柱完全贯通的正交

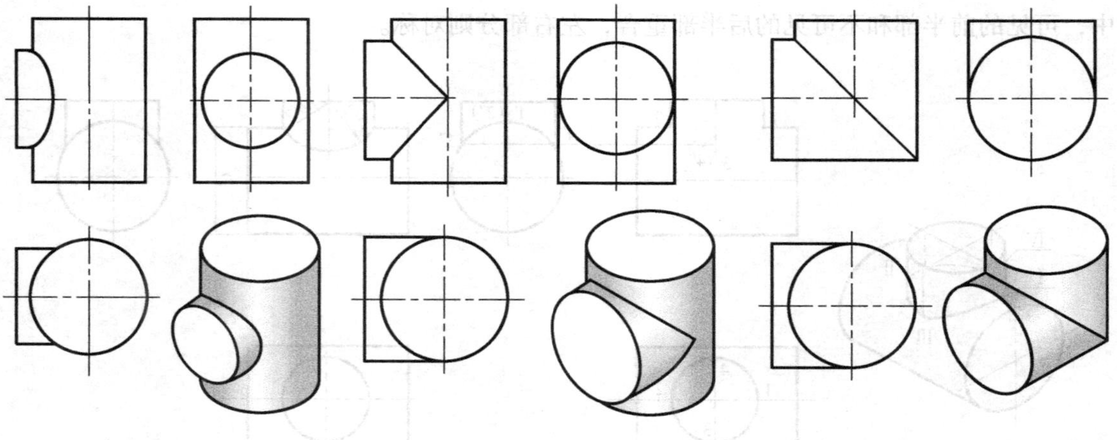


图5-10　两圆柱不完全贯通的正交

a）不等径圆柱相贯　b）、c）等径圆柱相贯

2）当 $D_1 = D$ 时，相贯线为两个相交的椭圆，在平行于两圆柱轴线的投影面上的投影（正面投影）为两相交直线，如图5-9b和图5-10b、c所示。

3）当 $D_1 > D$ 时，相贯线正面投影为左右对称的曲线。曲线的弯曲趋势同样是向大圆柱轴线投影方向拱起，如图 5-9c 所示。

（3）内外圆柱表面正交　圆柱孔与圆柱面相贯、两圆柱孔相贯的相关线投影的方法与步骤，与两外圆柱面正交相贯时相同，如图 5-11 所示。

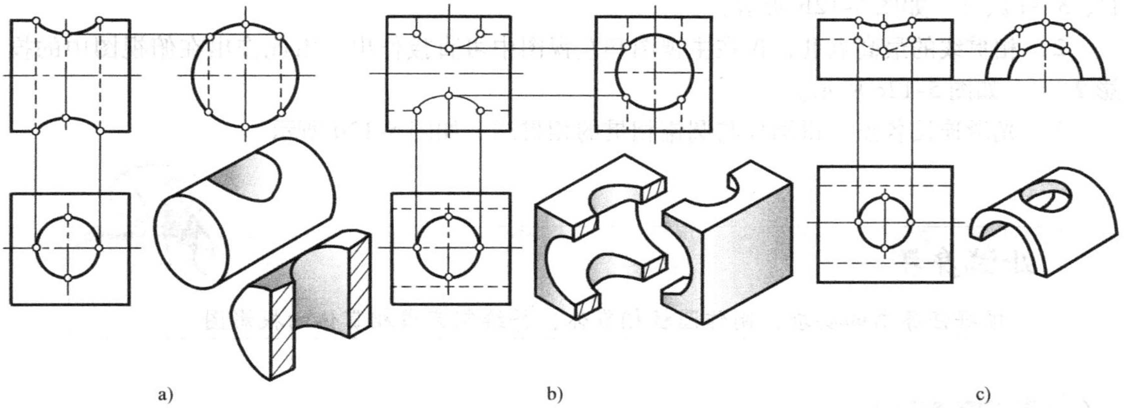

图 5-11　内外圆柱表面正交

a）圆柱上穿孔　b）孔与孔相交　c）半圆柱套上穿孔

**3. 圆柱与圆锥正交的相贯线**（近似画法）

分析：图 5-12a 所示为水平圆柱与直立圆锥台相贯。水平圆柱的轴线垂直于侧面，相贯

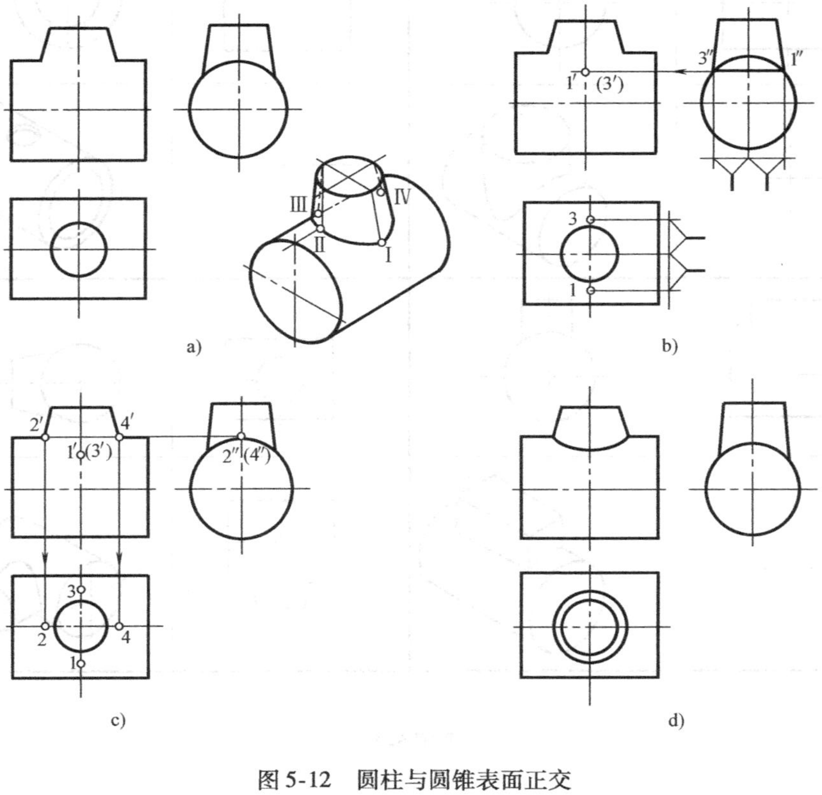


图 5-12　圆柱与圆锥表面正交

线的侧面投影在圆柱的积聚投影圆周上，不用求作。圆锥台在主视图和俯视图中没有积聚性，要作出相贯线在主、俯视图中的投影。

作图步骤：

1）相贯线的最低点Ⅰ，Ⅲ可直接在左视图中作出，由此作出在主、俯视图中的投影1′、3′和1、3，如图5-12b所示。

2）相贯线的最高点Ⅱ，Ⅳ在主视图和左视图中可直接作出，由此作出在俯视图中的投影2、4，如图5-12c所示。

3）光滑连接各点，得圆柱与圆锥相贯的相贯线，如图5-12d所示。

## 小试身手：

根据任务书的要求，制作圆柱相贯体，并绘制完成相贯体的投影图。

## 巩固练习

1. 在题图5-4中，根据轴测图，用简化画法完成相贯切割体的各个投影。

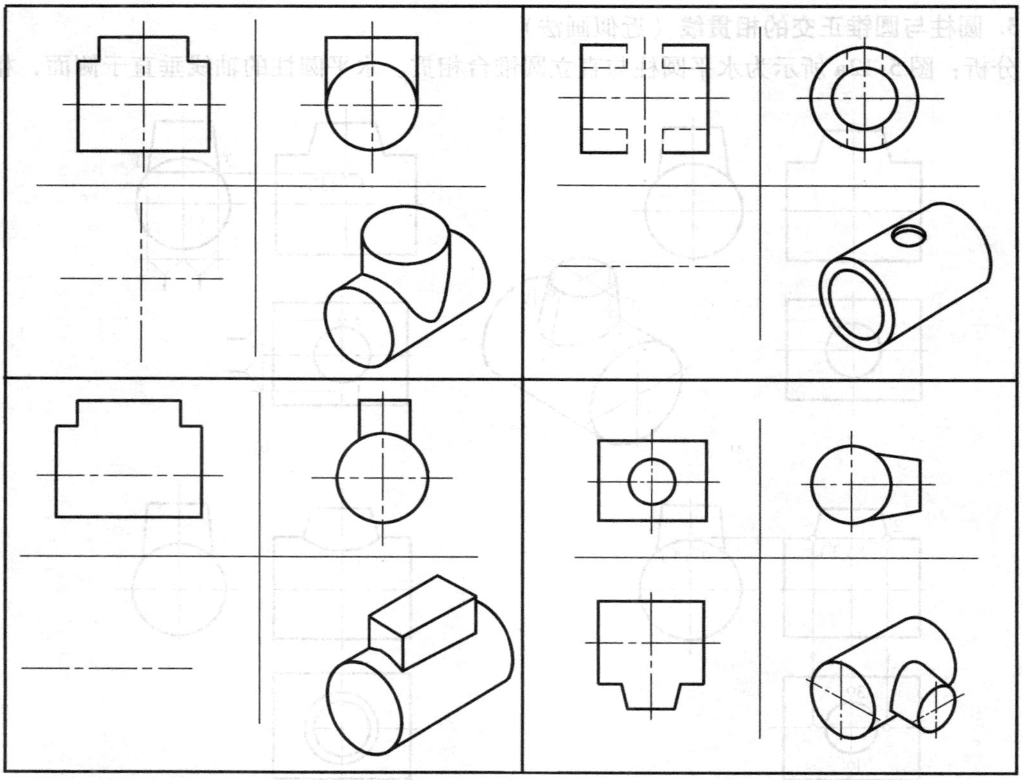

题图5-4

2. 在题图 5-5 中，根据已知视图，想象相贯线形状，补全视图。

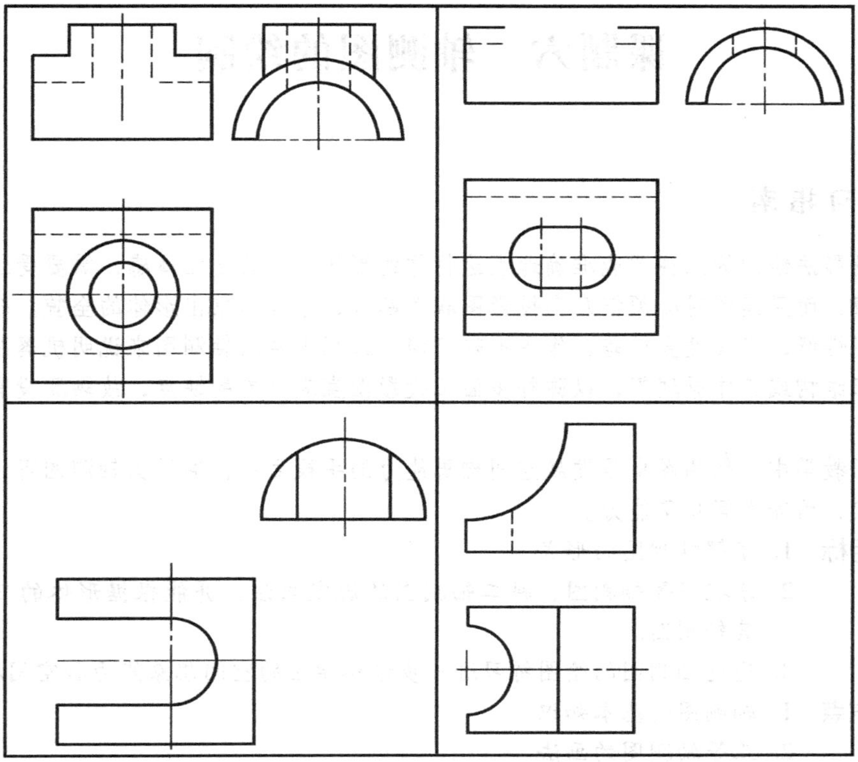

题图 5-5

*3. 已知题图 5-6 所示的两轴线平行的圆柱相贯的水平投影和侧面投影，求其正面投影。

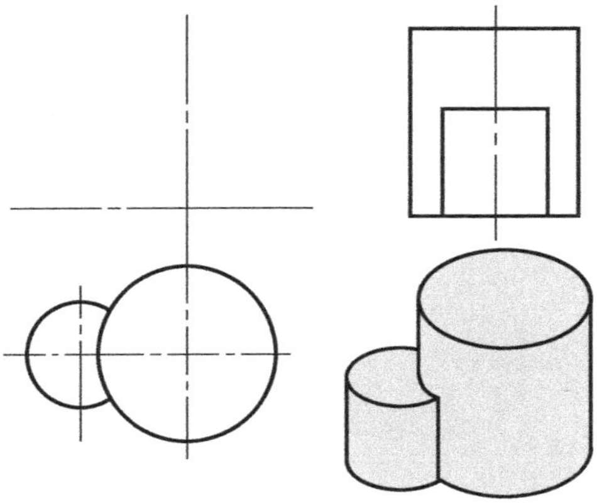

题图 5-6

# 课题六　轴测图的绘制

## 学习指南

用正投影法绘制的三视图能准确地表达物体的形状，但缺乏立体感，需要受过专业训练者才能看懂，而且读图时必须把几个投影图联系起来，才能想象出形体的全貌。轴测图立体感强，直观性好，但其度量性差，作图也较繁琐。工程上常用轴测图来说明机器及零部件的外观、内部结构或工作原理等，以弥补多面正投影图直观性差的缺点，故轴测投影图是一种辅助图样。

在制图教学中，轴测图也是发展空间构思能力的手段之一，通过画轴测图可以帮助想象物体的形状，培养空间想象能力。

**教学目标**　1. 了解轴测图的形成。

2. 掌握正等轴测图、斜二轴测图的规定画法，并能根据形体的三视图画出其轴测图。

3. 通过轴测图的绘图练习进一步培养学生的空间想象能力和空间思维能力。

**教学重点**　1. 轴测图的基本知识。

2. 正等轴测图的画法。

3. 斜二轴测图的画法。

4. 空间想象能力的培养。

**教学难点**　1. 根据不同的形体结构特点选择恰当的轴测图。

2. 轴测草图的绘制训练。

**教学课时**　8 学时。

任务书

# 一、轴测图的基本知识

<table>
<tr><td>项　目</td><td>三维图形在平面上的绘制</td><td>用　时</td><td>45 分钟</td></tr>
<tr><td>目的</td><td colspan="3">1. 熟悉轴测图的形成。<br>2. 明确轴测图的分类，掌握轴测图的基本特性。</td></tr>
<tr><td>准备</td><td colspan="3">四棱柱模型、草图纸</td></tr>
<tr><td>要求</td><td colspan="3">根据轴测图的基本性质，仔细观察三视图和轴测图中图线的平行性及三角形的类似性，并徒手抄画如图所示的立体图。<br>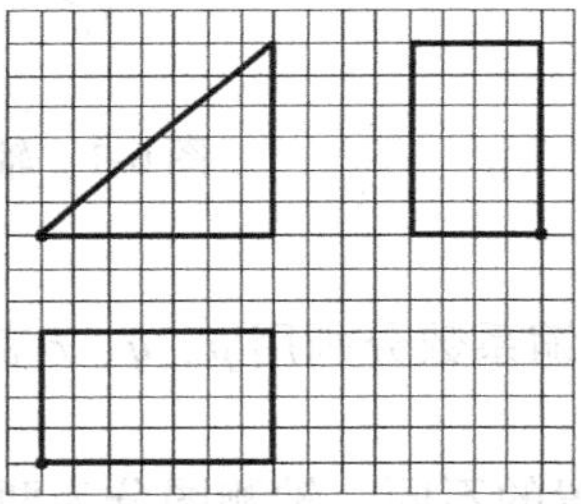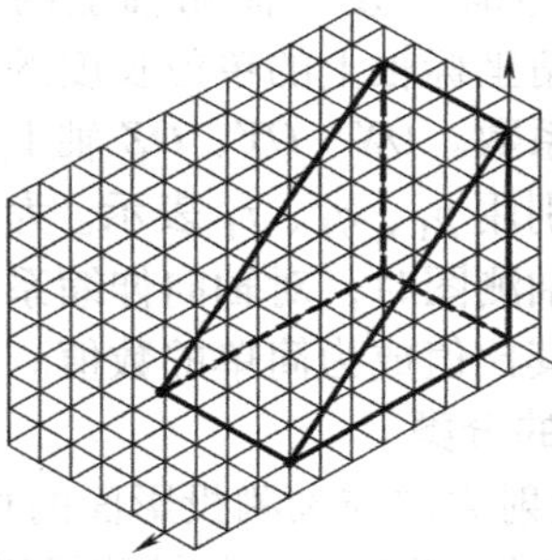<br>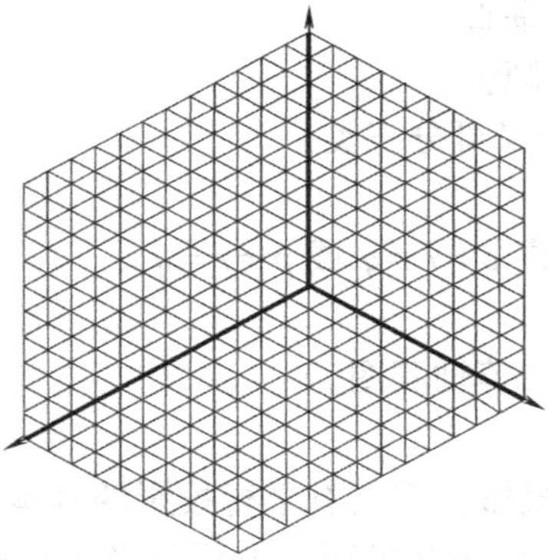</td></tr>
<tr><td>思考</td><td colspan="3">1. 轴测图是如何形成的？<br>2. 轴测投影有哪些基本特性？</td></tr>
<tr><td>后记</td><td colspan="3"></td></tr>
</table>

## 知识链接

**1. 轴测图的形成**

轴测图是将物体连同其直角坐标系，沿不平行于任一坐标平面的方向，用平行投影法投射在单一投影面上所得到的具有立体感的三维图形，如图 6-1 所示。

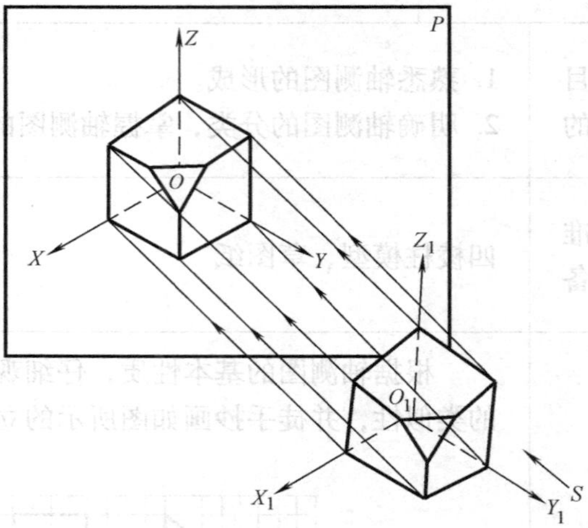


图 6-1　轴测图

（1）轴测投影面　轴测投影的单一投影面称为轴测投影面，如图 6-1 中的平面 $P$。

（2）轴测轴　在轴测投影面上的坐标轴（$OX$、$OY$、$OZ$）称为轴测投影轴，简称轴测轴（图 6-1）。

（3）轴间角　轴测投影中，任两根轴测轴之间的夹角称为轴间角，如图 6-1 中的 $\angle XOY$，$\angle YOZ$，$\angle ZOX$。

（4）轴向伸缩系数　轴测轴上的单位长度与相应直角坐标轴上的单位长度的比值称为轴向伸缩系数。$OX$、$OY$、$OZ$ 轴上的轴向伸缩系数分别用 $p_1$、$q_1$、$r_1$ 表示。为了便于作图，绘制轴测图时，对轴向伸缩系数进行简化，以使其比值成为简单的数值。简化伸缩系数分别用 $p$、$q$、$r$ 表示。

**2. 轴测图的分类**

1）根据投射方向与轴测投影面的相对位置的不同，轴测图分为两类：

◆ 正轴测图：投影方向与轴测投影面垂直。

◆ 斜轴测图：投影方向与轴测投影面倾斜。

2）根据轴向伸缩系数的不同，轴测图又可分三类：

◆ 正（或斜）等轴测图：$p=q=r$。

◆ 正（或斜）二等轴测图：$p=q\neq r$ 或 $p=r\neq q$ 或 $p\neq r=q$。

◆ 正（或斜）不等轴测图：$p\neq q\neq r$。

本单元仅介绍常用的正等轴测图和斜二等轴测图。

**3. 轴测图的基本性质**

轴测图是在单一投影面上获得的平行投影，它具有平行投影的基本性质。

1）物体上相互平行的线段，轴测投影仍相互平行。平行于坐标轴的线段，轴测投影仍平行于相应的轴测轴，且同一轴向所有线段的轴向伸缩系数相同。

2）物体上不平行于轴测投影面的平面图形，在轴测图上变成原图形的类似形。如正方形的轴测投影为菱形。圆的轴测投影为椭圆。

**小试身手：**

根据任务书的要求，对照图形思考轴测图的基本性质，并徒手抄画立体图。

任务书

# 二、正等轴测图（正等测）

<table>
<tr><td>项　目</td><td>补画正等轴测图</td><td>用　时</td><td>135 分钟</td></tr>
<tr><td>目的</td><td colspan="3">掌握正等轴测图的作图方法。</td></tr>
<tr><td>要求</td><td colspan="3">利用空间立体概念，想象立体未画部分的形状，并补画完成轴测图。<br>1.<br>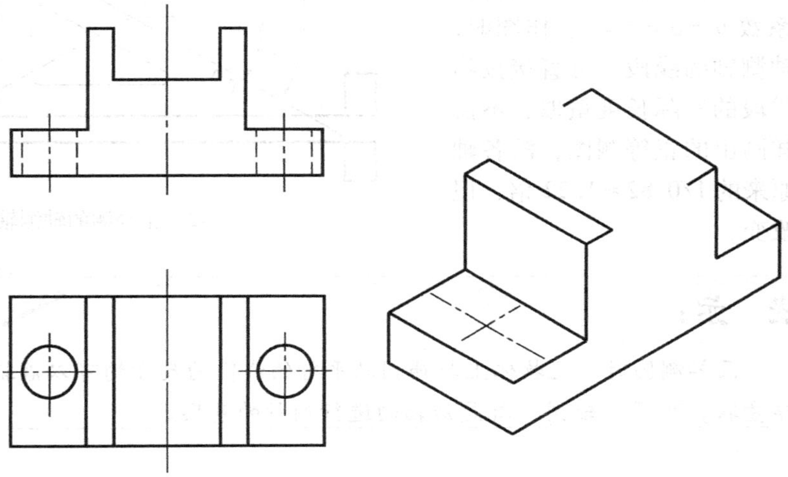<br>2.<br>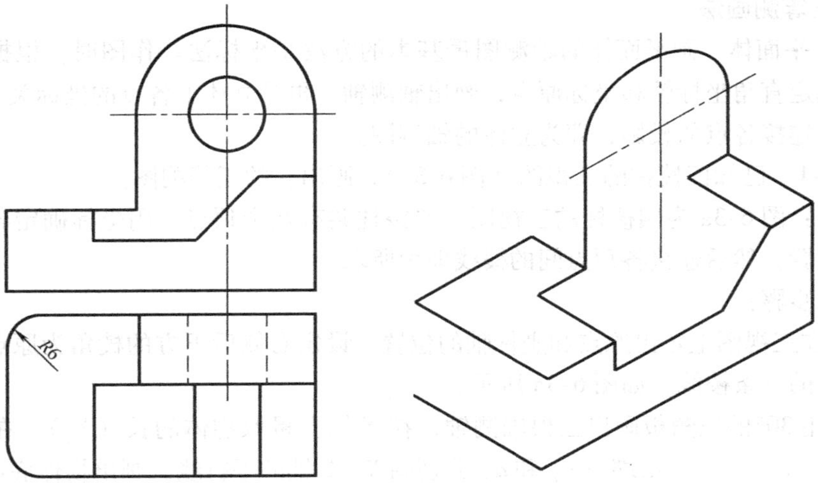<br></td></tr>
<tr><td>后记</td><td colspan="3"></td></tr>
</table>

知识链接

**1. 正等轴测图的轴间角和轴向伸缩系数**

（1）轴间角　正等轴测图中，轴测轴的画法如图 6-2 所示，其轴间角 $\angle XOY = \angle YOZ = \angle ZOX = 120°$。作图时，将 $OZ$ 轴画成铅垂线，$OX$、$OY$ 轴分别与水平线成 30°角。

（2）轴向伸缩系数　根据计算，正等轴测图的轴向伸缩系数为 $p = q = r = 0.82$。为了作图方便，常采用简化轴向伸缩系数 $p = q = r = 1$。作图时，凡平行于轴测轴的线段，可直接按物体上相应线段的实际长度量取，不需换算。这样画出的正等测图，沿各轴向长度是原来的 1/0.82≈1.22 倍，但形状没有改变。

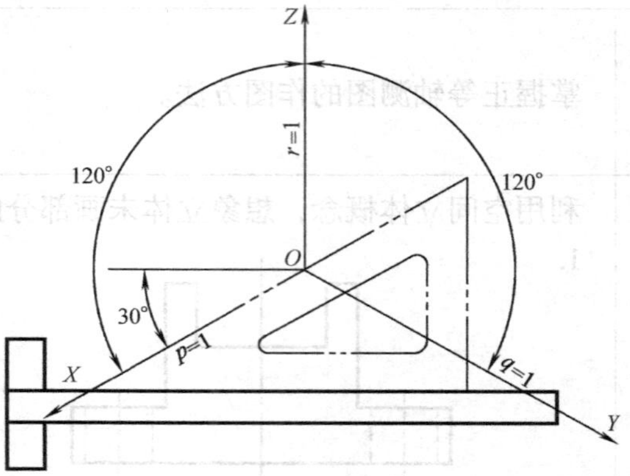

图 6-2　正等测的轴测轴

**提　示：**

画轴测图时，凡物体上与轴测轴平行的线段的尺寸均可以沿轴向直接量取。所谓“轴测”就是沿轴向进行测量的意思。

**2. 正等测画法**

（1）平面体　画平面体的轴测图最基本的方法是坐标法。作图时，根据物体形状的特点，先选定直角坐标轴和坐标原点，画出轴测轴，再按立体上各点的坐标关系画出其轴测投影，然后连接各点的投影，即为立体的轴测图。

**例 6-1**　已知四棱柱的三视图（图 6-3a），画出它的正等测图。

分析：图 6-3a 为四棱柱的三视图。四棱柱共有八个顶点，用坐标确定各顶点在其轴测图中的位置，然后连接各顶点间的棱线即为所求。

作图步骤：

1）在三视图上定出原点和坐标轴的位置。设定右侧后下方的棱角为原点，$X$、$Y$、$Z$ 轴是过原点的三条棱线，如图 6-3a 所示。

2）用 30°的三角板画出三根轴测轴，在 $X$ 轴上量取物体的长（$X_A$），在 $Y$ 轴上量去物体的宽 $b$（$Y_A$），然后由端点 $a_Y$ 和 $a_X$ 分别画 $X$、$Y$ 轴的平行线，画出物体底面的形状，如图 6-3b 所示。

3）由四棱柱底面各端点画 $Z$ 轴的平行线，在各线上量取物体的高度 $h$（$Z_A$），得到四棱柱顶面各端点。把所得各点连接起来并擦去多余的棱线，即得物体顶面、正面和侧面的形状，如图 6-3c 所示。

4）擦去轴测轴，加深轮廓线，即得四棱柱正等测图如图 6-3d 所示。

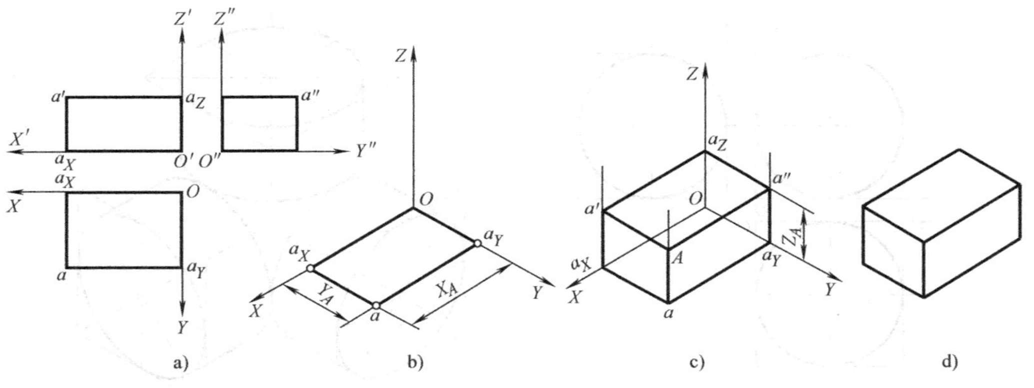


图 6-3　四棱柱的正等测图

(2) 回转体　在画回转体正等轴测图时，平行于坐标面的圆的轴测图一般是椭圆，所以首先要用四心近似椭圆画法画出圆的正等轴测图，然后再画出整个回转体的正等轴测图。

四心近似椭圆画法　用光滑连接的四段圆弧来代替椭圆。图 6-4 为水平圆正等轴测图的四心近似椭圆画法的作图步骤。

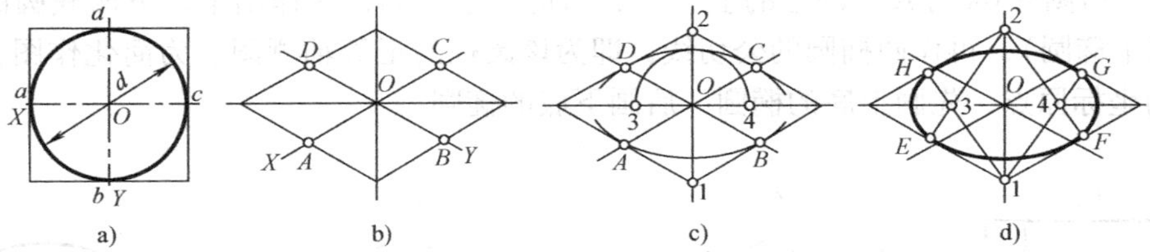


图 6-4　水平圆正等轴测图四心近似椭圆的画法

1）在正投影图中确定 $X$、$Y$、$Z$ 轴的方向和坐标原点 $O$，并作圆的外切正方形，如图 6-4a所示，$a$，$b$，$c$，$d$ 为四个切点。

2）画轴测轴，并作出正方形的正等轴测图，如图 6-4b 所示。在 $OX$，$OY$ 轴测轴上，按 $OA = OB = OC = OD = d/2$ 测量得到 $A$，$B$，$C$，$D$ 四点，过 $A$，$C$ 分别作直线平行于 $OY$ 轴，过 $B$，$D$ 分别作直线平行于 $OX$ 轴，与两条直线相交即得圆外切正方形的正等测图——菱形，其长对角线为椭圆的长轴方向，短对角线为椭圆的短轴方向。

3）画椭圆短轴方向的两段椭圆弧。

① 分别以短对角线端点 1，2 为圆心，以 $1D$（或 $1C$），$2A$（或 $2B$）为半径分别作两段大圆弧。

② 以 $O$ 为圆心作两大圆弧的内切圆，交长轴于 3，4 两点，3，4 即为小圆弧的圆心，如图 6-4c 所示。

4）画椭圆长轴方向的两段椭圆弧。

① 连接点 13，23，24，14 并延长，分别交两大圆弧于 $H$，$E$，$F$，$G$。

② 分别以 3，4 为圆心，$3E$（或 $3H$），$4F$（或 $4G$）为半径作小圆弧 $EH$，$GF$，即得近似椭圆，如图 6-4d 所示。

平行于其他坐标面的圆的正等轴测图的画法与水平圆一样，它们形状、大小相同，只是长、短轴方向不同。若在正方体的 3 个面上各有直径同为 $D$ 的内切圆，其正等轴测图如图

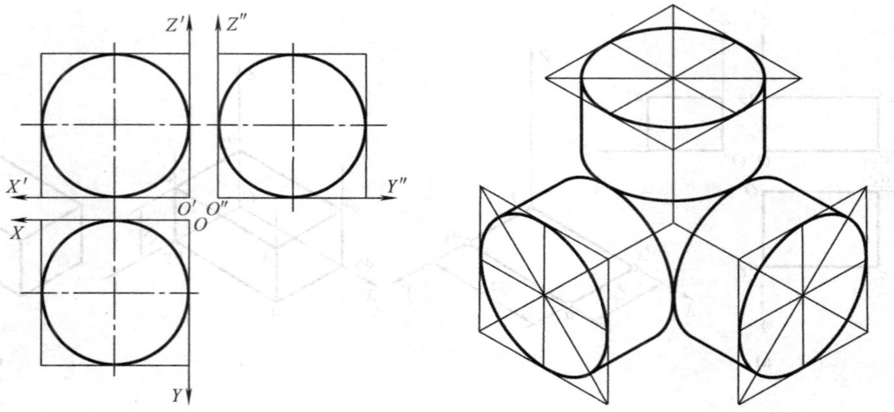


图 6-5　平行于各坐标面的圆的正等轴测图

6-5 所示。

**例 6-2**　作出图 6-6a 所示圆柱的正等轴测图。

分析：由图 6-6a 可知，圆柱的上、下底面均为水平面，先作出上、下两底圆的正等轴测图（两个椭圆），再作两椭圆的公切线，即为该圆柱的正等轴测图。为简化作图，以上底圆心 $O$ 为坐标原点，先画上底的椭圆，后画下底的椭圆。

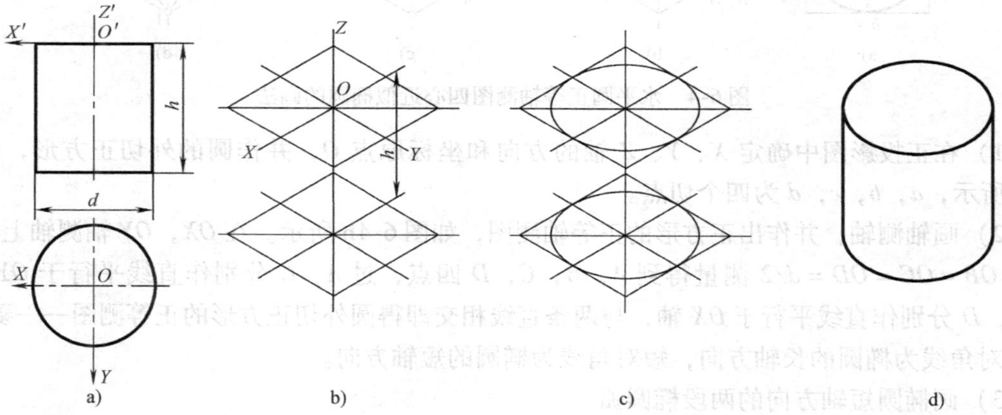


图 6-6　圆柱正等轴测图的画法

作图步骤：

1）在正投影图中选定坐标轴和坐标原点，如图 6-6a 所示。

2）画轴测轴，按 $h$ 确定上、下底圆中心，并分别画上、下底圆的菱形，如图 6-6b 所示。

3）用“四心近似椭圆画法”作圆柱上、下底面的椭圆，如图 6-6c 所示。

4）上、下两椭圆的公切线，擦去作图辅助线，加深图线，即完成圆柱体的正等测图，如图 6-6d 所示。

（3）圆角　物体上常遇到由 1/4 圆弧所形成的圆角，其正等测投影为 1/4 椭圆。图 6-7

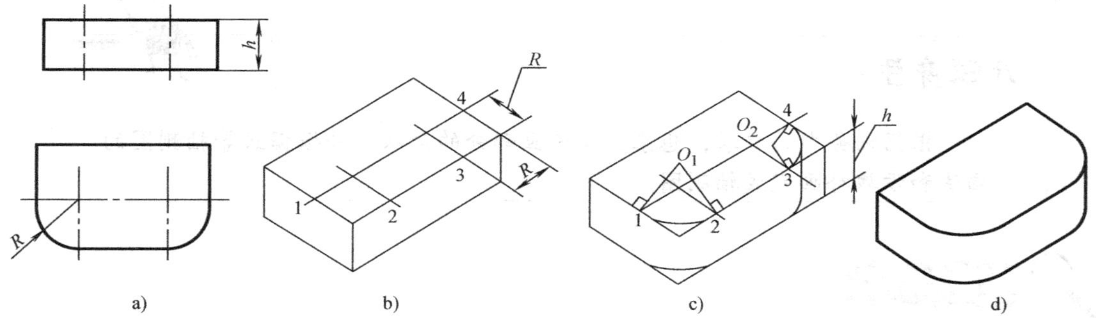


图 6-7　圆角正等轴测图的画法

所示为圆角的画法。

作图步骤：

1）画出平板（图 6-7a）的轴测图，并根据圆角的半径 *R*，按四心近似椭圆画法在平板上底面相应的棱线上作出切点 1、2 和 3、4，如图 6-7b 所示。

2）过切点 1、2 分别作相应棱线的垂线，得交点 $O_1$。同样，过切点 3、4 作相应棱线的垂线，得交点 $O_2$。以 $O_1$ 为圆心，$O_1$1 为半径作弧；以 $O_2$ 为圆心，$O_2$3 为半径作弧，即得平板上面圆角的轴测图。将圆心 $O_1$，$O_2$ 下移平板厚度 *h*，再以与上面相同的半径分别画出两段圆弧，即得平板下面圆角的轴测图，如图 6-7c 所示。

3）在平板右端作上、下圆弧的公切线，擦去作图辅助线并加深图线，完成作图，如图 6-7d 所示。

**例 6-3**　已知直角弯板的三视图（图 6-8a），画出它的正等轴测图。

分析：由图 6-8a 可知，直角弯板由底板和竖板组成。底板和竖板上均有圆角。

作图步骤：

1）根据三视图先画出直角弯板（方角）的正等轴测图，如图 6-8b 所示。

2）以 *R* 的大小定切点，过切点作垂线，交点为圆心，作各公切线，擦去作图辅助线并加深图线，完成作图。如图 6-8c 所示。

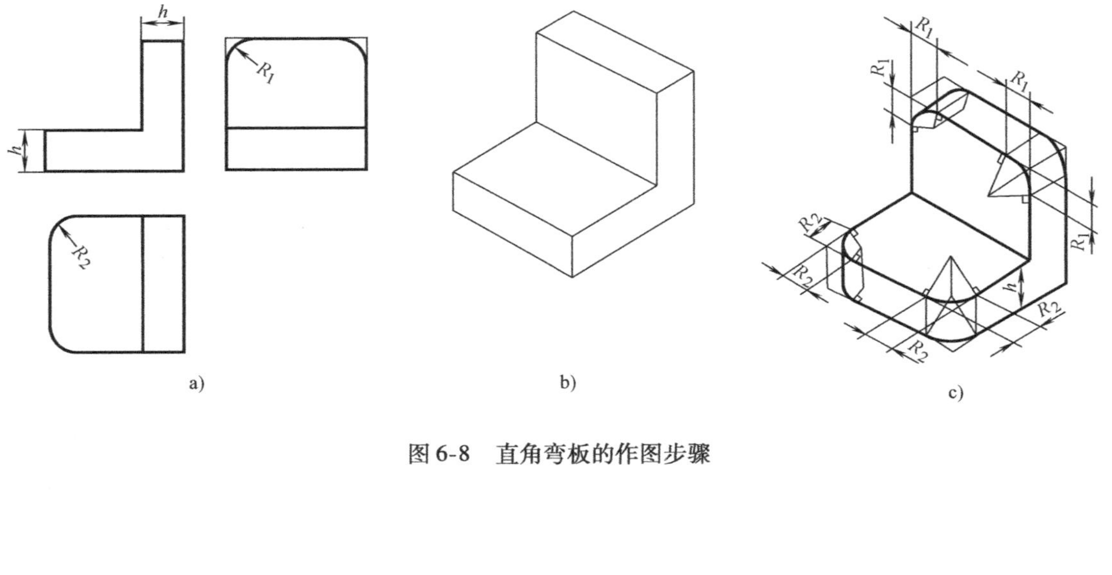


图 6-8　直角弯板的作图步骤

## 小试身手：

根据任务书的要求，想象立体未画部分的形状，并根据正等轴测图的画法和步骤补画完成轴测图。

## 巩固练习

1. 在题图 6-1 和题图 6-2 中，根据视图绘制正等轴测图。

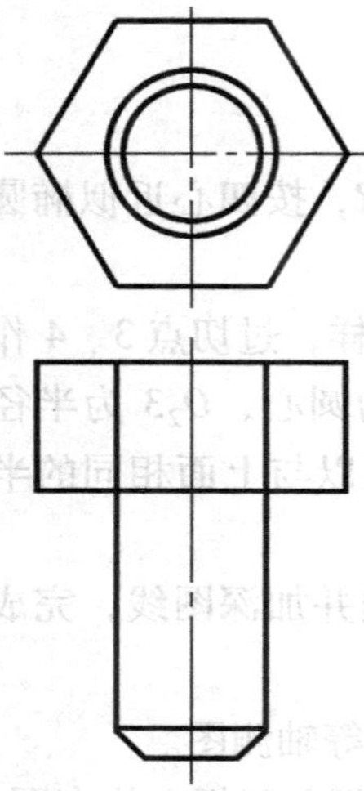

题图 6-1

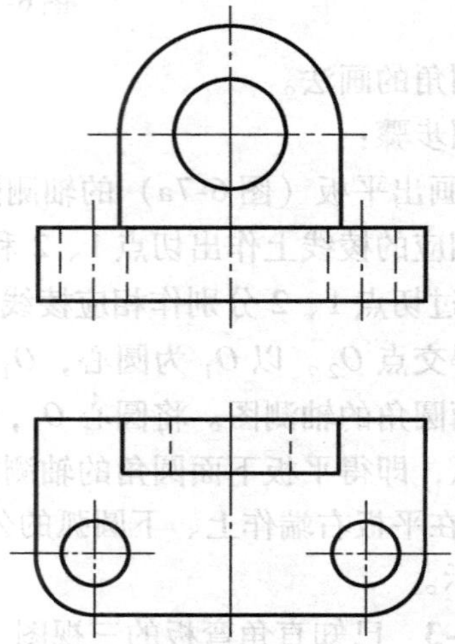

题图 6-2

*2. 在题图 6-3 中补画视图或缺线，并画出正等轴测图。

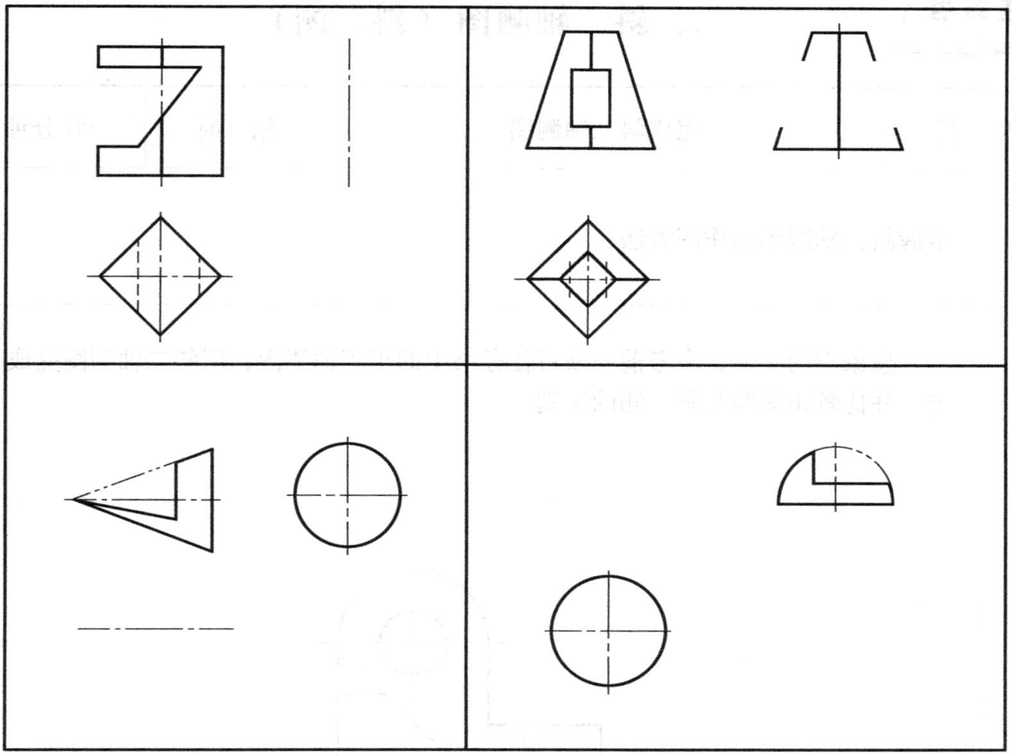

题图 6-3

任务书

# 三、斜二轴测图（斜二测）

<table>
<tr><td>项　目</td><td>完成斜二轴测图</td><td>用　时</td><td>90 分钟</td></tr>
<tr><td>目的</td><td colspan="3">掌握斜二轴测图的作图方法。</td></tr>
<tr><td>要求</td><td colspan="3">想象空间立体，参考前一项目任务书中的正等轴测图，用斜二轴测图完成下图。并比较正等测与斜二测的区别。<br>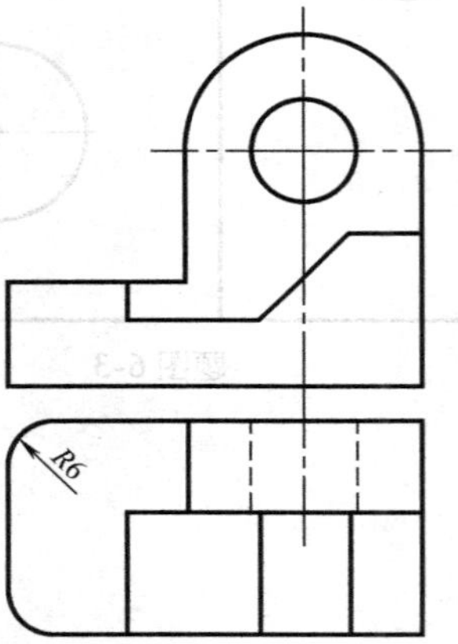<br></td></tr>
<tr><td>思考</td><td colspan="3">斜二测和正等测的区别是什么？</td></tr>
<tr><td>后记</td><td colspan="3"></td></tr>
</table>

## 知识链接

**1. 斜二轴测图的轴间角和轴向伸缩系数**

（1）轴间角　轴测投影面平行于一个坐标平面，投射方向倾斜轴测投影面时，即得斜二轴测图。轴测轴如图 6-9 所示，其轴间角 $\angle XOZ=90°$，$\angle XOY=\angle YOZ=135°$。作图时，将 $OZ$ 轴画成铅垂线，将 $OX$ 轴画成水平线，由于轴测轴 $OY$ 与水平线成 45°，可用 45°三角板和丁字尺画出。

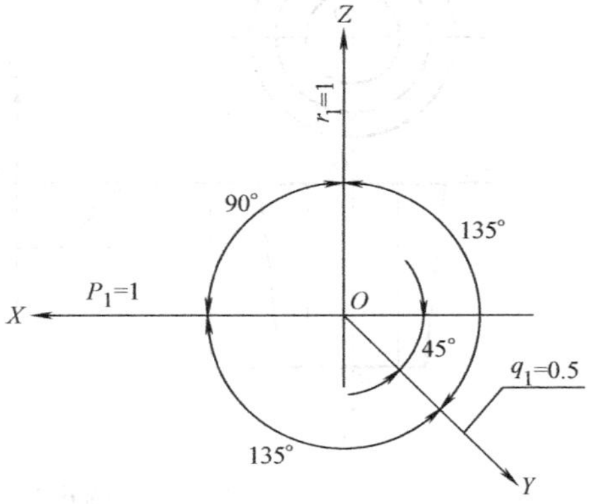

图 6-9　斜二测的轴测轴

（2）轴向伸缩系数　在绘制斜二轴测图时，沿轴测轴 $OX$ 和 $OZ$ 方向的尺寸，可按实际尺寸选取比例度量，沿 $OY$ 方向的尺寸，则要缩短一半度量，即轴向伸缩系数 $p=r=1$，$q=0.5$。

**2. 斜二轴测图的画法**

（1）平面体

**例 6-4**　已知四棱锥台的二视图（图 6-10a），画出它的斜二轴测图。

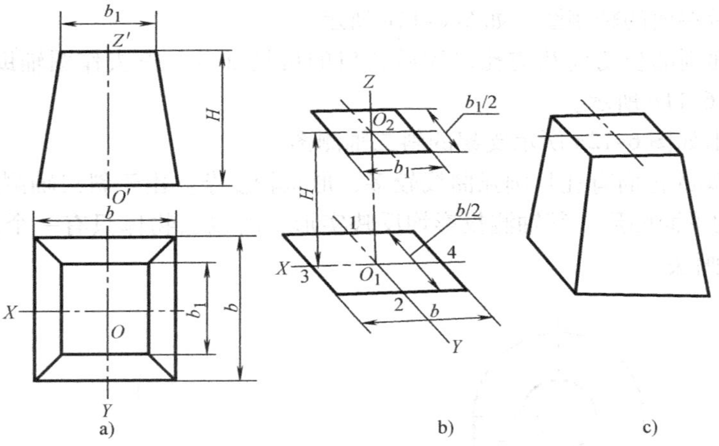

图 6-10　四棱锥台斜二轴测图的画法

作图步骤：

1）作轴测轴 $X$、$Y$、$Z$，在 $X$ 轴上量取 $O_13=O_14=b/2$；在 $Y$ 轴上量取 $O_11=O_12=b/4$。过 1、2 和 3、4 点作 $X$ 轴和 $Y$ 轴的平行线，得四边形，完成底面的斜二轴测图，如图 6-10b 所示；在 $Z$ 轴上取 $O_1O_2=H$，过 $O_2$ 作四棱台顶面的斜二轴测图，如图 6-10b 所示。

2）连接对应顶、底平面棱线。

3）擦去轴测轴，加深轮廓线，完成全图，如图 6-10c 所示。

（2）回转体　在斜二轴测图中，因为空间坐标面 $XOZ$ 平行于轴测投影面，所以位于或平行于 $XOZ$ 面的圆形及其他图形，其轴测图仍为实形；位于或平行于 $XOY$ 面或 $YOZ$ 面的圆形，其轴测图是大小相同的椭圆，它们的长轴分别与 $X$ 轴和 $Z$ 轴倾斜 7°10′。

**例 6-5**　作出图 6-11a 所示圆台的斜二轴测图。

分析：图 6-11a 所示是一个具有同轴圆柱孔的圆台，圆台的前、后端面及孔口都是圆。因此，将前、后端面平行于正面放置，作图很方便。

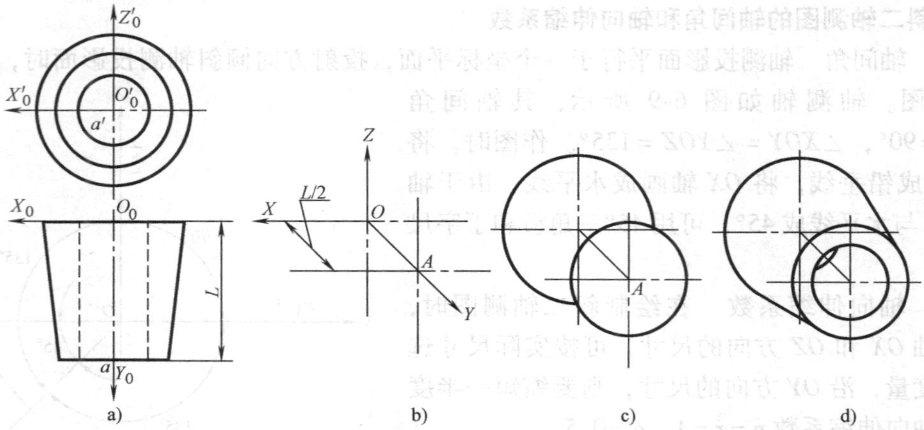


图 6-11　圆台斜二轴测图的画法

作图步骤：

1）作轴测轴，在 *YO* 轴上量取 *L*/2，定出前端面的圆心 *A*，如图 6-11b 所示。

2）画出前后端面的轴测图，如图 6-11c 所示。

3）作两端面圆的公切线及前孔口和后孔口的可见部分。擦去作图辅助线并加深图线，完成作图，如图 6-11c 所示。

**例 6-6**　画出如图 6-12a 所示支架的斜二轴测图。

分析：此支架的正面有孔且圆弧曲线较多，形状较复杂。由于斜二轴测图中，凡是平行于 *XOZ* 坐标面的平面图形，其轴测投影均反映实形，所以当物体只有一个方向有圆时，宜采用斜二轴测图画法。

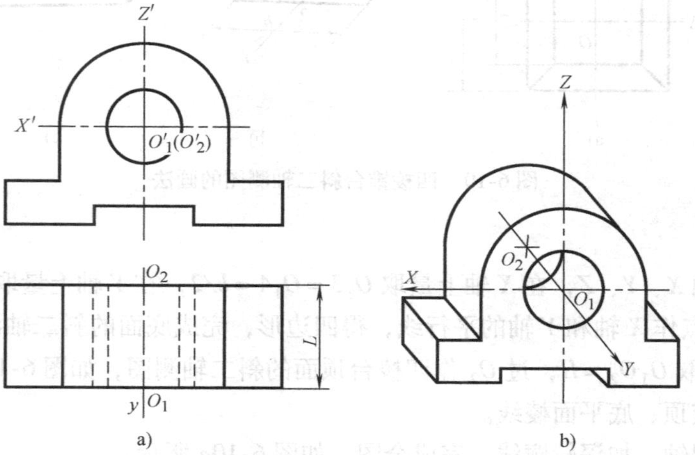


图 6-12　支架斜二轴测图的画法

作图步骤：

1）如图 6-12b 所示，取圆及孔所在的平面为正平面，在轴测投影面 *XOZ* 上得与图 6-12a主视图一样的实形。支架的宽为 *L*，反映在 *Y* 轴上应为 *L*/2。

2）在 $Y$ 轴沿圆心 $O_1$ 向后移 $L/2$ 定 $O_2$ 点位置；以 $O_2$ 点画后面的圆及其他部分。最后作圆头部分的公切线，擦去作图辅助线并加深图线，完成全图，如图 6-12b 所示。

**小试身手：**

根据任务书的要求，想象立体形状，并根据斜二轴测图的画法和步骤绘制立体的斜二轴测图。

**提　示：**

在斜二轴测图中，物体上平行于 *XOZ* 坐标面的直线和平面图形均反映实长和实形。所以当物体上有较多的圆或曲线平行于 *XOZ* 坐标面时，如齿轮、阶梯轴、连杆等采用斜二测作图比较方便。但如果某些物体在不同的投影方向上均有圆或圆弧时，采用正等测作图比较方便。

## 巩固练习

在题图 6-4 和题图 6-5 中，根据视图绘制斜二轴测图。

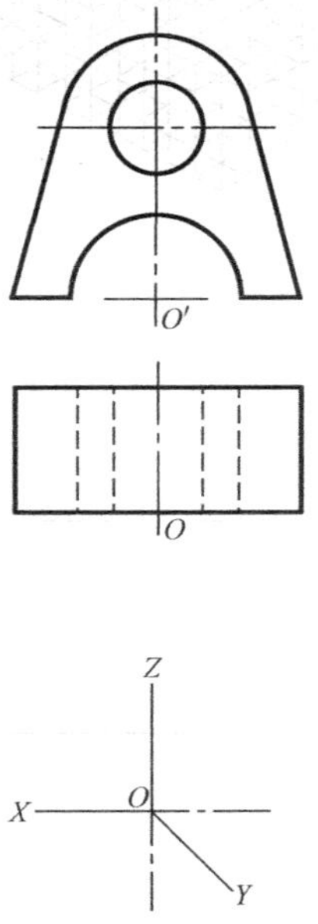


题图 6-4

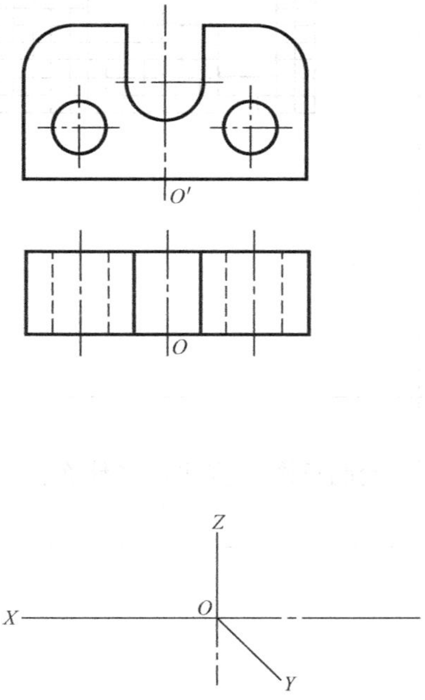


题图 6-5

任务书

## 四、轴测草图的画法

| 项目 | 徒手绘制轴测草图 | 用时 | 90分钟 |
| --- | --- | --- | --- |
| 目的 | 掌握徒手绘制立体图形的基本技法。 | | |
| 要求 | 根据三视图想象出立体图形，不用绘图工具，徒手画出轴测图。<br>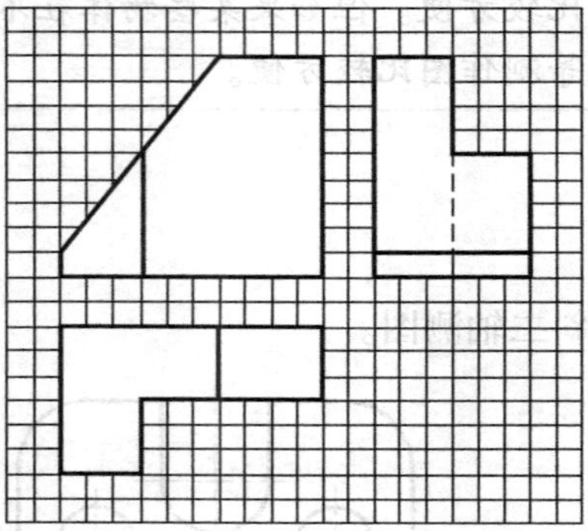 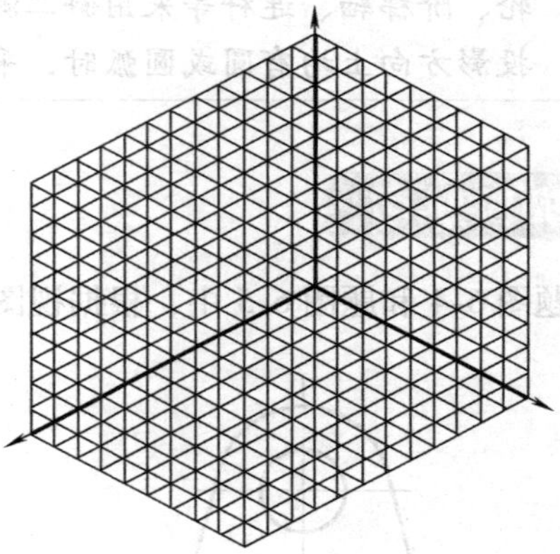 | | |
| 思考 | 绘制草图时应注意些什么？ | | |
| 后记 | | | |

## 知识链接

草图是指不用绘图仪器和工具，通过目测形体各部分的尺寸和比例，徒手画出的图。

轴测草图是一种凭目测、徒手绘制的轴测图。在机械设计中，常用轴测草图表达机器或部件的初步构思。

**1. 轴测草图的画法**

在绘制轴测草图时应注意：同方向的图线要平行；由于不同方向的圆的轴测投影一般为椭圆，故要明确椭圆长短轴的方向；要基本把握各部分间的比例关系。

（1）轴测轴的画法　图 6-13a 所示为正等测轴测轴画法。作水平线，取 $O$ 为轴测坐标原点，由点 $O$ 向左在水平线上截取五等份得点 $M$，过端点 $M$ 作垂直线，并在 $M$ 点上下各截取 3 等份，得点 $A$ 和 $A_1$，连接 $OA$，即得 $OX$ 轴，连 $OA_1$ 并反向延长即得 $OY$ 轴。

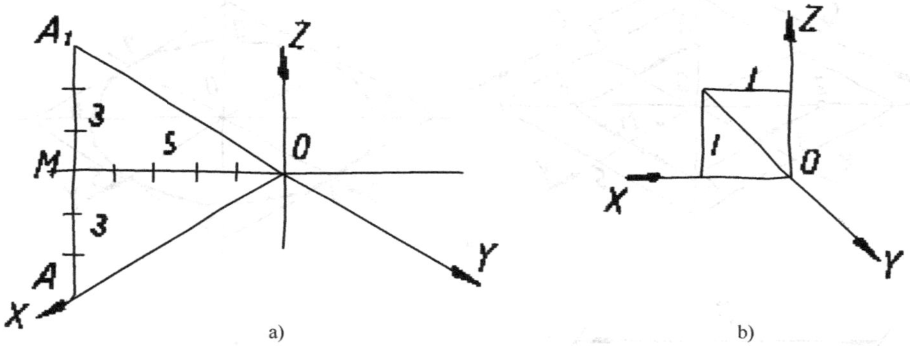


a)　　b)

图 6-13　徒手画轴测轴

图 6-13b 所示为斜二测轴测轴画法。

（2）正六边形画法　图 6-14a 所示为正六边形正等测画法。先作出两垂直中心线，然后根据已知的六边形边长截取 $OA$ 和 $OM$，并六等分。过 $OM$ 上的 $K$（第五等分点）和 $OA$ 的中点 $N$，分别作水平线和垂直线相交于 $B$，再作出各对称点 $C$，$D$，$E$，$F$，连接成正六边形。

图 6-14b 所示为正六边形的正等测画法。

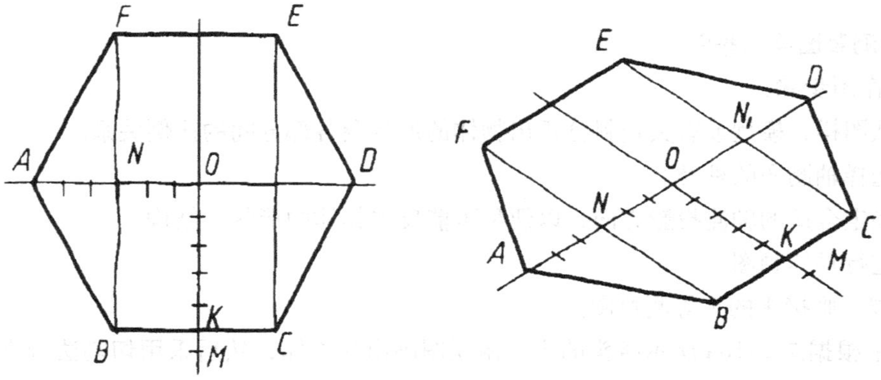


a)　　b)

图 6-14　正六边形画法

（3）正等测和斜二测椭圆的画法

1）正等测椭圆的画法（6-15a）：作轴测轴 *OX*，*OY*，根据已知圆的直径 *D* 作菱形，得 1、3、5、7 椭圆的四个切点；三等分 *O*5，并过 *M* 作 *OX* 轴平行线，与菱形的对角线交于 4、6；过 4、6 分别作 *OY* 轴平行线，与对角线交于 2、8；光滑连接 1 ~ 8 点即为正等测椭圆的近似图形。

2）斜二测椭圆的画法（6-15b）：作轴测轴 *OX*，*OY*，根据已知圆的直径 *D* 作平行四边形，得 1、3、5、7 椭圆的四个切点；三等分 *O*5，并过 *M* 作 *OY* 轴平行线，与平行四边形的对角线交于 4、6；过 4、6 分别作 *OX* 轴平行线，与对角线交于 2、8；光滑连接 1 ~ 8 点即为斜二测椭圆的近似图形。

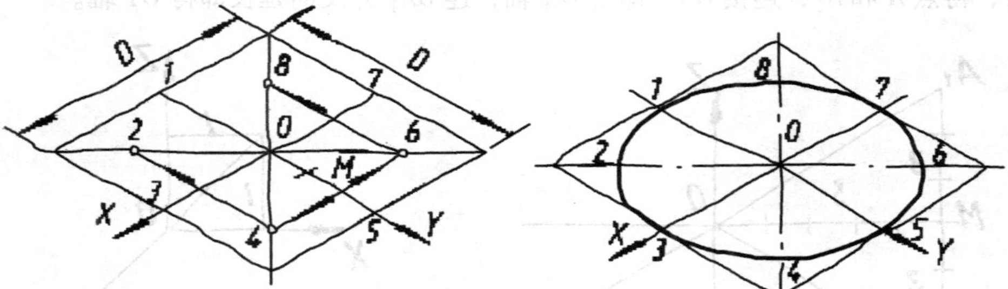


a)

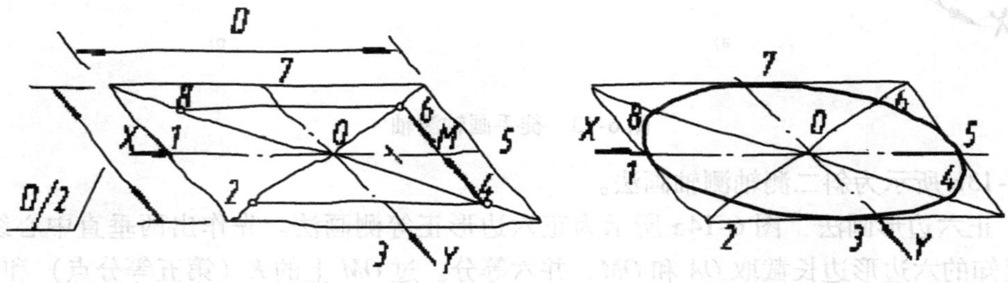


b)

图 6-15　徒手画正等测和斜二测椭圆

**2. 轴测草图画法举例**

一般作图步骤：

1）从图样、模型或有关资料分析出物体的形状及各部分间的比例关系。

2）选择轴测图的种类。

3）确定合适的轴测投影方向，以便尽可能反映物体的形状、结构。

4）进行具体画图。

**例 6-7**　画接头的正等测草图。

分析：根据图 6-16a 所示接头的主、俯视图画出立方体，然后采用切割法画出三个四棱柱（图 6-16b）。在正等测图中，平行坐标的圆均为椭圆，按图 6-15a 所示方法，画出椭圆的外切菱形，再画出椭圆（图 6-16c）。

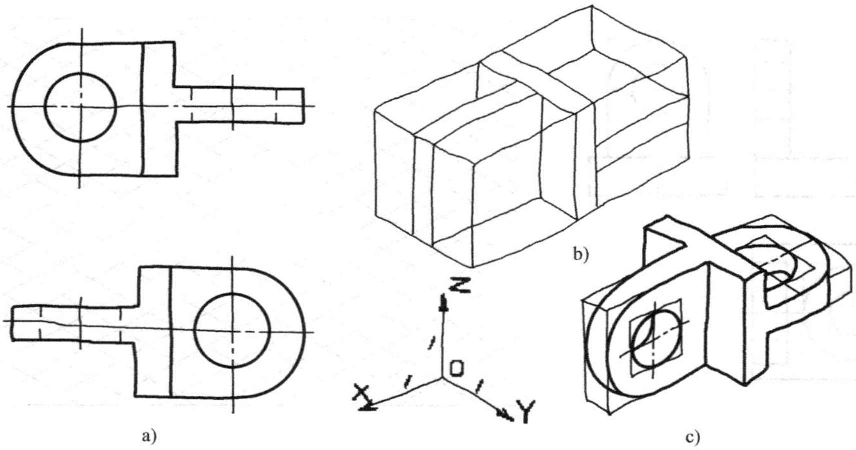


图 6-16　徒手画接头的正等测草图

**例 6-8**　画压板的斜二轴测草图。

分析：可直接在主视图 6-17a 上作图，画出压板的轮廓。*XOY* 坐标面上的圆，在斜二测中是椭圆，可按图 6-17b 所示方法画出椭圆的外切平行四边形，然后画出椭圆弧 6-17c。

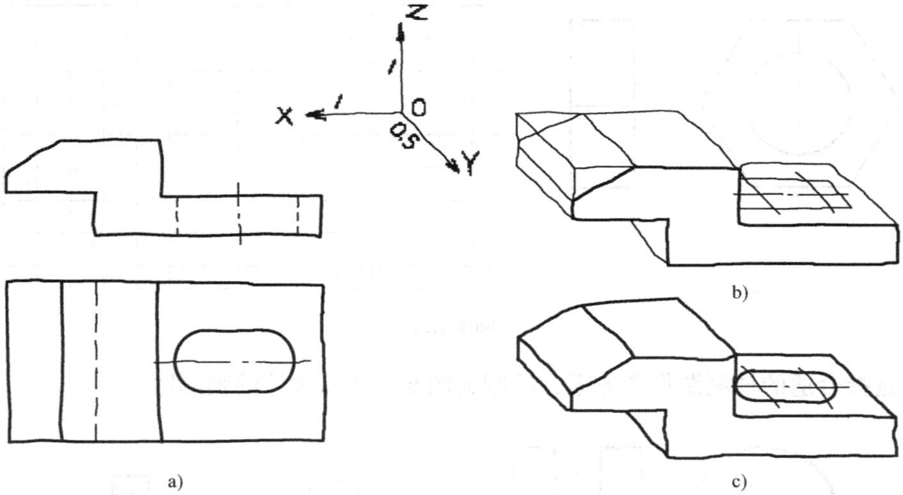


图 6-17　徒手画压板斜二测草图

**小试身手：**

根据任务书的要求，徒手绘制立体的轴测图。

## 巩固练习

1. 徒手绘制题图 6-6 所示的物体的正等轴测图。

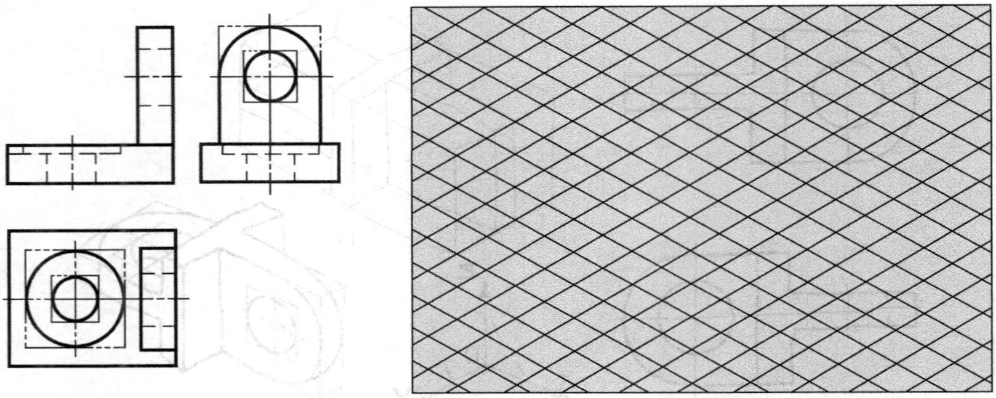

题图 6-6

2. 徒手绘制题图 6-7 所示物体的斜二轴测图。

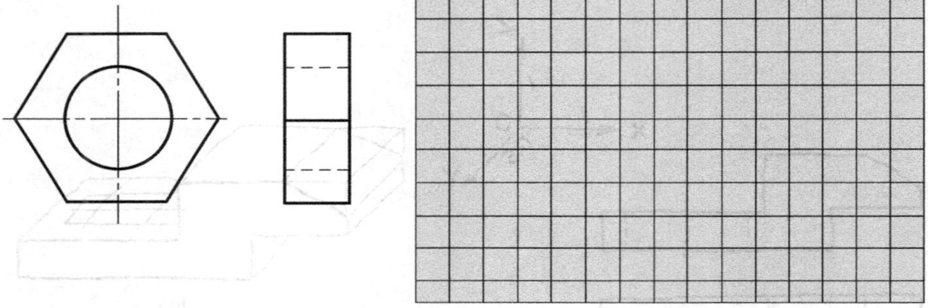

题图 6-7

*3. 选择合适的轴测图作图方案，绘制题图 6-8 所示物体的轴测图。

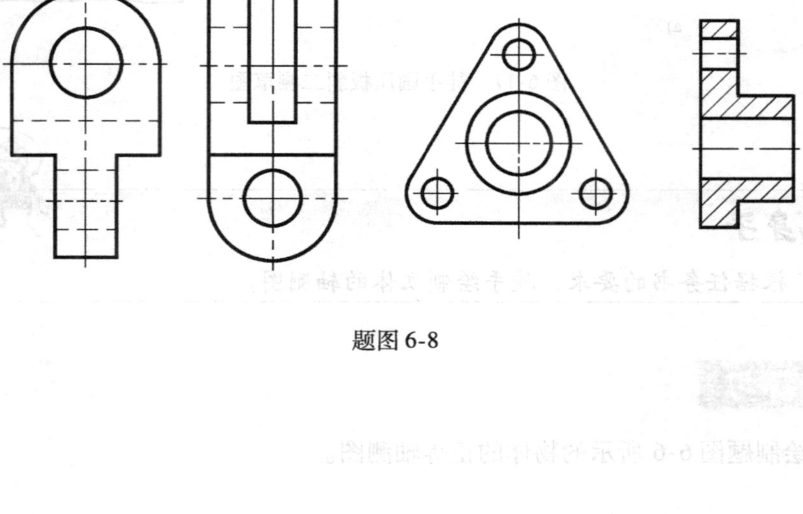

题图 6-8

# 课题七　组合体的表达

## 学习指南

任何复杂的零件都可以看成是由若干基本几何体组合而成的。两个或两个以上的基本几何体组成的形体称为组合体。

按照形体特征，组合体可分为叠加类、切割类、综合类三大类。在画图和读图的过程中，常把组合体视为若干基本形体的组合。对它们的形状和相对位置进行分析，画出三视图或读懂其三视图，想象它们的空间形状，这种方法称为形体分析法。形体分析法是指导画图、读图及标注尺寸的基本方法。

**教学目标**　1. 明确组合体的概念，了解组合体的组合形式。

2. 掌握运用形体分析法绘制组合体三视图的方法。

3. 基本掌握正确、完整、清晰地标注组合体尺寸的方法。

4. 能读懂组合体三视图，通过读图进一步培养空间想象能力。

**教学重点**　1. 运用形体分析绘制组合体的三视图。

2. 组合体尺寸的标注。

**教学难点**　1. 正确、完整、清晰地标注组合体的尺寸。

2. 读懂组合体补全视图。

3. 空间想象能力与空间思维能力的提高。

**教学课时**　17 学时。

# 任务书 一、组合体的分析

| 项　目 | 组合体的分解与初步剖析 | 用　时 | 45 分钟 |
| --- | --- | --- | --- |
| 目的 | 1. 明确组合体的概念，掌握组合体组合、连接形式。<br>2. 熟悉形体分析的方法。 | | |
| 要求 | 分析下列组合体，并指出组合体各组成部分的组合、连接形式。<br> 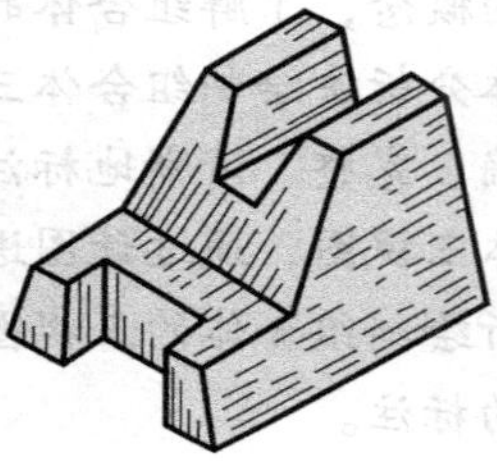  | | |
| 后记 | | | |

## 知识链接

### 1. 组合体的组合形式

任何复杂的机器零件，以其几何形状来分析，都可以看成是由若干基本几何体按一定的相对位置，运用一定的组成形式组合而成的。依其组合形式不同，可分为叠加型、切割型和综合型三种。

（1）叠加型　由基本几何体叠加而成。如图 7-1a 所示，座体可看成是由长方形的底板和三角形的竖板叠加而成的。

（2）切割型　在基本几何体上通过切割、钻孔、挖槽等方法所形成的形体。如图 7-1b 所示的座块可以看成是由四棱柱被切割而成的。

（3）综合型　常见的组合体大都是综合式组合体，既有叠加又有切割，如图 7-1c 所示的连接座就是综合型的。

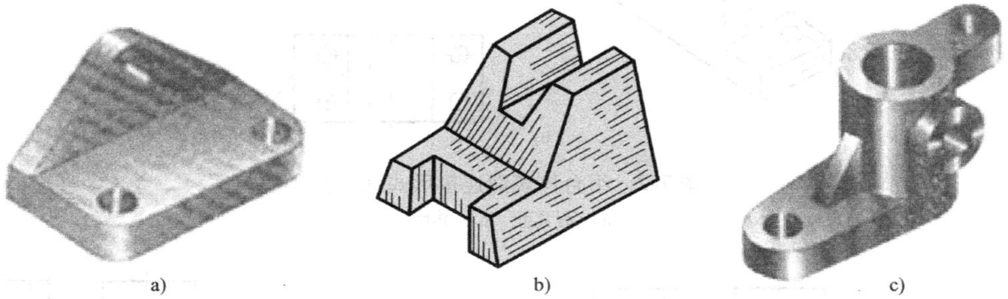

a)　　b)　　c)

图 7-1　组合体的组合形式

a）叠加型组合体　b）切割型组合体　c）综合型组合体

### 2. 组合体表面的连接形式

不论哪种形式构成的组合体，各基本体之间都有一定的相对位置关系，并且各形体之间的表面也有一定的连接关系。其连接形式可归纳为不共面、共面、相切和相交四种情况。

（1）不共面　两个基本体互相叠加时，结合平面不平齐，没有公共表面，视图中两个基本体之间有分界线，如图 7-2a 所示。

（2）共面　当两个基本体叠加时，结合平面平齐，具有互相连接的表面（有公共面）时，它们之间不存在分界线，视图上没有分界线，如图 7-2b 所示。

（3）相切　两个基本体相切，相邻表面为光滑过渡，二者之间没有分界线，所以相切处不画切线，如图 7-3a 所示。

（4）相交　两个基本体的表面彼此相交，产生交线（截交线或相贯线），要画出交线的投影，如图 7-3b 所示。

### 3. 组合体的分析

为了便于画、看组合体的视图，常把复杂的组合体看成是由若干基本体的组合，如图 7-4 所示，根据组合体的结构特点和基本体间的相对位置，进行分析，然后有步骤地画图、读图或想象空间形状。这种方法称为形体分析法。形体分析法是画图和读图的基本方法，将会贯穿全书。

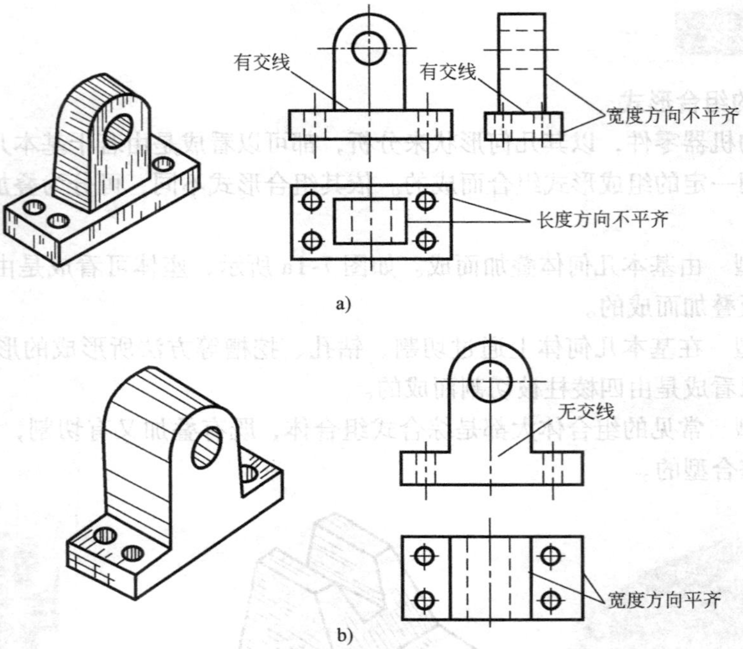


图 7-2　组合体表面连接形式（一）

a）不共面　b）共面

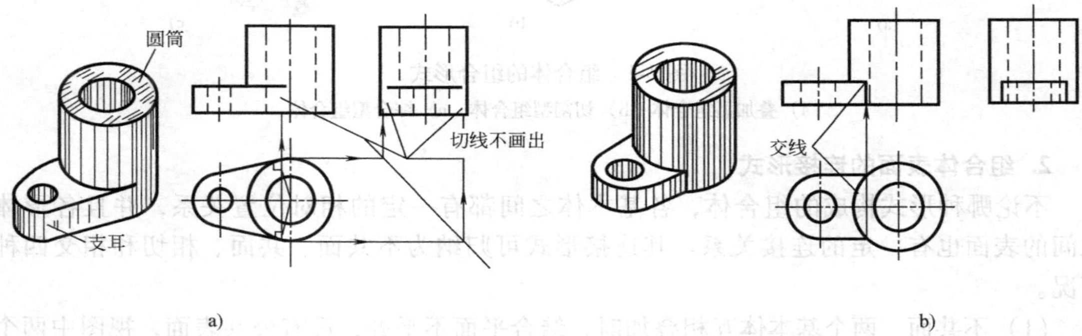


图 7-3　组合体表面连接形式（二）

a）相切　b）相交

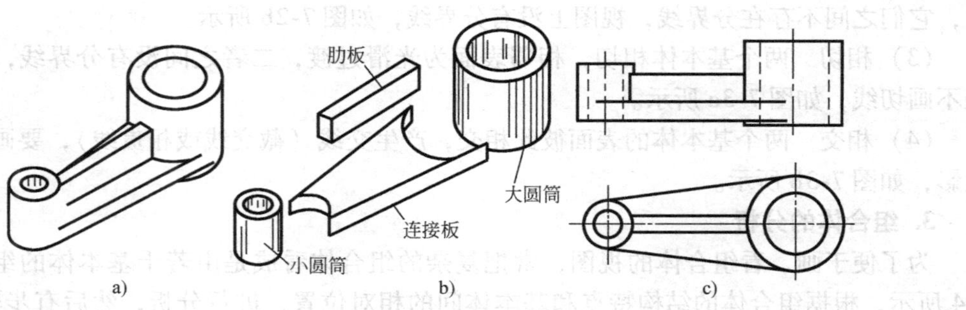


图 7-4　形体分析和视图

a）组合体　b）形体分析　c）视图

任务书

## 二、组合体视图的画法与标注

| 项　目 | 支座的绘制 | 用　时 | 360 分钟 |
|---|---|---|---|
| 目的 | 1. 运用形体分析法绘制组合体三视图。<br>2. 基本掌握正确、完整、清晰地标注组合体的尺寸方法 | | |
| 要求 | 1. 运用形体分析法画出组合体的三视图（尺寸按轴测图量取）。<br>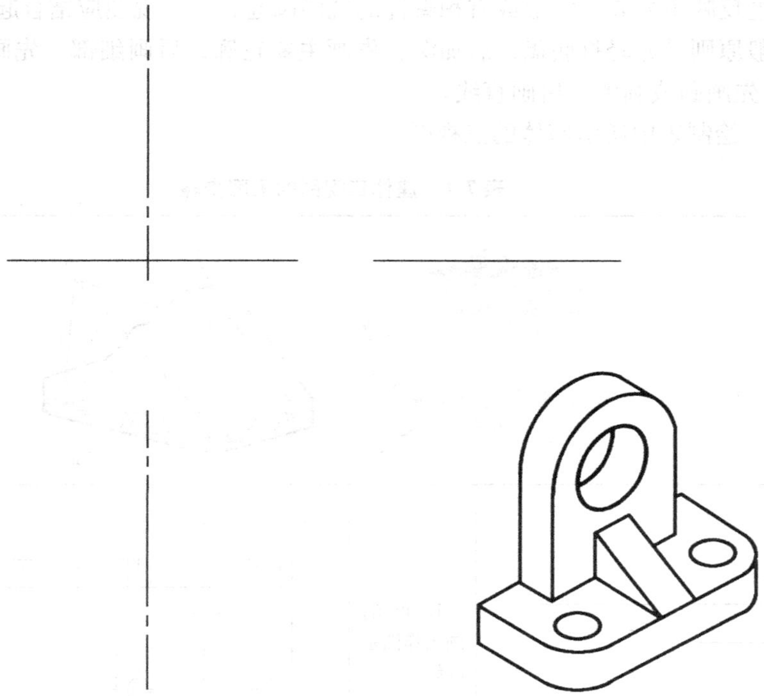<br>2. 在上面画出的三视图中完整标注尺寸。 | | |
| 思考 | 1. 画组合体视图的思路是怎样的？<br>2. 组合体尺寸标注应注意些什么？ | | |
| 后记 | | | |

## 知识链接

**1. 画组合体三视图的方法和步骤**

（1）形体分析　搞清楚组合体的组合形式和相互连接关系。

（2）确定主视图　主视图是表达组合体形状和结构最重要的视图。要求选择能较多地表达物体各组成部分的形状特征和相对位置关系的方位作为主视图的投射方向，并尽可能使形体上的主要表面平行于基本投影面，以便使投影能得到真实的形状。

（3）布置视图　根据各视图每个方向的最大尺寸和视图间的间距，确定各视图的位置，以便保证在标注尺寸后尚有适当的间隔。整个图面布置要均匀并充分利用幅面。

（4）画图步骤

1）先画作图基准线。

2）从能反映主要表面实形或有积聚性的视图画起，三个视图应结合起来画。

3）一般原则是先轻打底稿，后加深；先画主要轮廓，后画细部；先画外形轮廓，后画内部结构；先画圆或圆弧，后画直线。

**例 7-1**　绘制表中所示座体的三视图。

**表 7-1　座体三视图的画图步骤**

| | | | |
|---|---|---|---|
|  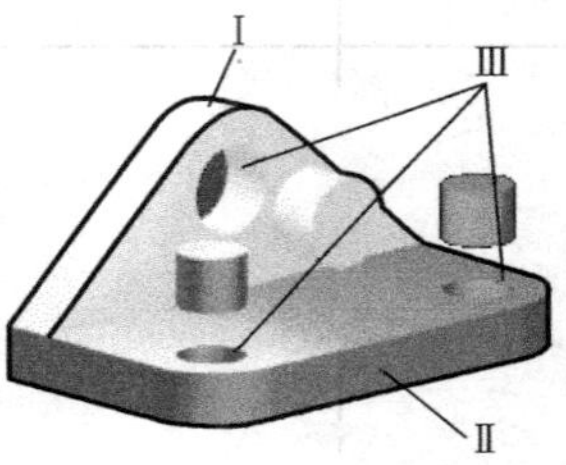  | | | |
| 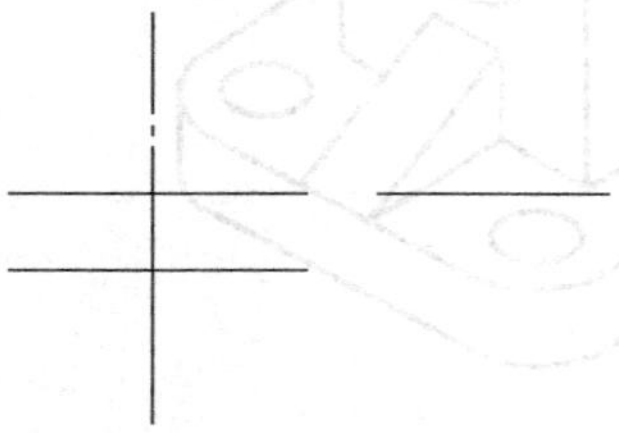 a) | 1. 布图，画出作图基准线 | 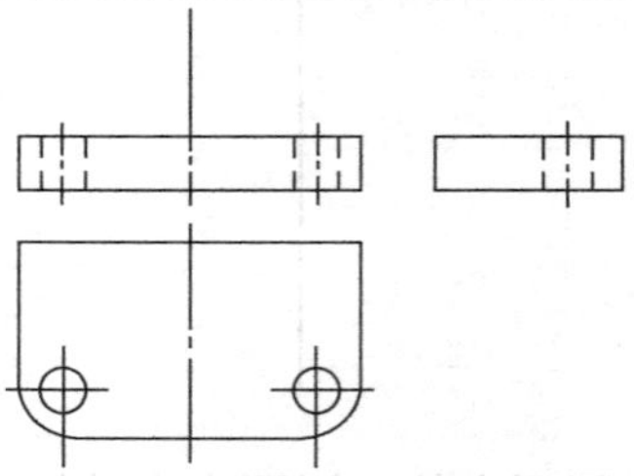 c) | 3. 画底板圆孔和小圆角 |
| 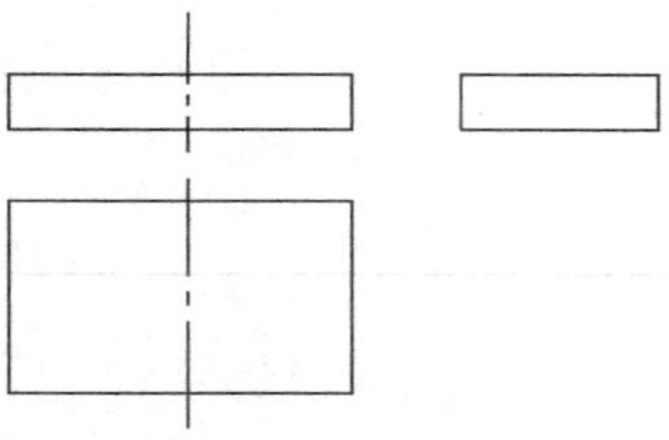 b) | 2. 画底板轮廓 | 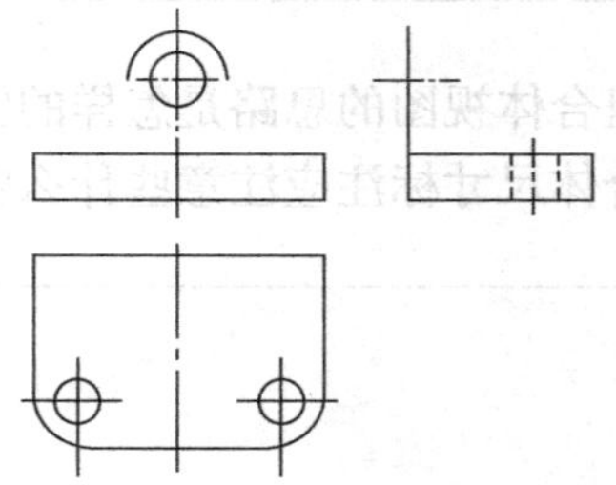 d) | 4. 画竖板上部圆弧和圆孔 |

（续）

| | | | |
|---|---|---|---|
| 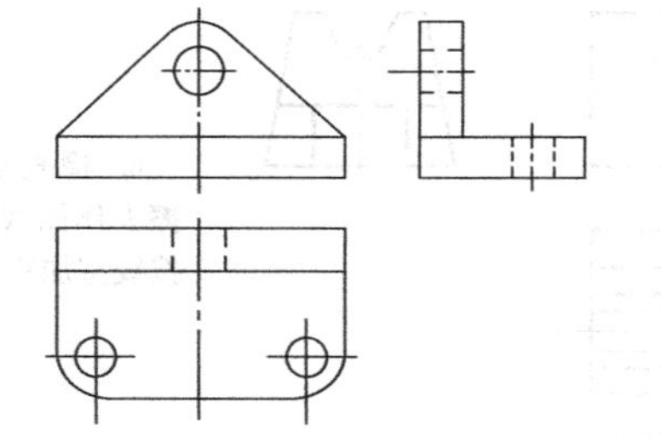<br>e) | 5. 画竖板两边切线 | 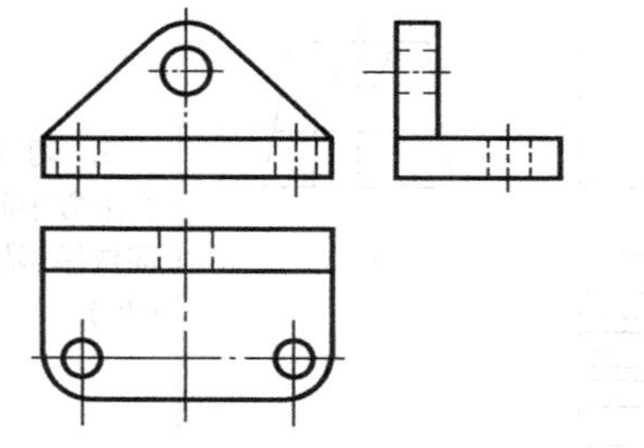<br>f) | 6. 检查，按线型加粗 |

**例 7-2**　绘制表中所示座块的三视图。

**表 7-2　座块三视图的画图步骤**

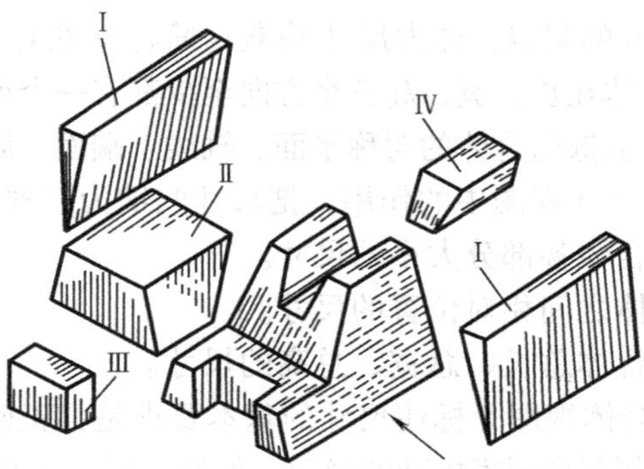


| | | | |
|---|---|---|---|
| 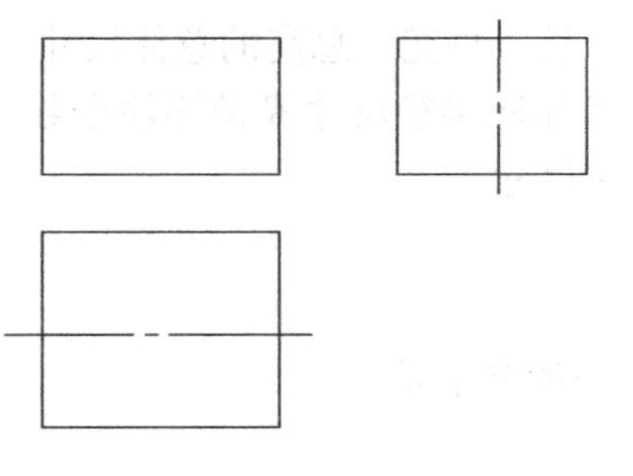 | 1. 画出长方体三视图 | 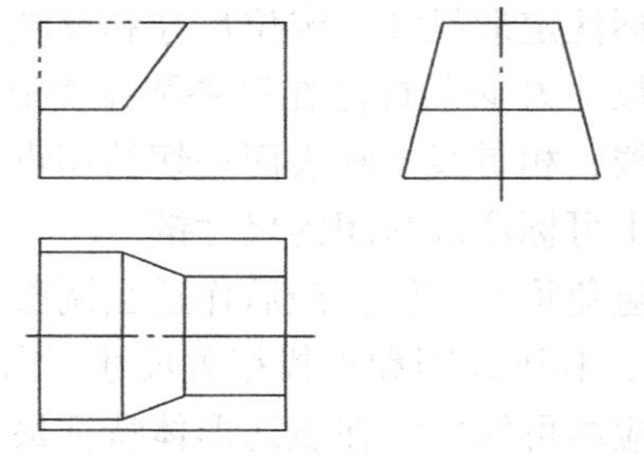 | 3. 切去左上角梯形块（Ⅱ） |
| 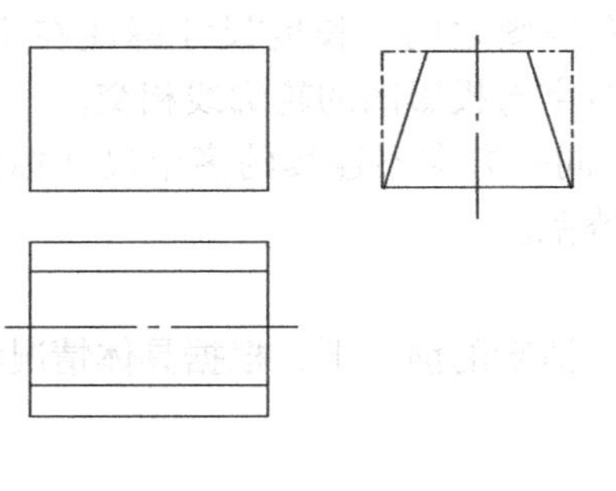 | 2. 切去前、后各一个的三角块（Ⅰ、Ⅰ） | 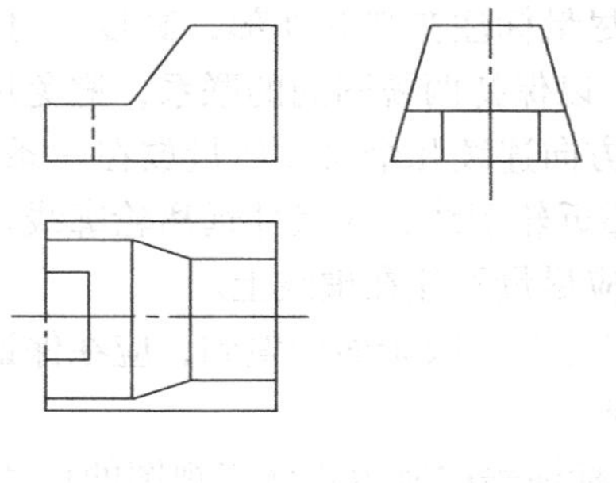 | 4. 切去左下方中间部位长方体（Ⅲ） |

（续）

| | | | |
|---|---|---|---|
| 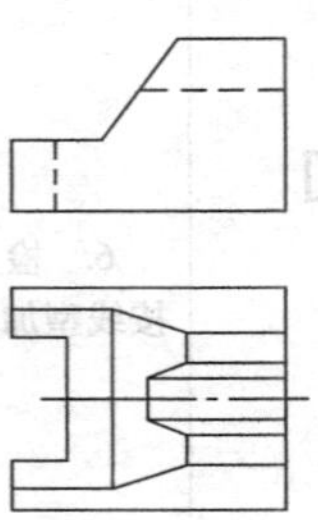 | 5. 切去右上方中间部位梯形块（Ⅳ） | 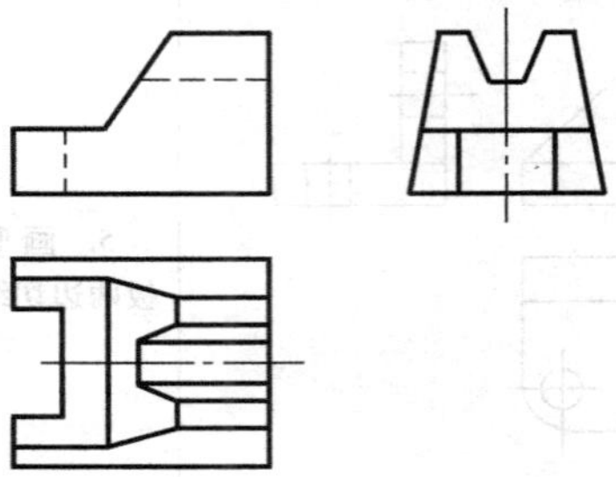 | 6. 检查后擦去作图线，按线型加粗 |

**2. 组合体的尺寸标注**

组合体的三视图只能用来表达组合体的形状，要想表达它的真实大小及各部分间的相对位置，还要在视图上标注出尺寸。

（1）尺寸基准和尺寸分类

1）尺寸基准：标注尺寸的起点，称为尺寸基准（简称基准）。空间物体都有长、宽、高三个方向的尺寸，所以组合体在长、宽、高三个方向至少都有一个尺寸基准。标注每一个方向的尺寸都应先选好基准，一般选组合体的对称平面、轴线、端面、底面等作为尺寸基准。

2）尺寸分类：根据尺寸在视图中的作用，把尺寸归纳为三种。

① 定形尺寸：确定组合体各部分大小的尺寸。

② 定位尺寸：确定形体之间相对位置的尺寸。

③ 总体尺寸：确定组合体总长、总宽、总高的尺寸。

（2）基本要求　在组合体视图上标注尺寸的基本要求是：正确、完整、清晰。

1）正确：尺寸标注必须符合国家标准的规定，如尺寸标注基本规则、尺寸要素的注法等。

2）完整：各类尺寸标注要齐全，不多余、不遗漏。一般要求是：

① 逐个标注定形尺寸、定位尺寸和反映组合体外形的总长、总宽、总高的总体尺寸。

② 半径尺寸 $R$ 必须标注在反映圆弧实形的投影图上，且相同半径尺寸 $R$ 前不注个数。

③ 截交线、相贯线上和表面相切的切点位置都不应标注尺寸。

④ 尺寸不可标注成封闭的尺寸链。

⑤ 注意避免重复标注，最后作适当调整。

3）清晰：利于读图和查找相关尺寸，布局清晰整齐。一般要求是：

① 尺寸应尽可能标注在表达形体特征最明显的视图上。

② 同一形体的尺寸应尽量集中在一个或两个视图上标注，以便看图。

③ 尺寸尽量标注在视图外部，高度尺寸标注在主、左视图之间，长度尺寸标注在主、俯视图之间，以保持两视图间的联系，避免尺寸线、尺寸数字与投影图的轮廓线相交。

④ 同一方向连续几个尺寸尽量放在一条直线上标注；同一方向不连续的多个尺寸标注时，小尺寸靠近轮廓线，大尺寸远离轮廓线，以避免尺寸凌乱。

⑤ 尺寸应尽量不注在虚线上。

在标注尺寸时，很难面面俱到，应在保证正确、完整、清晰的前提下，根据具体情况考虑，合理安排。

**例 7-3**　标注表中所示座体三视图的尺寸。

**表 7-3　标注座体三视图的尺寸**

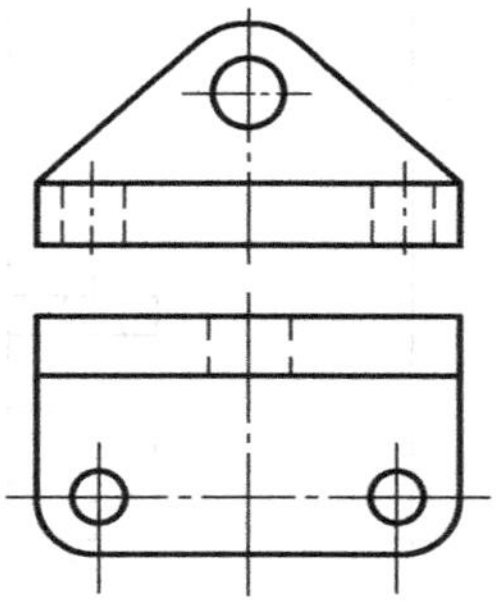

座体的三视图

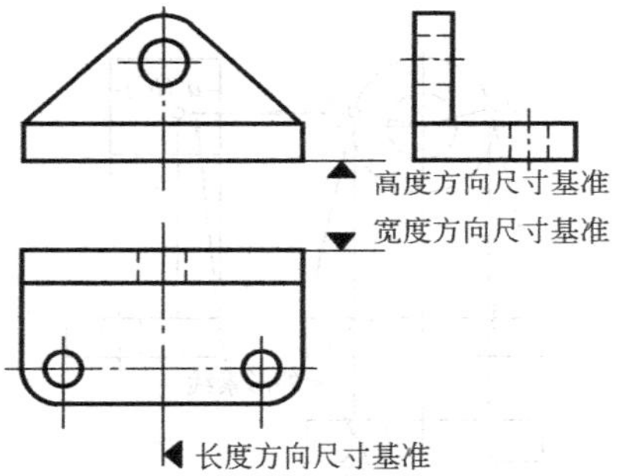


1. 确定基准

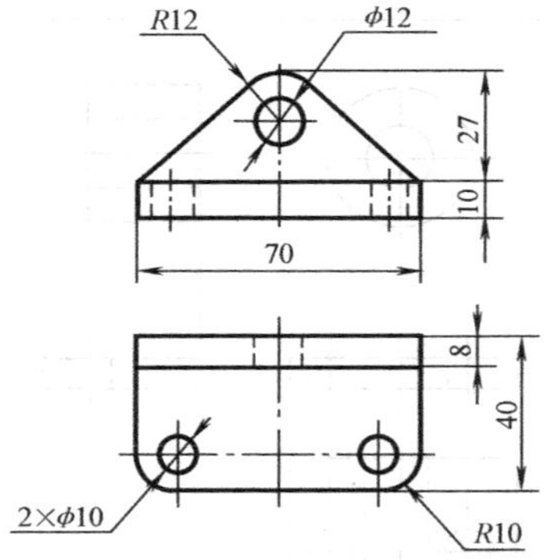


2. 标注定形尺寸

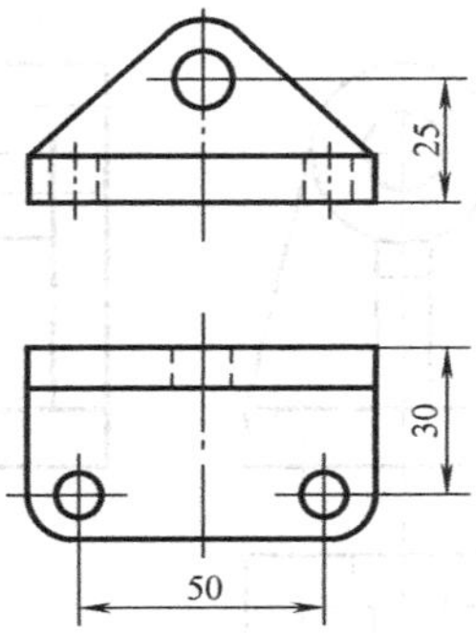


3. 标注定位尺寸

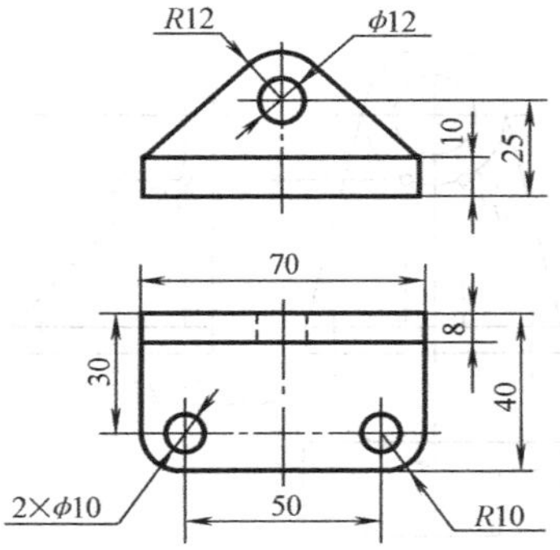


4. 根据需要，标注必要的总体尺寸

**例 7-4**　绘制表中所示轴承座的三视图，并进行尺寸标注。

**表 7-4　轴承座画图、尺寸标注步骤**

| | |
|---|---|
| 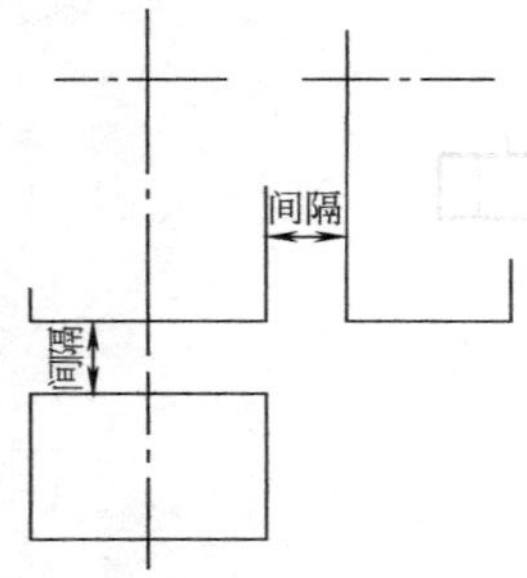 | 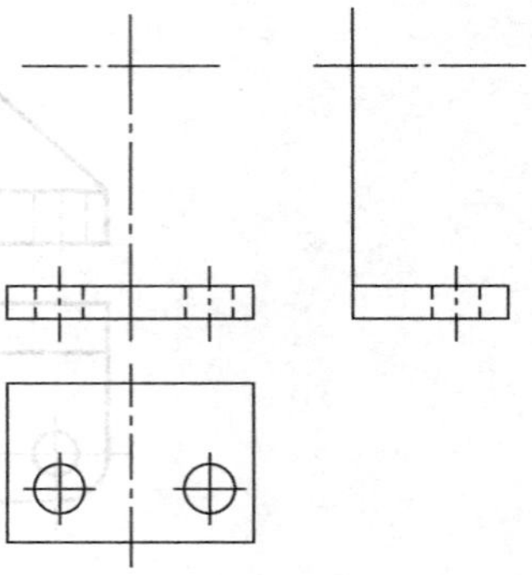 |
| 1. 布置视图(先画基准,要注意视图间长对正、高平齐、宽相等的三个对应关系) | 2. 画底板,定圆孔(从俯视图开始,三视图同时画出) |
| 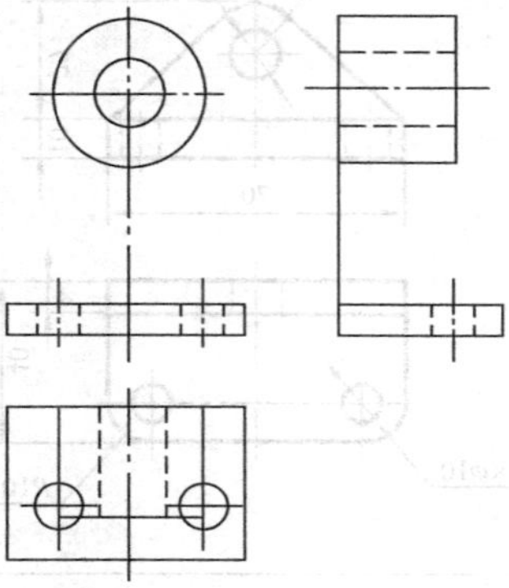 | 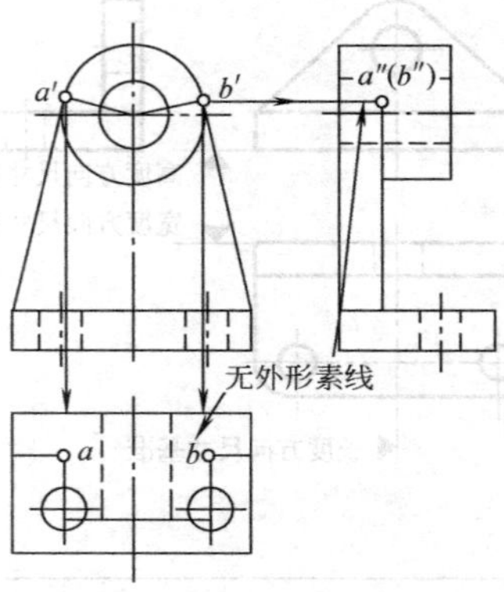 |
| 3. 画圆筒(从主视图开始,三视图同时画出) | 4. 画支撑板(在视图中自底板顶面的左、右两端点作圆的切线,截取支撑板厚度后,画左、俯视图时,注意切点位置) |
| 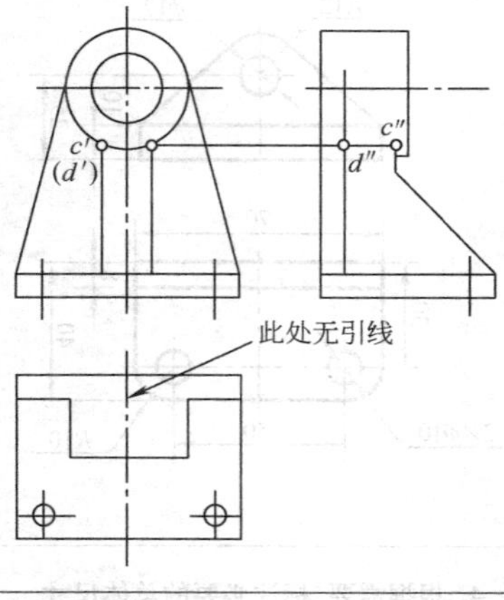 | 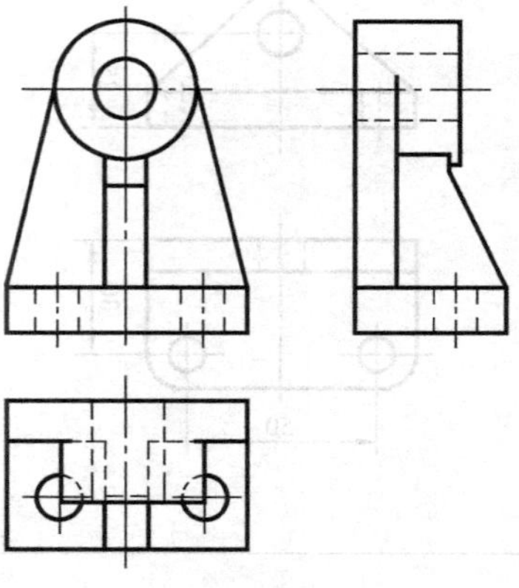 |
| 5. 画肋板(从主视图开始画,注意左视图相交处有交线 $c'd''$) | 6. 画细部,检查修改(先加粗圆和圆弧,后加粗直线,使线达到标准) |

(续)

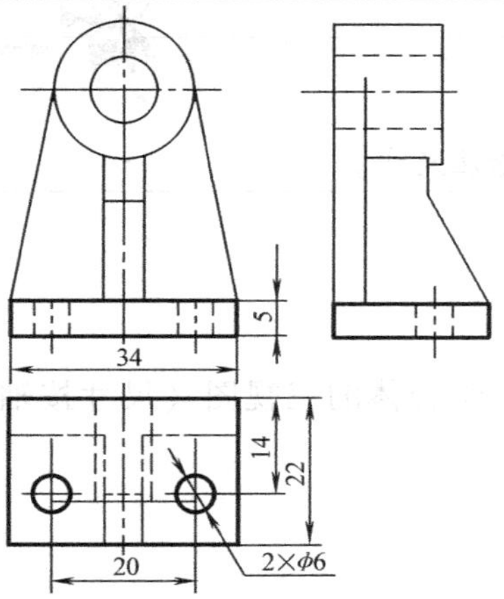


7. 标注轴承座底板尺寸。定形尺寸:34、22、5、2 × $\phi$6,定位尺寸:20、14。

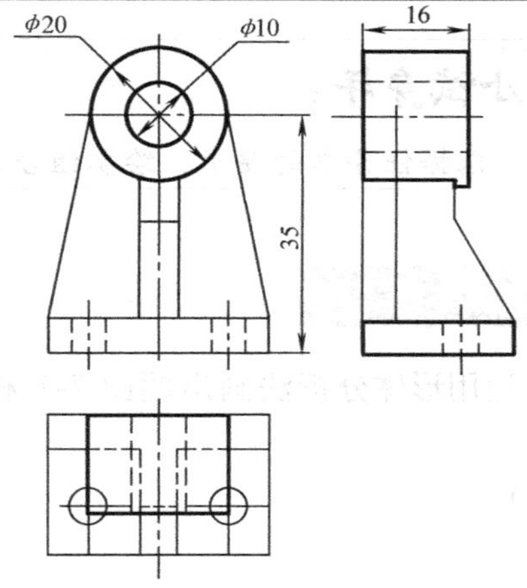


8. 标注轴承座圆筒尺寸。定形尺寸:$\phi$20、$\phi$10、16,定位尺寸:35。

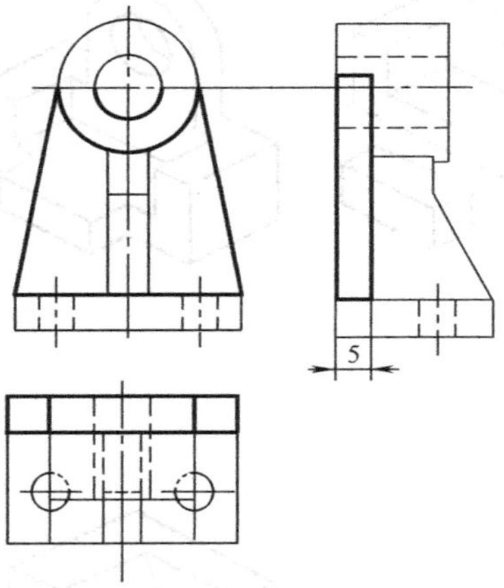


9. 标注轴承座支撑板尺寸。定形尺寸:5。

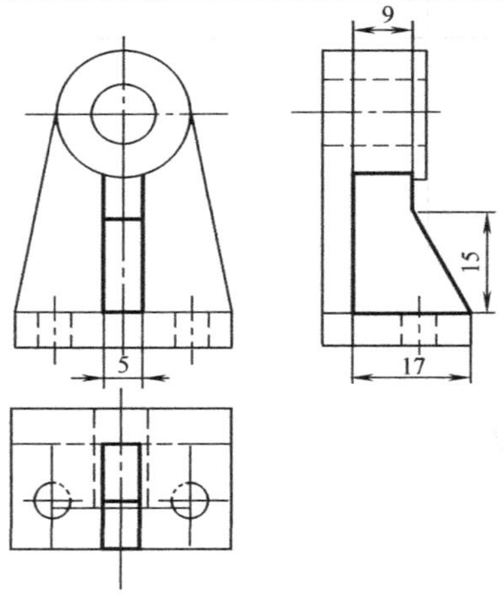


10. 标注轴承座肋板尺寸。定形尺寸:5、17、15、9。

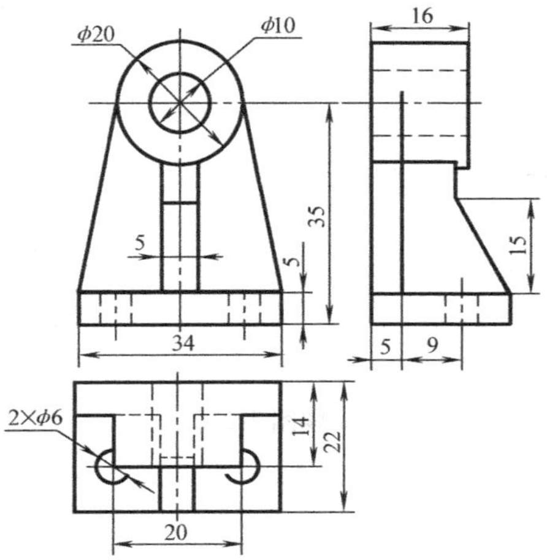


11. 全面校核尺寸,作必要的修改,使所注尺寸为完整、正确、清晰。

**小试身手：**

根据任务书的要求，绘制组合体三视图，并标注尺寸。

## 巩固练习

1. 运用形体分析法画出题图 7-1 和题图 7-2 所示组合体的三视图（尺寸按轴测图量取）。

(1)

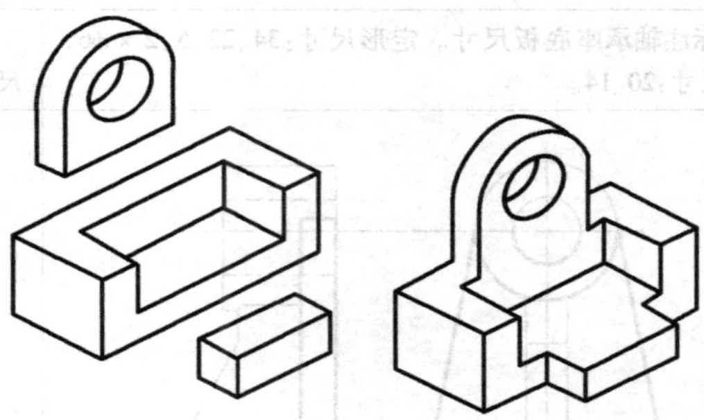

题图 7-1

(2)

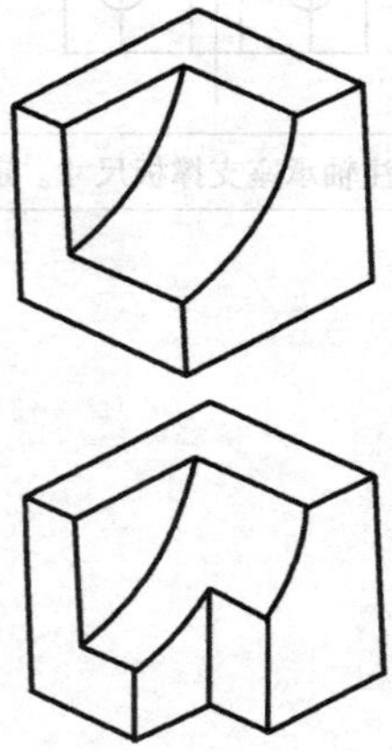

题图 7-2

2. 绘制题图 7-3 ~ 题图 7-5 所示组合体的三视图并尺寸标注。

（1）

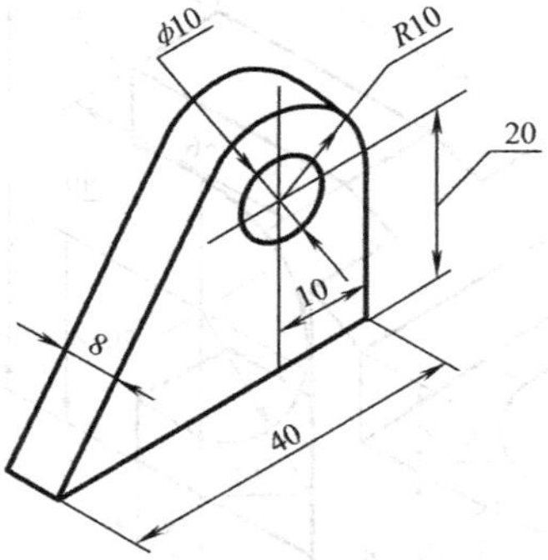


题图 7-3

（2）

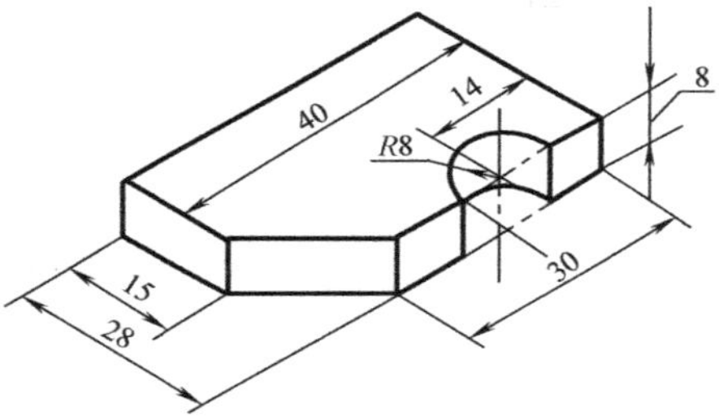


题图 7-4

（3）

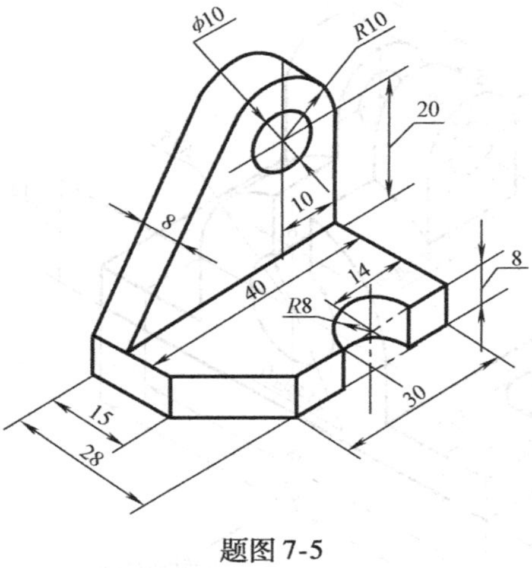


题图 7-5

3. 根据题图 7-6 和题图 7-7 所示的立体图上所标注的尺寸，按 1:1 画出复杂组合体的三视图，并尺寸标注。

（1）

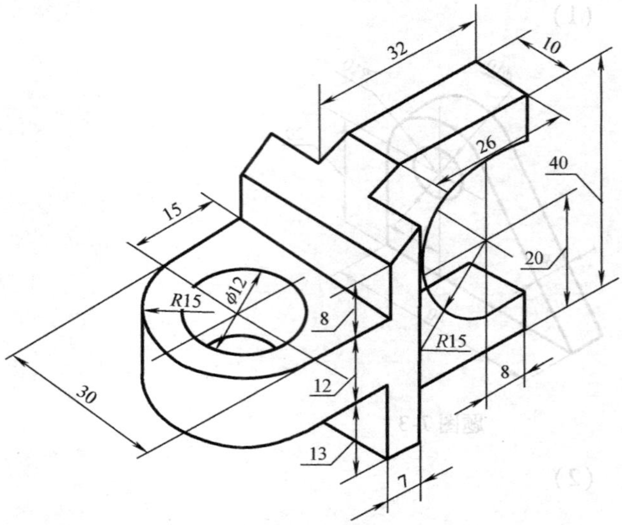

32
10
26
40
15
φ12
R15
20
8
R15
12
8
30
13
7


题图 7-6

（2）

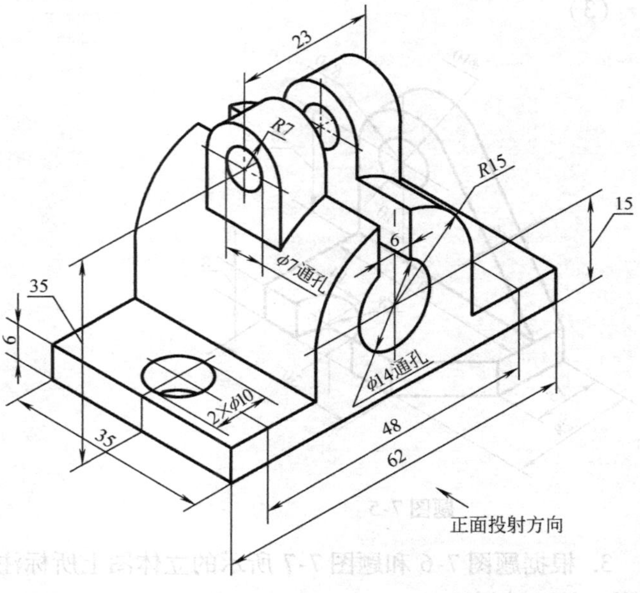

23
R7
R15
15
6
φ7通孔
35
6
φ14通孔
2×φ10
48
35
62
正面投射方向


题图 7-7

任务书

# 三、组合体视图的识读

<table>
<tr><td>项　目</td><td>补画组合体三视图</td><td>用　时</td><td>360 分钟</td></tr>
<tr><td>目的</td><td colspan="3">通过对视图的识读进一步巩固知识，提高空间想象能力与空间思维能力。</td></tr>
<tr><td>要求</td><td colspan="3">1. 根据主、俯视图构思出两个不同形状的形体，并画出左视图。<br>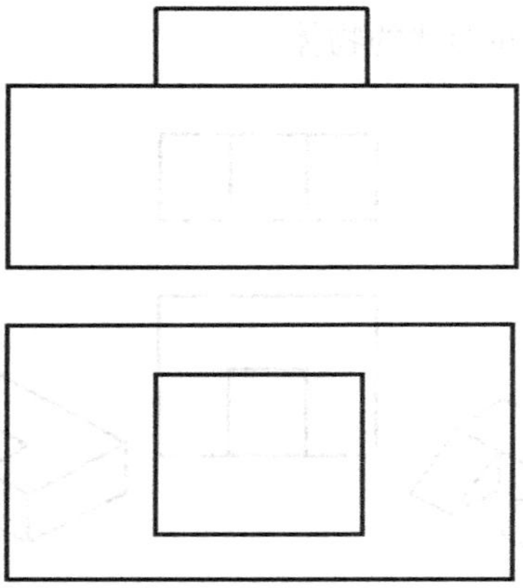<br>2. 比较物体表面的相对位置，在立体图上标出相对应的 A、B、C、D 面，在三视图上表示出 P 面。<br>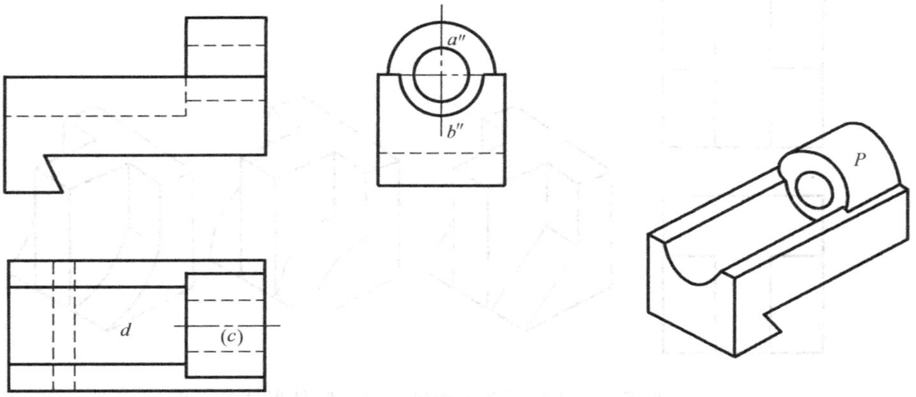<br></td></tr>
<tr><td>思考</td><td colspan="3">组合体读图方法有几种，分别是什么？</td></tr>
<tr><td>后记</td><td colspan="3"></td></tr>
</table>

## 知识链接

画图和读图是由空间立体到平面图形和由平面图形到空间立体的两个互逆过程。画图是将空间立体按正投影方法正确地绘制在平面上的过程，读图则是根据已知画出的视图，运用正投影规律进行形体分析，想象空间形体的过程。

**1. 读图的基本技巧**

（1）全面分析　几个视图联系起来看。

在机械图样中，机件的形状是通过一组图形来表达的，每个视图只能反映机件一个方向的形状和两个方向的尺寸。因此，仅由一个或者两个视图往往不能唯一确定机件的形状，如图 7-5 所示的三组图形，它们的主视图都相同，但实际上却表达了不同形状的机件。所以，只有把俯视图与主视图联系起来识读，才能判断出它们的形状。又如图 7-6 所示的三组图形，它们的主视图、俯视图均相同，但同样是三种不同形状的物体。

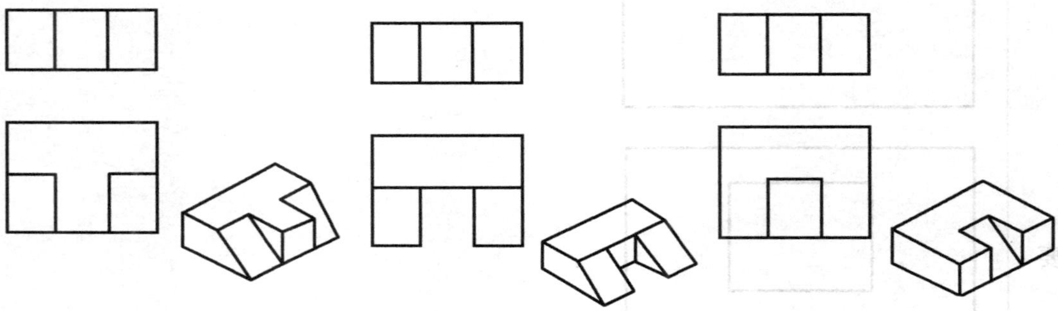

图 7-5　一个视图不能唯一确定物体形体的示例

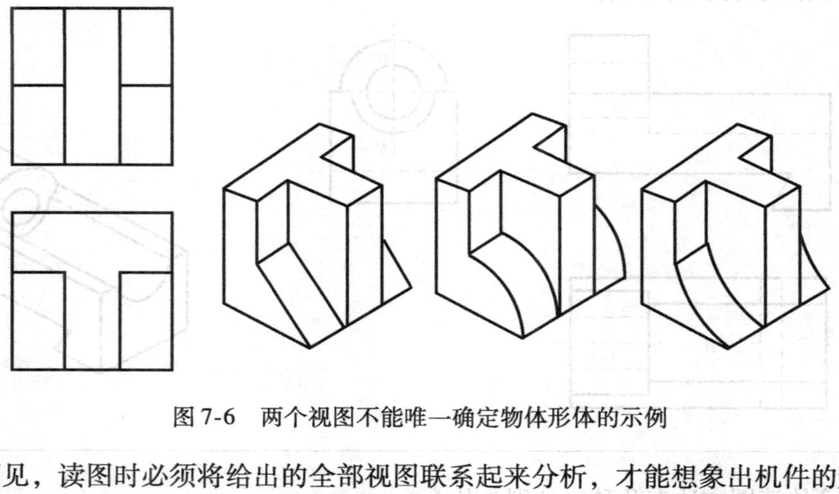

图 7-6　两个视图不能唯一确定物体形体的示例

由此可见，读图时必须将给出的全部视图联系起来分析，才能想象出机件的形状。

（2）局部细析　明确视图中线条和线框的意义。

1）视图中的封闭线框，一般表示物体上一个表面（平面或曲面）的投影。

2）相邻两线框或大线框中有小线框，表示物体不同位置的两个表面。

3）视图中的每条图线，可能是立体积聚性的投影，也可能是两平面交线的投影，或者是曲面转向轮廓线的投影。

（3）捕捉特征　善于构思物体的形状。

例如：当主视图是矩形，俯视图是圆时，必定是圆柱体（图7-7a）；当主视图是矩形，而俯视图也是矩形时，就可以想象出许多不同形状的物体，如长方体、三棱锥、柱面体等（图7-7b）。

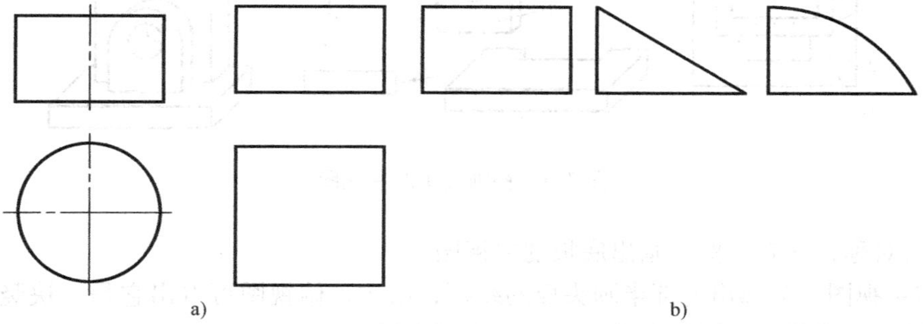


图7-7　构思组合体

**2. 读图的基本方法**

（1）形体分析法　读图的基本方法与画图一样，主要也是用运形体分析法。一般从反映形状特征比较明显的主视图开始，按封闭的线框将组合体划分成几个部分。然后通过投影规律找出各线框在其他视图中的投影，从而想象出每一线框代表的基本形体的形状及在整体中的位置，与相邻体的组合形式、表面连接特征。最后综合起来，想象组合体的整体形状。

用形体分析法读视图的具体方法及步骤如下：

1）认识视图，抓住特征。先弄清楚图样上有几个视图，然后分清其他视图与主视图之间的位置关系；找出最能代表物体形状的特征视图，通过与其他视图的配合，对物体的空间构形有初步了解。

2）分析投影，联想形体。根据物体的特征视图，从图上对物体进行形体分析，按照封闭线框代表形体轮廓的投影原理，将图形分解成几个部分。然后利用三视图“长对正”、“高平齐”、“宽相等”的投影原理，划分出每一部分的三个投影，分别想出它们的形状。

一般是先看主要部分，后看次要部分；先看容易确定的部分，后看难于确定的部分；先整体后细节的读图顺序。

3）综合起来，想象整体。在看懂了每一块形体形状的基础上，在根据整体的三视图，确定它们之间的相对位置关系，想象出一个整体形状。

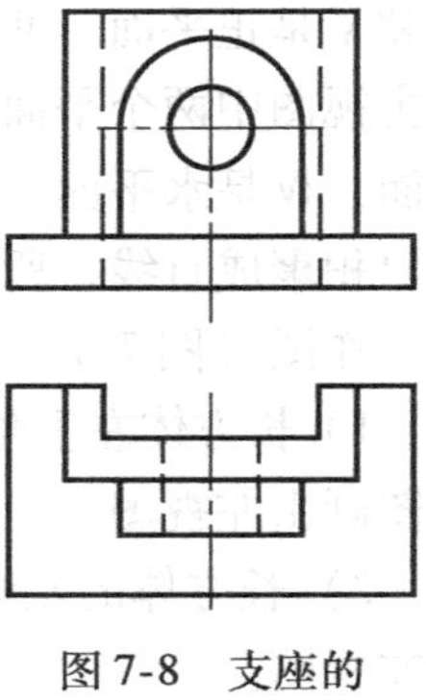

图7-8　支座的主、俯视图

**例7-5**　已知支座的主、俯视图（图7-8），补画左视图。

分析：对照俯视图，把主视图中的图形划分为三个封闭线框，作为支座的三个部分（图7-9）：1′是底部凹字形线框；2′是前部半圆、矩形连接的线框；3′是后部凹字形线框。可以想象出该支座是由凹字形的底板Ⅰ及两块竖立的前后立板Ⅱ、Ⅲ叠加而成，而Ⅲ又是后凹字形立板。

作图：

1）在主视图上分离出底板的线框，由主、俯视图可看出它是一块长方形平板，后部从

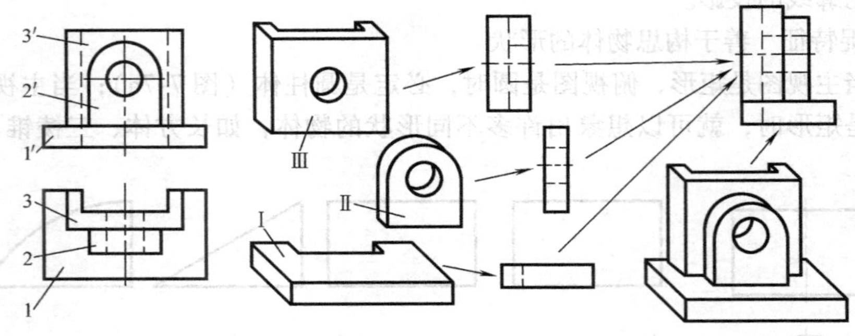


图 7-9　补画支座的左视图

中心处左右对称，开有一槽。画出底板的左视图。

2）在主视图上分离出前部半圆头板的线框，由主、俯视图可看出它是一块竖立于底板的半圆头板，在半圆上有圆柱形通孔。画出半圆头板的左视图。

3）在主视图上分离出后部凹字形线框，对照俯视图可知，它是一块竖立于底板上的长方形竖板，缺口通到底，中间也有圆孔，且它与底板后部平齐。画出其左视图。

4）根据底板和两个竖板的形状以及它们的相对位置，可以想象出支座的整体形状，然后校核补画出的左视图，加深。

（2）线面分析法　读图时，在复杂的组合体中比较难懂的部分，常应用线面的投影规律和线面关系，分析视图中的线条、线框的含义和空间位置，从而读懂视图，它是形体分析法读图的补充。线面分析法一般从左向右或从上到下，对主视图中线框的线条逐一进行分析，从而完成全图的读图。

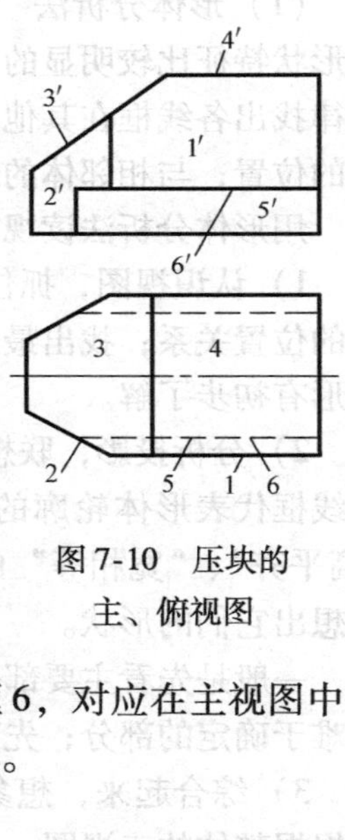


图 7-10　压块的主、俯视图

**例 7-6**　已知压块的主、俯视图（图 7-10），补画左视图。

分析：主视图中有三个封闭线框 1′，2′，5′，对应俯视图中压板前半部的三个平面Ⅰ、Ⅱ、Ⅴ积聚成直线的投影 1，2，5。其中Ⅰ和Ⅴ是正平面，Ⅱ是铅垂面；俯视图中两个封闭线框 3 和 4，对应主视图中两个平面Ⅲ和Ⅳ积聚成直线的投影 3′和 4′，其中Ⅲ是正垂面，Ⅳ是水平面，俯视图中前半部分由虚线和实线组成的封闭线框 6，对应在主视图中平面Ⅵ积聚成直线，所以Ⅵ是水平面。由此可看出其基本形体是长方体。

作图（图 7-11）：

1）长方体左上角被正垂面Ⅲ切割，在侧面投影中是其俯视图的类似形，由主视图和俯视图画出左视图。

2）长方体的左端前后被两个铅垂面切割成前后对称的两个角，按照三视图投影规律画出左视图。

3）长方体的下部分别被前后对称的正平面Ⅴ和水平面Ⅵ切割去前后对称的两块，在侧面投影中有积聚性，由“高平齐、宽相等”作出左视图。

4）通过以上分析，逐步弄清各部分的形状和相对位置，最后综合起来想象出压块的整体形状，然后校核补画出的左视图，加深。

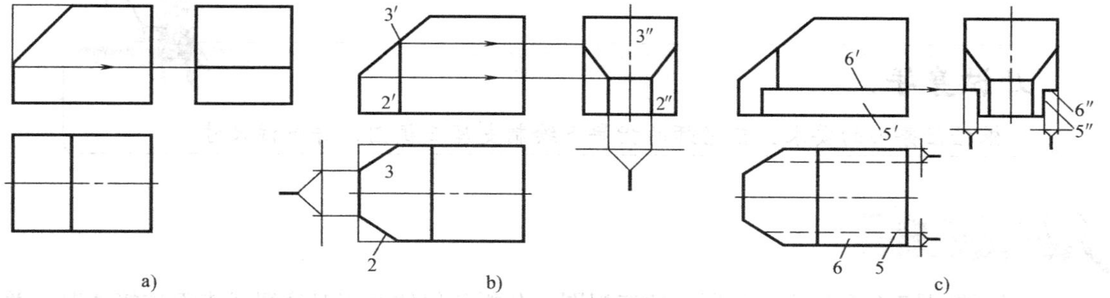


图 7-11　补画压块的左视图

**3. 综合应用——补视图和补缺线**

（1）补视图　补视图的主要方法是形体分析法。对于某些一时搞不清楚的问题，可以再运用线面分析法进行补充分析，补画线条或线框，从而达到正确补画第三视图的要求。补图的一般顺序是先外后内，先叠加后切割。如前面例 7-5、例 7-6 所述。

（2）补缺线　补缺线主要是利用形体分析法和线面分析法，分析已知视图补全图中遗漏的图线，使视图表达正确、完整。

**例 7-7**　补画三视图中的漏线

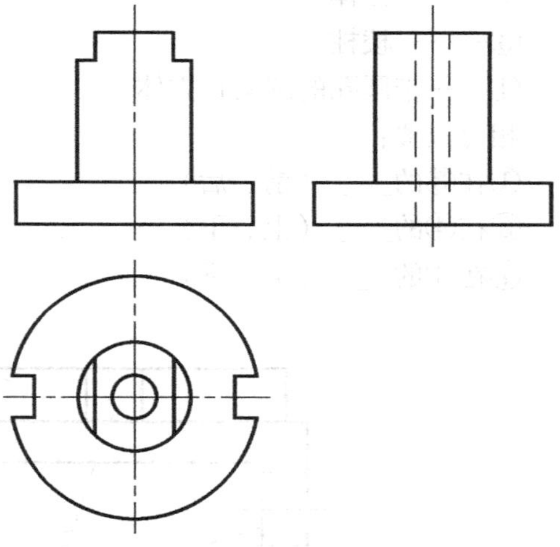

图 7-12　补画支座所缺图线

分析：如图 7-12 所示，从已知的三个视图分析，该组合体是由一圆柱与一圆柱堆积组合后，又切割而成。圆柱底板的左右各有一个方槽，在俯视图中已经表达清楚，需补画出主、左视图中应有的图线，孔在左视图虚线已画出；小圆筒左右分别有缺口，由俯视图和主视图看出，需补全左视图中图线，并补画圆筒内孔主视图中的虚线。

作图步骤如图 7-13 所示：

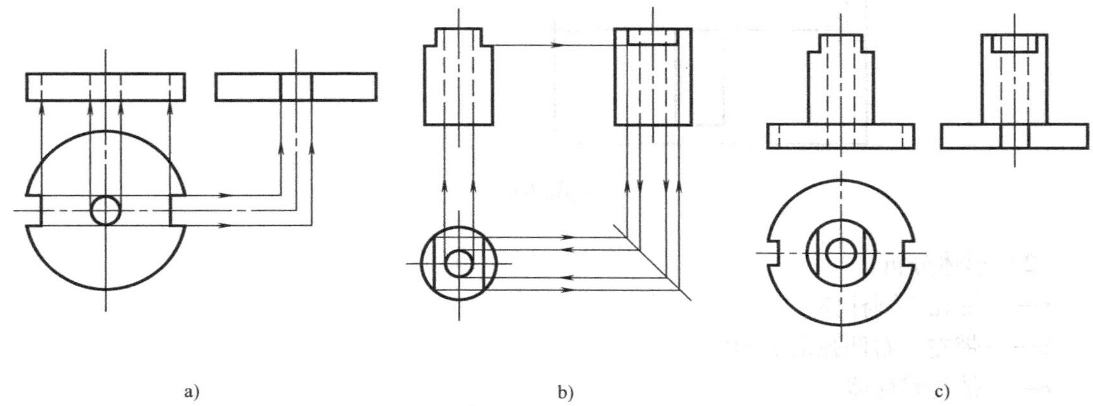


图 7-13　补画支座缺线的步骤

**小试身手：**

根据任务书的要求，在老师的指导下绘制支座三视图，并标注尺寸。

## 巩固练习

1. 根据题图7-8和题图7-9所示的三视图，分析几何体的相对位置或表面连接情况，并填写对应标号。

（1）几何体名称：

①——长方体

②——长方体

③——三棱柱

④——带圆孔的圆头长方体

相对位置：

①在③的____（前、后）

③在④的____（上、下）

①在④的____（上、下）

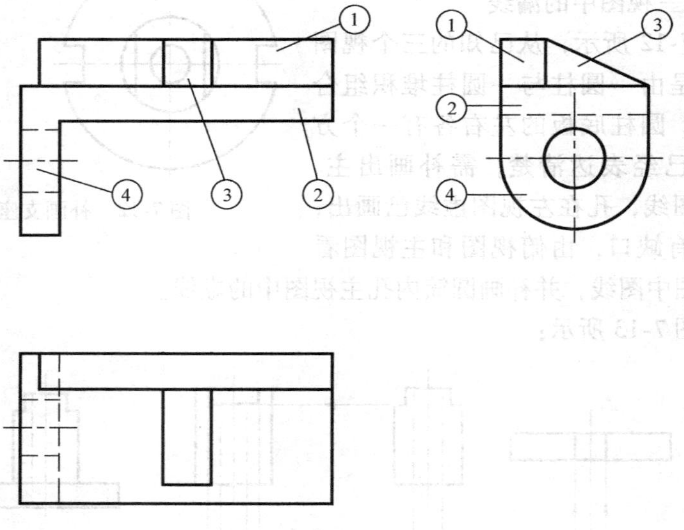


题图7-8

（2）形体分析：

a——带孔半圆柱体

b——带左、右凹弧的梯形体

c——带孔圆柱体

表面相互关系：

①——
②——
③——

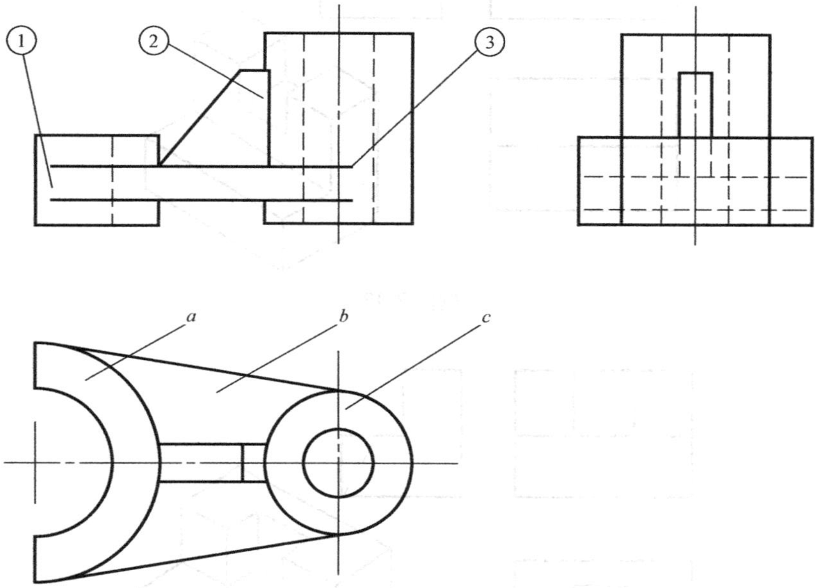


题图 7-9

2. 看懂题图 7-10 和题图 7-11 所示的两视图，补画第三视图。

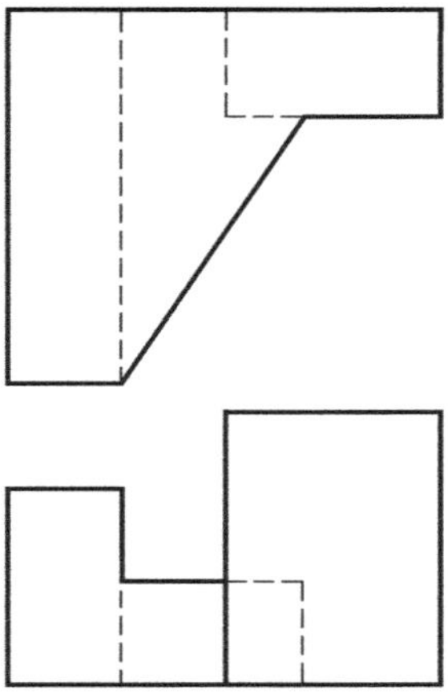

题图 7-10

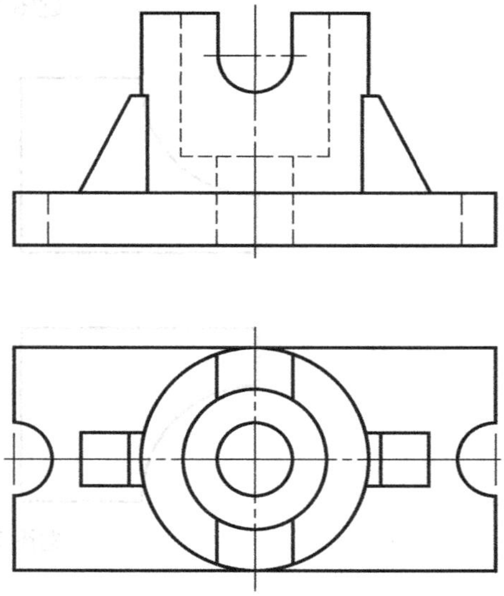

题图 7-11

3. 根据题图 7-12 ~ 题图 7-14 所示的已知视图想象立体形状，并补画图中漏线。

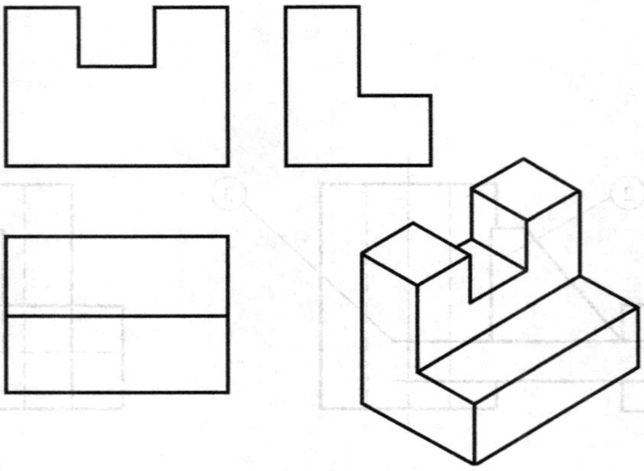

题图 7-12

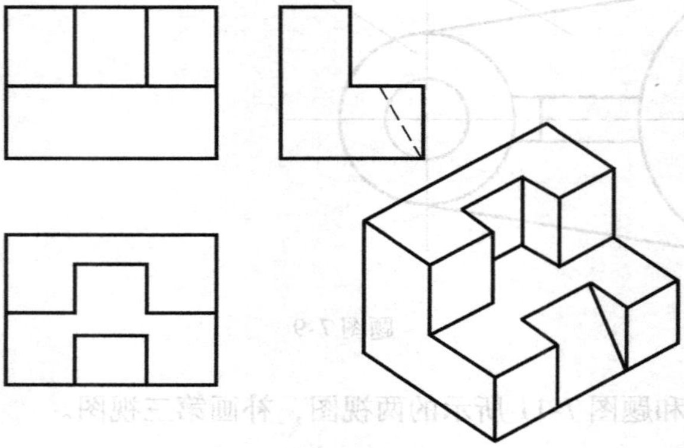

题图 7-13

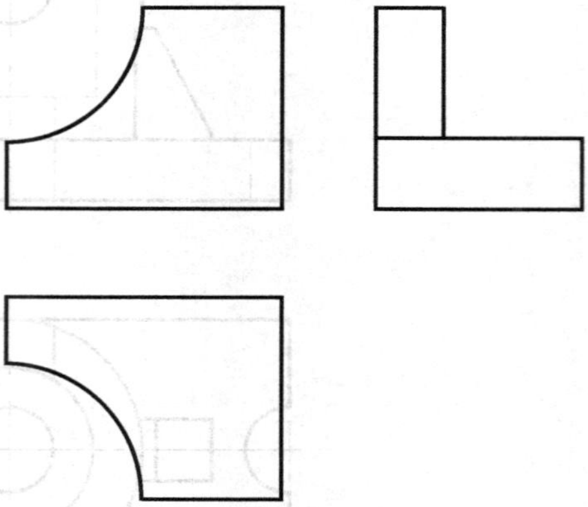

题图 7-14

# 第三单元　图样的基本表达方法

## 课题八　机件外部形状的表达及应用

### 学习指南

在实际生产中，机件的结构形状是多种多样的，为此，国家标准《技术制图》和《机械制图》中规定了视图、剖视图、断面图等基本表示法。视图是根据有关国家标准和规定用正投影法绘制的图形，主要用来表达机件的外部结构形状，一般仅画出可见部分，必要时才用虚线画出不可见部分。

视图包括基本视图、向视图、局部视图和斜视图四种。

**教学目标**　1. 理解并掌握基本视图、向视图、局部视图、斜视图的概念、画法和标注规定，了解各种表示法的具体应用。

2. 进一步培养学生的空间想象和表达能力。

**教学重点**　1. 局部视图、斜视图的概念及画法和它们的具体应用。

2. 进一步培养空间想象和表达能力。

**教学难点**　基本视图配置要求，向视图、局部视图、斜视图的标注规定。

**教学课时**　6 学时。

# 任务书 一、基本视图和向视图

<table>
<tr><td>项　目</td><td>基本视图的辨别和向视图绘制</td><td>用　时</td><td>90 分钟</td></tr>
<tr><td>目的</td><td colspan="3">1. 理解并掌握基本视图、向视图的概念、画法和标注规定，了解各种表示法的具体应用。<br>2. 进一步培养学生的空间想象和表达能力。</td></tr>
<tr><td>要求</td><td colspan="3">选择正确的左视图和右视图并作出 F 向视图。<br>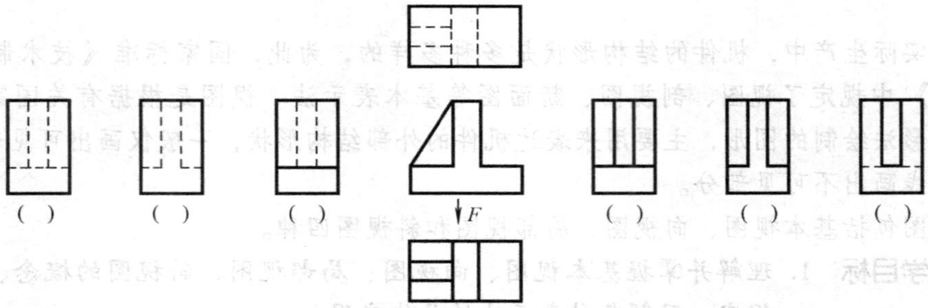</td></tr>
<tr><td>后记</td><td colspan="3"></td></tr>
</table>

知识链接

**1. 基本视图**

（1）基本视图的名称和投射方向　用正六面体的六个面作为六个投影面，称为六个基本投影面。将物体置于正六面体中间，分别向六个基本投影面进行正投影，所得的视图称为基本视图，如图 8-1a 所示。六个基本视图的名称、投射方向分别如下：

主视图——由物体的前方向后方投射得到的视图

俯视图——由物体的上方向下方投射得到的视图

左视图——由物体的左方向右方投射得到的视图

右视图——由物体的右方向左方投射得到的视图

仰视图——由物体的下方向上方投射得到的视图

后视图——由物体的后方向前方投射得到的视图

将六个基本投影面展开，使六个基本视图排列在同一平面上。展开方法如图 8-1b 所示。

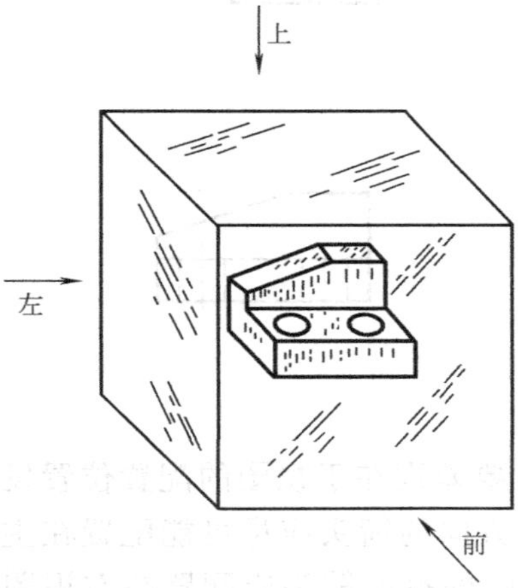


a)

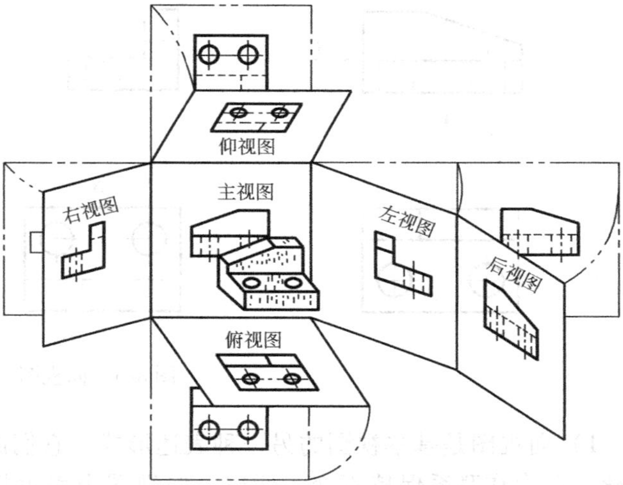


b)

图 8-1　基本视图的形成及展开

a）六个基本投影面　b）六个基本投影面的展开方式

（2）基本视图的配置和标注　六个基本视图的规定配置是按展开摊平位置摆放，按此位置配置的各视图，一律不标注基本视图的名称，如图 8-2 所示。六个基本视图间仍保持着长对正、高平齐、宽相等的投影规律。

**2. 向视图**

向视图是可以自由配置的基本视图，即未按规定位置配置的基本视图。为了便于识读和查找自由配置后的向视图，应在向视图的上方用大写拉丁字母标出该向视图的名称（如 *A*、*B*、*C* 等），并在相应的视图附近用箭头指明投射方向，注上相同的字母，如图 8-3 所示。

在实际应用时，要注意以下几点：

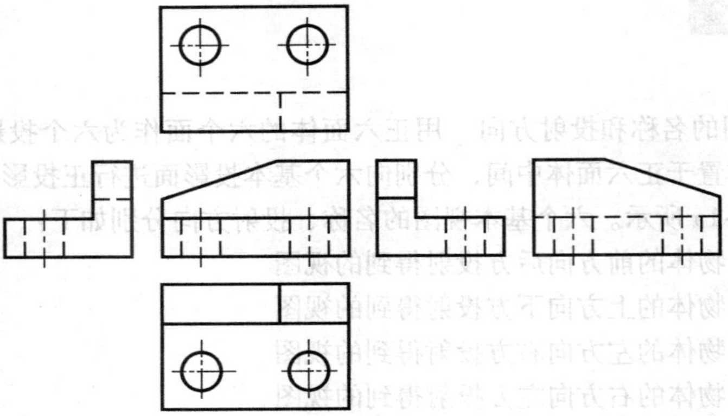

图 8-2　基本视图的配置

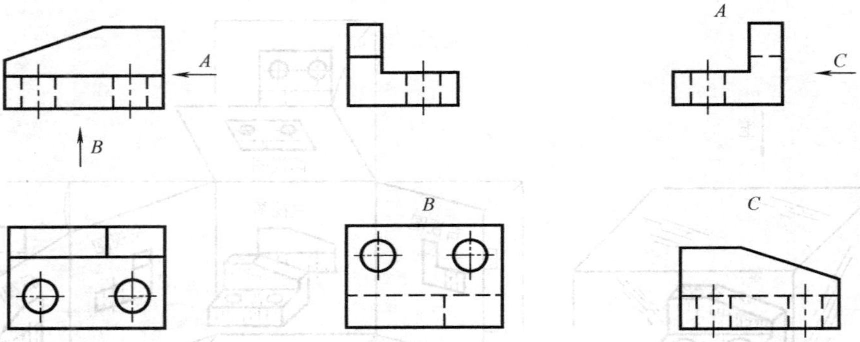


图 8-3　向视图

1）向视图是基本视图的另一种表达形式，它们的主要差别在于视图的配置位置发生变化，而内在联系保持不变。所以，向视图中表示投射方向的箭头应尽可能配置在主视图上，以使所获得的视图与基本视图一致。而表示后视图的投射箭头应配置在左视图或右视图上。

2）向视图的字母名称和箭头旁的字母一律采用大写拉丁字母，且永远应与读图方向一致，以便于识别。

**小试身手：**

根据任务书要求，判别组合体的左视图和右视图，并画出 *F* 向的向视图。

## 巩固练习

1. 根据题图 8-1 所示的主、俯、左三视图，补画右、后、仰三视图。

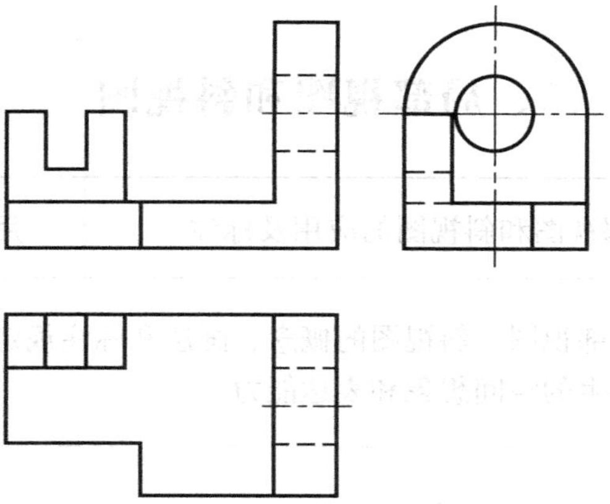

题图 8-1

2. 完成题图 8-2 中的 $C$、$G$ 向的向视图。

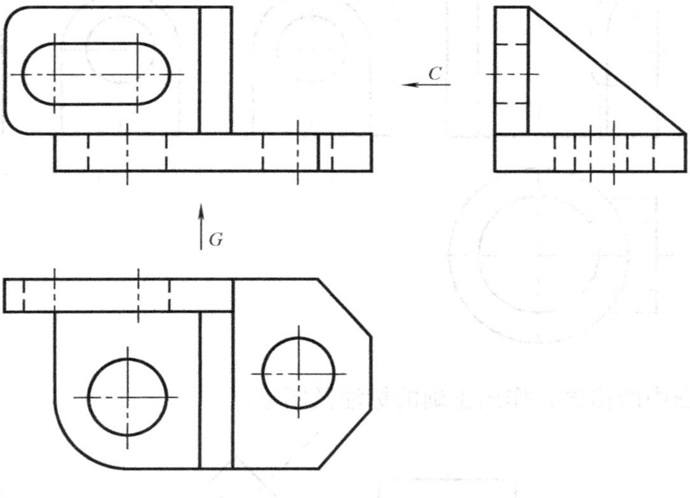


题图 8-2

任务书

# 二、局部视图和斜视图

<table>
<tr><td>项　目</td><td colspan="2">局部视图和斜视图的应用及标注</td><td>用　时</td><td>90 分钟</td></tr>
<tr><td>目的</td><td colspan="4">1. 理解并掌握局部视图、斜视图的概念、画法和标注规定，了解其具体应用。<br>2. 进一步培养学生的空间想象和表达能力。</td></tr>
<tr><td>要求</td><td colspan="4">1. 选择正确的 A 向局部视图。<br>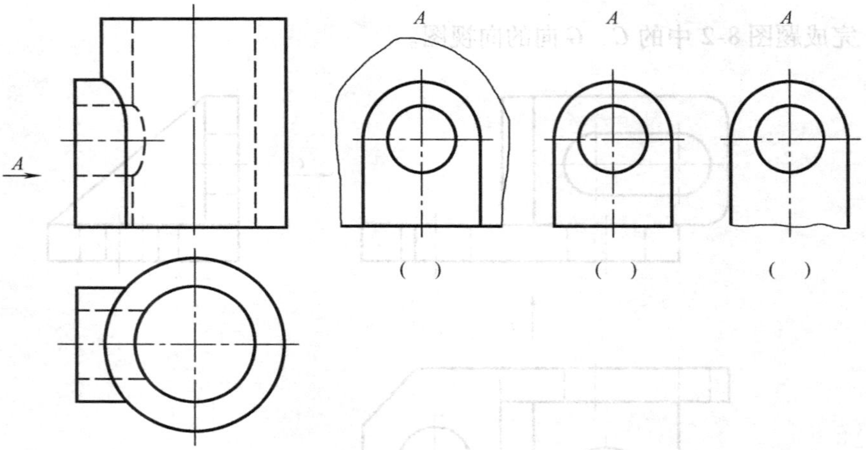<br><br>2. 指出图中的错误，作出正确的标注及图形。<br>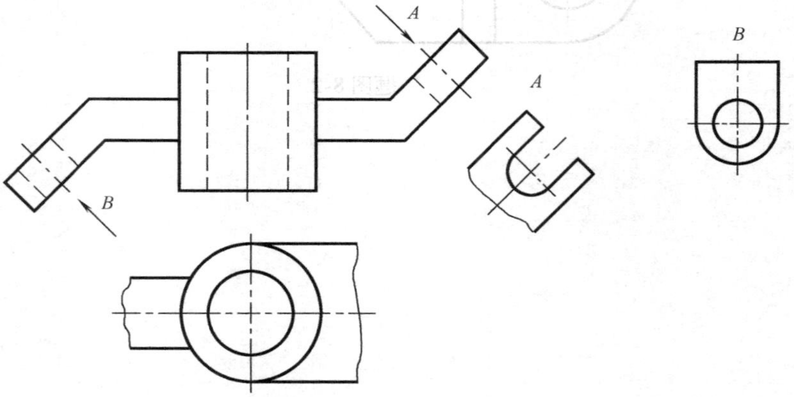<br></td></tr>
<tr><td>后记</td><td colspan="4"></td></tr>
</table>

## 知识链接

**1. 局部视图**

局部视图是将机件的某一部分向基本投影面投射所得的视图。当采用一定数量的基本视图后，机件上仍有部分结构形状尚未表达清楚，而又没有必要再画出完整的其他基本视图时，可采用局部视图来表达。

如图 8-4 所示的机件用主、俯两个基本视图表达了主体形状，但左、右两侧凸缘形状如用左视图和右视图表达，则显得繁琐和重复。采用 *A* 和 *B* 两个局部视图来表达两个凸缘形状，既简练又突出重点。

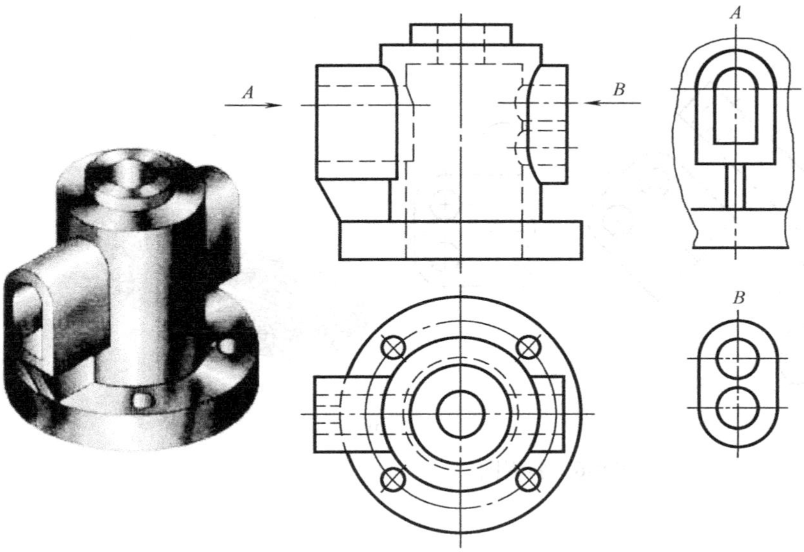


a)　　b)

图 8-4　局部视图（一）

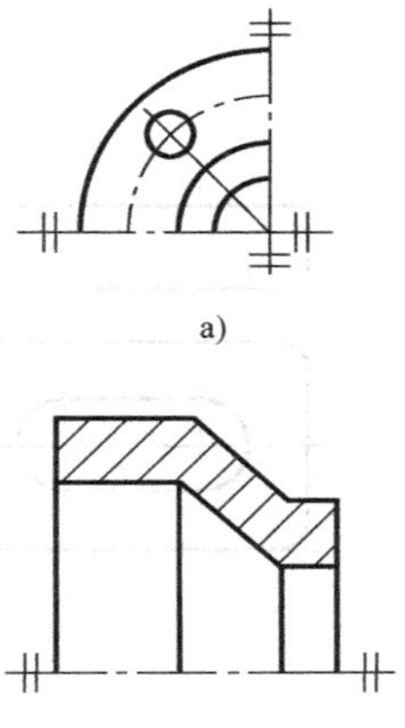


b)

图 8-5　局部视图（二）

局部视图的画法、配置与标注：

1）局部视图的断裂边界用波浪线或双折线表示，如图 8-4 的 *A* 向视图。但当所表示的局部结构是完整的，其图形的外形轮廓呈封闭时，波浪线可省略不画，如图 8-4 的 *B* 向视图。

2）对称机件的视图可只画一半或 1/4，并在对称中心线的两端画两条与其垂直的平行细实线，如图 8-5 所示。这种简化画法是局部视图的一种特殊的画法，即用细点画线代替波浪线作为断裂边界线。

3）局部视图可按基本视图配置的形式配置，如图 8-4 的 *A* 向视图；也可按向视图的配置形式配置在适当的位置，如图 8-4 的 *B* 向视图。

4）局部视图用带字母的箭头标明所表达的部位和投射方向，并在局部视图的上方标注相应的字母。当局部视图按投影关系配置，中间又没有其他视图时，可省略标注，如图 8-4 中的 *A* 向局部视图的箭头、字母均可省略（为了表达得更清楚，图中未省略）。

**2. 斜视图**

斜视图是物体向不平行于基本投影面（通常是基本投影面的垂直面）的平面上投射所得到的视图。

当机件上存在倾斜于基本投影面的结构时（如图 8-6 所示），其倾斜部分结构在基本视图上既不反映实形，也不便于标注尺寸。为了清晰表达该部分的真实形状，可设置一个与物体倾斜部分平行并垂直于一个基本投影面的辅助投影面，将倾斜结构向该投影面投射，这样得到的视图称为斜视图，如图 8-6 所示。

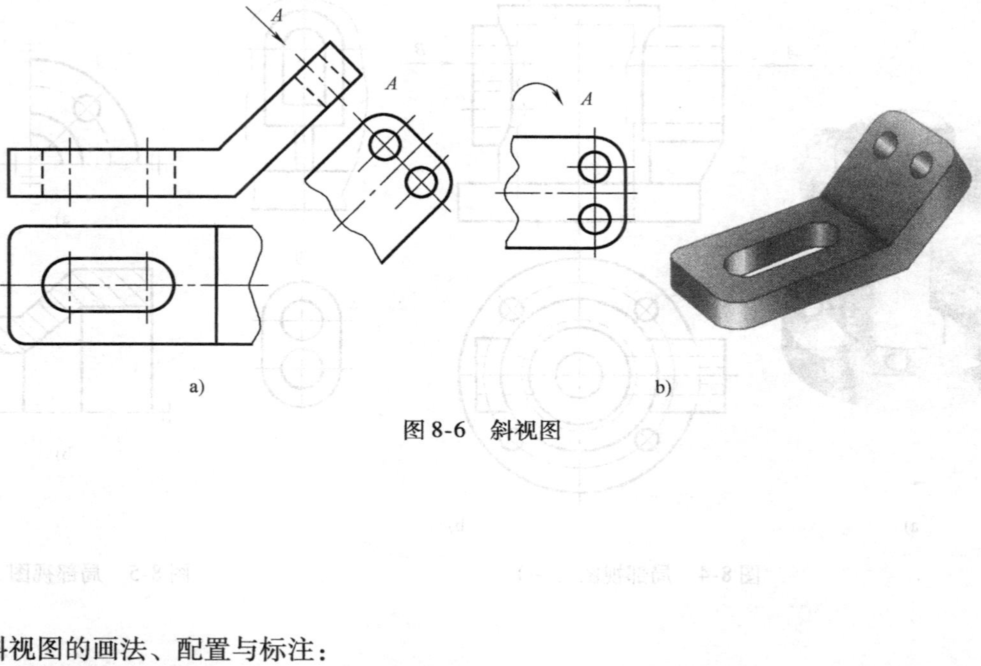


图 8-6　斜视图

斜视图的画法、配置与标注：

1）斜视图的画法同局部视图，也有两种，一种是用波浪线或双折线表示断裂部分的边界，如图 8-6a 所示；另一种是当倾斜部分的结构表面轮廓是一个封闭的完整的图形时，则可不画波浪线。

2）斜视图通常按向视图的配置形式配置并标注，即在斜视图的上方用字母标出视图的名称，并在相应的视图附近用带有同样字母的箭头指明投射方向，如图 8-6a 所示。

3）必要时，在不致引起误解的情况下，允许将斜视图旋转放正画出（使斜视图图形的主要轮廓线成水平或铅直位置，一般图形旋转的角度以不大于 90°为宜），并加注旋转符号，如图 8-6b 所示。旋转符号为半圆形，半径等于字体高度。表示该视图名称的字母应靠近旋转符号的箭头端，也允许在字母之后注出旋转的角度。

## 巩固练习

1. 画出题图 8-3 中的 *A* 向局部视图。

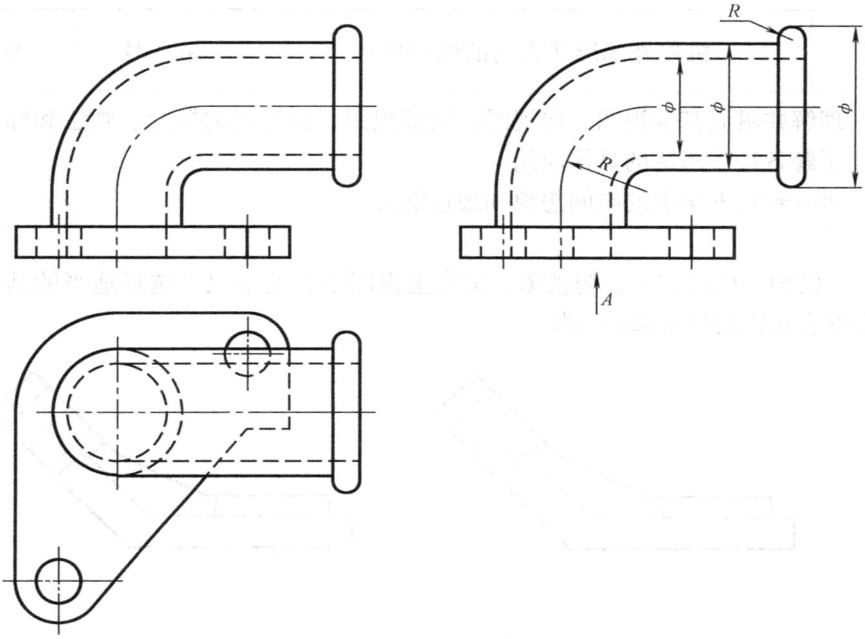


题图 8-3

2. 画出题图 8-4 中 *A* 向斜视图。

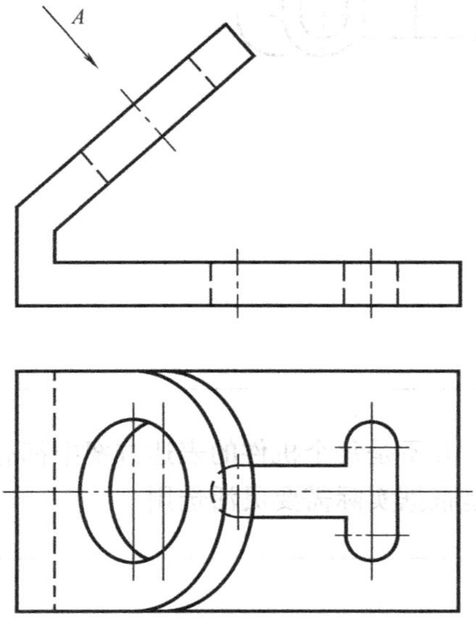


题图 8-4

任务书

# 三、综合应用

<table>
<tr><td>项　目</td><td>机件外部形状表达的综合应用</td><td>用　时</td><td>90 分钟</td></tr>
<tr><td>目的</td><td colspan="3">1. 理解并巩固基本视图、向视图、局部视图、斜视图的概念、画法和标注规定，了解各种表示法的具体应用。<br>2. 进一步培养学生的空间想象和表达能力。</td></tr>
<tr><td>要求</td><td colspan="3">已知一机件的主、俯视图，试在主视图不变的情况下选择适当的其他视图，完整表达该机件各部分形状。<br>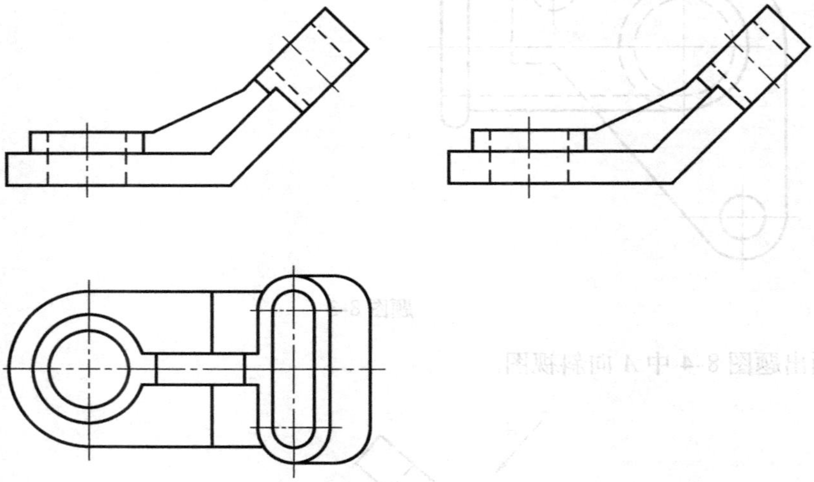</td></tr>
<tr><td>提示</td><td colspan="3">在实际画图时，并不是每个机件的表达方案中都有基本视图、向视图、局部视图和斜视图，而是根据实际需要灵活选用</td></tr>
<tr><td>后记</td><td colspan="3"></td></tr>
</table>

# 课题九　机件内部形状的表达及应用

## 学习指南

视图主要是用于表达机件的外部结构形状，对于机件内部的结构形状，视图中都用虚线表示。如果机件内外形状都比较复杂，则视图上就会出现虚、实线交叉重叠，使图形不够清晰，也不便于标注尺寸。为了能清楚地表达机件内部结构，国家标准《技术制图　图样画法　剖视图和断面图》（GB/T 17452—1998）和《机械制图　图样画法　剖视图和断面图》（GB/T 4458. 6—2002）规定可采用剖视图（简称剖视）来表达。

**教学目标**　1. 理解并掌握剖视图的形成和规定画法，了解各种剖视图的应用。
2. 通过剖视图的学习进一步培养空间想象能力和空间思维能力。

**教学重点**　1. 剖视图的画法和标注规定。
2. 进一步提高学生的识图、绘图能力。

**教学难点**　1. 剖视图的画法及其灵活运用。
2. 识图、绘图能力的进一步提高。

**教学课时**　10 学时。

任务书

# 一、剖视图的形成和画法应用

| 项　目 | 剖视图的画法及标注 | 用　时 | 270 分钟 |
| --- | --- | --- | --- |
| 目的 | 1. 了解剖视图的应用，理解并掌握剖视图的形成和单一平面剖切的规定画法及标注。<br>2. 通过剖视图的学习进一步培养学生的空间想象能力和空间思维能力。 | | |
| 要求 | 1. 将主视图改画成全剖视图。 2. 将主视图画成半剖视图，左视图画成全剖视图。<br>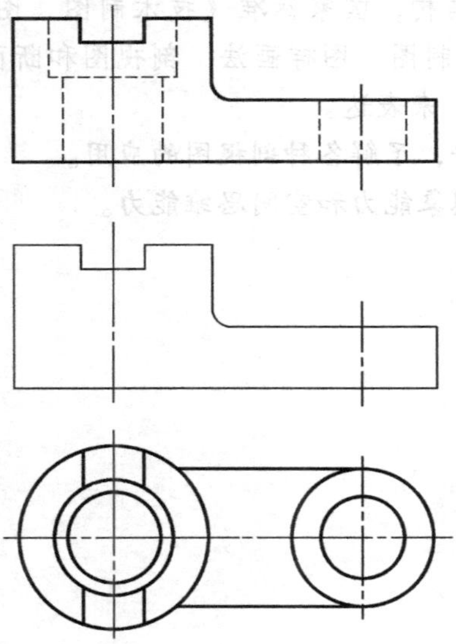 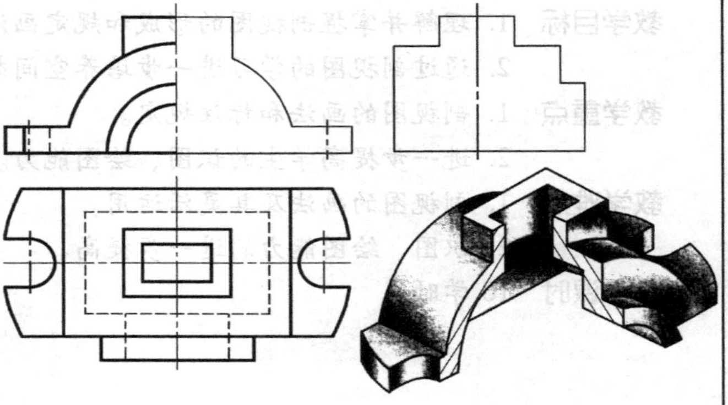<br>3. 将主视图改画成局部剖视图。<br>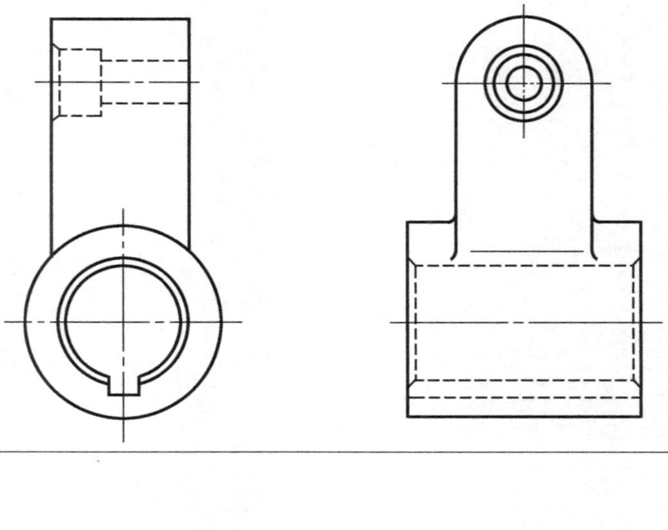 | | |
| 后记 | | | |

## 知识链接

用视图表达机件形状时，对于机件上不可见的内部结构（如孔、槽等）要用虚线表示，如图 9-1a 所示支架的主视图。但如果机件的内部结构比较复杂，图上会出现较多虚线，有些甚至与外形轮廓重叠，既不便于画图和读图，也不便于标注尺寸。为此，可按国家标准规定采用剖视图来表达机件的内部形状。

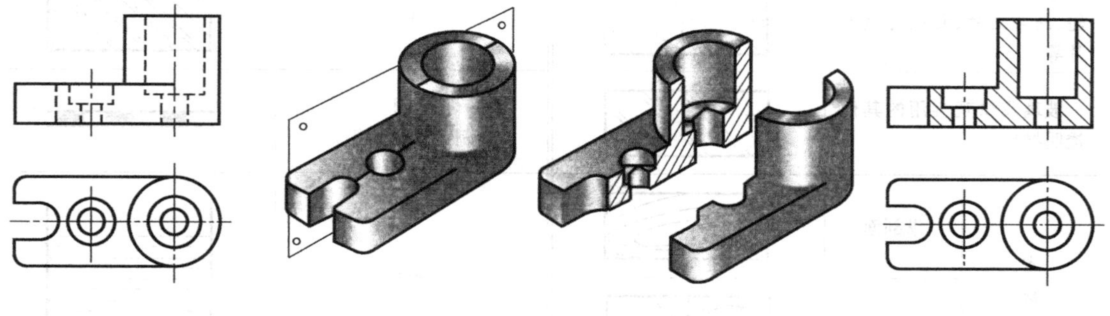

a)　　b)　　c)　　d)

图 9-1　剖视图的形成

a）支架的主、俯视图　b）用剖切面剖开支架　c）移开前半部后投射　d）支架的剖视图

**1. 剖视图及形成**

假想用剖切面剖开机件，将处在观察者与剖切面之间的部分移去，而将其余部分向投影面投射所得的图形称为剖视图，简称剖视。剖视图的形成过程如图 9-1b、c 所示。图 9-1d 中的主视图即为支架的剖视图。剖切面一般是平面或圆柱面，而平面用得最多。为表达机件内部的真实形状，剖切面一般通过孔、槽的轴线或对称面，且使剖切面平行或垂直于某一投影面。

**2. 剖视图的画法**

（1）确定剖切面的位置　先确定在哪个视图作剖视，并在相关视图中确定、标注剖切面的位置。如图 9-1b 所示，选取平行于正面的对称面为剖切面，主视图画剖视。

（2）画剖视图　剖开机件，移走前半部分，将剖切面截切机件所得断面及机件的后半部分向正面投射，如图 9-1c 所示，画出如图 9-1d 所示剖视图。

（3）画剖面符号　剖视图中，剖切平面与机件的接触部分（即断面图形）称为剖面区域，要画出与材料相应的剖面符号。国家标准规定了各种材料的剖面符号，见表 9-1。

**表 9-1　剖面符号**（GB/T 4457. 5—1984）

| | | | |
|---|---|---|---|
| 金属材料<br>（已有规定剖面符号者除外） | 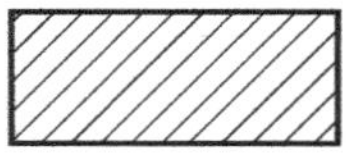 | 胶合板<br>（不分层数） | 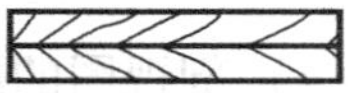 |
| 线圈绕组元件 | 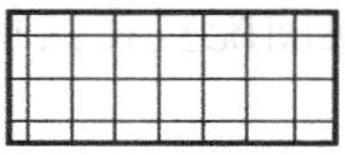 | 基础周围的泥土 | 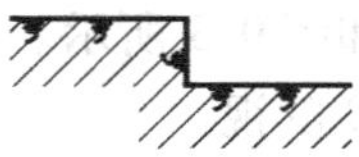 |

（续）

| | | | |
|---|---|---|---|
| 转子、电枢、变压器和电抗器等的叠钢片 | 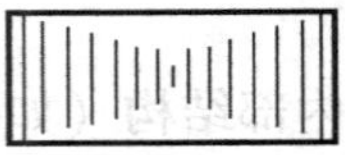 | 混凝土 |  |
| 非金属材料（已有规定剖面符号者除外） | 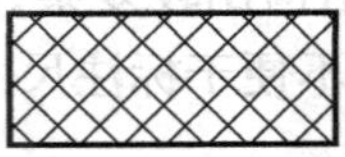 | 钢筋混凝土 | 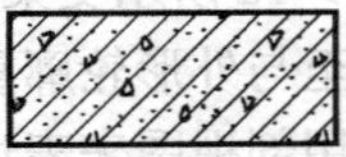 |
| 型砂、填砂、粉末冶金、砂轮、陶瓷刀片、硬质合金刀片等 | 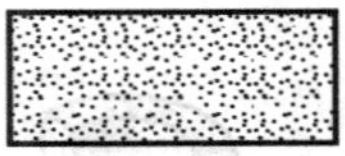 | 砖 | 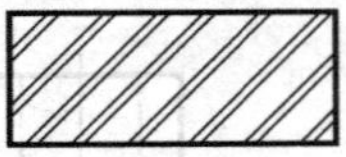 |
| 玻璃及供观察用的其他透明材料 |  | 格网（筛网、过滤网等） |  |
| 木材　纵剖面 | 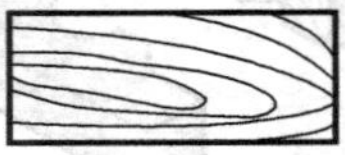 | 液体 |  |
| 木材　横剖面 |  | | |

机器中大量使用的是金属材料，金属材料的剖面符号是间距均匀的平行细实线，称为剖面线，又称通用剖面线。国家标准规定，剖面线应与机件主要轮廓线或剖面区域的对称线成45°角度，画成等距平行细实线。同一零件的剖面线在各个剖视图（或断面图）中其倾斜方向和间隔都必须一致。如图 9-2 所示。

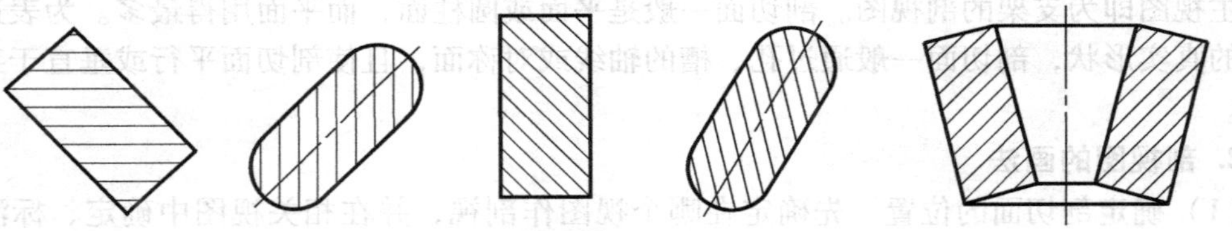

图 9-2　剖面线的画法

**提　示：**

国家标准《技术制图》中规定，当不需要在剖面区域中表示材料的类别时，可采用通用剖面线来表示。

（4）剖视图的配置与标注

1）配置：基本视图的配置规定同样适用于剖视图。剖视图可按投影关系配置，如图 9-1和图 9-3 所示。必要时，可根据图面布局将剖视图配置在其他适当位置，如图 9-3 中的 *B—B* 剖视。

2）标注：国家标准规定，剖视图一般应标注其名称“ ×—×”（ ×为大写拉丁字母），

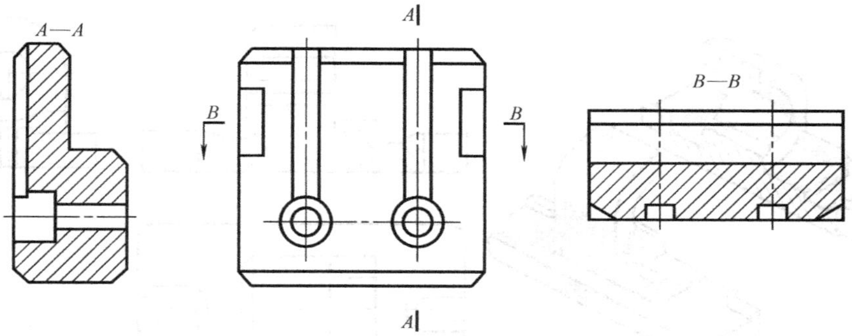


图 9-3　剖视图的配置与标注

在相应的视图上用剖切符号表示剖切位置和投射方向，并标注相同的字母，即明确剖视图名称、剖切位置、投射方向。

剖视图标注的三要素是：

◆ 剖切符号：用以指示剖切面的起讫和转折位置（用粗短线表示，线宽 1 ~ 1.5*d*，长约 3 ~ 6mm），并用箭头表示投射方向，如图 9-3 中的 *B—B* 剖视。剖切符号不要与图形轮廓相交。

◆ 剖切线：标识剖切面位置的线，用细点画线表示。画在剖切符号之间的剖切线可省略不画。

◆ 字母：注写在剖视图上方，用以表示剖视图名称的大写拉丁字母。为便于读图时查找，应在剖切符号附近注写相同的字母。

在下列情况下，剖视图的标注内容可简化或省略：

◆ 当剖视图按投影关系配置，中间又没有其他图形隔开时，可以省略箭头，如图 9-3 中的 *A—A* 剖视。

◆ 当剖切平面通过机件的对称平面，且剖视图按投影关系配置，中间又没有其他图形隔开时，可以省略标注，如图 9-1d 所示。

（5）画剖视图应注意的问题

1）剖视图只是假想地剖开机件，用以表达机件内部形状的一种方法，实际机件是完整的，因此除剖视图外的其他图形，都按完整的形状画出，如图 9-1d、图 9-4 的俯视图。

2）剖视图上一般不画虚线，只有在不影响剖视图的清晰而又能减少视图时，可画少量的虚线。

3）画剖视图时，一定要把剖切平面后方的可见轮廓线画全。

**3. 剖视图的种类**

根据剖切范围的大小，剖视图可分为全剖视图、半剖视图和局部剖视图。

（1）全剖视图　用剖切平面完全地剖开机件所得的视图，如图 9-1d、图 9-4 所示。

全剖视图一般应用于外形比较简单、内部结构比较复杂且不对称的机件；或外部结构虽然复杂，但已由其他视图表达清楚的机件。

（2）半剖视图　当机件对称时，向垂直于对称平面的投影面上投影所得的图形，允许以机件对称中心线为界，一半画成剖视图，另一半画成视图，这种剖视图称为半剖视图。如图 9-5 所示机件左右对称，前后也对称，所以主、俯视图都可画成半剖视图。

半剖视图主要用于内、外形状都比较复杂的对称机件。当机件的接近对称，且不对称部

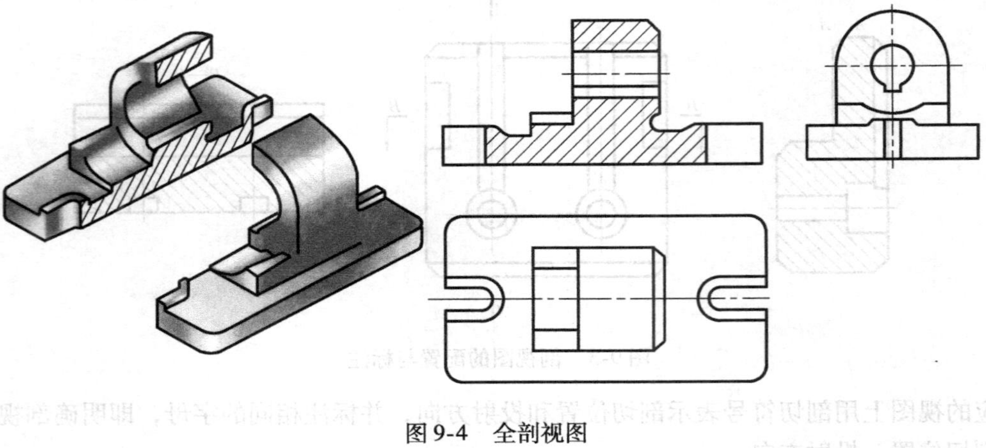

图 9-4　全剖视图

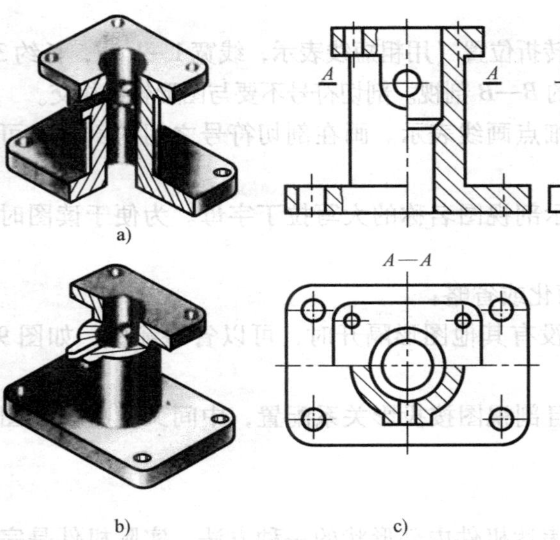


图 9-5　半剖视图（一）

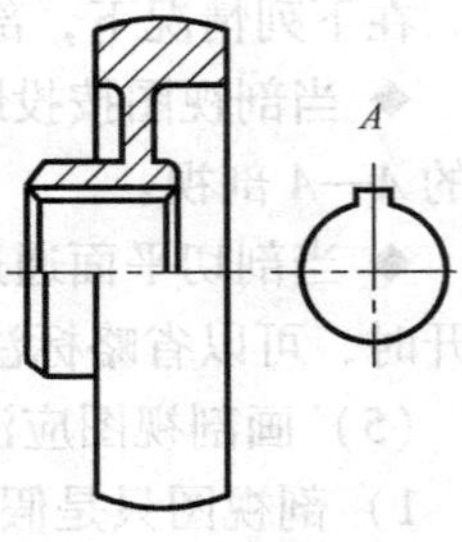


图 9-6　半剖视图（二）

分已另有图形表达清楚时，也可以画成半剖视图，如图 9-6 所示。

画半剖视图时应注意以下几点：

1）由于半剖视图是全剖视图与未剖视图各取一半的合成视图，所以半剖视图的配置位置和标注方法与全剖视图完全相同。

2）在半剖视图中，视图与剖视图的分界线必须是细点画线，不能画成其他图线。

3）机件的内部形状已在半剖视中表达清楚，在另一半表达外形的视图中一般不必再画出虚线，但孔、槽应画出中心线位置。

（3）局部剖视图　用剖切平面局部地剖开机件所得的剖视图，称为局部剖视图。如图 9-5 主视图中左边上、下两处小孔的剖视。

局部剖视图的画法是以波浪线或双折线为界，一部分画成视图表达外形，另一部分剖视图表达内部结构，是一种比较灵活的兼顾内形和外形的、不受图形是否对称等条件限制的表达方法。所采用的剖切平面的位置和剖切范围的大小，可根据表达物体的需要而定。

局部剖视图主要用于以下几种情况：

1）物体不对称，内、外形状又均需要表达时，常采用局部剖视图来表达物体，如图9-7所示。

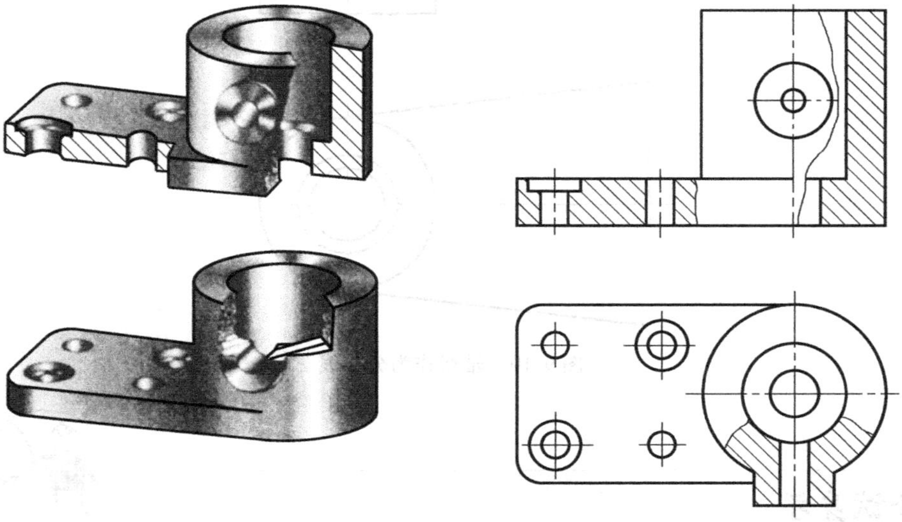

图 9-7　局部剖视图（一）

2）物体对称，采用半剖视图将物体的内、外结构形状基本表达清楚，只有局部的内部结构形状需要表达，可采用局部剖视图来表达物体上的局部结构，如图 9-5 所示。

3）当物体对称，但不宜画成半剖视图（即对称中心线被其他图线占据）时，则可采用局部剖视图来表达物体，如图 9-8 所示。

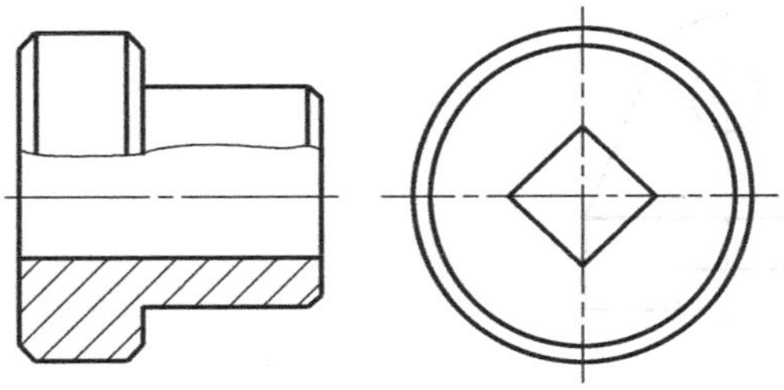

图 9-8　局部剖视图（二）

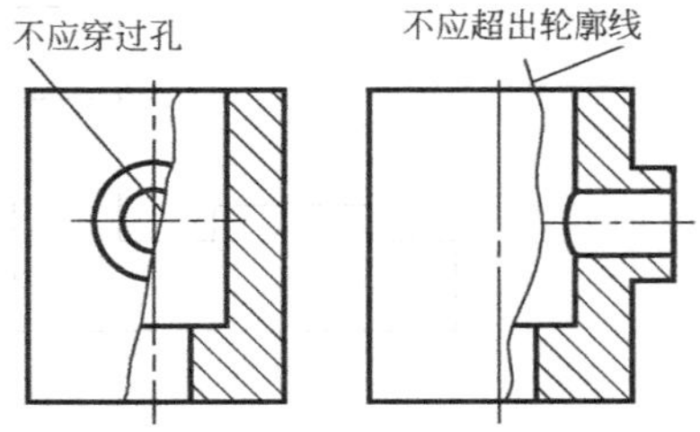


图 9-9　局部剖视图（三）

画局部剖视图应注意以下几个问题：

◆ 波浪线是局部剖视图中视图与剖视图的分界线，只能画在物体表面有材料的实体部分，不得穿越孔或槽（应断开），不能超出视图轮廓之外，也不应该与其他图线重合或画在它们的延长线上，如图 9-9 所示。

◆ 当被剖切结构为回转体时，允许将该结构的轴线作为局部剖视图的分界线，如图9-10所示。

◆在一个视图中，采用局部剖视图的部位不宜过多，否则会显得零乱，以致影响整个图形的清晰程度，此时，可采用大面积的局部剖视，以减少局部剖视的数量，如图 9-7 所示。

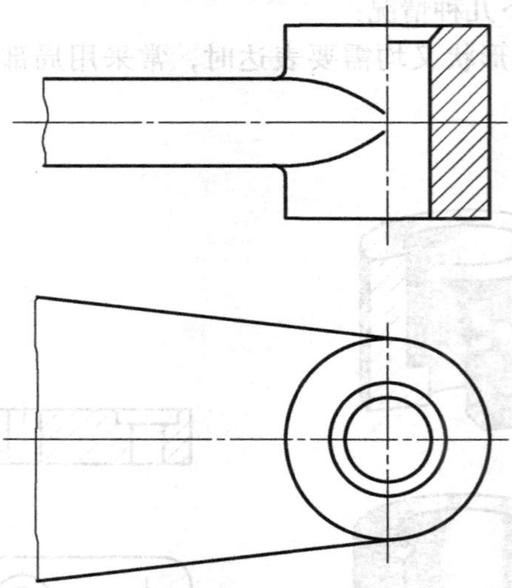

图 9-10　轴线作为分界线

**小试身手：**

根据任务书提出的要求，绘制各种剖视图。

## 巩固练习

1. 将题图 9-1 中的主视图画成全剖视图

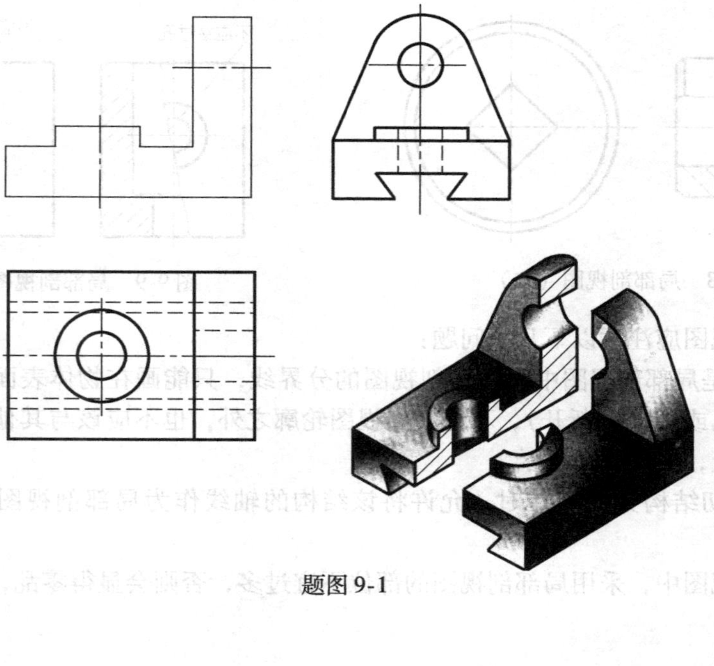

题图 9-1

2. 将题图 9-2 中的主视图画成全剖视图，并补画半剖视的左视图

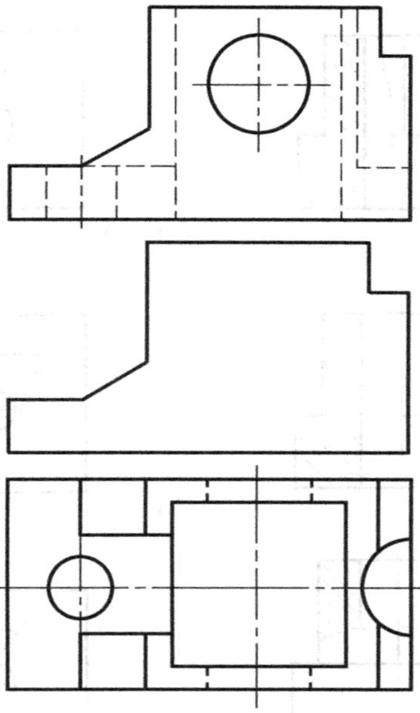

题图 9-2

3. 在题图 9-3 中，选择正确的主视图

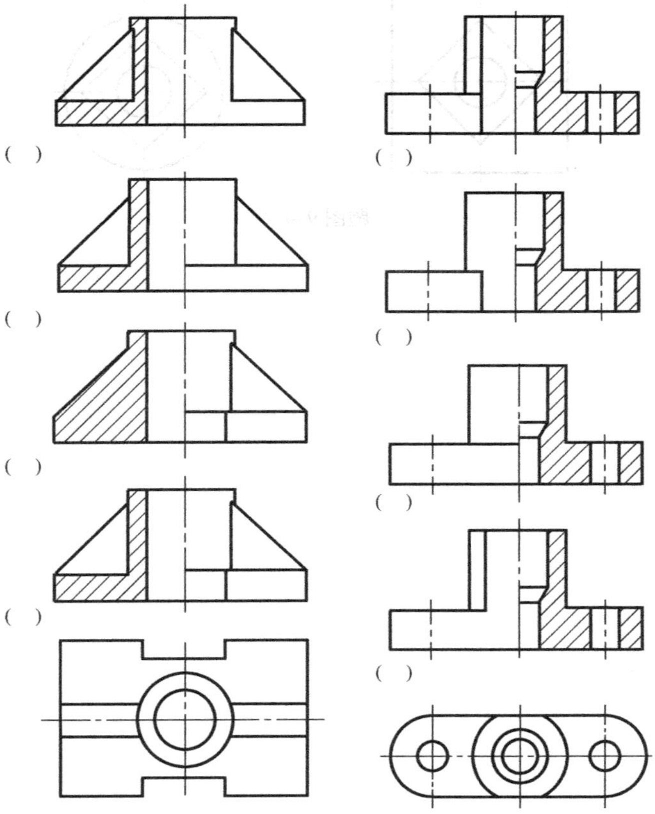

题图 9-3

4. 在题图 9-4 中，选择正确的局部剖视图

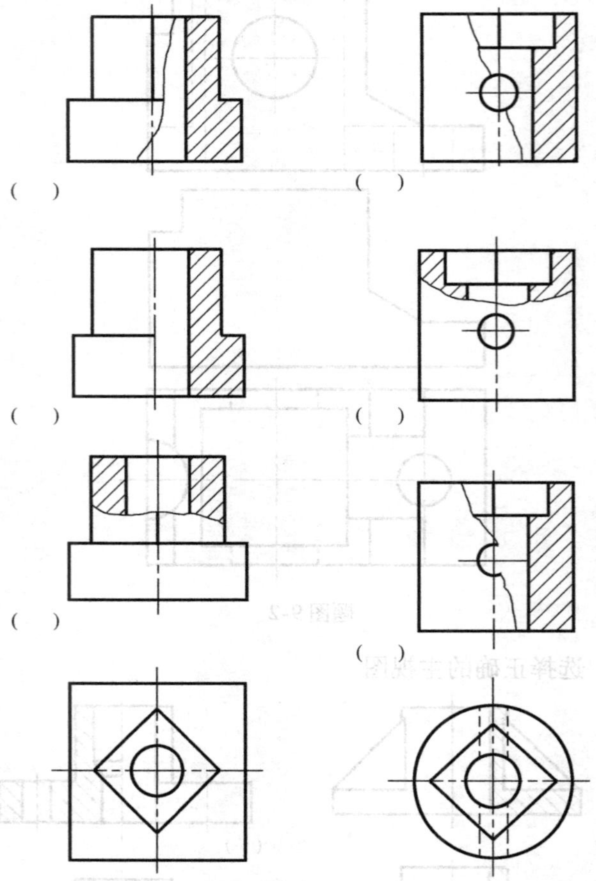

题图 9-4

任务书

# 二、剖切面种类及其应用

| 项目 | 用几个平行的剖切平面绘制机件剖视图 | 用时 | 180 分钟 |
| --- | --- | --- | --- |
| 目的 | 1. 理解并掌握各种剖切方法的画法标注及应用。<br>2. 通过练习，进一步提高学生的识图和绘图能力。 | | |
| 要求 | 用几个平行的剖切平面将主视图画成全剖视图。<br>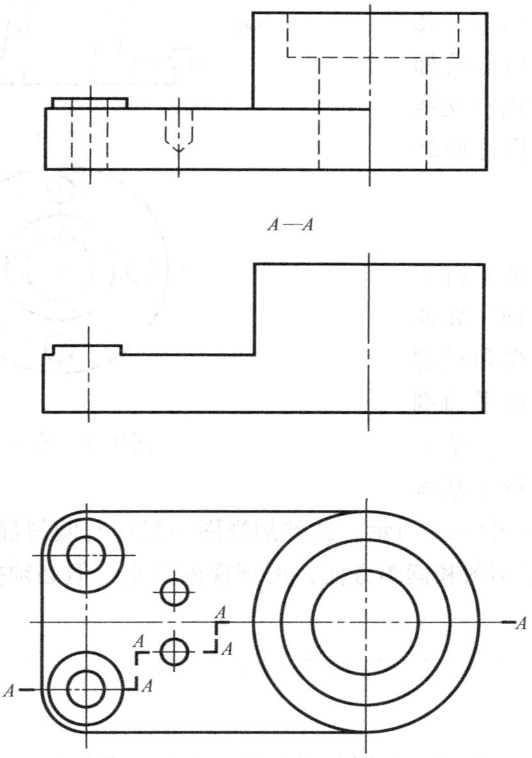<br> | | |
| 后记 | | | |

## 知识链接

剖视图是假想将机件剖开而得到的视图。前面叙述的全剖视、半剖视和局部剖视都是用平行（或垂直）于基本投影面的单一剖切平面剖切机件而得到的。由于机件内部结构形状的多样性和复杂性，常需选用不同数量和位置的剖切面来剖开机件，才能把机件的内部形状表达清楚。国家标准规定，根据机件的结构特点，可选择以下剖切面：单一剖切面、几个平行的剖切平面（俗称阶梯剖）、几个相交的剖切面（交线垂直于某一投影面，俗称旋转剖）。

### 1. 单一剖切面

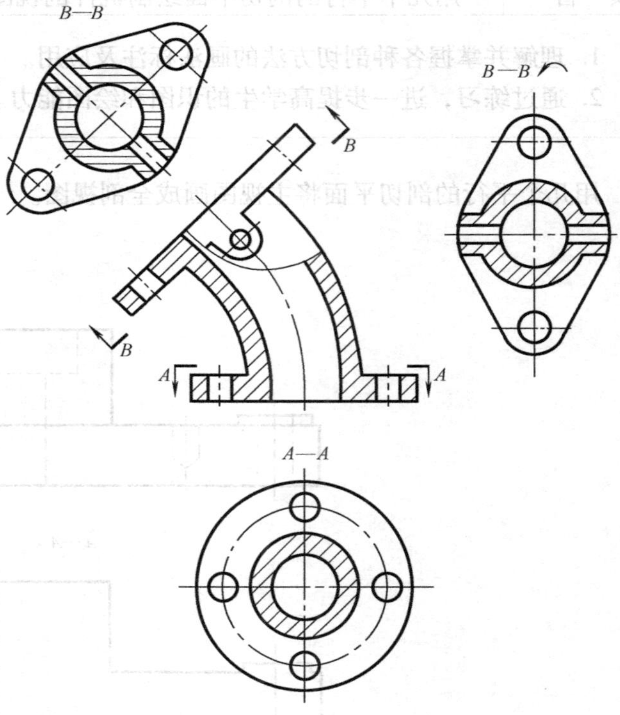


图 9-11　单一剖切面

单一剖切面可以是平行于基本投影面的剖切平面，如前所述的全剖视、半剖视和局部剖视图都是用这种剖切平面剖开机件而得到的剖视图。单一剖切面也可以是不平行于基本投影面的剖切平面，如图 9-11 所示。这种剖视图一般应与倾斜部分保持投影关系，但也可配置在其他位置。为了画图和读图方便，可把视图转正，但必须按规定标注，如图 9-11 中的 *B—B*↶视图。

> **提　示：**
>
> 单一剖切面还包括单一的圆柱剖切面，可查阅有关书籍。

### 2. 几个平行的剖切平面

如果机件的内部结构排列在几个互相平行的平面上，可以用几个平行的剖切平面来剖切机件。如图 9-12 所示的机件，如果用单一剖切平面在机件的对称平面处剖开，则左右端圆孔不能剖到，若采用三个平行的剖切平面将机件剖开，可同时将机件的内部结构表达清楚。

用几个平行剖切平面剖切时应注意：

1）互相平行的剖切平面不得相互重叠。由于剖切平面是假想的，应把几个剖切面作为

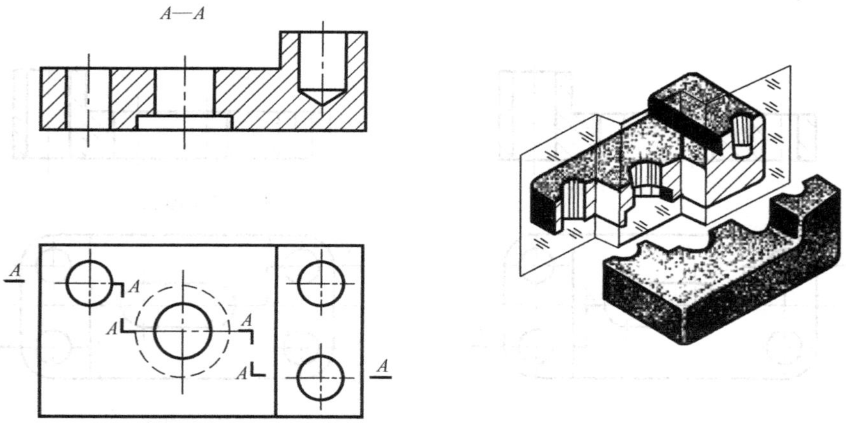


图 9-12　用三个平行剖切平面剖切时剖视图的画法

一个剖切面来考虑，所以不应画出剖切平面转折处的投影，如图 9-13 所示。

2）剖视图中不应出现不完整结构要素。只有当两个要素在图形上具有公共对称线或轴线时，可各画一半，此时应以对称中心线或轴线为界，如图 9-14 所示。

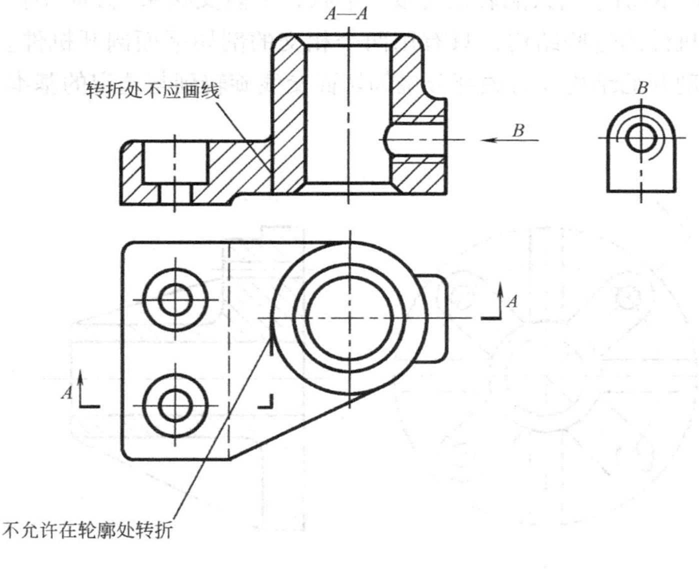


图 9-13　几个平行剖切平面的错误画法

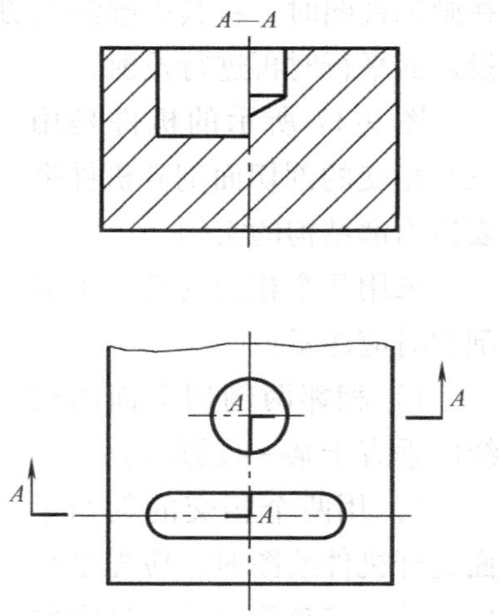


图 9-14　具有公共对称中心线要素的剖视图

3）必须在相应视图上用剖切符号表示剖切位置，在剖切面的起讫和转折处注写字母，用箭头指明投射方向，在剖视图的上方用相同的字母标出剖视图的名称，当转折处的地方有限，且不至于引起误解时，允许省略字母。若剖视图按投影关系配置，中间又无其他图形隔开时，可省略箭头。如图 9-15a 所示。剖切符号的转折处不应与图上的轮廓线相交、重合，如图 9-15b 所示。

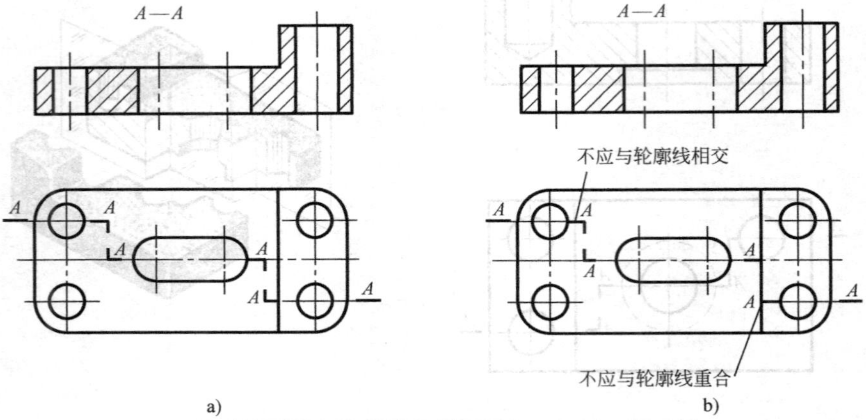


图 9-15 几个平行剖切平面剖切的标注

a）正确标注 b）错误标注

### 3. 几个相交的剖切平面

如果机件的内部结构分布在几个相交的平面上，可用几个相交的剖切平面剖开机件。图 9-16 所示为圆盘状机件，若采用单一剖切平面只能表达肋板的形状，不能反映 45°方向小孔的形状。为了在主视图上同时表达机件的这些结构，只有用两个相交的剖切平面剖开机件。在画剖视图时，将其被倾斜剖切面剖开的结构及有关部分绕剖切面交线旋转到与选定的基本投影面平行时再进行投射。

图 9-17 所示的机件是用三个相交的剖切面剖开机件来表达内部结构的实例。

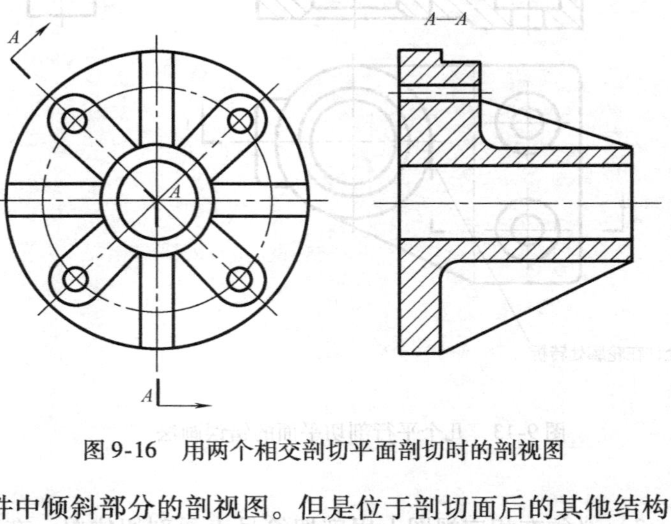


图 9-16 用两个相交剖切平面剖切时的剖视图

采用几个相交的剖切平面剖切时应注意：

1）相邻两剖切平面的交线应垂直于某一投影面。

2）用两个相交的剖切平面剖开机件绘图时，应先剖切后旋转，旋转至与某一选定的投影面平行再投射。此时旋转部分的某些结构与原图形不再保持投影关系，如图 9-18 所示机件中倾斜部分的剖视图。但是位于剖切面后的其他结构一般仍按原来位置投影，如图 9-18 所示剖切平面后的小圆孔。

3）用几个相交的剖切平面剖开机件得到的剖视图必须标注。其方法同用几个平行平面剖切时的标注。

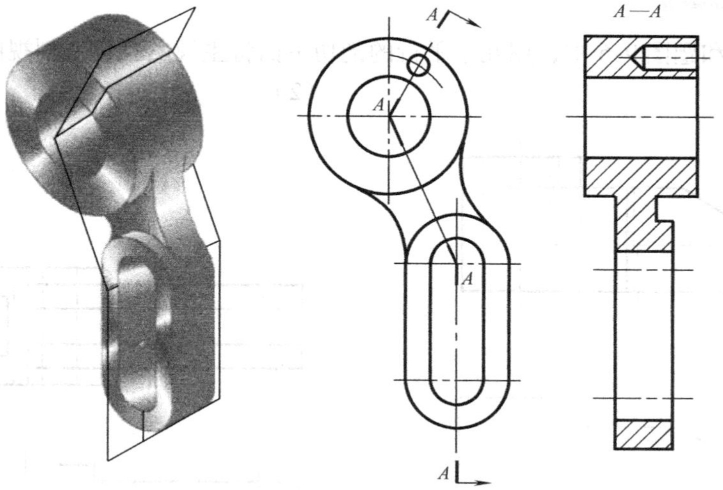


a)　　　　b)

图 9-17　用三个相交的剖切面剖切时的剖视图

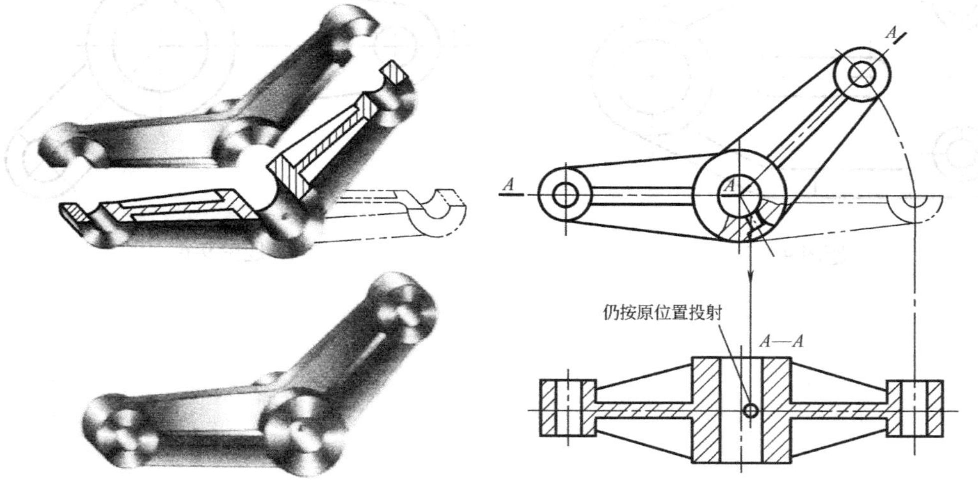


a)　　　　b)

图 9-18　用相交剖切平面剖切时未剖到部分仍按原位置投射

**小试身手：**

根据任务书提出的要求，用几个平行的剖切平面将主视图画成全剖视图。

## 巩固练习

在题图 9-5 和题图 9-6 中，用几个平行的剖切平面将主视图画成全剖视图

（1）

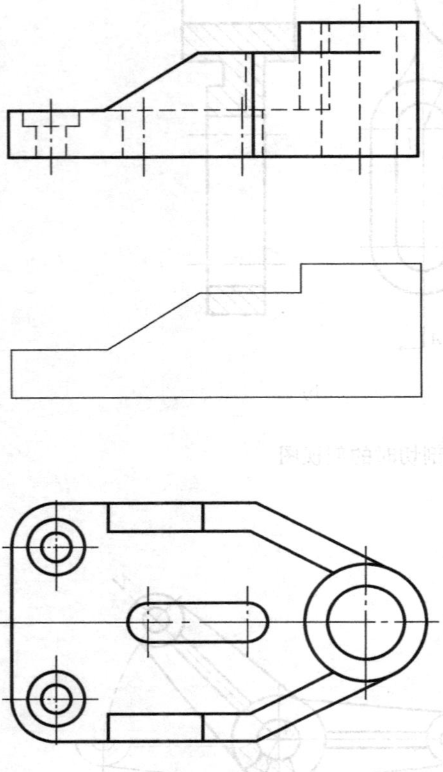

题图 9-5

（2）

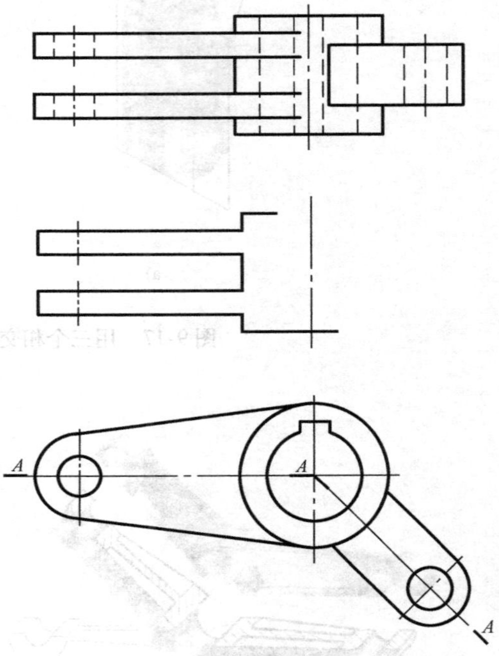


题图 9-6

# 课题十　机件断面形状的表达及应用

## 学习指南

假想用剖切平面将机件的某处切断，仅画出该剖切平面与机件接触部分的图形，称为断面图，简称断面。它与剖视图的区别在于断面图仅画出机件上剖切处的投影，而剖视图则还要求画出剖切平面后所有部分的投影。

断面图常用于表达机件上肋板、轮辐、轴类零件上的键槽、孔等结构断面形状，它分为重合断面图和移出断面图两种，应用较为灵活。国家标准《技术制图　图样画法　剖视图和断面图》和《机械制图　图样画法　剖视图和断面图》中对此作了相关规定。

**教学目标**　1. 理解并掌握断面图的画法和标注，以及这种表示方法在机件表达中的应用。

2. 进一步培养学生空间想象能力和空间思维能力。

**教学重点**　移出断面图的画法、标注及应用。

**教学难点**　断面图的应用。

**教学课时**　4 学时。

## 一、移出断面图的画法、标注及应用

<table>
<tr><td colspan="2">项　目</td><td>绘制阶梯轴的移出断面图</td><td>用　时</td><td>90 分钟</td></tr>
<tr><td>目的</td><td colspan="4">1. 理解并掌握移出断面图的画法、标注和应用。<br>2. 进一步培养学生的空间想象和表达能力。</td></tr>
<tr><td>要求</td><td colspan="4">在指定位置作移出断面图。<br>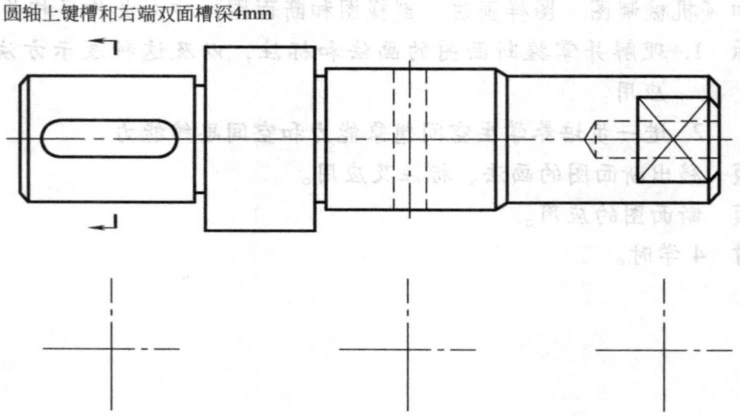<br></td></tr>
<tr><td>后记</td><td colspan="4"></td></tr>
</table>

## 知识链接

**1. 断面图的概念**

假想用剖切面将机件的某处切断，仅画出其断面的图形，称为断面图，简称断面。

如图 10-1a 所示的轴，为了表示键槽的深度和宽度，假想在键槽处用垂直于轴线的切平面将轴切断，只画出断面的形状，并在断面上画出剖面线，如图 10-1b 所示。

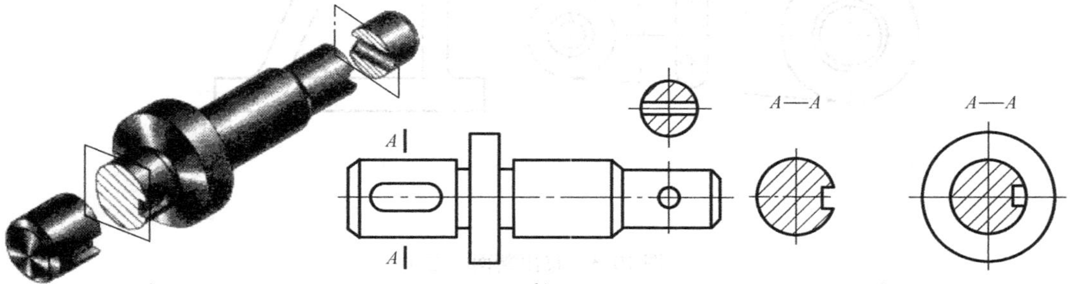


图 10-1　断面图的画法

画断面图时，应特别注意断面图与剖视图的区别，断面图仅画出机件被切断处的断面形状，而剖视图除了画出断面形状外，还必须画出断面后的可见轮廓线，如图 10-1c（比较图 10-1 中两个 *A—A* 图形）。

**2. 断面图的分类**

根据断面图配置位置的不同，可分为移出断面图和重合断面图两种。

移出断面图——画在视图轮廓之外的断面图

（1）移出断面图的画法与配置

1）移出断面的轮廓线用粗实线画出。

2）移出断面应尽量画在剖切线的延长线上，必要时也可配置在其他适当位置，如图 10-2 中的 *B—B* 断面图。

3）当剖切平面通过由回转面形成的孔或凹坑的轴线时，这些结构按剖视绘制，如图 10-2 所示轴的小孔及凹坑，它们的断面应画成封闭图形。

当剖切平面通过非圆孔，导致出现完全分离的断面时，则这些结构应按剖视绘制。

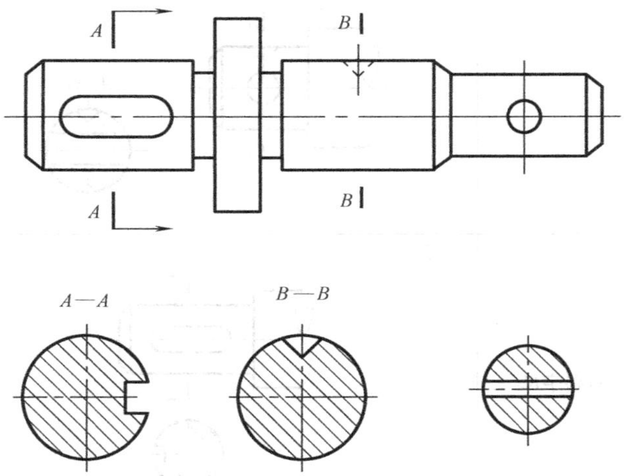


图 10-2　移出断面（一）

4）断面图形状对称时，也可以

画在视图的中断处，如图 10-3a 所示。

5）由两个或多个相交的剖切平面剖切得出的移出断面，中间一般应断开，如图 10-3b 所示。

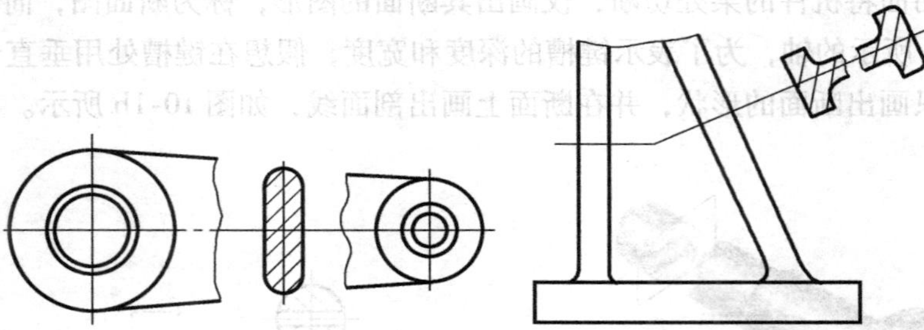

a)　　　　　　b)

图 10-3　移出断面（二）

（2）移出断面的配置与标注　通常用大写拉丁字母标注移出断面名称“×—×”，在相应的视图上用剖切符号表示剖切位置和投射方向（用箭头表示），并标注相同的字母。但移出断面的配置位置不同，标注的内容也不完全相同，见表 10-1。

表 10-1　移出断面的标注方法

| | | |
|---|---|---|
| 省略箭头 | 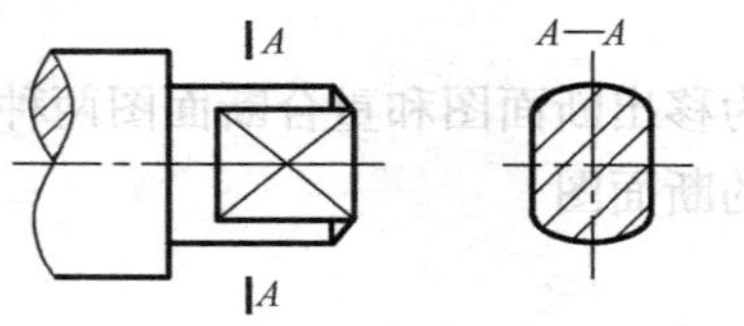 | 按投影关系配置的移出断面图 |
| | 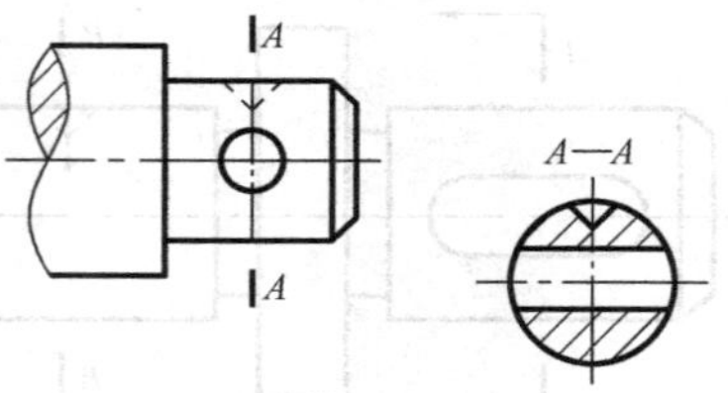 | 不按投影关系配置的对称的移出断面图 |
| 省略字母 | 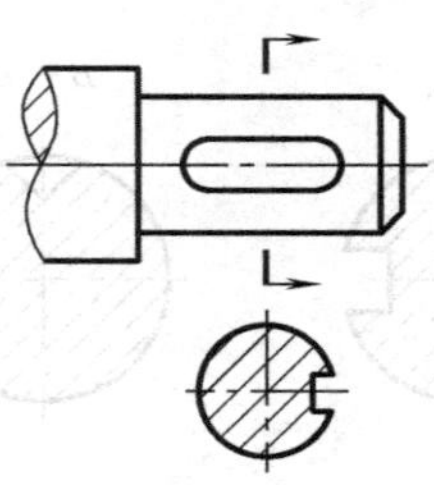 | 在剖切线的延长线上不对称的移出断面图 |

（续）

| | | |
|---|---|---|
| 省略箭头、字母 | 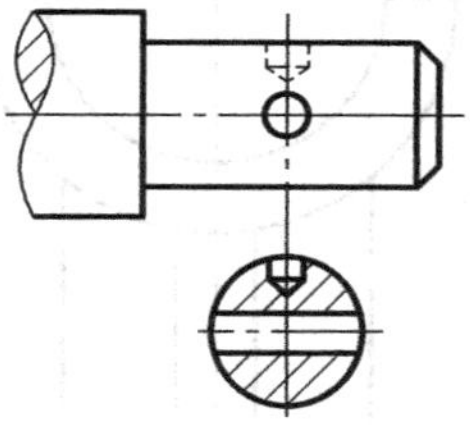 | 在剖切线的延长线上对称的移出断面图 |
| 标注剖切符号<br>箭头、字母 | 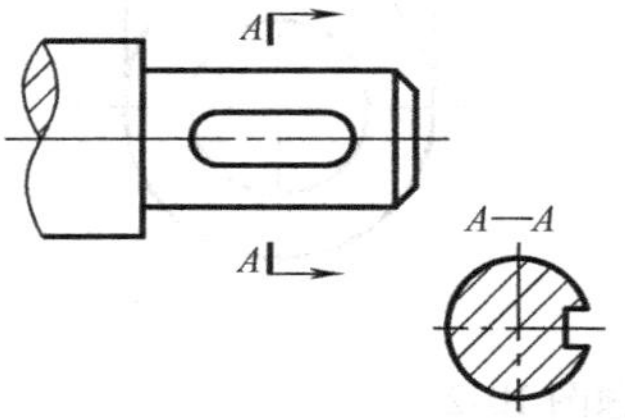 | 不按投影关系配置的不对称的移出断面图 |

**小试身手：**

根据任务书要求，绘出阶梯轴的移出断面图。

## 巩固练习

1. 改正题图 10-1 中断面图上的画法错误，并完成断面图的标注。

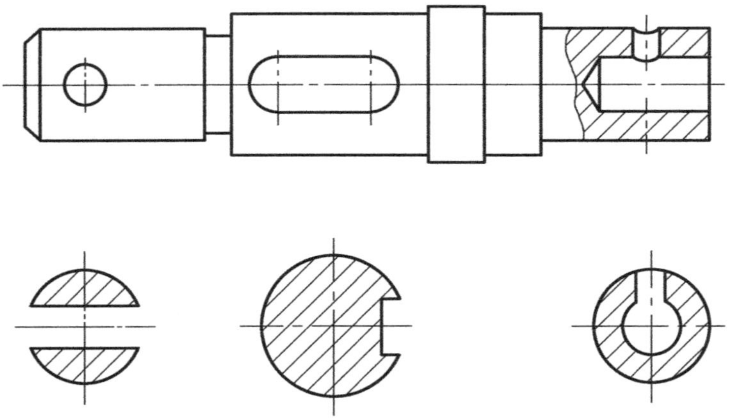

题图 10-1

2. 画出题图 10-2 中剖切线处的移出断面图。

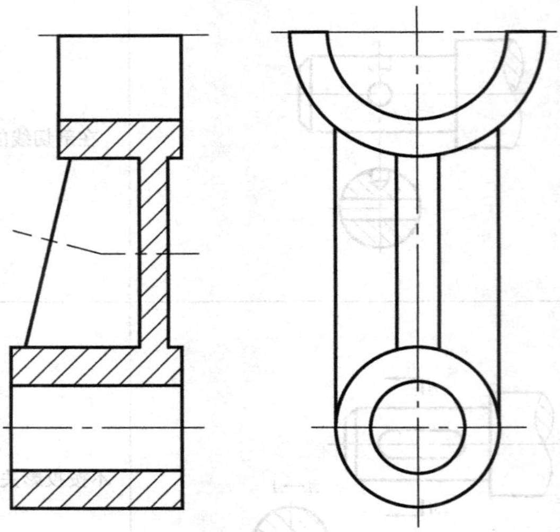

题图 10-2

任务书

# 二、重合断面图的画法、标注及应用

<table>
<tr><td>项 目</td><td colspan="2">画出连杆的重合断面图</td><td>用 时</td><td>90 分钟</td></tr>
<tr><td>目<br>的</td><td colspan="4">1. 理解并掌握重合断面图的画法、标注和应用。<br>2. 进一步培养学生的空间想象和表达能力。</td></tr>
<tr><td>要<br>求</td><td colspan="4">根据已有视图画出重合断面图。<br>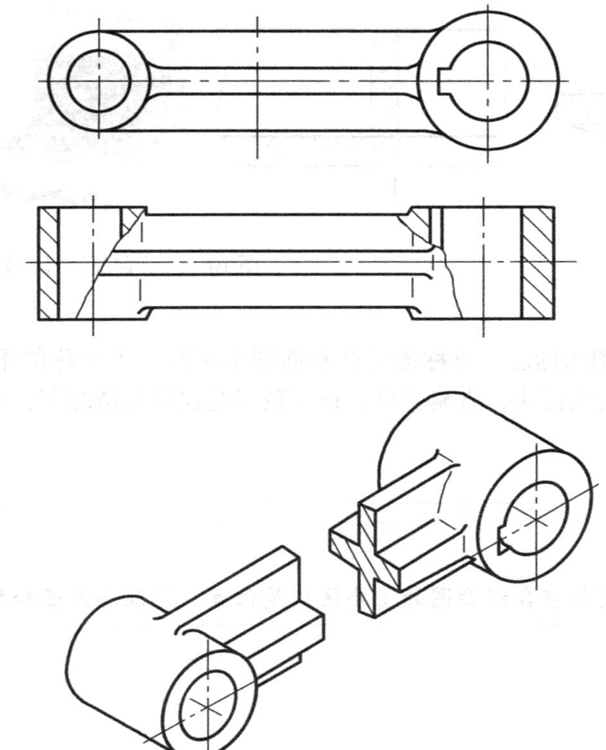</td></tr>
<tr><td>后<br>记</td><td colspan="4"></td></tr>
</table>

## 知识链接

重合断面图——画在视图轮廓之内的断面图。

重合断面图是断面图的种类之一，只有当断面图形简单，且不影响图形清晰程度及能增强被表达部位实感的情况下，才采用重合断面图。

（1）重合断面图的画法与配置

1）重合断面的轮廓线用细实线画出（避免与视图中的图线混淆），如图 10-4 所示。

2）当视图中的轮廓线与重全断面的图形重叠时，视图中的轮廓线仍需完整地画出，不能间断，如图 10-5 所示。

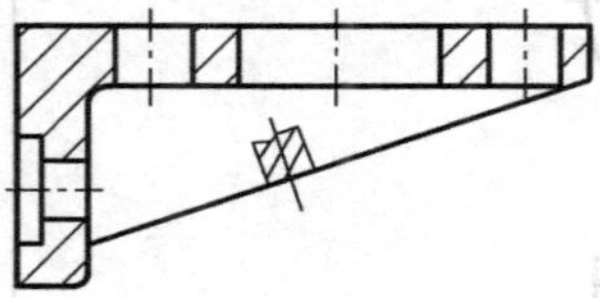

图 10-4　重合断面（一）

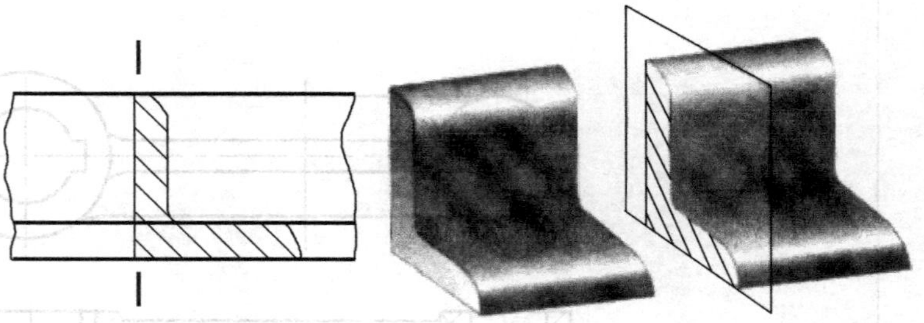

图 10-5　重合断面（二）

（2）重合断面图的标注　对称的重合断面图不标注；不对称的重合断面图要画出剖切符号和表示投影方向的箭头，省略字母，在不致引起误解的情况下，可省略标注，如图10-5 所示。

**提　示：**

移出断面图与重合断面图的主要区别是位置、标注和断面轮廓线的线型不同。

**小试身手：**

根据任务书要求，画出连杆的重合断面图。

## 巩固练习

在题图 10-3 的主视图上画有剖切线三处，画出三个重合断面图。

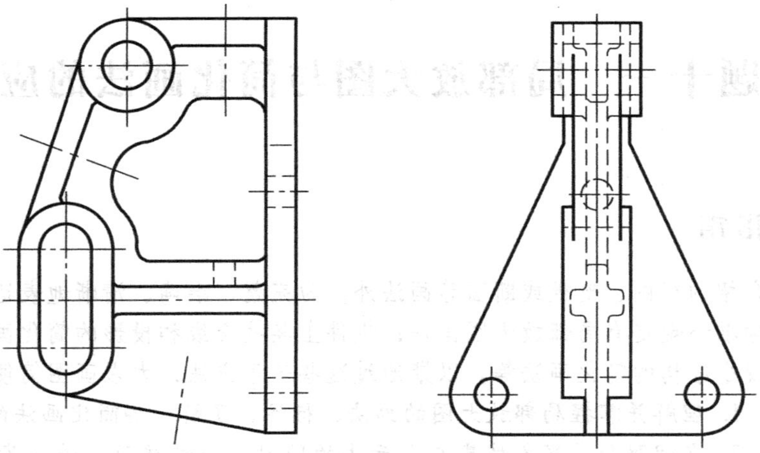

题图 10-3

# 课题十一　局部放大图与简化画法的应用

## 学习指南

除了前面介绍的视图、剖视或断面等画法外，为完整、准确、清晰地表达机件的一些细节结构，国家标准还规定有局部放大图画法；机件上某些交线和投影的简化画法；相同结构的简化画法；较小结构的简化画法等。以期通过这些表示方法，力求画图简便。

**教学目标**　1. 理解并掌握局部放大图的画法、标注，了解一些简化画法的应用。

2. 在理解和掌握各种基本表示法的同时，通过练习，进一步提高学生的空间想象能力，从而为读、绘零件图奠定较好的基础。

**教学重点**　1. 理解并掌握局部放大图的画法、标注。

2. 了解一些常用简化画法。

**教学难点**　通过综合练习进一步提高学生的空间想象能力和空间思维能力。

**教学课时**　4 学时。

任务书

# 一、局部放大图的画法、标注及应用

<table>
<tr><td colspan="2">项 目</td><td>画出退刀槽局部放大图</td><td>用 时</td><td>45 分钟</td></tr>
<tr><td>目的</td><td colspan="4">1. 理解并掌握局部放大图的画法、标注及应用。<br>2. 通过练习，进一步提高学生的空间想象能力。</td></tr>
<tr><td>要求</td><td colspan="4">在下图（1:1）中画出指定位置的局部放大图（2:1）。<br>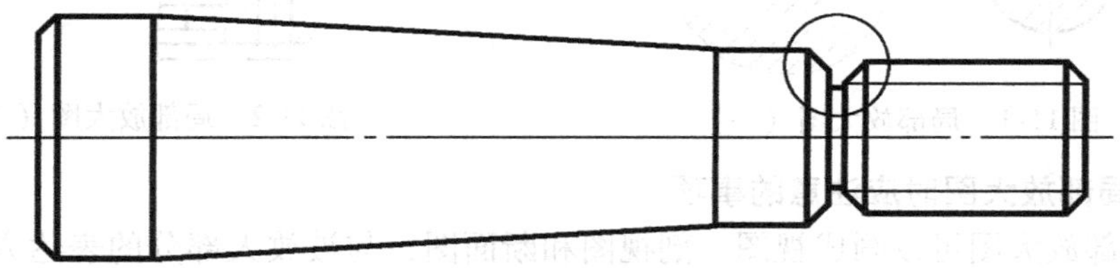</td></tr>
<tr><td>后记</td><td colspan="4"></td></tr>
</table>

## 知识链接

**1. 概念**

当机件上某些局部细小结构在视图上难以表达清楚，又不便于标注尺寸时，可将该部分结构用大于原图形所采用的比例画出，这种图形称为局部放大图，如图 11-1 所示。

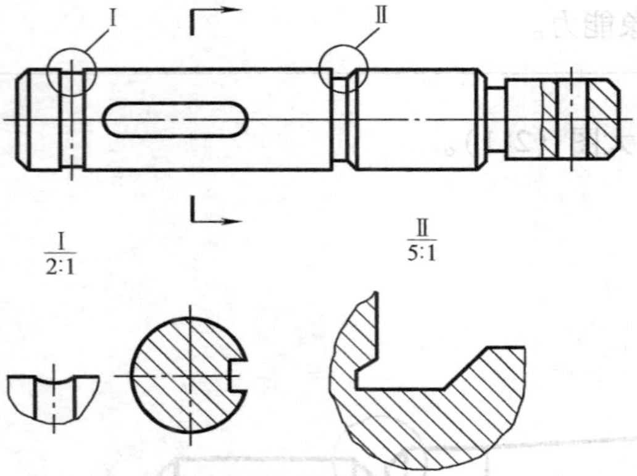


图 11-1　局部放大图（一）

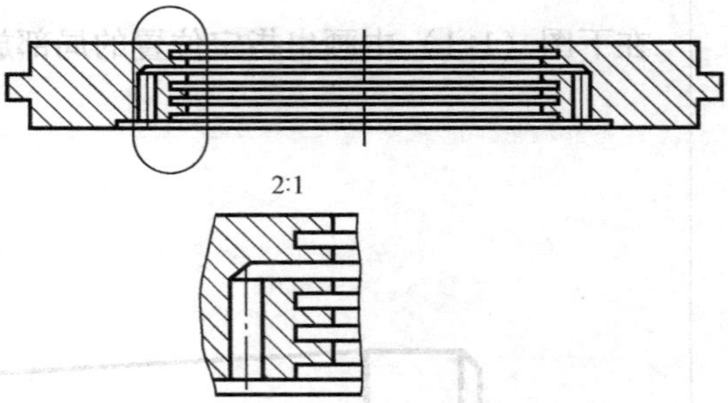


图 11-2　局部放大图（二）

**2. 画局部放大图时应注意的事项**

1）局部放大图可以画成视图、剖视图和断面图，与被放大部分的表达方式无关。如在图 11-1 中，Ⅰ部分的放大图为视图，Ⅱ部分的放大图为断面图，但原图形中Ⅰ、Ⅱ 部分均为外形视图。图 11-2 中的放大图为剖视图。

2）绘制局部放大图时，应在视图上用细实线圈出被放大部位（螺纹牙型和齿形除外），并将局部放大图配置在被放大部位的附近（见图 11-1）。当同一机件上有几个被放大的部分时，应用罗马数字编号，并在局部放大图上方注出相应的罗马数字和所采用的比例。

3）同一机件上不同部位的局部放大图，当图形相同或对称时，只需画出一个（见图 11-3）。

4）必要时可用同一个局部放大图表达几处图形结构（见图 11-4）。

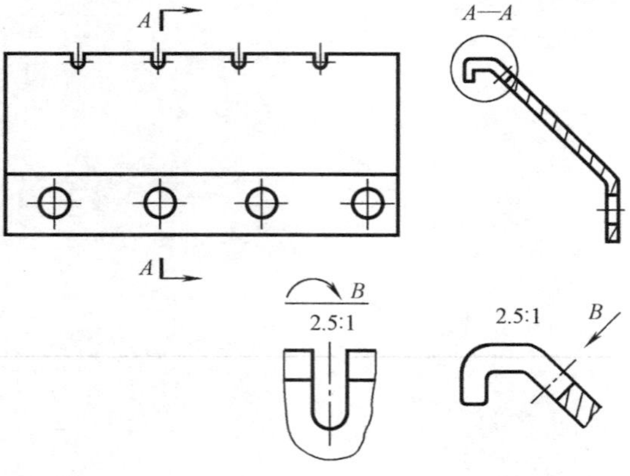


图 11-3　局部放大图

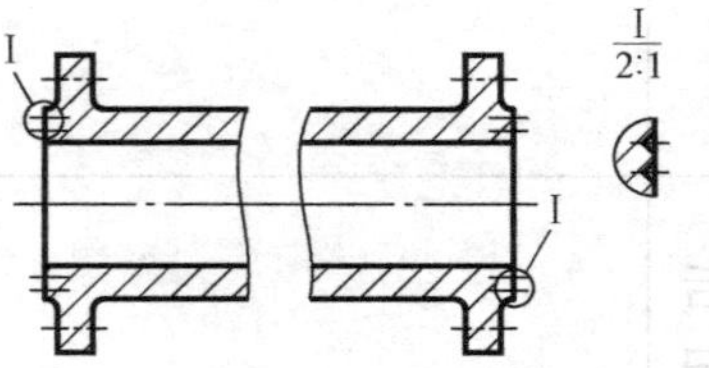


图 11-4　局部放大图

**小试身手：**

根据任务书要求，画出锥轴上退刀槽的局部放大图。

## 巩固练习

1. 局部放大图上方标注的比例是指局部放大图的图形与其原图形相应要素的线性尺寸之比。________（是/否）

2. 画局部放大图时应注意：局部放大图可以画成________、____________和________，它与被放大部分的表达方式无关。

任务书

# 二、常用简化画法

<table>
<tr><td>项 目</td><td>用简化画法改画机件视图</td><td>用 时</td><td>135 分钟</td></tr>
<tr><td>目的</td><td colspan="3">1. 了解一些常用简化画法及应用。<br>2. 在理解和掌握各种基本表示法的同时，通过练习，进一步提高学生的空间想象能力，从而为读、绘零件图奠定较好的基础。</td></tr>
<tr><td>要求</td><td colspan="3">按简化画法规定改正下列视图<br>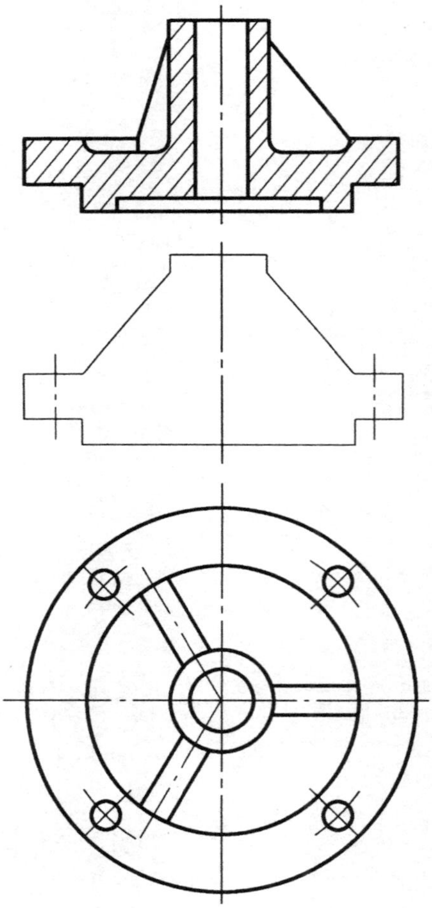</td></tr>
<tr><td>后记</td><td colspan="3"></td></tr>
</table>

## 知识链接

**1. 机件上某些交线和投影的简化画法**

1）在不致引起误解时，图形中的过渡线、相贯线可以简化。例如用圆弧或直线代替非圆曲线（见图 11-5、图 11-6）。

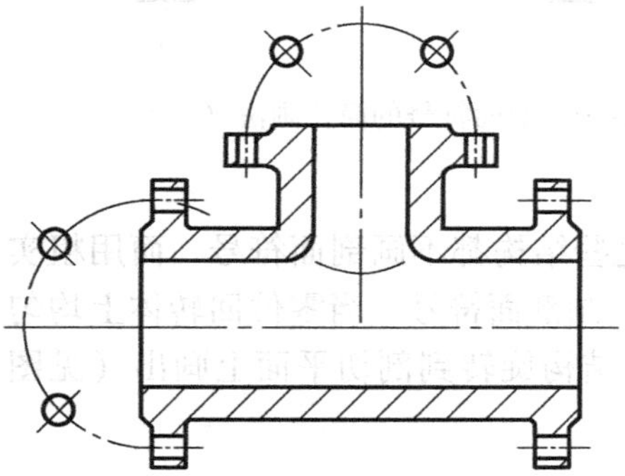

图 11-5　过渡线和相贯线的简化画法（一）

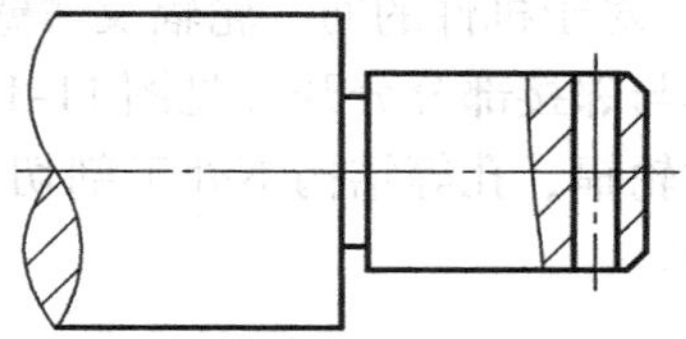

图 11-6　过渡线和相贯线的简化画法（二）

2）与投影面倾斜角度小于或等于 30 的圆或圆弧，其投影可用圆或圆弧代替真实投影的椭圆（见图 11-7）。

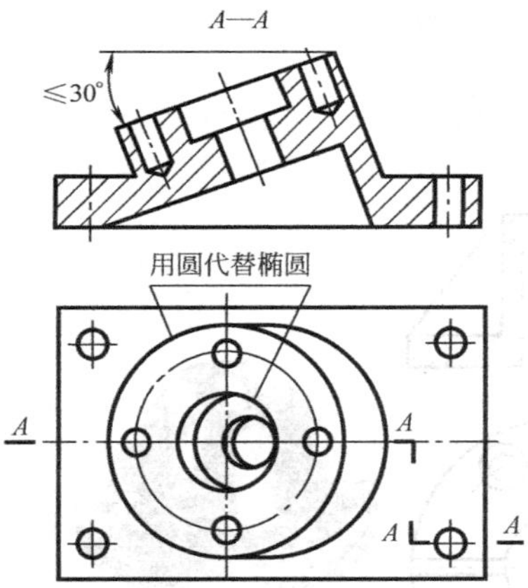


图 11-7　圆弧代替椭圆

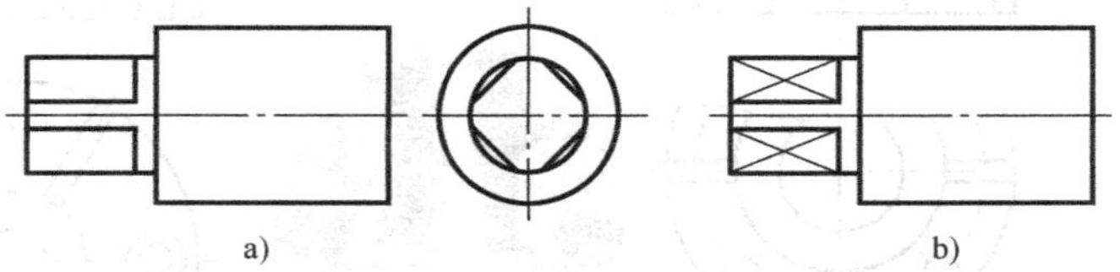


图 11-8　平面的表达

3）当回转体零件上的平面在图形中不能充分表达时，可用两条相交的细实线表示这些平面（见图 11-8）。

4）在不致引起误解的情况下，剖面符号可省略（见图 11-9），也可以涂色或点阵代替剖面符号（见图 11-10）。

**2. 相同结构的简化画法**

1）当机件具有若干直径相同且成规律分布的孔（圆孔、螺孔、沉孔等）时，可以仅画

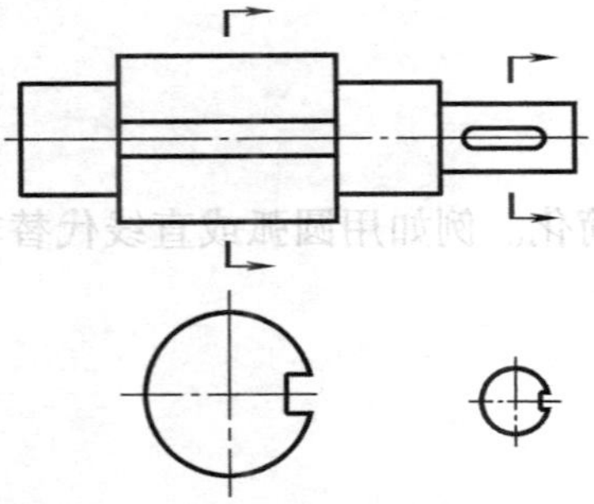

图 11-9　剖面符号的简化画法（一）

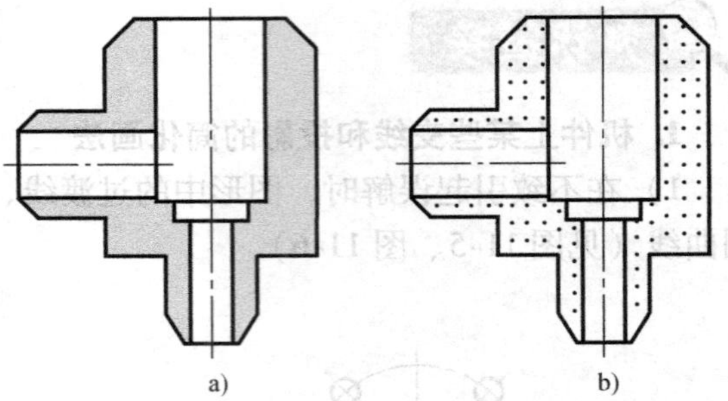


图 11-10　剖面符号的简化画法（二）

出一个或几个，其余只需表示其中心位置（见图 11-11）。

2）对于机件的肋、轮辐及薄壁等，如纵向剖切，这些结构都不画剖面符号，而用粗实线将其与邻接部分分开（见图 11-12a）。而垂直剖切，应画剖面符号。当零件回转体上均匀分布的轮辐、孔等结构不处于剖切平面上时，可将这些结构旋转到剖切平面上画出（见图 11-12b）。

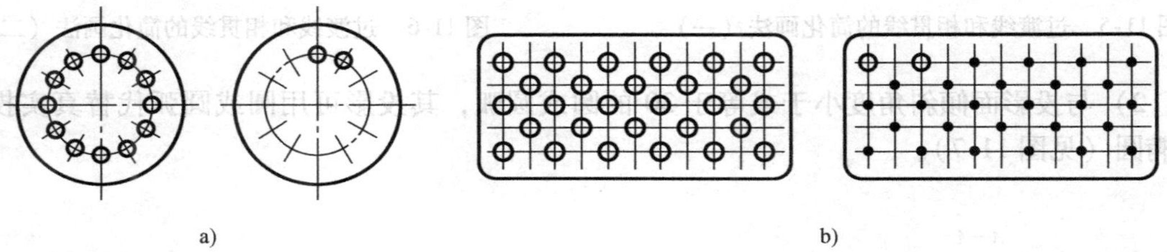


图 11-11　相同结构的简化画法（一）

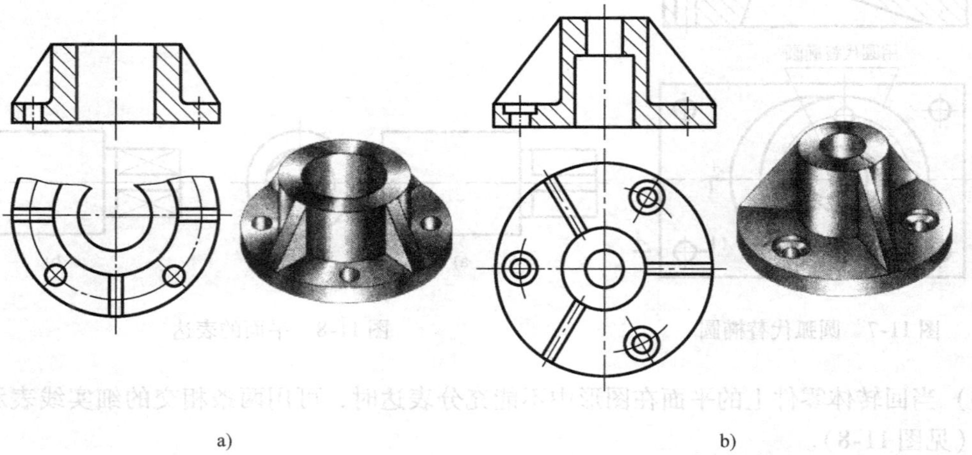


图 11-12　相同结构的简化画法（二）

3）当机件上具有相同结构（齿、槽等），并按一定规律分布时，应尽可能减少相同结构的重复绘制，只需画出几个完整的结构，其余用细实线连接即可（见图 11-13）。

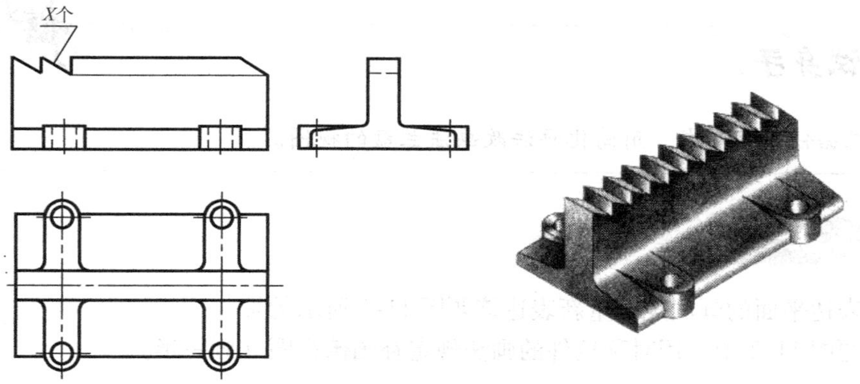


图 11-13　相同结构的简化画法（三）

4）网状物、编织物或机件上的滚花部分，可在轮廓线附近用粗实线局部画出的方法表示，也可省略不画（见图 11-14）。

5）较长机件（轴、杆、型材、连杆等）沿长度方向的形状一致或按一定规律变化时，可断开后缩短绘制，但尺寸仍按机件的设计要求标注（见图 11-15）。

**3. 对称机件的简化画法**

在不致引起误解的情况下，对称机件的视图可以只画出一半或四分之一，并在中心线的两端画出两条与其垂直的平行细实线，如图 11-16 所示。

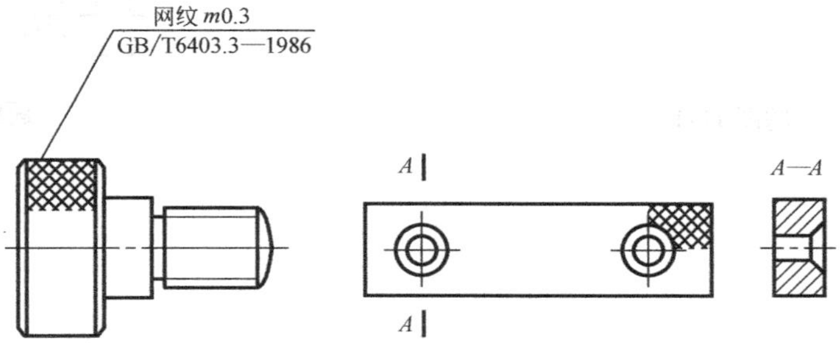


图 11-14　滚花的局部表示

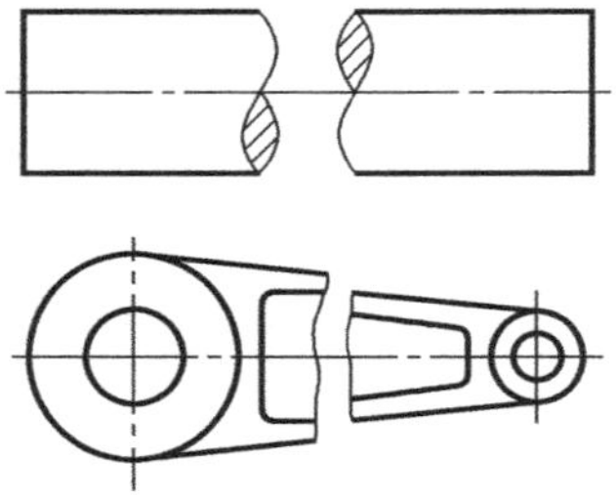

图 11-15　较长机件的简化画法

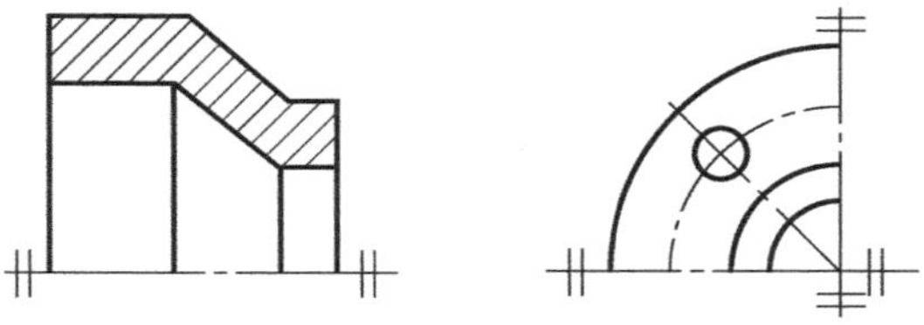

图 11-16　对称机件的简化画法

## 小试身手：

根据任务书要求，用简化画法改画法兰盘的视图。

## 巩固练习

1. 用表达平面的画法规定重新表达该题图 11-1 所示的轴。
2. 在题图 11-2 中，用对称机件的画法规定补画俯视图（画一半）。

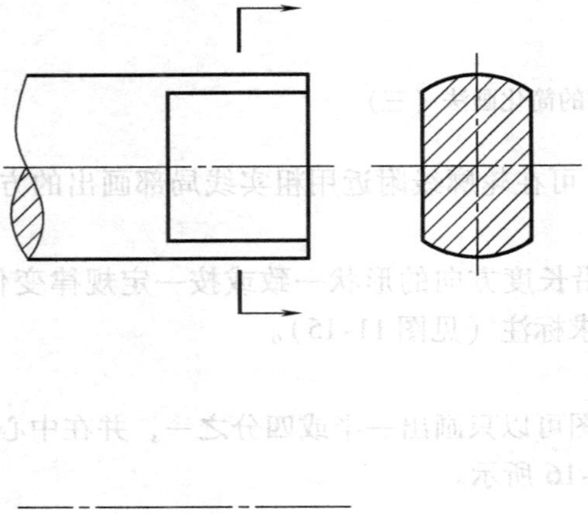

题图 11-1

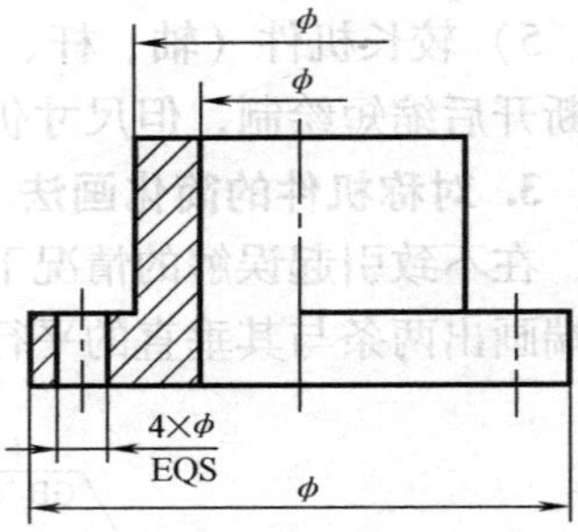


题图 11-2

# 课题十二　图样表示方法的综合应用和第三角画法简介

## 学习指南

前面介绍了图样的各种表示方法，对于一个具体的机件，无论是选用视图、剖视还是断面等哪种方法表达，关键是要对每种表达方法的画法、标注及应用范围、注意事项进行理解和掌握，还要根据物体的具体结构形状进行具体分析，选择适当的表达方法。在确定表达方案时，还要考虑尺寸标注问题，以便于看图和画图。

**教学目标**　1. 进一步巩固各种表达方法的画法和标注，理解各种表达方法的特点和适用范围，并能根据具体情况合理选用。

2. 进一步培养学生空间想象能力和空间思维能力。

**教学重点**　理解各种表达方法的特点和适用范围，并能根据具体情况合理选用。

**教学难点**　能根据具体情况合理选用各种表达方法。

**教学课时**　4 学时（选学 2 学时）。

任务书

# 一、图样表示方法的综合应用

<table>
<tr><td>项　目</td><td>综合应用图样表示法绘制机件视图</td><td>用　时</td><td>180 分钟</td></tr>
<tr><td>目的</td><td colspan="3">1. 进一步巩固各种表达方法的画法和标注，理解各种表达方法的特点和适用范围，并能根据具体情况合理选用。<br>2. 进一步培养学生空间想象能力和空间思维能力。</td></tr>
<tr><td>要求</td><td colspan="3">选择适当的表示法表达机件。<br>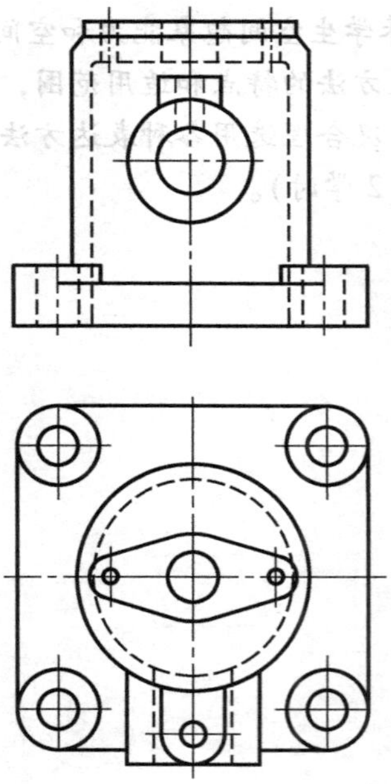</td></tr>
<tr><td>后记</td><td colspan="3"></td></tr>
</table>

## 知识链接

前面介绍了图样的各种表达方法，对于一个具体的机件，究竟需要选用哪些视图：剖视图或断面图，应根据机件的结构、形状特点来决定。在选择表达方案时要注意：

1）既要使每个视图、剖视图、断面图、局部放大图等都具有明确的表达目的，又要注意它们之间的相互联系，以避免重复表达。

2）同一物体可能有多种表达方案，一定要对各种表达方案进行分析比较，选择较好的方案。机械图样中常用的表示法归纳见表 12-1。

**表 12-1　常用的图样表示法**

| 分类 | 视图形式 | | 适用情况 | 配置及标注 |
|---|---|---|---|---|
| 视图：主要用于表达机件的外形轮廓 | 基本视图 | | 表达机件的外形 | 各视图按规定位置配置，不标注 |
| | 向视图 | | | 可自由配置，标注时应在视图的上方标注"×"，在相应视图附近用箭头指明投射方向，并标注相同的字母 |
| | 局部视图 | | 表达机件的局部外形 | 可按基本视图或向视图的配置形式配置并标注 |
| | 斜视图 | | 表达机件倾斜部分的外形 | 按向视图的配置形式配置并标注 |
| 剖视图：主要用于表达机件的内部结构形状 | 按剖切范围分 | 全剖视图 | 外形简单，内形复杂的机件 | 一般应在剖视图的上方标注名称"×—×"，在相应的视图上用剖切符号表示剖切位置和投射方向，并标注相同的字母<br>当单一剖切平面通过机件的对称平面，按投影关系配置且中间又无其他图形隔开时，可省略标注 |
| | | 半剖视图 | 对称或基本对称机件的内形和外形 | |
| | | 局部剖视图 | 机件的局部内形 | |
| | 按剖切面分 | 单一剖切面 | 表达单个内部结构，或内部结构位于同一轴线的机件内形 | |
| | | 几个平行的剖切平面 | 表达内部结构排列在几个互相平行平面上的机件 | 在相应视图上用剖切符号表示剖切位置，在剖切面起讫和转折处注写字母，用箭头指明投射方向，在剖视图上方用相同的字母标出剖视图名称 |
| | | 几个相交的剖切平面 | 表达内部结构分布在几个相交平面上的机件 | |
| 断面图：主要用于表达机件的断面形状 | 移出断面图 | | 表达机件的断面形状 | 一般用大写拉丁字母标注名称"×—×"，在相应的视图上用剖切符号表示剖切位置和投射方向，并标注相同的字母。但配置位置不同，标注的内容也不完全相同 |
| | 重合断面图 | | | 一般不标注 |
| 局部放大图 | 表达机件局部的细小结构 | | | |
| 简化画法 | 共 43 条规定，本书仅涉及常用几条简化画法，大家可参考国标有关规定 | | | |

## 实例解读

**示例1：**支架（见图12-1）

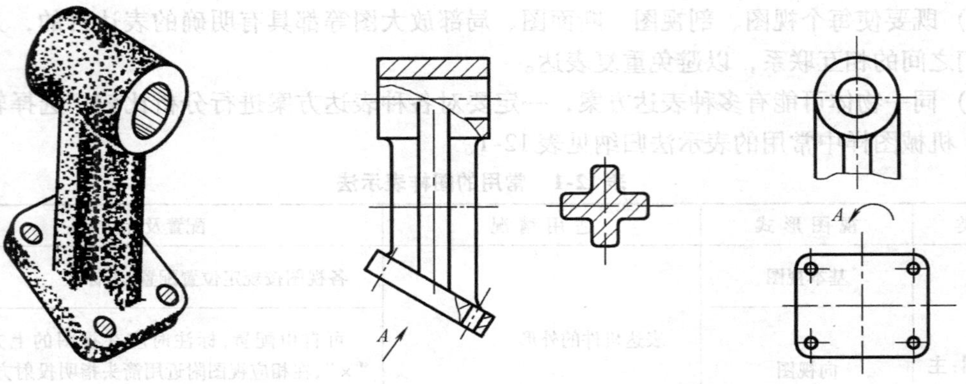


a)　　b)

图12-1　支架

a）立体图　b）三视图

（1）形体分析　支架由三部分组成，由下向上依次为倾斜的底板、十字形的肋板、圆柱筒，底板上有四个安装孔，整个支架前后对称。

（2）选择主视图　通常选择最能反映机件形状特征的方向为主视图的投射方向，同时，将机件的主要轴线或主要平面平行于基本投影面，因此，应把支架圆柱筒的轴线水平放置。为了表达圆柱筒的内部结构和底板上的安装孔的结构，同时为了保留肋板的外形，主视图采用了局部剖。

（3）选择其他视图　由于机件的下部为倾斜的底板，可采用斜视图表达底板的外部实形；肋板的断面，用移出断面表达；圆柱筒内外结构形状及圆柱筒与肋板之间的连接用主、左视图表达，但由于倾斜的底板已用斜视图表达清楚，所以左视图可用局部视图，把倾斜部分省略。

**示例2：**阀体（见图12-2）

（1）形体分析　阀体由五部分组成：管体、上连接板、下连接板、左连接板和右连接板，整个阀体上下、前后、左右均不对称。

（2）选择主视图　由于阀体前后、左右均不对称，且有一个公共回转轴线，因此，为了能清楚地表达阀体内部的结构，主视图采用"$A$—$A$"旋转剖。

（3）选择其他视图　阀体各个方向均不对称，为了表达左、右管道的相对位置，俯视图采用了"$B$—$B$"阶梯剖，俯视图同时还表达了下连接板的外形和小孔的分布情况。

主视图、俯视图已将阀体的各部分的位置关系和连接状况表达清楚，只余下上连接板、左连接板和右连接板的形状不确定，因此左视图可省略，而采用$D$向局部视图表达上连接板，用$E$向斜视图表达右连接板，用$C$—$C$剖视图表达左连接板。

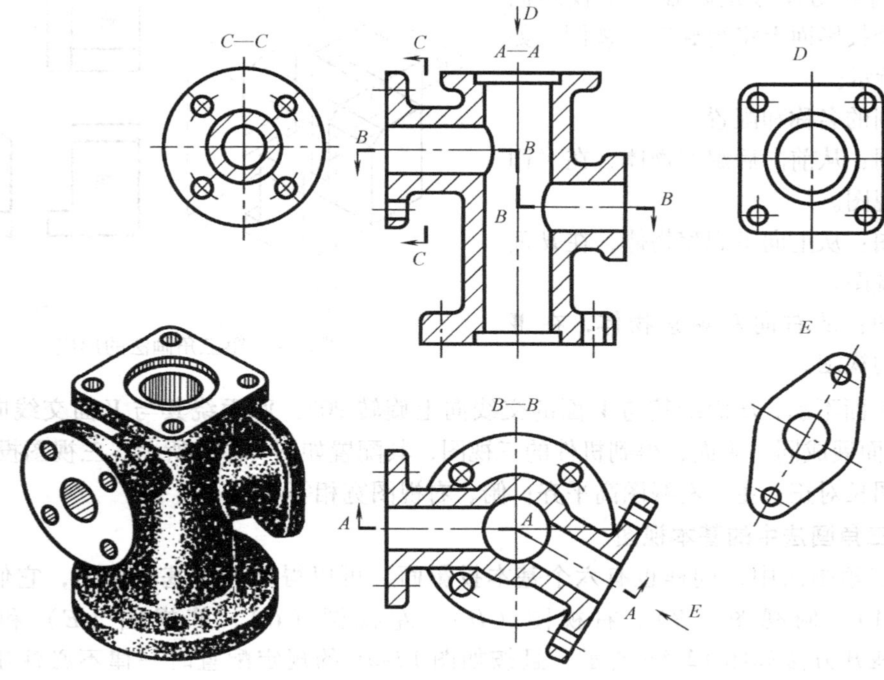


图 12-2　阀体

a）立体图　b）三视图

## ＊二、第三角画法简介（GB/T 14692—1993）

国家标准《技术制图　图样画法　视图》（GB/T 17451—1998）规定，我国的技术图样应采用正投影法绘制，并优先采用第一角画法。但有些国家（如美国、日本、加拿大等国）采用第三角画法，为了更好地进行国际间的技术交流，下面对第三角画法作一简单介绍。

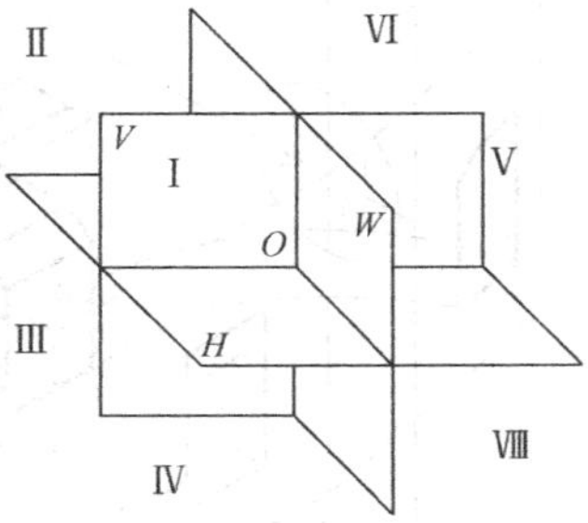


图 12-3　八个分角的位置

**1. 第三角画法的概念**

图 12-3 所示为三个互相垂直的投影面将空间分为八个部分，每部分为一分角，依次为Ⅰ～Ⅷ分角。将物体放在第三分角中，假想投影面是透明的，按人（观察者）→面（投影面）→物（机件）的位置关系作正投影，这种方法即第三角画法。

**想一想：**

第一角画法的投影位置关系是怎样的？

**2. 第三角画法中三视图的形成**

第三角画法是假想将物体放在三个互相垂直的透明投影面所组成的投影体系中，投射时就像把里面的物体分别映在一个投影面上，在三个投影面上将得到三个视图，如图 12-4a 所示。

三视图的名称和配置：

主视图：从前向后观察物体，在 *V* 面上得到的视图。

俯视图：从上向下观察物体，在 *H* 面上得到的视图。

右视图：从右向左观察物体，在 *W* 面上得到的视图。

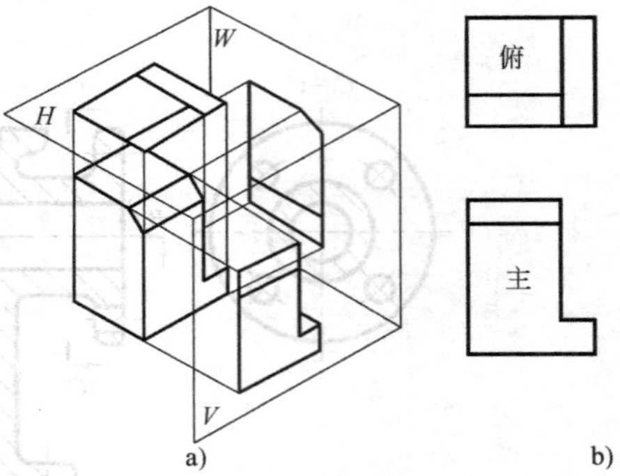


图 12-4　第三角画法的形成

规定 *V* 面不动，*H* 面绕其与 *V* 面的交线向上旋转 90°，*W* 面绕其与 *V* 面交线向右旋转 90°，与 *V* 面展成同一平面，得到机件的三视图，其配置如图 12-4b 所示。三视图投影规律：主、俯视图长对正；主、右视图高平齐；俯、右视图宽相等。

**3. 第三角画法中的基本视图**

在第三角画法中，同样也有六个基本投影面，可以得到六个基本视图，它们分别是主视图（*A*）、俯视图（*B*）、右视图（*D*）、左视图（*C*）、仰视图（*E*）和后视图（*F*），其展开方法如图 12-5a 所示，且按如图 12-5b 的规定配置时一律不必注出各视图的名称。

第三角画法与第一角画法一样，表达机件时除了六个基本视图外，也有局部视图、斜视

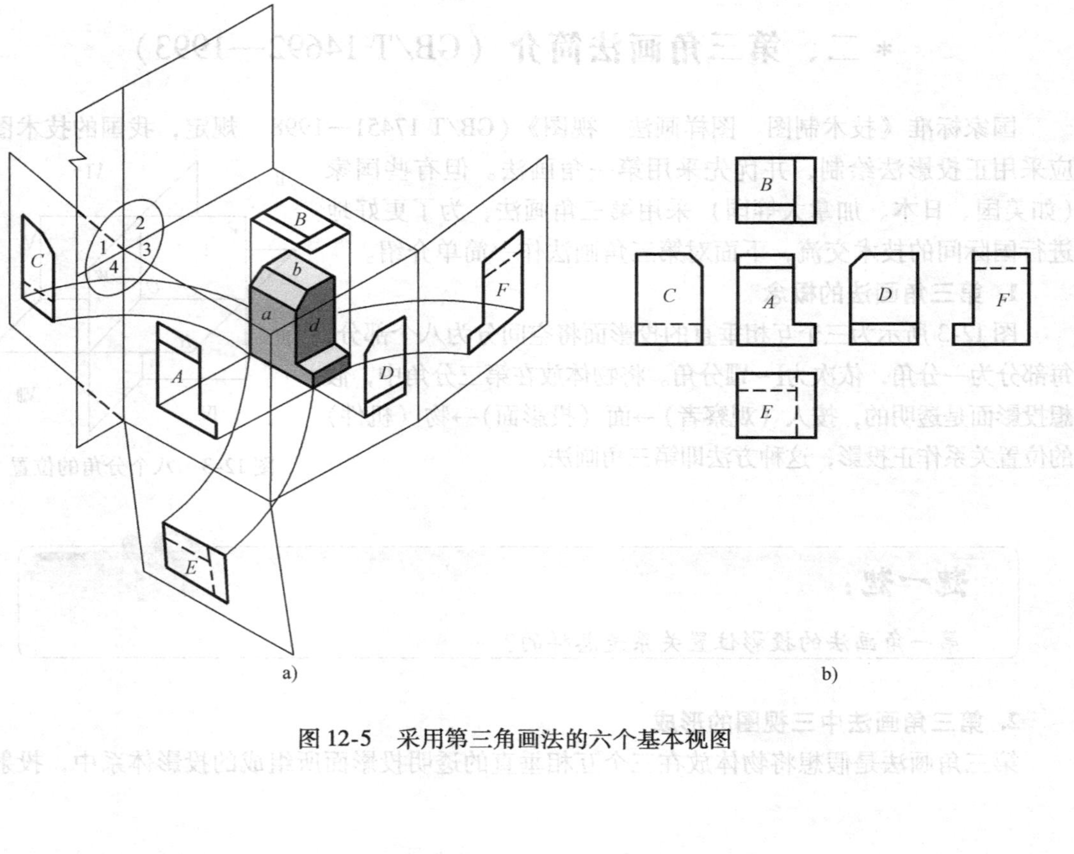


图 12-5　采用第三角画法的六个基本视图

图，以及断裂画法、局部放大图等。表达机件的内部结构时，也有各种剖视与断面，以适应表达各种机件内外结构的需要。

采用第三角画法时，必须在图样中画出第三角画法的识别符号，如图 12-6 所示。图 12-7为第一角画法的识别符号。

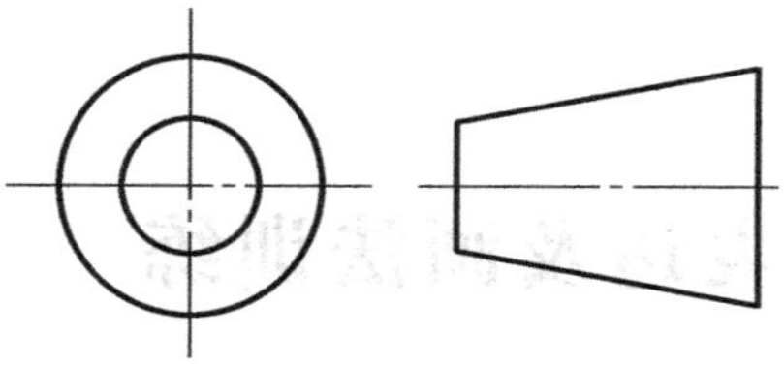

图 12-6　第三角画法的识别符号

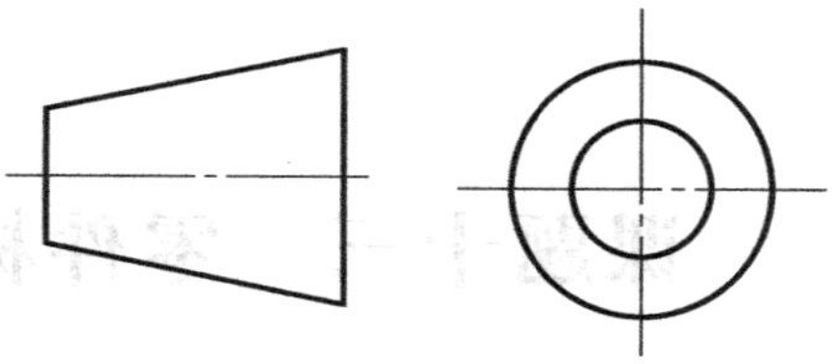

图 12-7　第一角画法的识别符号

## 巩固练习

1. 在题图 12-1 中，用适当的表示法表达机件。

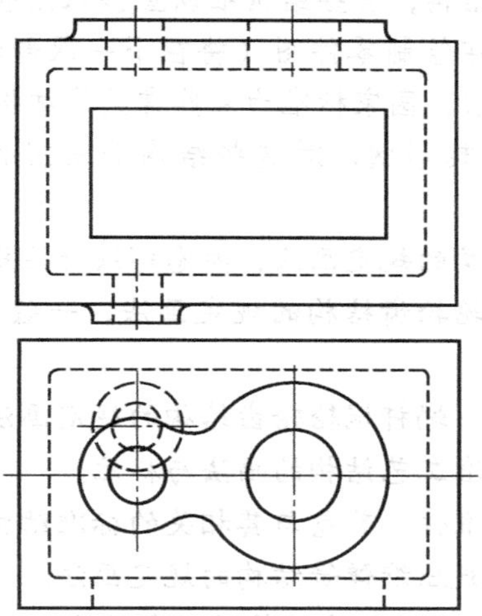

题图 12-1

2. 在题图 12-2 中，用第三角画法绘制物体六面基本视图。

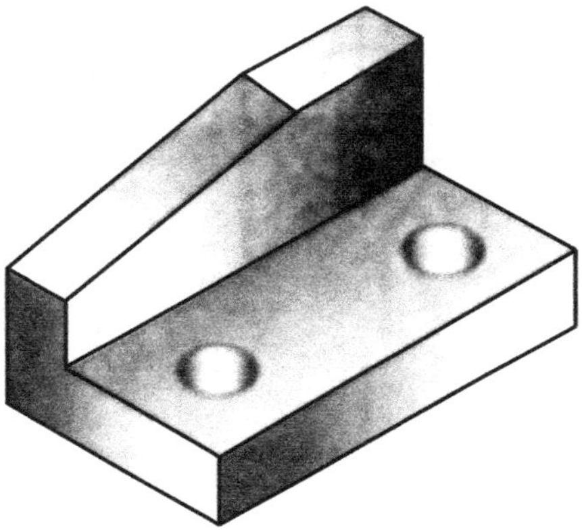

题图 12-2

# 第四单元 零件与零件图

## 课题十三 零件标准结构的表达及画法训练

### 学习指南

零件是构成机器的基本实体，也是机器制造的基本单元，是机器装配的最小装配单元。

零件上有功能结构和工艺结构，有些结构难以直接采用投影画法绘出其真实结构形状，且在生产实践中也无此必要。在绘制零件图（将在下一课题学习）时，需要掌握这些功能结构和工艺结构的特殊表达方法，国家标准为一些常见的结构规定了画法和标注方法。在画零件图时，为准确表达零件结构形状，对这些结构必须按有关标准的规定正确地绘制和标注。

**教学目标** 1. 掌握螺纹结构的规定画法，熟悉螺纹标注规定及螺纹标记的含义。

2. 熟悉圆柱齿轮轮齿结构的规定画法，一般掌握直齿圆柱齿轮几何要素的尺寸计算。

*3. 了解锥齿轮、蜗杆蜗轮轮齿结构的规定画法。

4. 熟悉常见标准工艺结构的画法与标注。

5. 了解常用标准件，熟悉与其相关的标准结构。

*6. 了解圆柱螺旋压缩弹簧结构的规定画法。

**教学重点** 螺纹结构和圆柱齿轮轮齿结构的规定画法。

**教学难点** 螺纹标志的识读和直齿圆柱齿轮几何要素的尺寸计算。

**教学课时** 11 学时（选学 6 学时）。

## 任务书　一、螺纹结构的规定画法与标注

| 项　目 | 螺纹结构的规定画法与标注 | 用　时 | 180 分钟 |
|---|---|---|---|
| 目的 | 1. 掌握螺纹结构的规定画法。<br>2. 熟悉螺纹标注规定及螺纹标记的含义。 | | |
| 要求 | 1. 分析螺纹结构画法的错误，在指定位置画出正确的图形。<br>2. 在画好的螺纹图形上标注出螺纹的标记：<br>（1）普通螺纹，$d=20$mm，$P=2.5$mm，右旋，中径、顶径公差带代号 5g6g，中等旋合长度。<br>（2）梯形螺纹，$D=26$mm，$P=5$mm，双线，左旋，中径公差带代号 7H，长旋合长度。<br>（1）<br>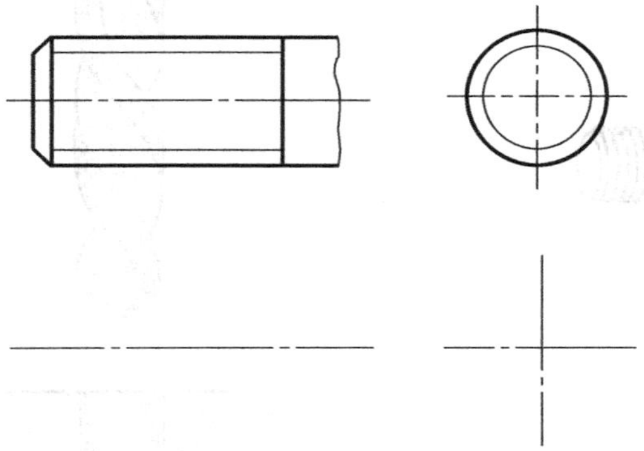<br>（2）<br>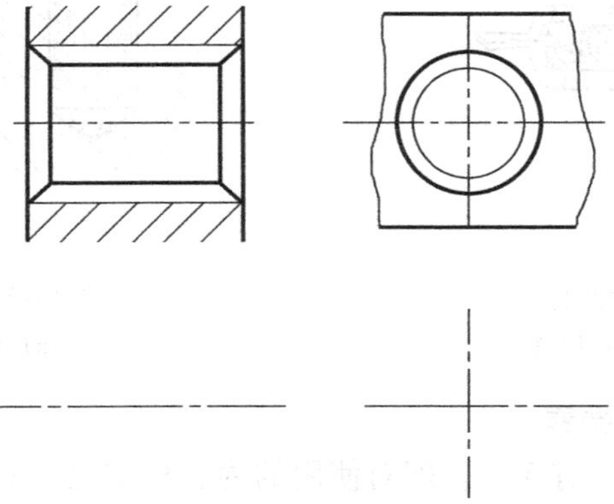 | | |
| 后记 | | | |

## 知识链接

螺纹是机械中应用极其广泛的一种标准功能结构。螺纹可用于联接、密封，也可以用于传递动力。

螺纹是指圆柱或圆锥表面上沿着螺旋线所形成的具有规定牙型的连续凸起和沟槽（如图 13-1 所示的普通螺纹结构）。在圆柱或圆锥体外表面上的螺纹称为外螺纹，在圆柱或圆锥体的内表面上的螺纹称为内螺纹。内、外螺纹必须配对使用方能发挥作用。

图 13-1　普通螺纹

螺纹的加工方法很多，常见的加工方法有车削加工、丝锥攻螺纹、板牙套螺纹等，如图 13-2、图 13-3 所示。

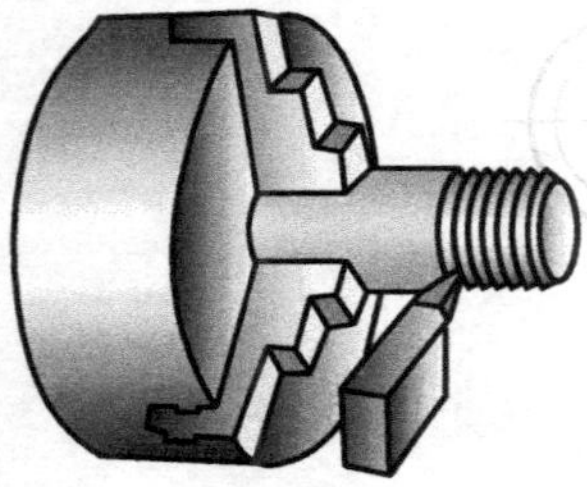
a)

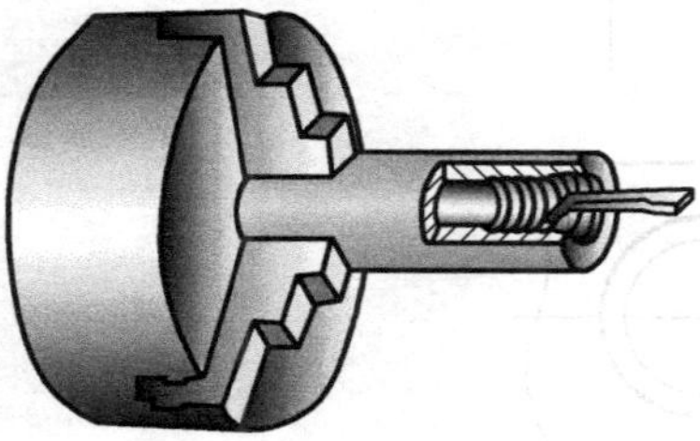
b)

图 13-2　螺纹的车削加工

a）车削外螺纹　b）车削内螺纹

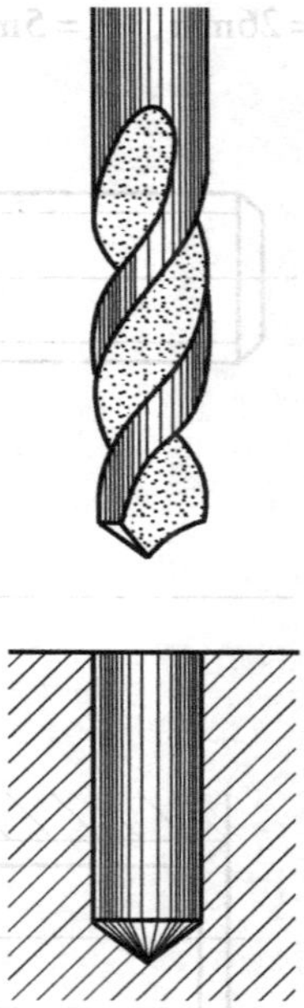
a)

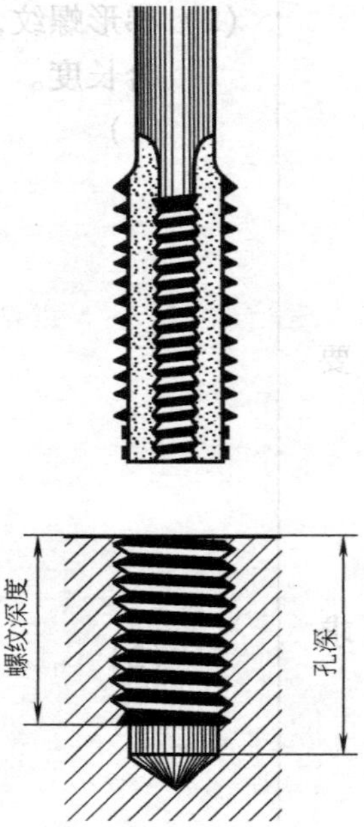

b)

图 13-3　加工直径较小的内螺纹

a）钻孔　b）丝锥攻内螺纹

### 1. 螺纹结构的基本要素

螺纹结构的基本要素有 5 个。配对使用的内、外螺纹，只有这 5 个基本要素完全相同，才能相互旋合。

**提　示：**

国家标准对螺纹结构规定了特殊画法，为了能正确理解并掌握螺纹结构的特殊画法，首先必须了解有关螺纹的基本要素。

（1）螺纹牙型　牙型是指通过螺纹轴线的剖面上螺纹的轮廓形状。常用的螺纹牙型有三角形、梯形、锯齿形和矩形，如图 13-4 所示。牙型凸起的顶部称为牙顶，沟槽的底部称为牙底。

（2）螺纹直径（见图 13-5）

1）大径：与外螺纹牙顶或内螺纹牙底相切的假想圆柱面的直径称为螺纹的大径。内、外螺纹的大径分别用 $D$、$d$ 表示。公称直径是代表螺纹尺寸的直径，除管螺纹外，通常指螺纹大径的基本尺寸。

2）小径：与外螺纹牙底或内螺纹牙顶相切的假想圆柱面的直径称为螺纹的小径。内、外螺纹的小径分别用 $D_1$、$d_1$ 表示。

3）中径：中径是一个假想圆柱的直径，该圆柱的母线通过牙型上凸起和沟槽宽度相等的地方，此假想圆柱的直径即为中径。内、外螺纹的中径分别用 $D_2$、$d_2$ 表示。

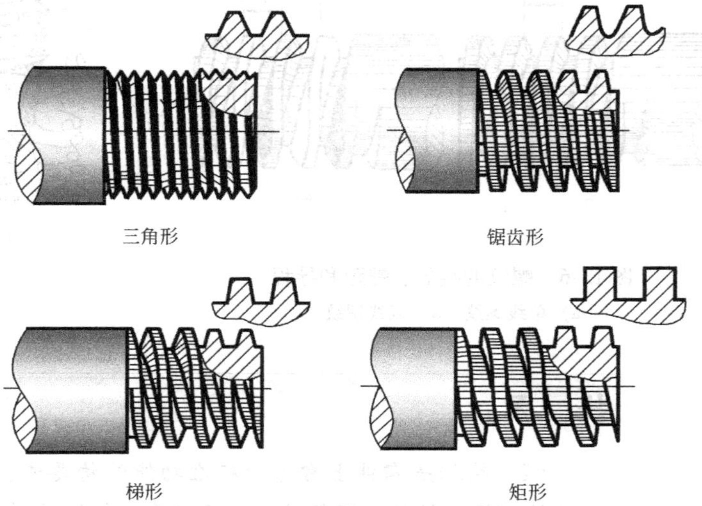


图 13-4　螺纹结构要素（一）

（3）螺纹的线数（$n$）　螺纹的线数是指形成螺纹时的螺旋线的条数。螺纹有单线和多线之分。沿一条螺旋线所形成的螺纹称为单线螺纹；沿两条或两条以上螺旋线所形成的螺纹称为多线螺纹，如图 13-6 所示。

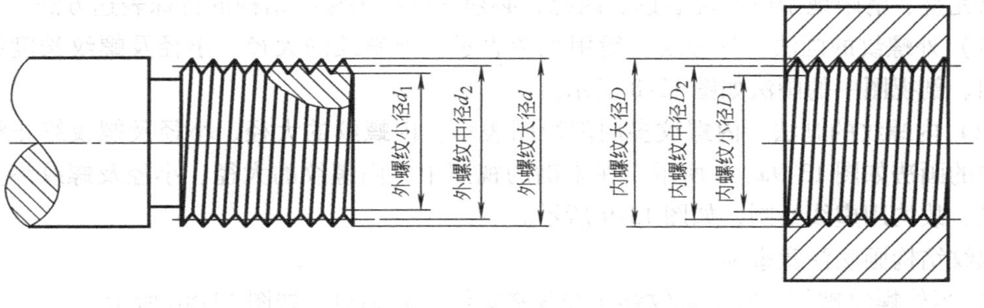


图 13-5　螺纹结构要素（二）

（4）螺纹的螺距（$P$）与导程（$P_h$）

1）螺距：螺距是相邻两牙在中径线上对应两点间的轴向距离。

2）导程：导程是同一螺旋线上的相邻两牙在中径线上对应两点间的轴向距离。

单线螺纹的导程等于螺距，即 $P_h=P$；多线螺纹的导程等于线数乘以螺距，即 $P_h=nP$，如图 13-6 所示。

（5）螺纹的旋向　螺纹有左旋、右旋之分，按顺时针方向旋转旋入的螺纹为右旋螺纹，即面对轴线竖立的外螺纹时，螺纹左低右高；按逆时针方向旋转旋入的螺纹为左旋螺纹，即面对轴线竖立的外螺纹时，螺纹左高右低，如图 13-7 所示。工程上以右旋螺纹应用为多。

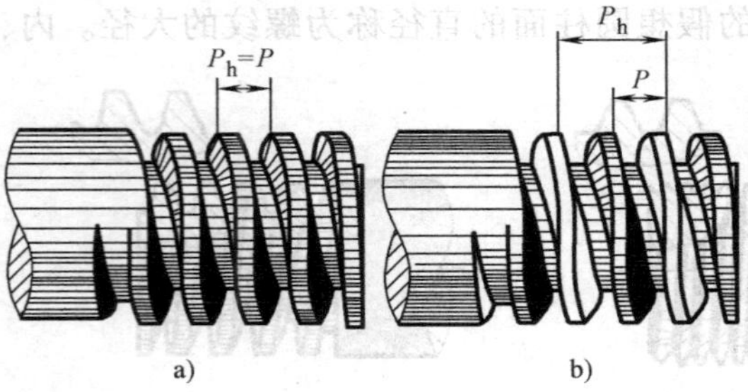


图 13-6　螺纹的线数、螺距和导程
a）单线螺纹　b）双线螺纹

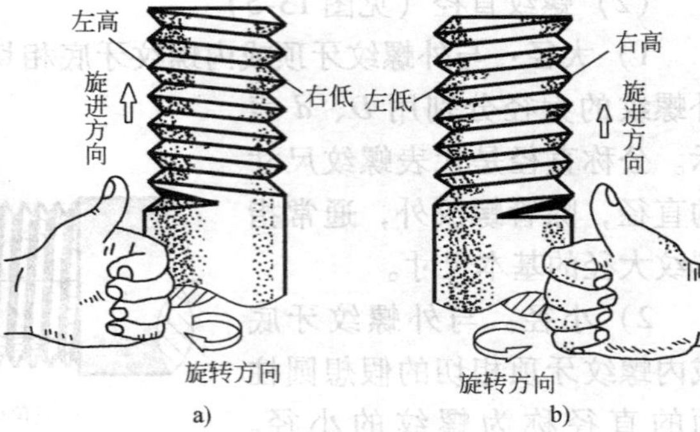


图 13-7　螺纹的旋向
a）左旋　b）右旋

**提　示：**

螺纹结构是零件上常见的标准功能结构要素，用常规的真实投影表达方法绘制螺纹结构，既繁琐，又无必要，机械图样中须采用特殊表达方法。国家标准《GB/T 4459.1—1995　机械制图　螺纹及螺纹紧固件表示法》对螺纹结构规定的特殊画法，将给你带来简便、快捷的感受。

**2. 螺纹结构的规定画法**

螺纹结构是一种重复出现的标准功能结构，其几何形状较为复杂，用此前所学的投影画法难以完整、清晰地予以准确表达。因此，必须掌握有关螺纹结构的特殊表达方法。

（1）外螺纹的画法　外螺纹一般用视图表示。外螺纹的大径、小径及螺纹长度终止线在视图、剖视图中的画法如图 13-8 所示。

（2）内螺纹的画法　内螺纹多用剖视图表示。内螺纹的大径、小径及螺纹终止线在剖视图中的画法如图 13-9a、b 所示。在未剖的视图中，内螺纹的大径、小径及螺纹终止线均不可见，故均用虚线绘制，如图 13-9 所示。

螺纹结构画法注意事项：

1）当外螺纹被剖切时，螺纹终止线仅在螺纹牙处画出，如图 13-8b 所示。

2）无论是外螺纹或内螺纹，在剖视图或断面图中的剖面线都应画到粗实线，不可画到细实线为止。

3）螺纹小径一般可按 0.85$d$（$D$）画出，必要时可根据公称直径 $d$（$D$）查阅相关标准手册获取尺寸画出。

4）表示牙底圆的约 3/4 圈细实线，其缺口位置不作规定，一般可位于左下侧。

5）绘制不通螺孔时，一般钻孔深度与螺纹深度应分别画出，其距离可取 0.5$D$。锥顶部分应画成 120°。

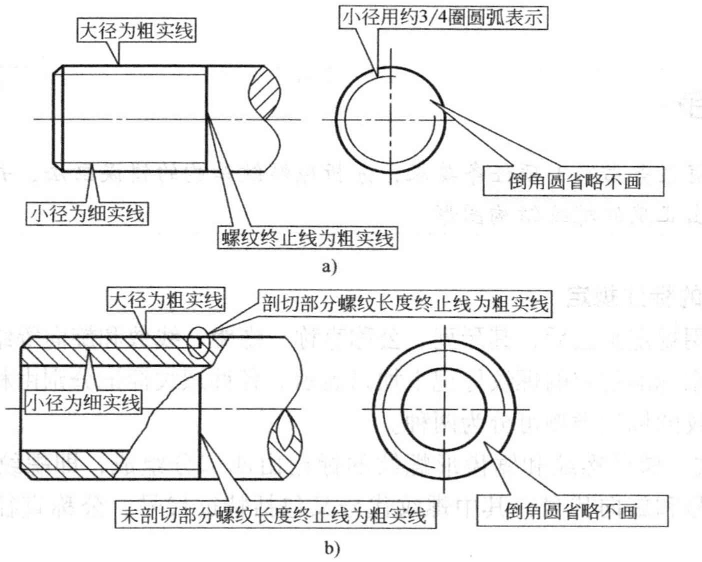


**图 13-8　外螺纹的画法**

**a）外螺纹不剖的画法　b）外螺纹的剖视画法**

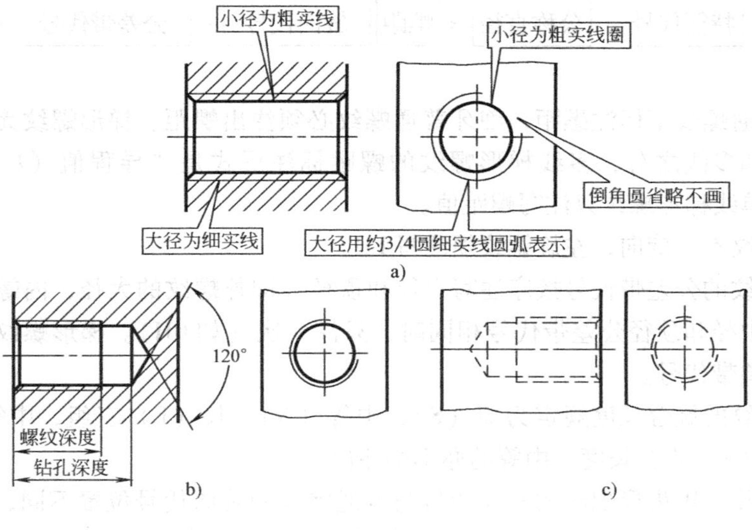


**图 13-9　内螺纹的画法**

**a）通孔内螺纹的剖视画法　b）不通孔内螺纹的剖视画法　c）内螺纹不剖的画法**

6）当需要表示螺纹牙型时，可按图 13-10 的形式绘制。

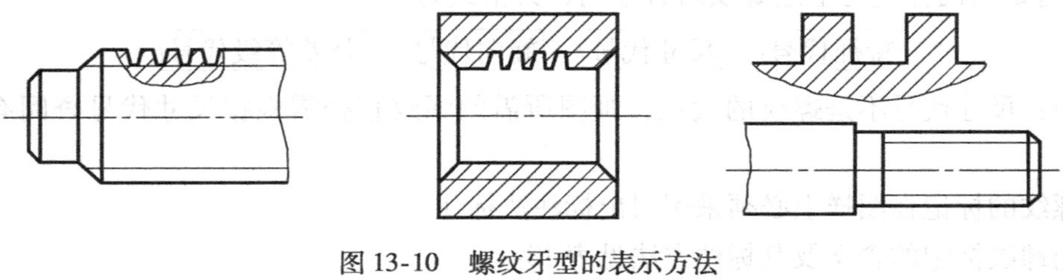

**图 13-10　螺纹牙型的表示方法**

**小试身手：**

根据任务书第1项任务要求，分析原螺纹结构的错误画法，并在指定位置画出正确的螺纹结构图形。

**3. 螺纹结构的标注规定**

螺纹结构采用规定画法后，其牙型、公称直称、螺距、线数和旋向等结构要素无法用图形表达，需用国家标准规定的螺纹标记来加以表示。各种螺纹标记分别由相应的螺纹标准加以规定，常用螺纹的标记类型可分为两种。

1）普通螺纹、梯形螺纹和锯齿形螺纹的标记由四部分组成，即螺纹代号、公差带代号、旋合长度代号和旋向代号，其中螺纹代号又包括特征代号、公称直径、螺距。标记格式为：

普通螺纹：[特征代号] [公称直径] × [螺距] – [公差带代号] – [旋合长度代号] – [旋向代号]

梯形螺纹：[特征代号] [公称直径] × [螺距] [旋向代号] – [公差带代号] – [旋合长度代号]

其中：

① 粗牙普通螺纹不标注螺距，细牙普通螺纹必须注出螺距。梯形螺纹无粗牙和细牙之分，但有单线和多线之分，多线梯形螺纹的螺距标注形式是“导程值（*P* 螺距值）”，如“14（*P*7）”。单线梯形螺纹只注写螺距值。

② 右旋螺纹不注旋向，左旋螺纹须注写 LH。

③ 普通螺纹的公差带代号按序注写中径和顶径（即外螺纹的大径，内螺纹的小径）公差带代号，当中径和顶径公差带代号相同时，只注一次（如 6H）。梯形螺纹的公差带代号只注写中径公差带代号。

④ 普通螺纹的旋合长度规定为短（S）、中等（N）、长（L）三组，中等的不必注出。梯形螺纹无短（S）旋合长度，中等的亦不必注出。

⑤ 梯形螺纹、锯齿形螺纹的旋向代号与普通螺纹的旋向代号位置不同，梯形螺纹、锯齿形螺纹的旋向代号放在螺距后，普通螺纹的旋向代号放在最后。

普通螺纹和梯形螺纹的标记在图样上均标注在螺纹大径的尺寸线上或尺寸线延长线上。锯齿形螺纹的标记注写与梯形螺纹相同。

2）管螺纹的标记与上述螺纹略有不同，其格式为：

[特征代号] [尺寸代号] [旋向代号] [公差等级代号]

其中：尺寸代号不是螺纹的大径，画图所需的螺纹直径需根据尺寸代号查阅有关标注获取。

管螺纹的标记在图样上必须采用引出标注法标注。

常用螺纹标记的含义及其标注方法见表 13-1。

**表 13-1　常用螺纹的标注示例**

| 螺纹类别 | 特征代号 | 标 注 示 例 | 标注的含义 |
|---|---|---|---|
| 普通螺纹(粗牙) | M | 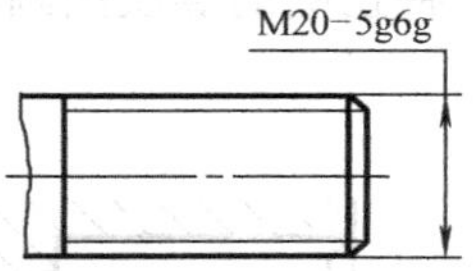 | 普通螺纹,大径为 20mm,粗牙、螺距为 2.5mm,右旋;螺纹中径公差带代号 5g,顶径公差带代号 6g;短旋合长度 |
| 普通螺纹(细牙) | M | 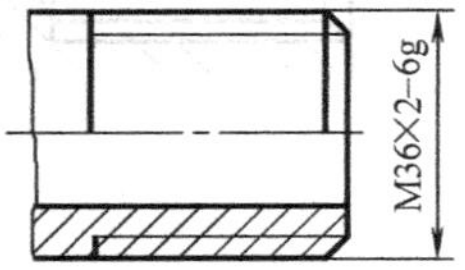 | 普通螺纹,大径为 36mm,细牙、螺距为 2mm,右旋;螺纹中径和顶径公差带代号同为 6g,中等旋合长度 |
| 梯形螺纹 | $T_1$ | 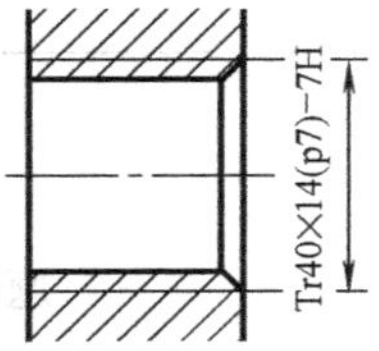 | 梯形螺纹,公称直径为 40mm,导程为 14mm,螺距为 7mm,右旋,中径公差带代号为 7H,中等旋合长度 |
| 锯齿形螺纹 | B | 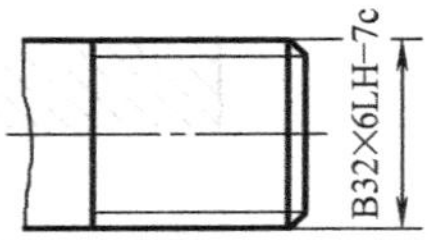 | 锯齿形螺纹,大径为 32mm,单线,螺距为 6mm,左旋;中径公差带代号 7c,中等旋合长度 |
| 55°非密封管螺纹 | G | 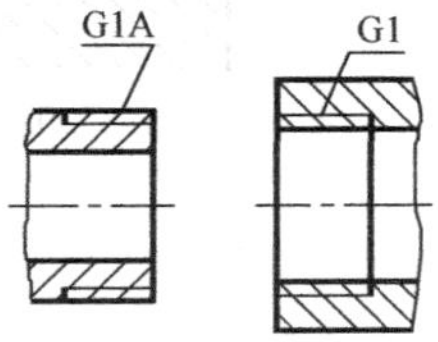 | 55°非密封管螺纹,尺寸代号为 1,外螺纹公差等级为 A 级 |
| 55°密封管螺纹 | $R_1$<br>$R_2$<br>Rc<br>Rp | 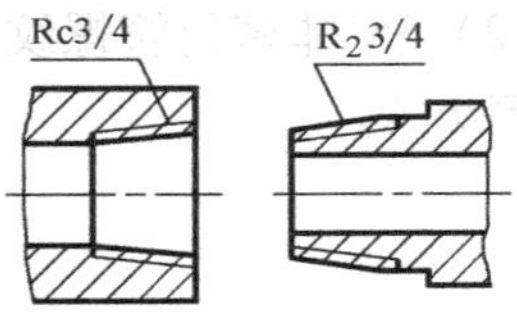 | 55°密封管螺纹,尺寸代号为 3/4<br>Rc 表示圆锥内螺纹<br>Rp 表示圆柱内螺纹<br>$R_2$ 表示与圆锥内螺纹相配合的圆锥外螺纹<br>$R_1$ 表示与圆柱内螺纹相配合的圆锥外螺纹 |

**小试身手:**

根据任务书第 2 项学习任务提供的螺纹结构要素，在画好的螺纹图形上正确地标注螺纹标记。

## 巩固练习

1. 找出题图 13-1 和题图 13-2 中螺纹画法的错误，将正确的螺纹图画在指定位置。

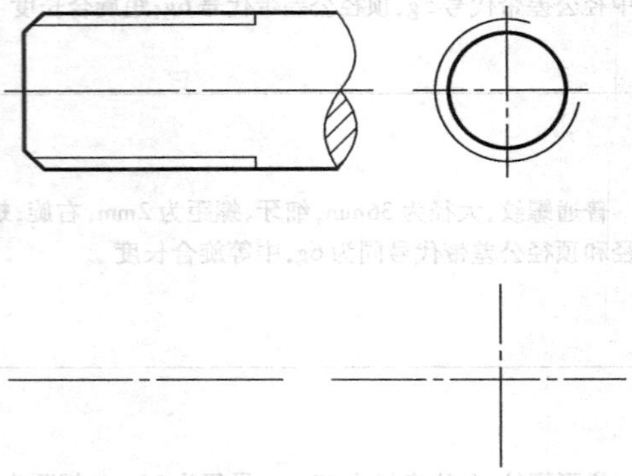

题图 13-1

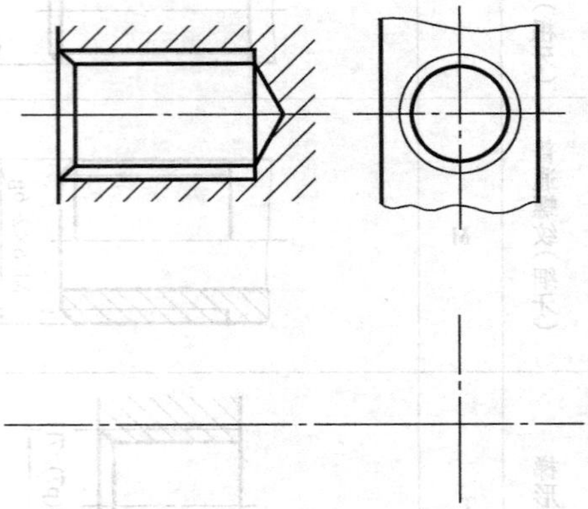

题图 13-2

2. 已知题图 13-3a 和图 b，且外螺纹旋入的长度为 25mm，完成图 c 的螺纹联接的绘制。

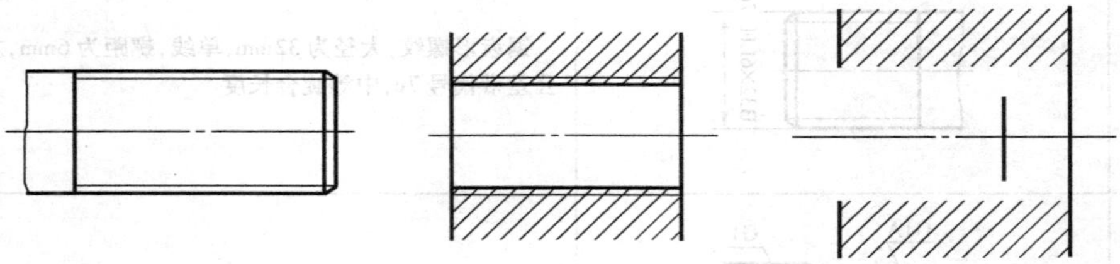

a)　　b)　　c)

题图 13-3

3. 在题图 13-4 和题图 13-5 上注出下列螺纹的标记。

（1）普通螺纹，粗牙，大径为 $\phi$24mm，螺距为 3mm，左旋，螺纹公差带代号：中径、顶径均为 6H。

（2）55°非密封管螺纹，尺寸代号 3/4，公差等级 A。

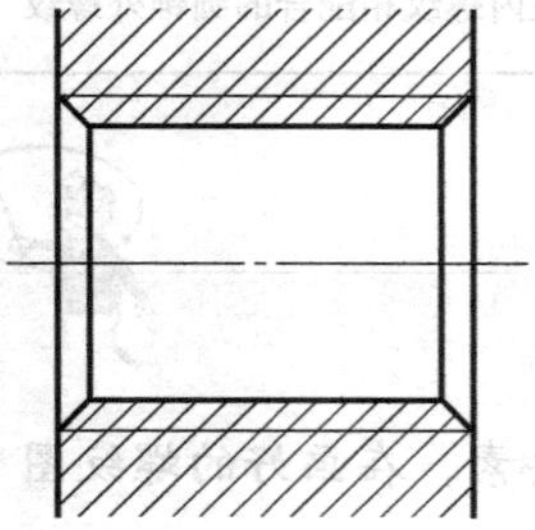

题图 13-4

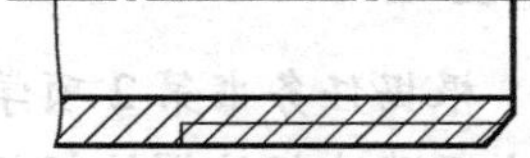

题图 13-5

任务书

# 二、齿轮轮齿结构的规定画法

<table>
<tr><td>项　目</td><td colspan="2">圆柱齿轮轮齿结构视图的绘制</td><td>用　时</td><td>135 分钟</td></tr>
<tr><td>目的</td><td colspan="4">1. 了解圆柱齿轮轮齿结构的几何要素，掌握几何要素的计算方法。<br>2. 掌握圆柱齿轮轮齿结构的规定画法。</td></tr>
<tr><td>要求</td><td colspan="4">已知直齿圆柱齿轮模数为 $m=3\text{mm}$，齿数 $z=40$，计算齿轮的分度圆、齿顶圆和齿根圆的直径，并补画完成齿轮轮齿结构的视图和标注轮齿部分的尺寸。</td></tr>
<tr><td>思考</td><td colspan="4">1. 齿轮轮齿结构的几何要素有哪些？<br>2. 要完整地表达齿轮轮齿结构，至少需要哪几个几何尺寸？</td></tr>
<tr><td>后记</td><td colspan="4"></td></tr>
</table>

| 名称 | 代号 | 计算公式 | 计算值 |
|---|---|---|---|
| 模数 | $m$ | | |
| 齿数 | $z$ | | |
| 压力角 | $\alpha$ | | |
| 分度圆 | $d$ | | |
| 齿顶圆 | $d_a$ | | |
| 齿根圆 | $d_f$ | | |

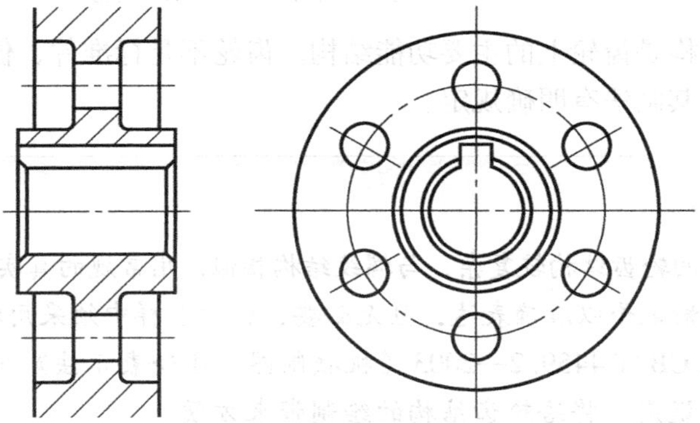

## 知识链接

齿轮是机械传动中应用最广泛的一种传动件，不仅可以用于传递动力，而且可以用来变换轴的转速和旋转方向。

常见的齿轮传动形式有三种，如图 13-11 所示：

◆ 圆柱齿轮：用于两平行轴间的传动。

◆ 锥齿轮：用于两相交（一般是正交）轴间的传动。

◆ 蜗杆蜗轮：用于两交错轴间的传动。

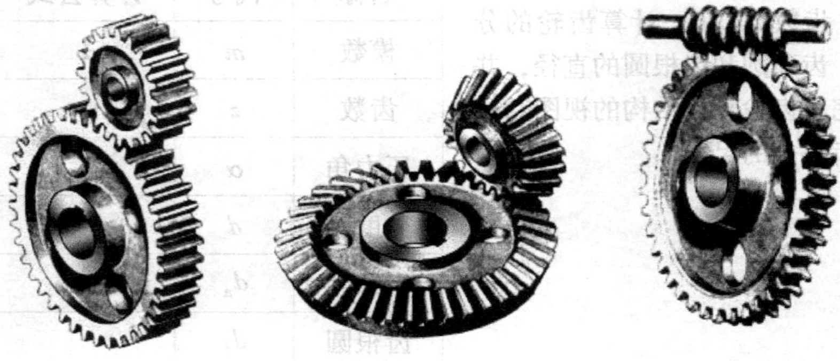

a)　　b)　　c)

图 13-11　齿轮传动

a）圆柱齿轮　b）锥齿轮　c）蜗杆蜗轮

齿轮的轮齿结构是齿轮上的主要功能结构。齿轮不是标准件，但齿轮的轮齿结构已经标准化，国家标准对其画法有明确规定。

**提　示：**

齿轮的轮齿结构较复杂，与螺纹结构相似，用常规的真实投影画法难以完整、清晰地予以准确表达，且无必要，机械图样中须采用特殊表达方法。国家标准 GB/T 4459.2—2003《机械制图　齿轮表示法》的有关齿轮轮齿结构画法规定，将给轮齿结构的绘制带来方便。

为了能正确理解并掌握齿轮轮齿结构的特殊画法，应注意首先必须了解有关齿轮的几何要素及其计算方法。

齿轮的轮齿结构种类多、形状各异。直齿圆柱齿轮是齿轮中应用最为广泛的一种，学习中应重点掌握其相关知识。只要你掌握了这种齿轮结构的几何要素尺寸计算方法和形状表达方法，其他种类齿轮轮齿结构的表达就会变得较为容易。

**1. 直齿圆柱齿轮轮齿结构的几何要素（GB/T 2821—2003）及其参数计算**

各部分几何要素及代号如下（见图 13-12）：

(1) 齿数（$z$）　齿轮轮齿的数量。

(2) 分度圆直径（$d$）　对于标准渐开线齿轮，即为齿厚（$s$）等于齿槽宽（$e$）处的圆周直径。分度圆是一个假想圆，轮齿结构几何尺寸均以此圆直径为基准确定。

（3）齿顶圆直径（$d_a$） 通过轮齿顶面的圆周直径。

（4）齿根圆直径（$d_f$） 通过轮齿根面的圆周直径。

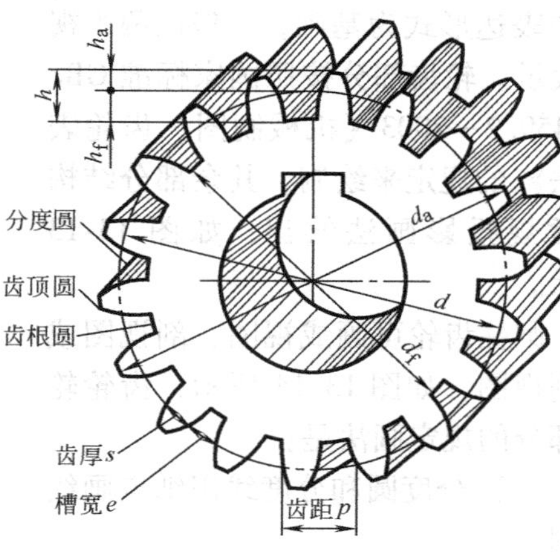

图 13-12 直齿圆柱齿轮各几何要素

（5）齿高（$h$）、齿顶高（$h_a$）和齿根高（$h_f$） 分度圆将轮齿分为两部分，分度圆与齿顶圆的径向距离称为齿顶高，用 $h_a$ 表示；分度圆与齿根圆的径向距离称为齿根高，用 $h_f$ 表示；齿顶高与齿根高之和即齿高，用 $h$ 表示。三者之间：$h=h_a+h_f$。

（6）齿距（$p$）、齿厚（$s$）、齿槽宽（$e$） 分度圆上相邻两齿同侧齿廓之间的弧长称为齿距，用 $p$ 表示；分度圆上一个轮齿的两侧齿廓之间的弧长称为齿厚，用 $s$ 表示；分度圆上一个齿槽的两侧齿廓之间的弧长称为齿槽宽，用 $e$ 表示。三者之间：$p=s+e$。

（7）模数（$m$） 齿轮的设计、制造的基本参数。

因分度圆的周长为 $\pi d=pz$，即 $d=\frac{p}{\pi}z$。为了便于设计制造，令 $\frac{p}{\pi}=m$，$m$ 称为齿轮的模数，单位是 mm（毫米）。模数越大，轮齿各部分尺寸也随之成比例增大，轮齿的承载能力也越大。为了设计和制造的方便，模数的数值已经标准化。国家标准规定的部分标准模数见表 13-2。

**表 13-2 齿轮模数系列**（GB/T 1357—1987）

| | |
|---|---|
| 第一系列 | 1　1.25　1.5　2　2.5　3　4　5　6　8　10　12　16　20　25　32　40　50 |
| 第二系列 | 1.75　2.25　2.75　(3.25)　3.5　(3.75)　4.5　5.5　(6.5)　7　9　(11)　14　18　22　28　36　45 |

注：选用模数时，应优先选用第一系列，括号内的模数尽可能不用。

标准直齿圆柱齿轮的几何尺寸计算公式见表 13-3。

**表 13-3 标准直齿圆柱齿轮几何要素的计算**

| 名称 | 代号 | 计算公式 | 名称 | 代号 | 计算公式 |
|---|---|---|---|---|---|
| 齿　高 | $h$ | $h=2.25m$ | 齿根圆直径 | $d_f$ | $d_f=d-2h_f=m(z-2.5)$ |
| 齿顶高 | $h_a$ | $h_a=m$ | 齿　距 | $p$ | $p=\pi m$ |
| 齿根高 | $h_f$ | $h_f=1.25m$ | 齿　厚 | $s$ | $s=\pi m/2$ |
| 分度圆直径 | $d$ | $d=mz$ | 中心距 | $a$ | $a=(d_1+d_2)/2=m(z_1+z_2)/2$ |
| 齿顶圆直径 | $d_a$ | $d_a=d+2h_a=m(z+2)$ | | | |

**2. 直齿圆柱齿轮轮齿结构的规定画法**

圆柱齿轮的轮齿结构是在圆柱体上加工出来的，因此，圆柱齿轮的图形表达以圆柱体的表达形式为基础，一般用两个视图表示。轮齿部分按照国家标准 GB/T 4459.2—2003《机械制图　齿轮表示法》的规定来绘制，其余部分结构按常规投影画法绘出，如图 13-13 所示。

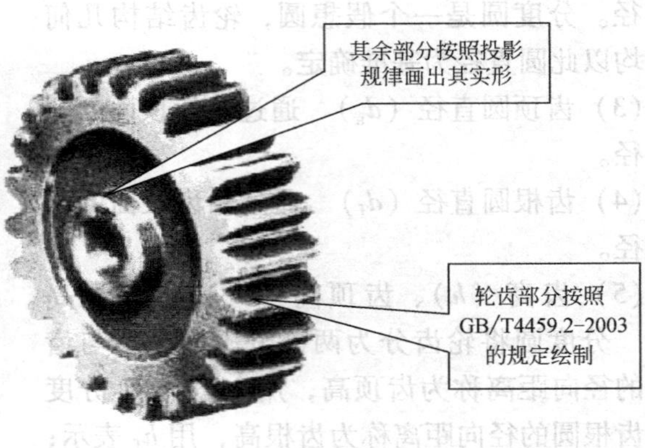


图 13-13　圆柱齿轮的画法

圆柱齿轮可画成视图、剖视图或半剖视图，如图 13-14 所示，齿轮轮齿部分的规定画法是：

(1) 分度圆和分度线用细点画线绘制。

(2) 齿根圆和齿根线在剖视图中用粗实线绘制，轮齿部分一律按不剖处理，在视图中用细实线绘制，也可省略不画。

(3) 齿顶圆和齿顶线用粗实线绘制。

(4) 当需要表示斜齿或人字齿的齿线方向时，可用三条与齿线方向一致的细实线表示。

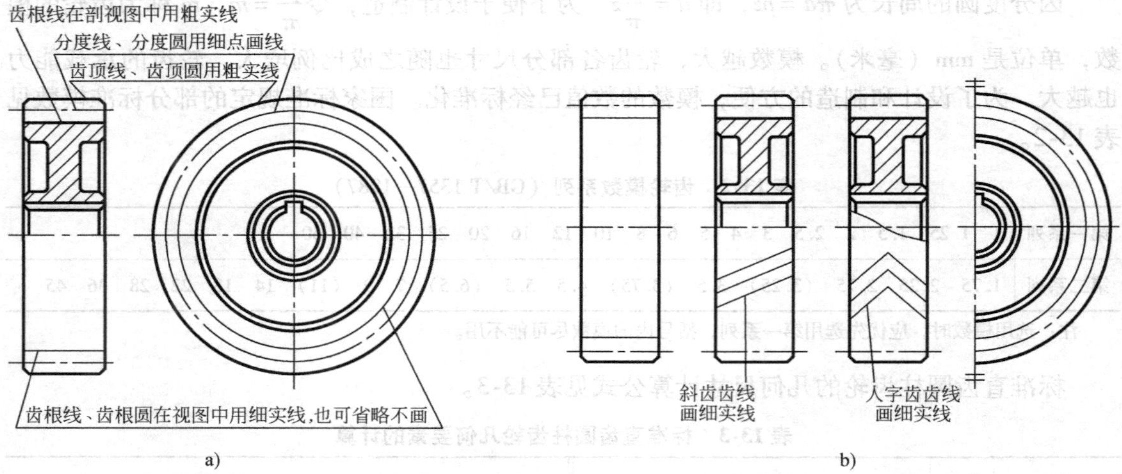


图 13-14　圆柱齿轮的规定画法

**小试身手：**

根据任务书提供的已知条件，计算齿轮轮齿部分的几何尺寸，依此画出轮齿结构图形，并标注轮齿部分的尺寸。

任务书

# * 三、其他齿轮轮齿结构的规定画法

| 项 目 | 锥齿轮视图的绘制 | 用 时 | * 90 分钟 |
|---|---|---|---|
| 目的 | 了解锥齿轮等其他类型齿轮轮齿结构的规定画法。 | | |
| 要求 | 在 A3 图纸上按 1:1 的比例抄画下图所示的锥齿轮的零件图。<br>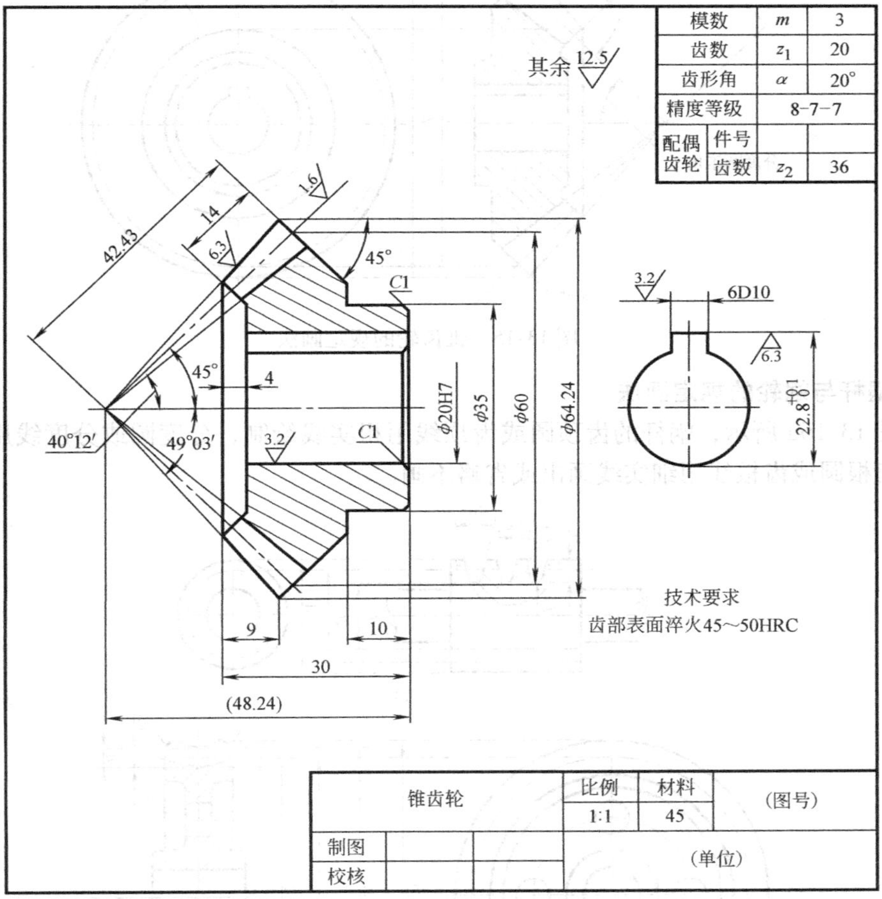 | | |
| 后记 | | | |

## 知识链接

### 1. 锥齿轮的规定画法

如图 13-15 所示，单个直齿锥齿轮主视图常采用全剖视，在投影为圆的视图中规定用粗实线画出大端和小端的齿顶圆，用点画线画出大端分度圆。齿根圆和小端分度圆均不必画出。

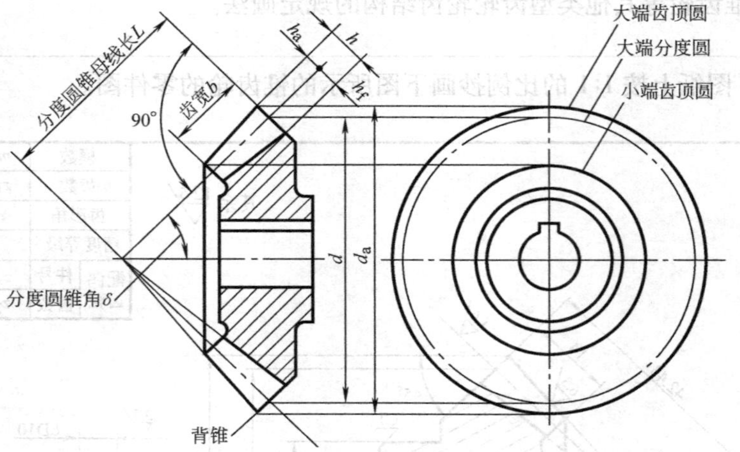


图 13-15　锥齿轮的规定画法

### 2. 蜗杆与蜗轮的规定画法

如图 13-16a 所示，蜗杆的齿顶圆或齿顶线用粗实线绘制，分度圆或分度线用细点画线绘制，齿根圆或齿根线用细实线画出或省略不画。

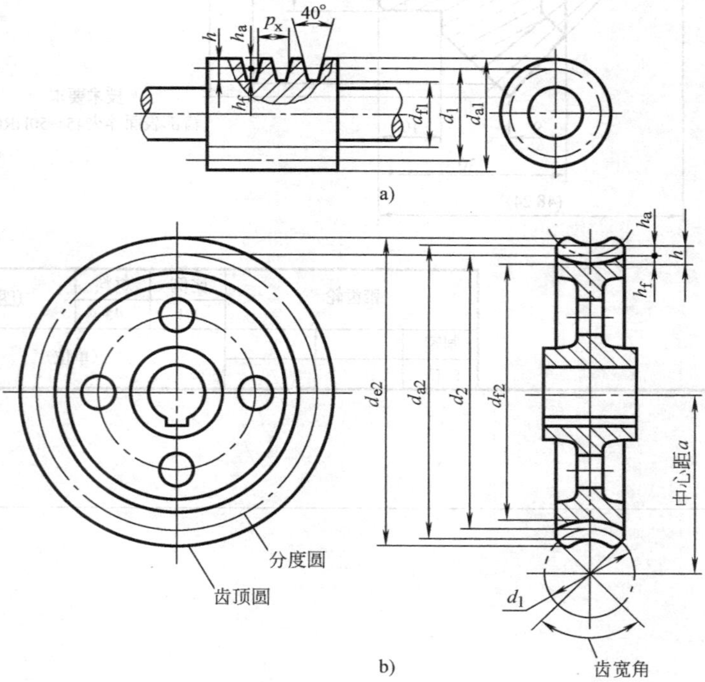


图 13-16　蜗杆与蜗轮的画法

蜗轮通常用剖视图表达，在投影为圆的视图中，只画出分度圆、顶圆，如图 13-16b 所示。

## 四、零件上常见的标准工艺结构

零件的结构形状设计，除了满足其在机器或设备中的功能作用要求外，还要考虑到制造的工艺性，即结构的设计应考虑零件加工的合理与方便，以利于生产。

**提　示：**

零件工艺结构尽管是一些不起眼的细节，却是对零件质量有直接影响的不可忽视的一部分，在零件图样上必须明确加以表达。此处介绍的标准工艺结构及其尺寸注法，可供绘图时参考。

### 1. 铸造工艺结构

（1）铸件壁厚　铸件壁厚设计得是否合理，对铸件质量有很大的影响。铸件壁厚应尽量做到基本均匀一致（图 13-17b、c），以防止金属液体在冷却时，因为壁厚不均匀导致散热不均、冷却速度不同而出现缩孔或裂纹，如图 13-17a、e 所示。若壁厚确实不能做到均匀一致，则需逐渐过渡，如图 13-17d 所示。

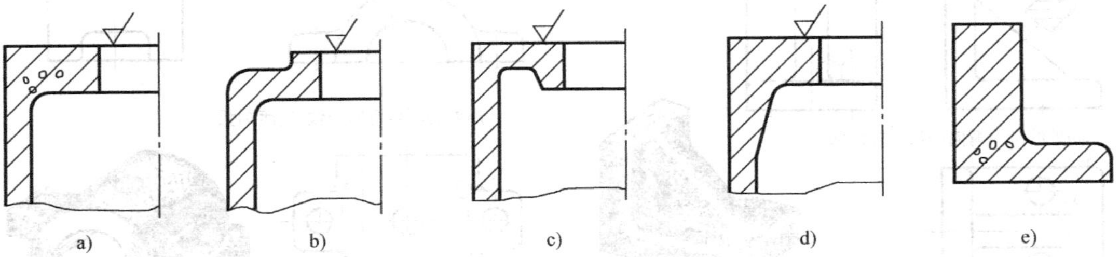


图 13-17　铸件壁厚应均匀

a）壁厚不均　b）壁厚基本均匀　c）壁厚基本均匀　d）壁厚逐渐过渡　e）壁厚不均

（2）起模斜度　铸造生产中，为便于从砂型中顺利取出木模，常沿木模的起模方向做成 3°～6°的斜度，这个斜度称为起模斜度。起模斜度在图样上一般不必画出，不加标注，而由木模直接做出，如图 13-18 所示。

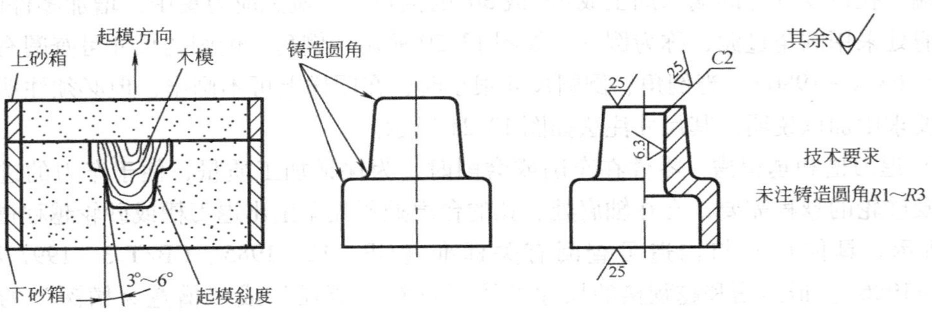


图 13-18　铸造圆角和起模斜度

（3）铸造圆角　为了便于分型取模，防止浇注金属液体时冲坏砂型以及金属液体冷却收缩时在铸件的转角处产生裂纹，造型时在表面的相交处做成圆角，称为铸造圆角。如图 13-18 所示，铸造圆角的半径一般为 2～5mm，此尺寸在图样中一般不标注，而统一注写在技术要求中。

由于铸造圆角的存在，致使零件表面相交处的交线理论上不存在，而是相切过渡。为了看图时能分清不同表面的界线，在投影图上仍应用细实线表示这种交线，称为过渡线。过渡线两端与圆角的轮廓线之间应留有间隙。如图 13-19 所示。

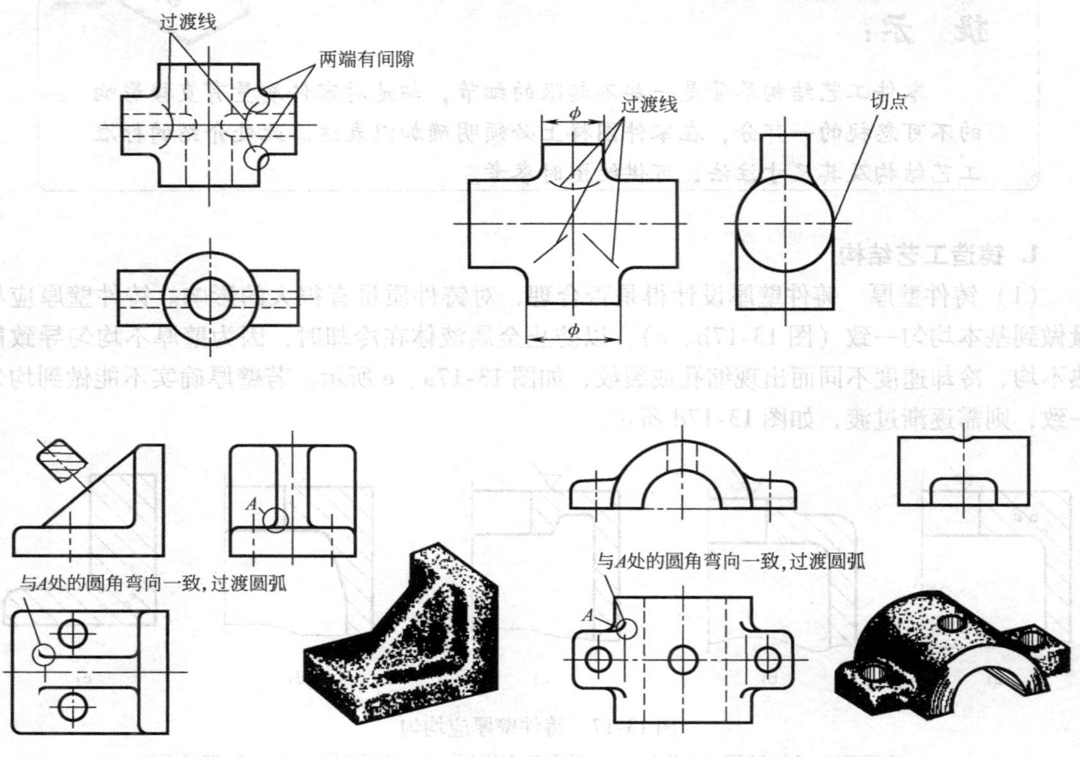


图 13-19　过渡线的画法

**2. 机械加工工艺结构**

（1）倒角和倒圆　为了去除零件在机械加工后的锐边和毛刺，防止伤人或便于装配，常将轴端、孔口及零件的端部加工成 45°或 30°的倒角，为避免应力集中，增加零件的强度，常在轴肩处采用圆角过渡，称为倒圆，如图 13-20 所示。倒角、倒圆的尺寸可查阅有关标准（GB/T 6403.4—1986）。当倒角、倒圆尺寸很小时，在图样上可不画出，但必须注明尺寸或在技术要求中加以说明。其尺寸注法如图 13-21 所示。

（2）退刀槽和越程槽　零件在车削或磨削时，为保证加工质量，便于车刀的进入或退出，以及砂轮的越程需要，常在轴肩处、孔的台肩处预先车削出退刀槽或砂轮越程槽，如图 13-22 所示。具体尺寸与构造可查阅有关标准（GB/ T2—1985、GB/T 3—1997 和 GB/T 6403.5—1986）。退刀槽和越程槽的尺寸可按“槽宽×槽径”或“槽宽×槽深”的形式标注，三种常见的尺寸标注方法如图 13-23 所示。

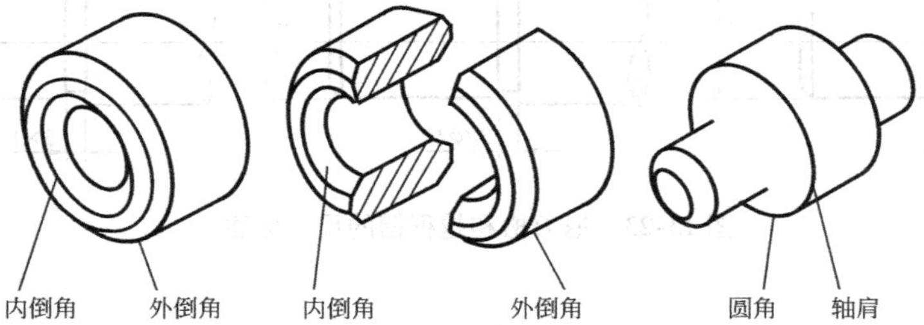


图 13-20　倒角与倒圆

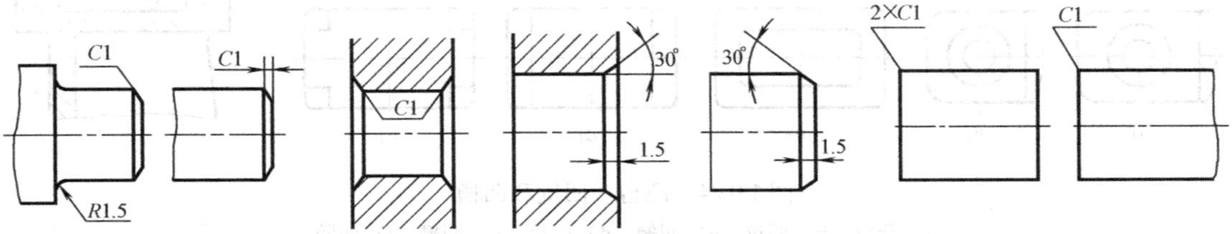


图 13-21　倒角和倒圆的尺寸注法

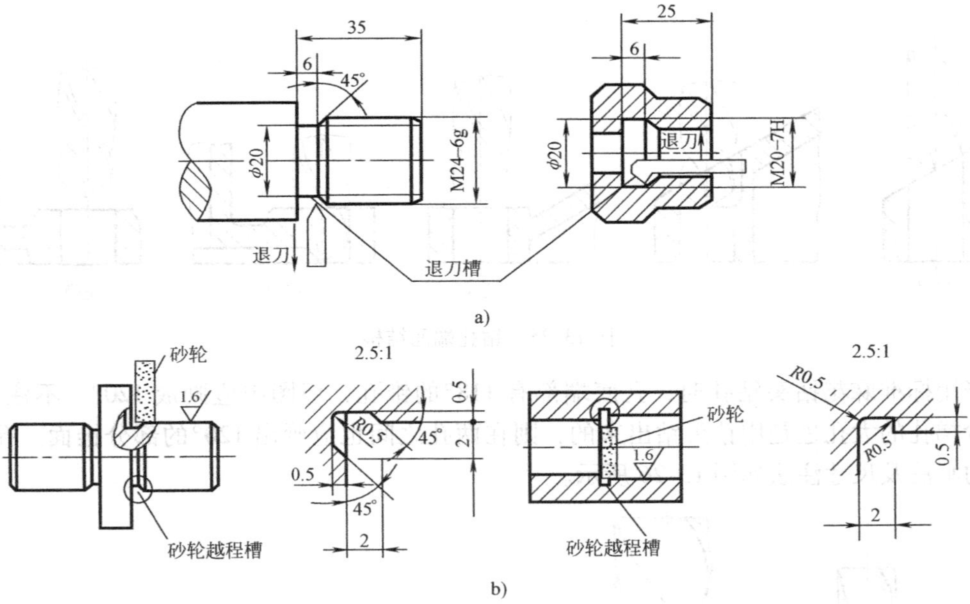


图 13-22　退刀槽和越程槽

（3）凸台和凹坑　零件上与其他零件接触的表面，一般均需加工。为了减少加工面积，并保证接触良好，常常在铸件上设计凸台、凹坑、凹槽或凹腔等工艺结构，如图 13-24 所示。

（4）钻孔加工　钻孔时，为保证钻孔质量，防止出现单边受力导致钻头偏斜，甚至造成钻头折断，应使钻头的轴线垂直于被加工表面。为此，在孔轴线倾斜的表面处，可设计成

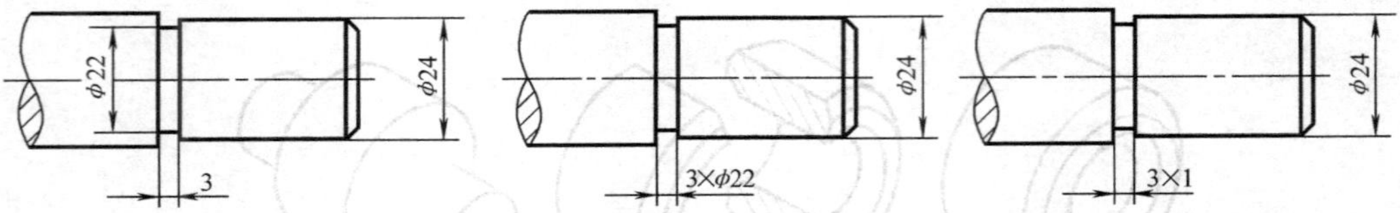


图 13-23　退刀槽和越程槽的尺寸标注

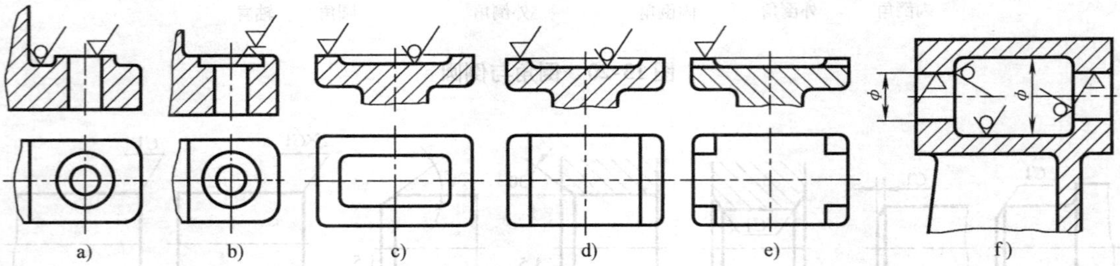


图 13-24　凸台、凹坑和凹槽

a）凸台　b）凹坑　c）凹槽　d）凹槽　e）凹槽　f）凹腔

凸台或凹坑结构，如图 13-25 所示。但钻头轴线与倾斜表面的夹角大于 60°时，也可直接钻孔。

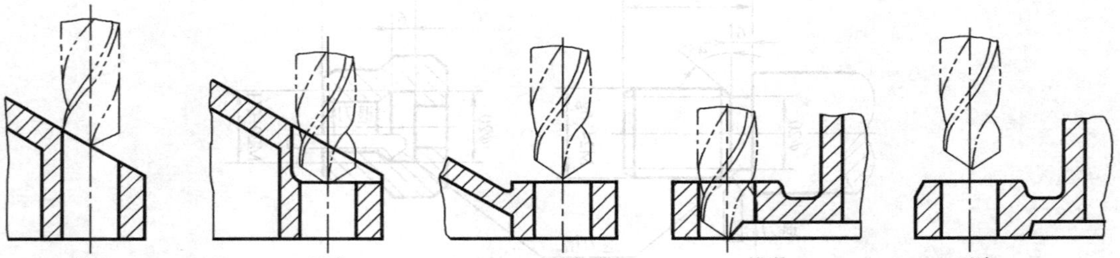


图 13-25　钻孔端面结构

当用标准麻花钻头钻孔时，孔底端部有 118°的锥孔，但图中应画成 120°，不注尺寸。如果阶梯孔的大孔也是用钻头钻出来的，则在两孔之间也应画出 120°的部分锥面。孔和阶梯孔的画法及尺寸注法如图 13-26 所示。

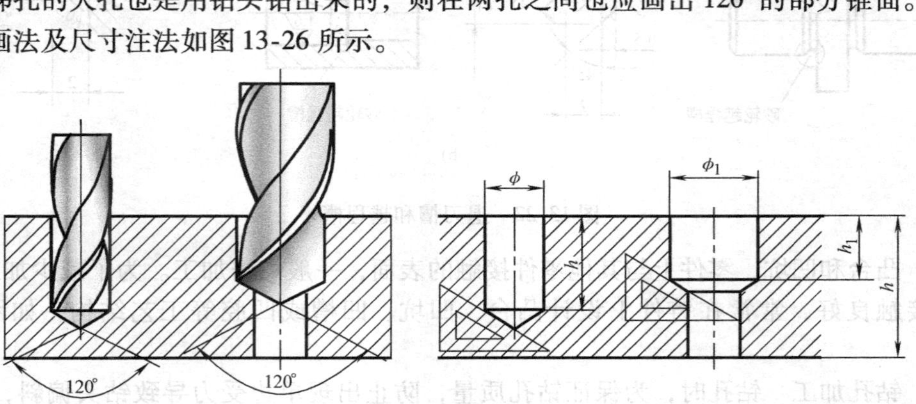


图 13-26　钻孔结构的画法和尺寸标注

（5）中心孔

1）中心孔及其标记：在加工轴类零件外圆时，往往要在轴的一端或两端钻出中心孔，作为工艺定位基准。中心孔的形式有四种：R 型、A 型、B 型和 C 型。各种中心孔的结构和标记的含义见表 13-4。

**表 13-4　中心孔的形式及标记**

| 中心孔的形式 | 标记示例 | 标注说明 |
|---|---|---|
| R<br>（弧形）<br>根据 GB/T 145<br>选择中心钻 | GB/T 4459.5—R3.15/6.7 | $D=3.15$mm<br>$D_1=6.7$mm<br>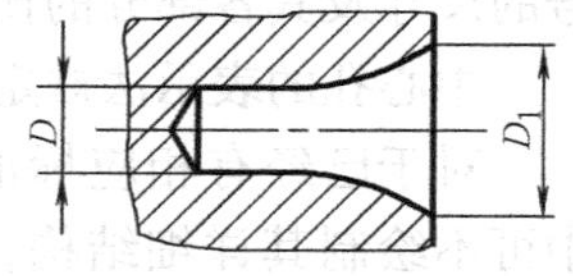  |
| A<br>（不带护锥）<br>根据 GB/T 145<br>选择中心钻 | GB/T 4459.5—A4/8.5 | $D=4$mm<br>$D_1=8.5$mm<br>$t=3.5$mm<br>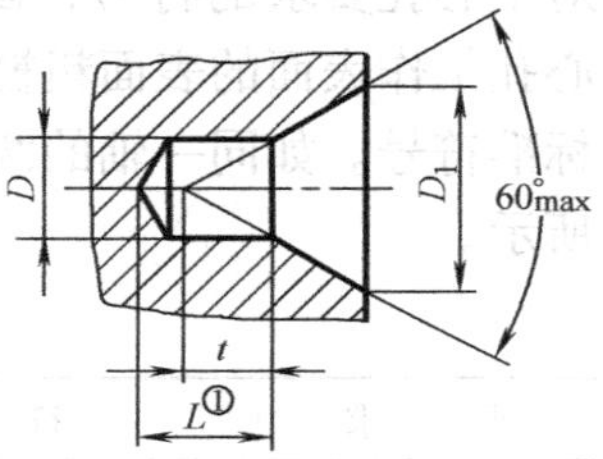  |
| B<br>（带护锥）<br>根据 GB/T 145<br>选择中心钻 | GB/T 4459.5—B2.5/8 | $D=2.5$mm<br>$D_1=8$mm<br>$t=2.2$mm<br>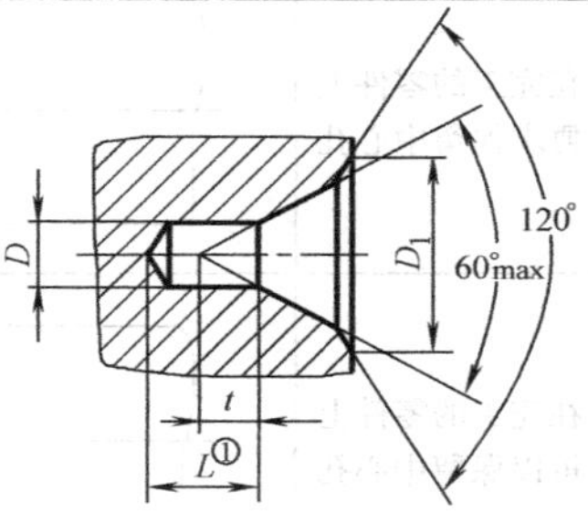  |
| C<br>（带螺纹）<br>根据 GB/T 145<br>选择中心钻 | GB/T 4459.5—CM10L30/16.3 | $D=$M10<br>$L=30$mm<br>$D_2=16.3$mm<br>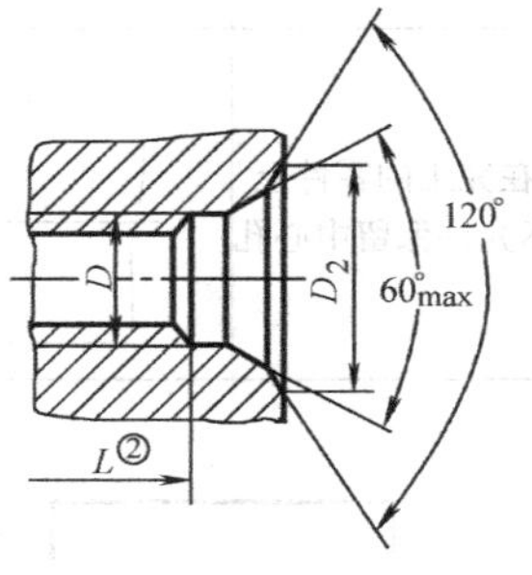  |

① 尺寸 $l$ 取决于中心钻的长度，不能小于 $t$。
② 尺寸 $L$ 取决于零件的功能要求。

2）中心孔的表示法：在机械图样上，完工零件上是否保留中心孔的要求通常有三种：

◆ 在完工的零件上要求保留中心孔。

◆ 在完工的零件上可以保留中心孔。

◆ 在完工的零件上不允许保留中心孔。

在图样上表达中心孔，可采用表 13-5 中规定的符号。

中心孔的符号应与图样上其他尺寸和符号协调一致。中心孔符号的图线宽度（$d'$）为相应图样上所注尺寸数字字高（$h$）的 1/10。中心孔符号的尺寸及其各部分的比例关系如图 13-27 所示。

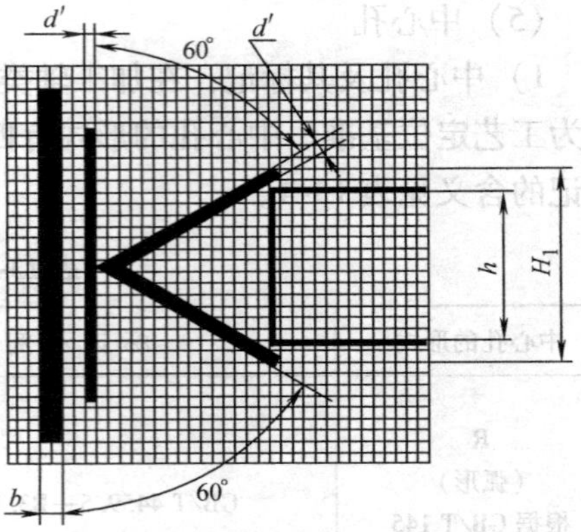

图 13-27　中心孔符号的画法

中心孔的表示法规定如下：

对于已经有相应标准规定的中心孔，在图样中可不绘制其详细结构，只需在零件轴端面画出对中心孔要求的符号，随后注写其相应标记。中心孔工作表面的表面粗糙度的标注如图 13-28a 所示。在不致引起误解时，可省略标记中的标准符号。如同一轴的两端中心孔相同，可只在其一端标出，但应注写数量，如图 13-28b 所示。

**表 13-5　中心孔的符号**

| 要　　求 | 符　　号 | 表示法示例 | 说　　明 |
|---|---|---|---|
| 在完工的零件上要求保留中心孔 | 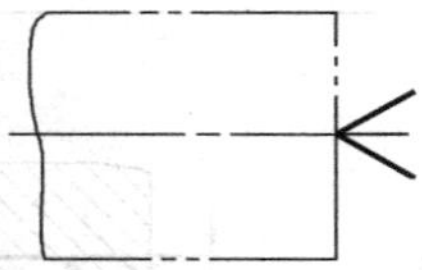 |  | 采用 B 型中心孔<br>$D=2.5$mm　$D_1=8$mm<br>在完工的零件上要求保留 |
| 在完工的零件上可以保留中心孔 | 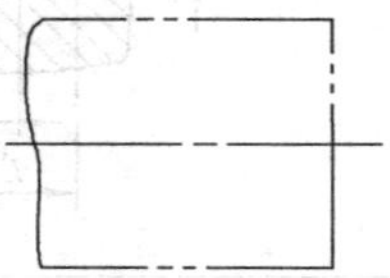 | 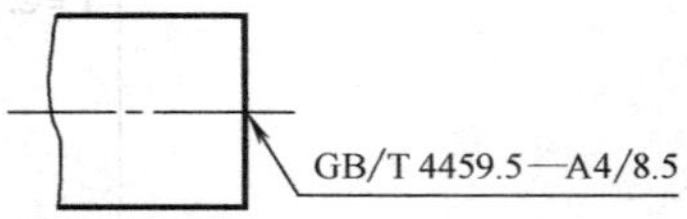 | 采用 A 型中心孔<br>$D=4$mm　$D_1=8.5$mm<br>在完工的零件上是否保留都可以 |
| 在完工的零件上不允许保留中心孔 | 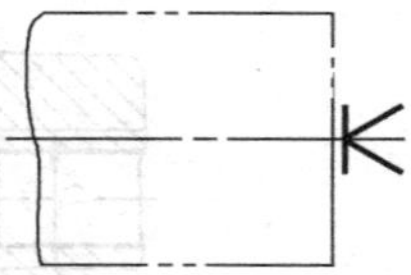 |  | 采用 A 型中心孔<br>$D=1.6$mm　$D_1=3.35$mm<br>在完工的零件上不允许保留 |

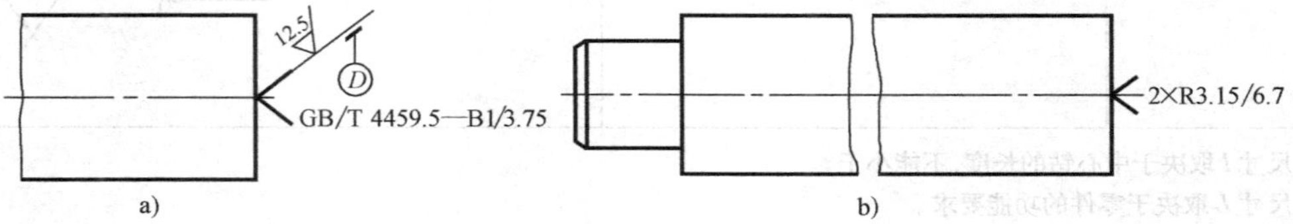

图 13-28　中心孔标注法

（6）常见孔类的尺寸注法　零件上常见各种标准工艺孔和功能孔的尺寸注法见表 13-6。

**表 13-6　零件常见孔的尺寸注法**

| 类型 | | 简化注法 | 旁注法 | 普通注法 |
|---|---|---|---|---|
| 光孔 | 一般孔 | 4×φ6↧10；或 4×φ6↧10 | 4×φ6↧10 | 4×φ6；16 |
| 光孔 | 精加工孔 | 4×φ6H7↧10 孔↧16；或 4×φ6H7↧10 孔↧16 | 4×φ6H7↧10 孔↧16 | 4×φ6H7；10；16 |
| 销孔 | 圆柱销孔 | 2×φ6H7 装时配作；或 4×φ6H7 装时配作 | 4×φ6H7 装时配作 | 2×φ6H7 装时配作 |
| 销孔 | 圆锥销孔 | 2×锥销孔φ4 装时配作；或 2×锥销孔φ4 装时配作 | 2×锥销孔φ4 装时配作 | 2×锥销孔φ4 装时配作 |
| 说明 | | 1. 对同一结构可任意采用一种注法，但优先使用简化注法。<br>2. 在每个尺寸中“×”前面的数字表示均匀分布的相同孔的个数。<br>3. 锥销孔的直径。如“φ4”为与之相配的圆锥销小头的直径。<br>4. 注有“装时配作”是指具有锥销孔两相邻零件装配后一起加工。<br>5. 不通的螺纹孔除标注螺纹标记外，还应标注螺纹的长度和光孔深度。 | | |

| 类型 | | 简化注法 | 旁注法 | 普通注法 |
|---|---|---|---|---|
| 螺纹孔 | 不通孔 | 4×M6↧10 孔↧16；或 4×M6↧12 孔↧15 | 4×M6↧12 孔↧15 | 4×M6；12；15 |
| 螺纹孔 | 通孔 | 4×M6；或 4×M6↧10 | 4×M6↧12 | 4×M6↧10 |
| 沉孔 | 圆柱形沉孔 | 4×φ6.4 ⌴φ12↧4.5；或 4×φ6.4 ⌴φ12↧4.5 | 4×φ6.4 ⌴φ12↧4.5 | φ12；4.5；4×φ6.4 |
| 沉孔 | 圆锥形沉孔 | 6×φ7 ⌵φ13×90°；或 6×φ7 ⌵φ13×90° | 6×φ7 ⌵φ13×90° | 90°；φ13；6×φ7 |
| 沉孔 | 锪平面 | 4×φ9⌴φ20；或 4×φ9⌴φ20 | 4×φ9⌴φ20 | φ20⌴；4×φ9 |

## 巩固练习

在题图 13-6 中，尺寸注法正确的是________________。

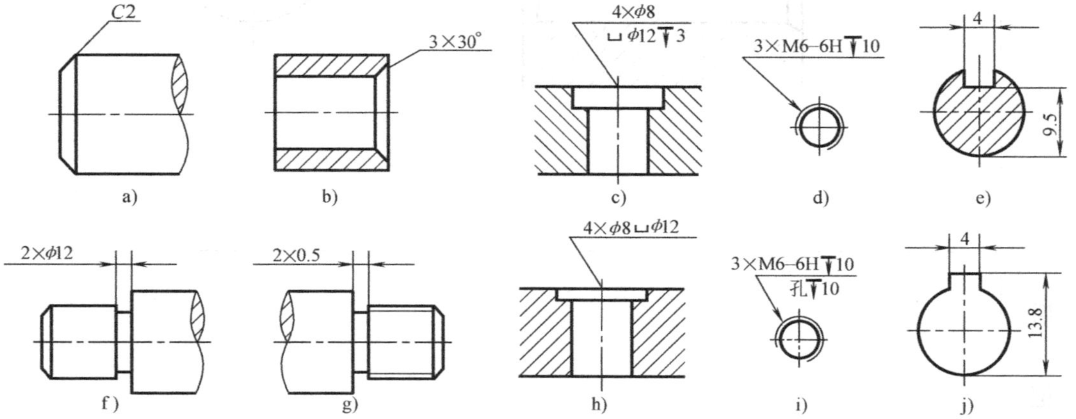


题图 13-6

任务书

# 五、常用标准件和与其相关的标准结构

| 项　目 | 标准件及普通平键键槽结构的规定画法 | 用　时 | 90分钟 |
|---|---|---|---|
| 目的 | 通过本项目相关知识的学习，了解常用标准件的种类、结构形状和用途，熟悉与其相关的标准结构；掌握普通平键键槽结构尺寸的确定和标注。 | | |

**要求**

1. 解释标准件标记“螺钉 GB/T 67 M6×20”的含义。

2. 根据下图所示的轴、孔直径和轮毂轴向长度（图中量取），查阅标准手册（见附录）确定普通平键（A型）的规格尺寸，并补画键槽结构视图（包括轴上键槽的俯视局部视图），并标注键槽尺寸（包括偏差值）。

（1）轴上键槽：

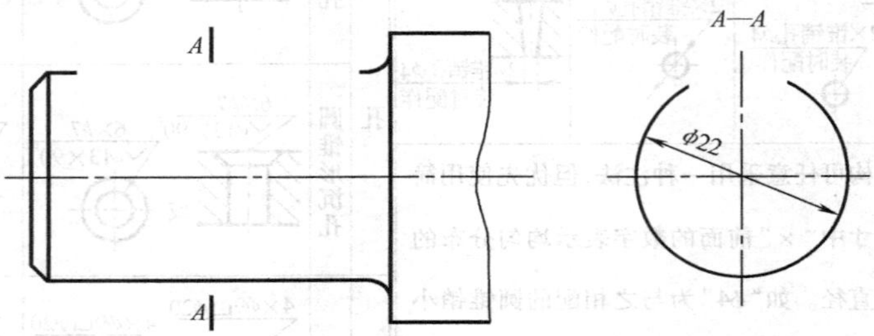


（2）孔中键槽：

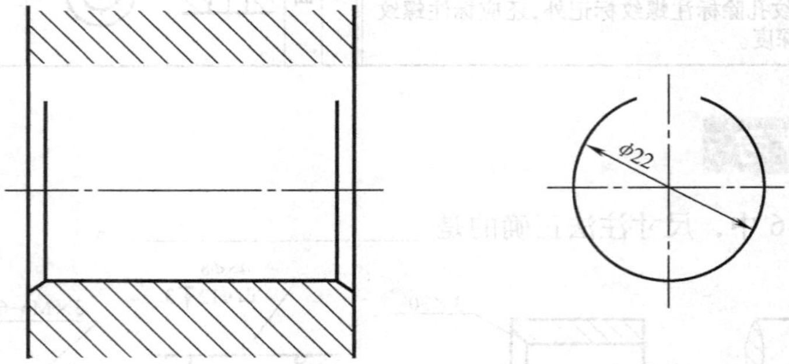


**后记**

## 知识链接

### 1. 螺纹紧固件的种类及其标记

（1）螺纹紧固件的种类　螺纹紧固件的种类很多，常用的螺纹紧固件有螺栓、双头螺柱、螺钉、螺母、垫圈等，如图13-29所示。这类零件的结构形式和尺寸都已标准化（参见附录），一般由专业厂家生产，不需要单独画出其图样，设计时只需按相应的国家标准选定规格，根据规格购买使用即可，因此需要熟悉表示紧固件规格的标记。

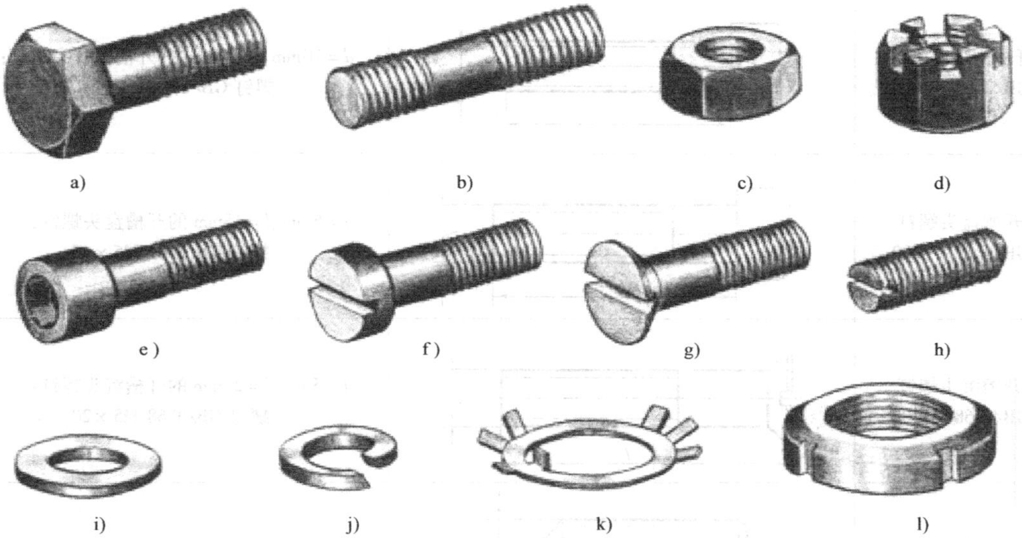


图13-29　螺纹紧固件

a）六角头螺栓　b）双头螺柱　c）六角螺母　d）六角开槽螺母　e）内六角圆柱头螺钉　f）开槽圆柱头螺钉　g）开槽沉头螺钉　h）开槽锥端紧定螺钉　i）平垫圈　j）弹簧垫圈　k）止动垫圈　l）带槽圆螺母

（2）螺纹紧固件的标记　螺纹紧固件的标记由国家标准（GB/T 1237—2000）规定，一般采用简化标记。常用的螺纹紧固件的结构形式及其标记示例见表13-7。

**表13-7　常用螺纹紧固件及其标记示例**

| 名称及标准号 | 图　　例 | 标 记 示 例 |
|---|---|---|
| 六角头螺栓<br>（A级和B级）<br>GB/T 5782—2000 | 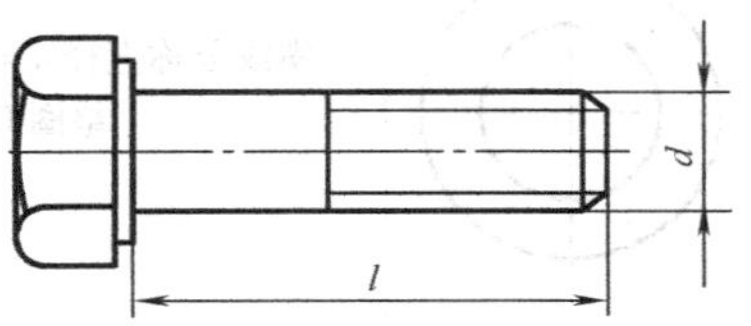 | $d=12$mm、$l=80$mm，产品等级为A级的六角头螺栓：<br>螺栓 GB/T 5782 M12×80 |
| 六角头螺栓<br>（全螺纹）<br>GB/T 5783—2000 | 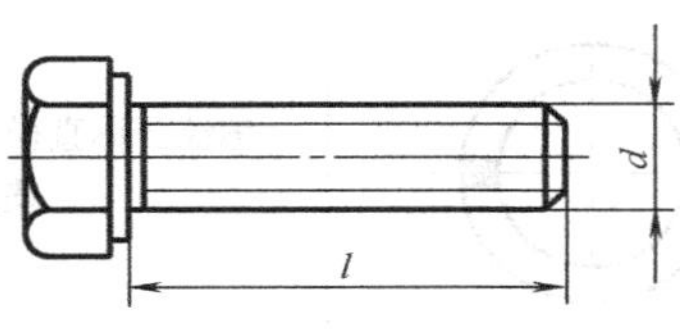 | $d=12$mm、$l=80$mm，产品等级为A级的全螺纹六角头螺栓：<br>螺栓 GB/T 5783 M12×80 |

（续）

| 名称及标准号 | 图　例 | 标记示例 |
| --- | --- | --- |
| 双头螺柱<br>GB/T 897—1988 | 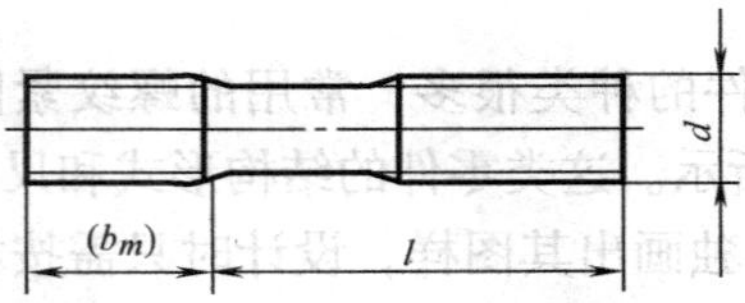 | 两端螺纹 $d=10$mm、$l=30$mm，B 型的双头螺柱：<br>螺柱 GB/T 897 M10×30 |
| 开槽圆柱头螺钉<br>GB/T 65—2000 | 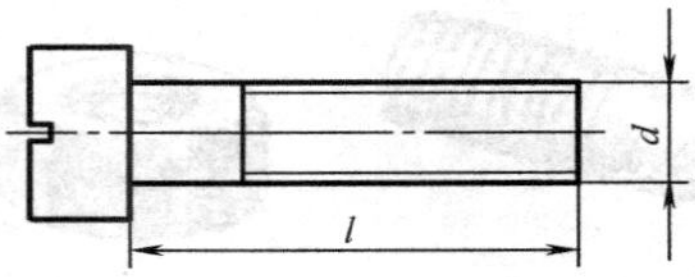 | $d=10$mm、$l=45$mm 的开槽圆柱头螺钉：<br>螺钉 GB/T 65 M10×45 |
| 开槽盘头螺钉<br>GB/T 67—2000 | 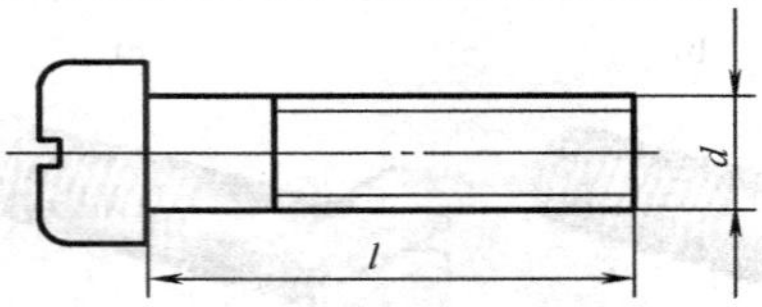 | $d=5$mm、$l=45$mm 的开槽盘头螺钉：<br>螺钉 GB/T 67 M5×45 |
| 开槽沉头螺钉<br>GB/T 68—2000 | 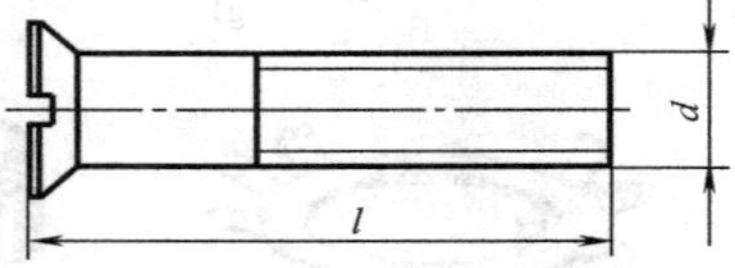 | $d=5$mm、$l=20$mm 的开槽沉头螺钉：<br>螺钉 GB/T 68 M5×20 |
| 开槽锥端紧定螺钉<br>GB/T 71—1985 | 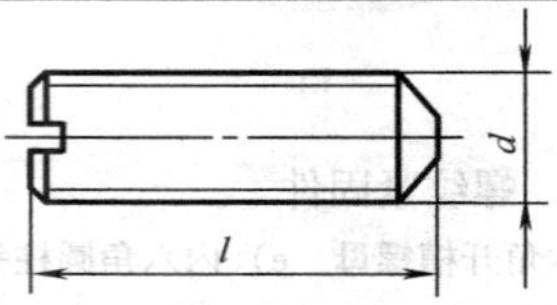 | $d=6$mm、$l=20$mm 的开槽锥端紧定螺钉：<br>螺钉 GB/T 71 M6×20 |
| Ⅰ型六角螺母<br>GB/T 6170—2000 | 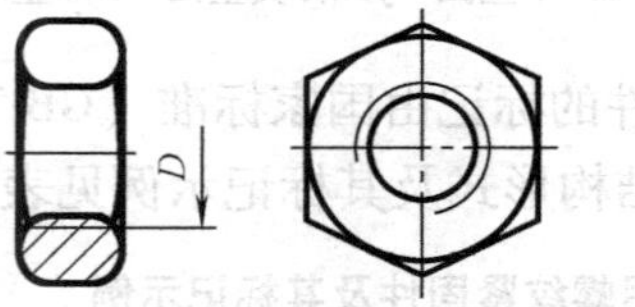 | $D=8$mm，产品等级为 A 级的 Ⅰ 型六角螺母：<br>螺母 GB/T 6170 M8 |
| 平垫圈<br>GB/T 97.1—2002 | 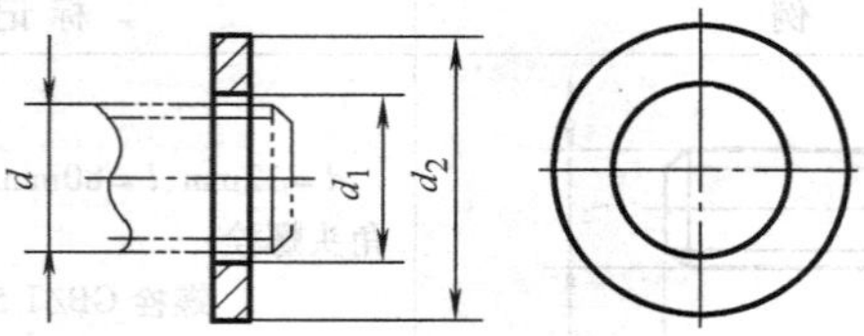 | 螺纹公称直径 $d=8$mm 的平垫圈：<br>垫圈 GB/T 97.1 8 |
| 弹簧垫圈<br>GB/T 93—1987 | 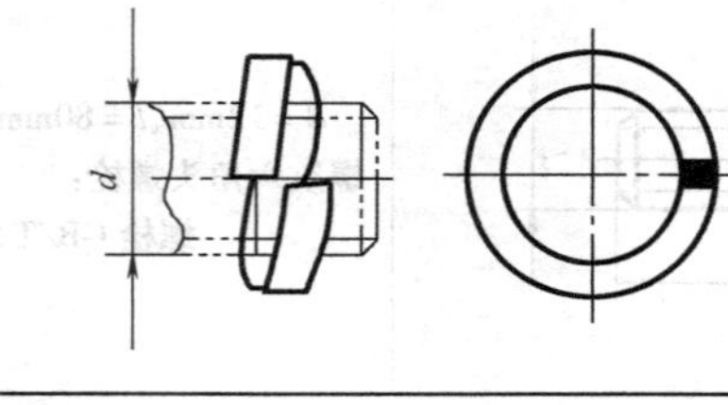 | 螺纹公称直径 $d=16$mm 的弹簧垫圈：<br>垫圈 GB/T 93 16 |

**2. 键与键槽结构**

键是标准件，主要用来联接并固定轴与安装在轴上的传动件，起着传递转矩的作用。键的种类较多，常用的有普通型平键、普通型半圆键和钩头型楔键，如图 13-30 所示。其中普通型平键应用最广，轴和轴上传动件上的键槽结构如图 13-31 所示。

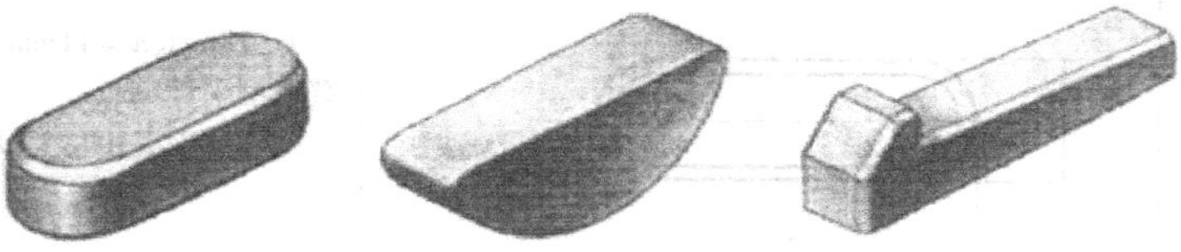

a)　　b)　　c)

图 13-30　常用的键

a）普通型平键　b）普通型半圆键　c）钩头型楔键

（1）键的结构及规定标记　普通型平键和普通型半圆键的结构尺寸系列见附录中的相关国家标准。图样等技术文件中必须正确注写键的标记。键的结构及标记示例见表 13-8。

（2）键的选取和键槽尺寸的确定　键的类型和规格是根据轴径大小和有关设计要求按国家标准选取的，具体尺寸系列可查阅附录。

（3）键槽结构的尺寸标注　键槽是零件上常见的一种标准功能结构，键槽的尺寸也必须按国家标准确定，其尺寸及尺寸公差均可在相应的国家标准中查出，具体可查阅附录。

轮毂上的键槽结构的画法及尺寸标注形式如图 13-32 所示。轴上键槽的结构形式及尺寸标注形式较多，如图 13-33a 所示为平键键槽结构的画法和尺寸标注，图 13-33b 所示为钩头型楔键键槽结构的画法和尺寸标注，如图 13-33c 所示为半圆键键槽结构的画法和尺寸标注。

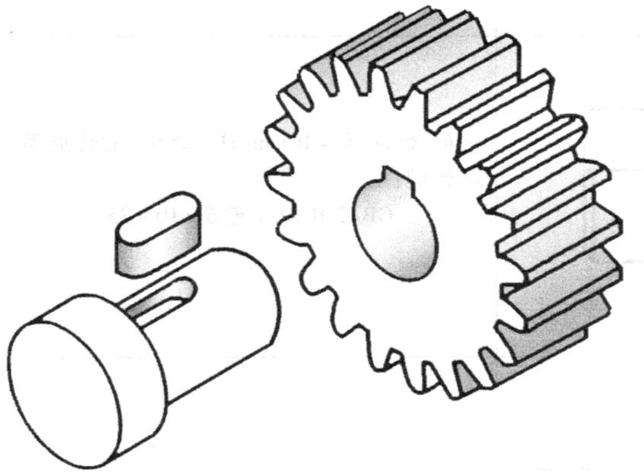

图 13-31　键联接

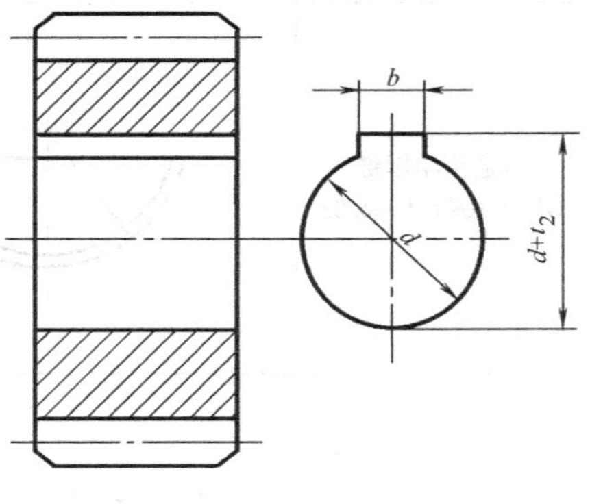


图 13-32　轮毂上的键槽及尺寸标注

**3. 销**

销也是标准件，在机器中主要用于零件间的联接、定位和防松。常用的销有圆柱销、圆锥销、开口销等，如图 13-34 所示。销的结构及其尺寸系列见附录。销的基本结构形式及其标记示例见表 13-9。

**表 13-8　键的种类、结构形式及其标记示例**

| 名称及标准号 | 图　　例 | 标 记 示 例 |
|---|---|---|
| 普通型平键（A 型）<br>GB/T 1096—2003 | 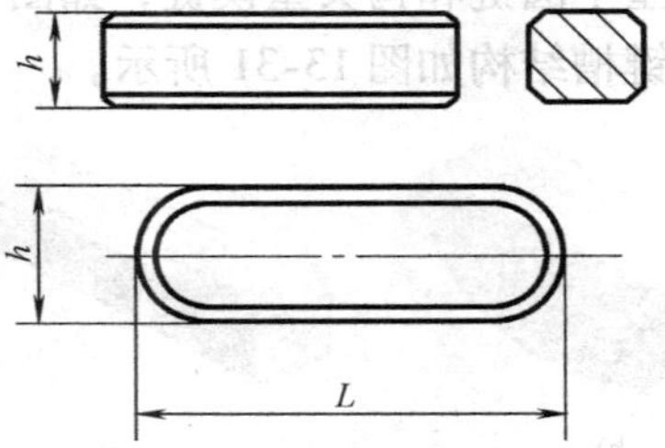<br> | $b=18\text{mm}$、$h=11\text{mm}$、$L=100\text{mm}$ 的 A 型普通型平键：<br>GB/T 1096 键 18×11×100 |
| 普通型平键（B 型）<br>GB/T 1096—2003 | 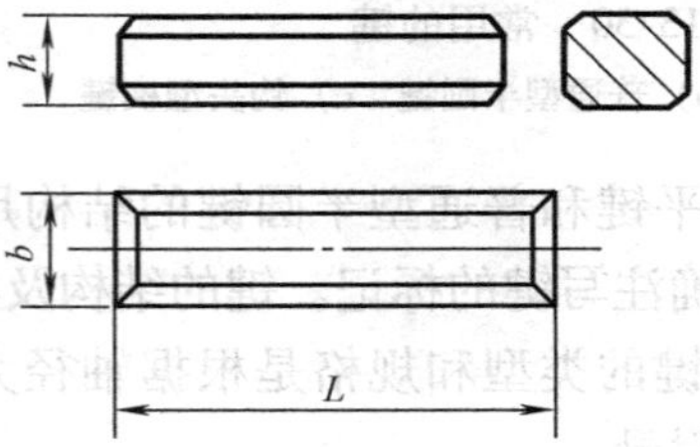<br> | $b=18\text{mm}$、$h=11\text{mm}$、$L=100\text{mm}$ 的 B 型普通型平键：<br>GB/T 1096 键 B18×11×100 |
| 普通型平键（C 型）<br>GB/T 1096—2003 | 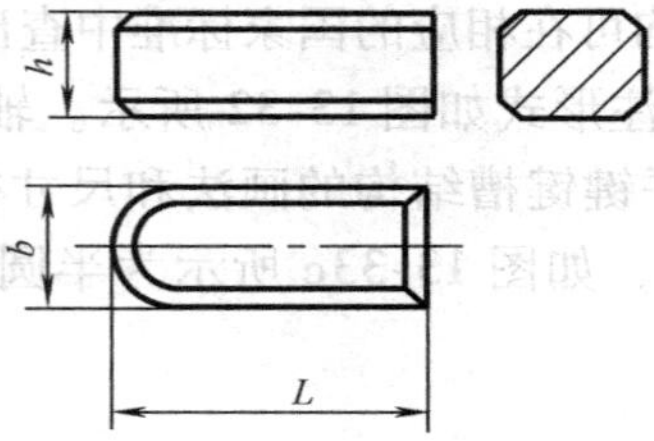<br> | $b=18\text{mm}$、$h=11\text{mm}$、$L=100\text{mm}$ 的 C 型普通型平键：<br>GB/T 1096 键 C18×11×100 |
| 普通型半圆键<br>GB/T 1099. 1—2003 | 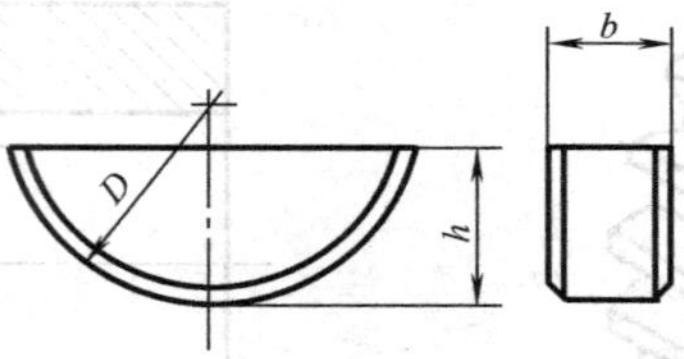<br> | $b=6\text{mm}$、$h=10\text{mm}$、$D=25\text{mm}$ 的普通型半圆键：<br>GB/T 1099. 1 键 6×10×25 |
| 钩头型楔键<br>GB/T 1565—2003 | 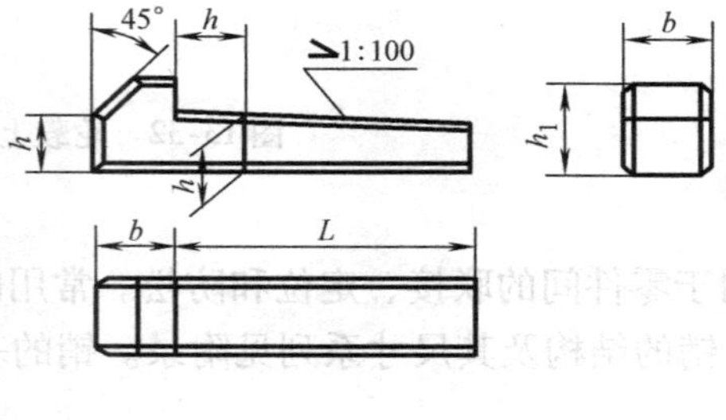<br> | $b=18\text{mm}$、$h=11\text{mm}$、$L=100\text{mm}$ 的钩头型楔键：<br>GB/T 1565 键 18×100 |

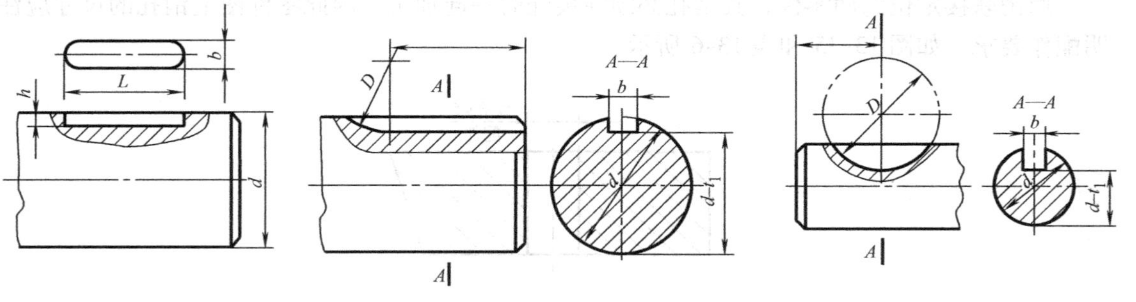


a)　　b)　　c)

图 13-33　轴上的键槽及尺寸标注

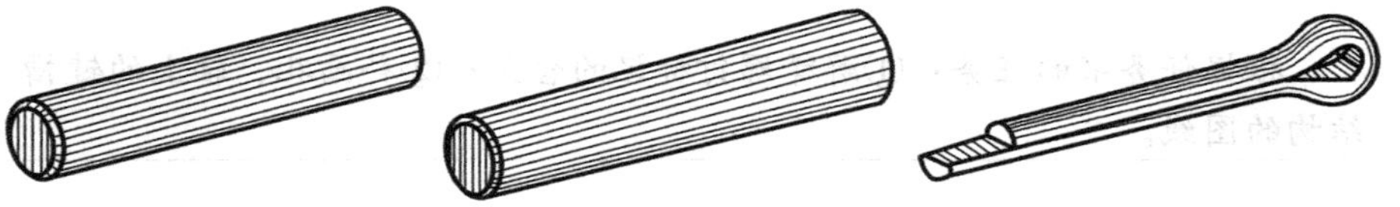

a)　　b)　　c)

图 13-34　常用的销

a）圆柱销　b）圆锥销　c）开口销

**表 13-9　销的基本结构形式及其标记示例**

| 名称及标准号 | 图　例 | 标 记 示 例 |
| --- | --- | --- |
| 圆柱销<br>GB/T 119.1—2000 | 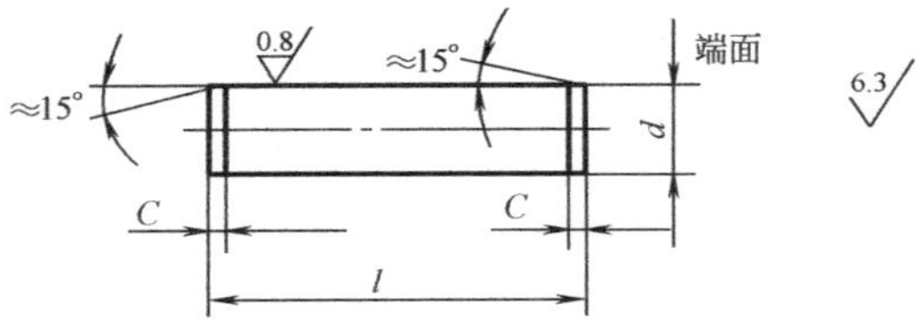 | $d=5$mm、$l=18$mm、公差为 m6 的圆柱销：<br>销 GB/T 119.1 5　m6×18 |
| 圆锥销<br>GB/T 117—2000 | 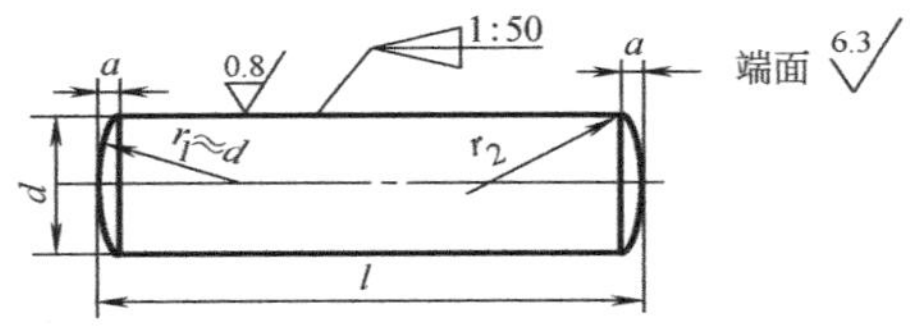 | $d=10$mm、$l=60$mm 的圆锥销：<br>销 GB/T 117　10×60 |
| 开口销<br>GB/T 91—2000 | 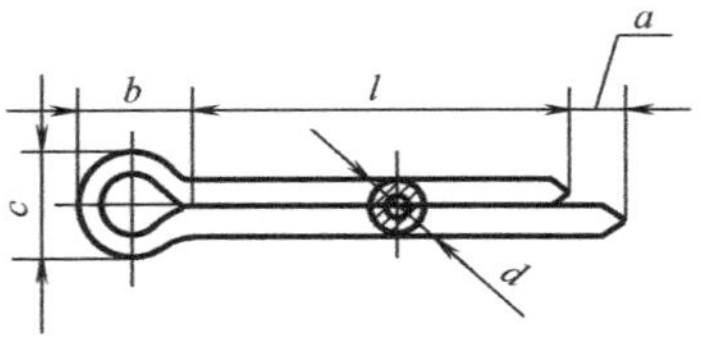 | $d=5$mm、$l=50$mm 的开口销：<br>销 GB/T 91　5×50 |

用销联接定位的两零件，其销孔必须在装配时一起加工，因此零件图上销孔的尺寸应注明配作要求，如图 13-35 和表 13-6 所示。

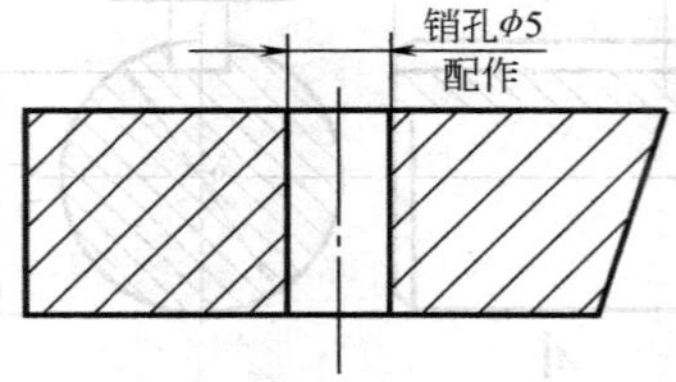


图 13-35　销孔的尺寸标注

**小试身手：**

根据任务书的任务：①解释螺钉标记的含义；②补画孔、轴上的键槽结构的图线。

任务书

# *六、弹簧的画法

| 项　目 | 弹簧零件图画法练习 | 用　时 | *180 分钟 |
|---|---|---|---|
| 目的 | 通过弹簧视图的图线补画和尺寸标注，基本掌握弹簧零件图中图形的规定画法，并了解弹簧的技术参数及零件图上应标注的尺寸。 | | |
| 要求 | 补画弹簧剖视图中漏画的图线，并用代号标注弹簧零件图上应标出的尺寸（弹簧压缩后的长度尺寸本题省略）。<br>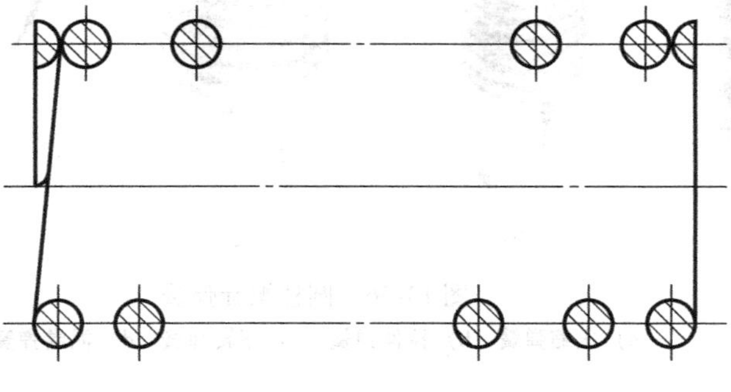 | | |
| 提示 | 弹簧零件图中并不标注全部技术参数，要注意按规定标注应标出的尺寸。 | | |
| 后记 | | | |

## 知识链接

弹簧是机械中的常用件，是一种储存能量的弹性零件，其特点是在外力消失后能立即恢复原状，可用于减振、夹紧、测力和蓄能等方面。

弹簧的种类较多，常用的弹簧如图 13-36 所示。其中圆柱螺旋压缩弹簧应用最为广泛，本课题着重学习这种弹簧的规定画法。

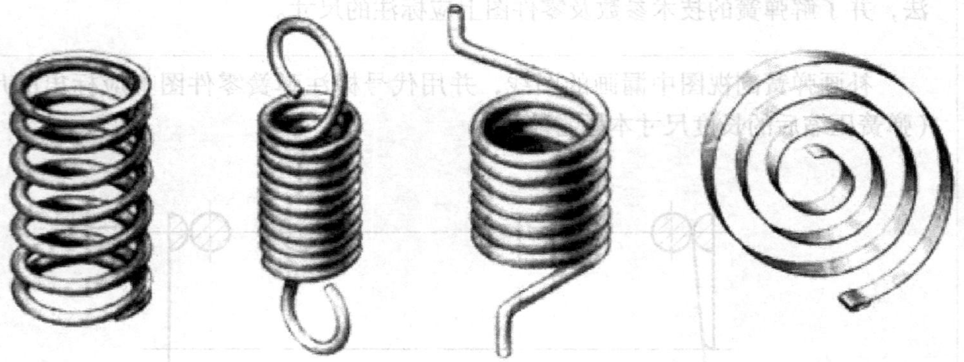

a)　　b)　　c)　　d)

图 13-36　圆柱螺旋弹簧

a）压缩弹簧　b）拉伸弹簧　c）扭转弹簧　d）涡卷弹簧

**提　示：**

圆柱螺旋压缩弹簧是弹簧中最为常用的一种，用常规的机件真实投影表达方法去绘制，既繁琐，又无必要。因此，机械图样中需采用国家标准规定的画法来绘制弹簧视图。为了能正确理解并掌握圆柱螺旋压缩弹簧的规定画法，在下面的学习中，应注意了解有关圆柱螺旋压缩弹簧的基本结构要素。

### 1. 圆柱螺旋压缩弹簧各部分名称和尺寸关系

弹簧各部分名称和尺寸关系如图 13-37 所示：

（1）弹簧丝直径 $d$　制造弹簧的钢丝直径。

（2）弹簧直径

◆ 弹簧外径 $D$：弹簧最大直径。

◆ 弹簧内径 $D_1$：弹簧最小直径，为

$$D_1 = D - 2d$$

◆ 弹簧中径 $D_2$：弹簧平均直径，为

$$D_2 = \frac{D + D_1}{2} = D_1 + d = D - d$$

（3）节距 $t$　除磨平压紧的支承圈外，相邻两圈上对应点之间的轴向距离。

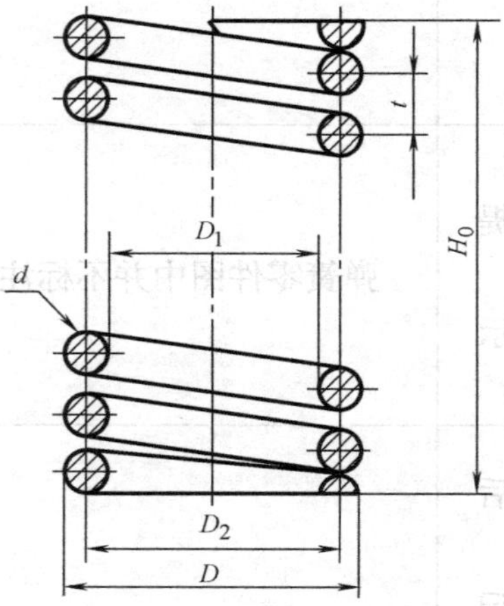


图 13-37　圆柱螺旋压缩弹簧

（4）有效圈数 $n$、总圈数 $n_1$、支承圈数 $n_2$

◆ 支承圈数 $n_2$：为了使弹簧在工作时受力均匀，保证弹簧中心垂直于支承面，弹簧两端的几圈要磨平且并紧成为支承圈数。一般情况下：$n_2=2.5$ 圈。

◆ 有效圈数 $n$：除支承圈外，能在弹簧受力时变形的圈数。

◆ 总圈数 $n_1$：有效圈数与支承圈数之和。即

$$n_1=n+n_2$$

（5）自由长度（高度）$H_0$　弹簧不受外力（即处于自由状态）时的长度（高度），为

$$H_0=nt+(n_2-0.5)d$$

（6）弹簧展开长度 $L$　制造弹簧时的钢丝坯料长度，为

$$L\approx n_1\sqrt{(\pi D_2)^2+t^2}$$

**2. 螺旋弹簧的画法规定**（GB/T 4459.4—2003）

弹簧的画法规定如下（见图 13-38）：

1）弹簧可画成视图或剖视图，弹簧丝轮廓画成直线。

2）弹簧无论是右旋还是左旋，均可画成右旋，但在“技术要求”中必须要注明旋向要求。

3）无论支承圈数多少，两端并紧情况如何，均可按图 13-38 的形式绘制。必要时也可按支承圈的实际结构绘制。

4）有效圈数在 4 圈以上时，中间部分可省略不画，并允许适当缩短图形的长度，但应按设计要求标注自由高度。

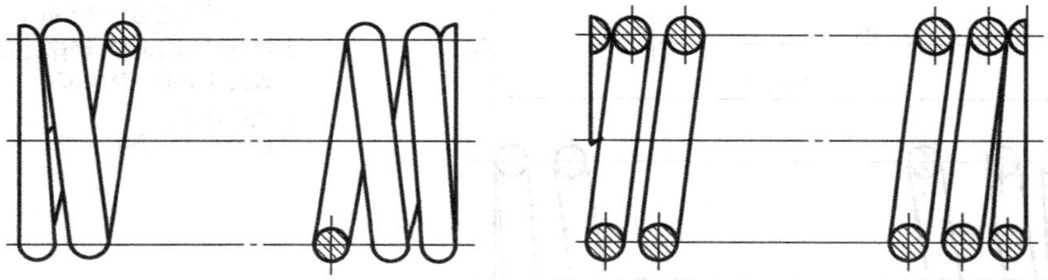
a)　　　　b)

图 13-38　螺旋弹簧的画法

**小试身手：**

按照任务书作业要求，补画视图中漏画的图线，并标注弹簧的尺寸代号。

**3. 圆柱螺旋压缩弹簧的画图步骤**

1）根据 $D_2$ 画出中径中心线和弹簧中心线，定出自由高度 $H_0$，如图 13-39a 所示。

2）根据 $d$ 画出支承圈部分的圆和半圆，如图 13-39b 所示。

3）根据节距 $t$ 画出弹簧丝断面，如图 13-39c 所示。

4）按右旋方向作簧丝断面的切线，如图 13-39d 所示。

5）校核、加深，画剖面线。

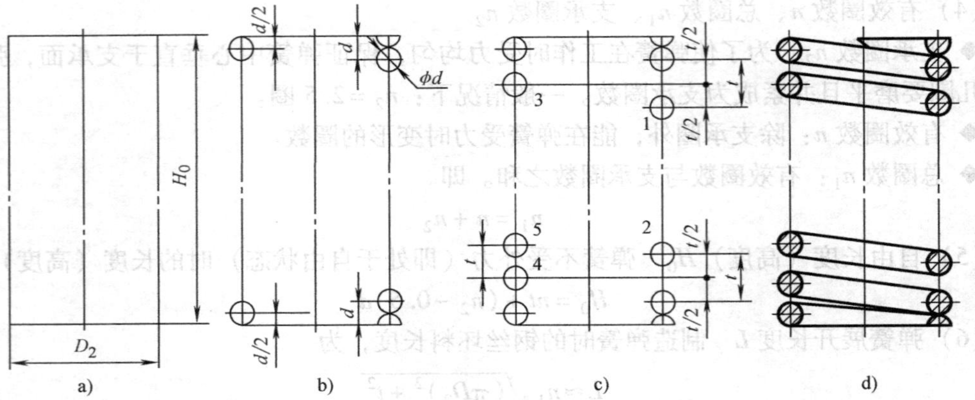


图 13-39　圆柱螺旋压缩弹簧的画图步骤

**4. 圆柱螺旋压缩弹簧零件工作图**

圆柱螺旋压缩弹簧零件工作图的画法如图 13-40 所示。

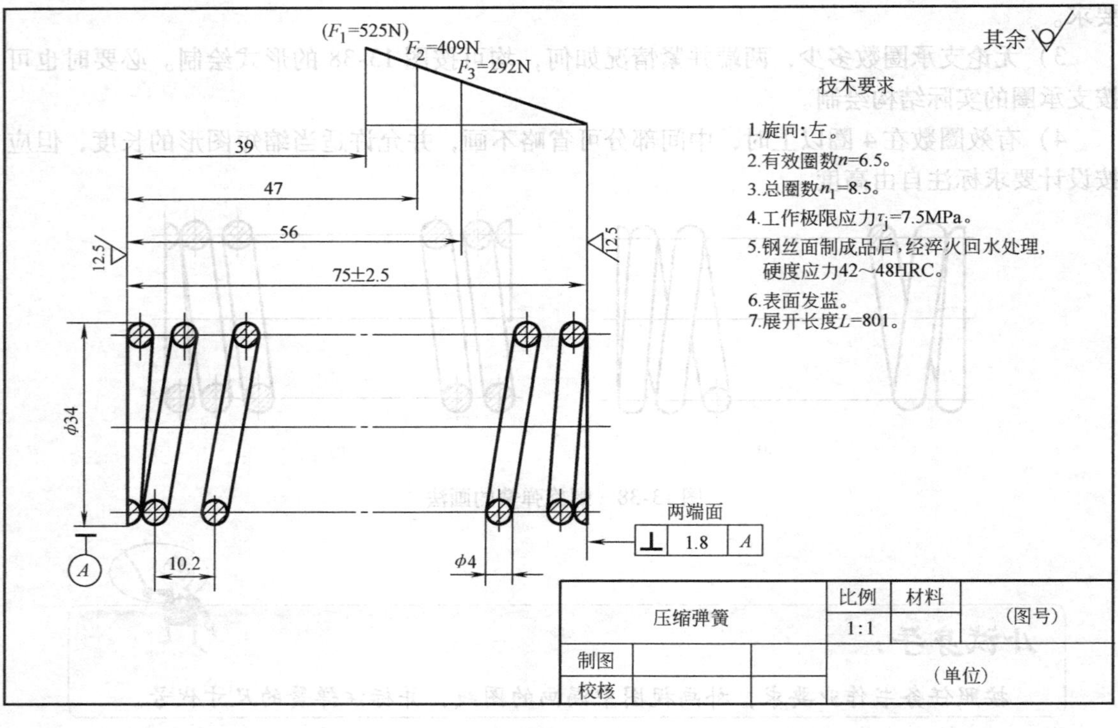


图 13-40　圆柱螺旋压缩弹簧的零件图

**巩固练习**

已知圆柱螺旋压缩弹簧的弹簧丝直径 $d=6\text{mm}$，弹簧外径 $D=50\text{mm}$，节距 $t=12.3\text{mm}$，支承圈数 $n_2=2.5$，有效圈数 $n=6$，右旋，在 $F_1=320\text{N}$，$F_2=768\text{N}$，$F_3=960\text{N}$ 等的不同载荷下，弹簧的相应长度为 73.2mm、55.6mm、48mm。试画出螺旋弹簧的零件工作图。

# 课题十四　零件图的绘制

## 学习指南

零件图是表达单个零件结构、大小及技术要求的图样，是在制造和检验零件时所使用的图样，又称零件工作图。在生产过程中，零件图是进行生产准备、加工制造和检验的主要依据。因此，零件图是指导零件生产的重要技术文件。

由于零件图是生产过程中使用的实用图样，因此，学习中要十分注意理论知识与实际运用相结合。无论是零件的结构形状、尺寸大小，还是技术要求，首先必须要满足使用要求，同时必须要考虑能否制造，如何制造的工艺问题。

学习中必须注意到，学习重点将从此前所学的用投影原理抽象地表达物体的形状，转入到按画法、标注规定表达机件的实际使用、工艺要求上来。

**教学目标**　1. 熟悉零件图的基本内容。

2. 基本掌握零件表达方案的确定。

3. 基本能正确、完整、清晰和较合理地标注零件尺寸。

4. 了解零件图技术要求的标注内容和标注方法。

**教学重点**　零件表达方案的确定；合理地标注零件尺寸；各种画法、标注规定。

**教学难点**　零件表达方案的确定、合理地标注零件尺寸。

**教学课时**　16 学时。

任务书

# 绘制曲柄零件图

<table>
<tr><td>项 目</td><td>曲柄零件图的绘制</td><td>用 时</td><td>720 分钟</td></tr>
<tr><td>目的</td><td colspan="3">通过曲柄零件图的绘制，熟悉零件图应具备的内容，了解绘制零件图的全过程，基本掌握零件图的表达方法与要求，能绘制一般复杂程度的零件图。</td></tr>
<tr><td>要求</td><td colspan="3">1. 正确选择曲柄的视图表达方案，在 A4 图纸上用最简洁的方法画出曲柄各视图。<br>2. 在画好的曲柄视图上标注尺寸。<br>3. 根据已知条件完整地标注各项技术要求。<br>4. 完整填写标题栏的各项内容。<br>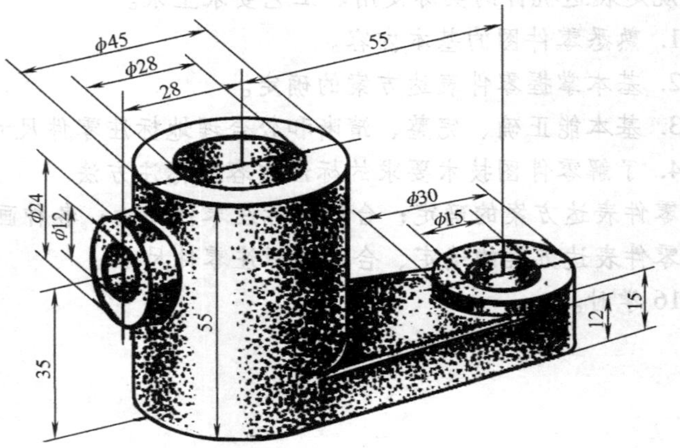<br><br>材料：HT200<br>技术要求：<br>1. 表面粗糙度：三孔的各端面作切削加工，均为 $R_a$6. 3μm；φ28mm、φ15mm 两孔内表面的为 $R_a$3. 2μm；其余表面保持毛坯供应状态。<br>2. φ28mm、φ15mm 孔的公差带代号分别为 H7 和 N7，标出公差带代号和极限偏差。<br>3. φ15mm 孔轴线对 φ28mm 孔轴线的平行度公差为 φ0. 01mm。<br>4. 铸造圆角均为 R3 ~ R5mm。<br>5. 锐边倒钝。</td></tr>
<tr><td>提示</td><td colspan="3">1. 按照零件图中相对独立的各部分内容分步完成作业要求。<br>2. 注意应用其他专业课的知识内容（如《公差与配合》等）。</td></tr>
<tr><td>后记</td><td colspan="3"></td></tr>
</table>

## 知识链接

机器都是由若干相关的零件、部件按设计要求装配而成的，其中部件也是由零件或更小部件装配而成的。因而，零件是构成机器的最基本单元。根据零件在机器或部件中的作用，一般可分为联接件、传动件和一般零件。

◆ 联接件　指螺纹联接件（螺栓、螺钉、螺母、垫圈等）、键、销、滚动轴承等，在机器中主要起联接作用。联接件一般按国家标准由专业厂家制造，故又称为标准件。此类零件不需画零件图。

◆ 传动件　指齿轮、蜗轮、蜗杆、带轮等零件，在机器中主要起着传递运动或传递转矩的作用。此类零件必须绘制零件图，零件上的轮齿、齿槽、键槽等已经是标准化的结构，需按国家标准规定的画法绘出，零件图上常配置与一般零件图不同的结构参数表。

◆ 一般零件　指为满足专门机器的需要而设计的零件，又称为专用件。此类零件必须绘制零件图。

**提　示：**

零件图的画法与此前所学的组合体视图不同，组合体视图完全避开形体的使用性和制造工艺性问题，而着眼于投影原理、图示方法的运用。零件图的绘制则主要是从如何满足生产制造工艺的方便和合理性方面去考虑，首先要保证的是生产实际中的使用要求。当然，在图示方面仍需遵守投影原理和各项视图画法规定。

### 1. 零件图的内容与基本要求

（1）零件图的内容　零件图是生产准备、加工制造和检验的主要依据，是指导生产的重要技术文件。一张满足制造工艺需要的完整的零件图（图 14-1）应具备如下四方面内容：

1）一组视图：选用必要的视图、剖视图、断面图及其他画法等，正确、完整、清晰地表达零件各部分的结构、形状和相对位置的一组视图。

2）完整的尺寸：正确、完整、清晰、合理地标注制造、检验零件所需要的全部尺寸。

3）技术要求：用规定符号、代号和数字、文字注明零件在加工、检验、装配过程中应达到的各项技术指标和要求。如表面粗糙度、尺寸公差、形状和位置公差、热处理、表面处理等各项要求，用以确定产品质量的指标和要求。

4）标题栏：填写零件的名称、材料、绘图比例、图号以及设计、审核等责任人员的签名等内容。零件图上的标题栏要严格按国家标准的规定绘制并填写，教学中可采用简化的格式。

（2）零件图的基本要求　零件图的基本要求应遵循 GB/T 17451—1998 的规定，即绘制技术图样时，应首先考虑看图方便；根据物体的结构特点选用适当的表示法；在完整、清晰地表示物体结构形状的前提下，力求作图方便。

### 2. 零件结构形状的表达

（1）主视图的选择

1）结构形状特征原则：应选择最能表达零件的形状特征和各组成部分之间相对位置关

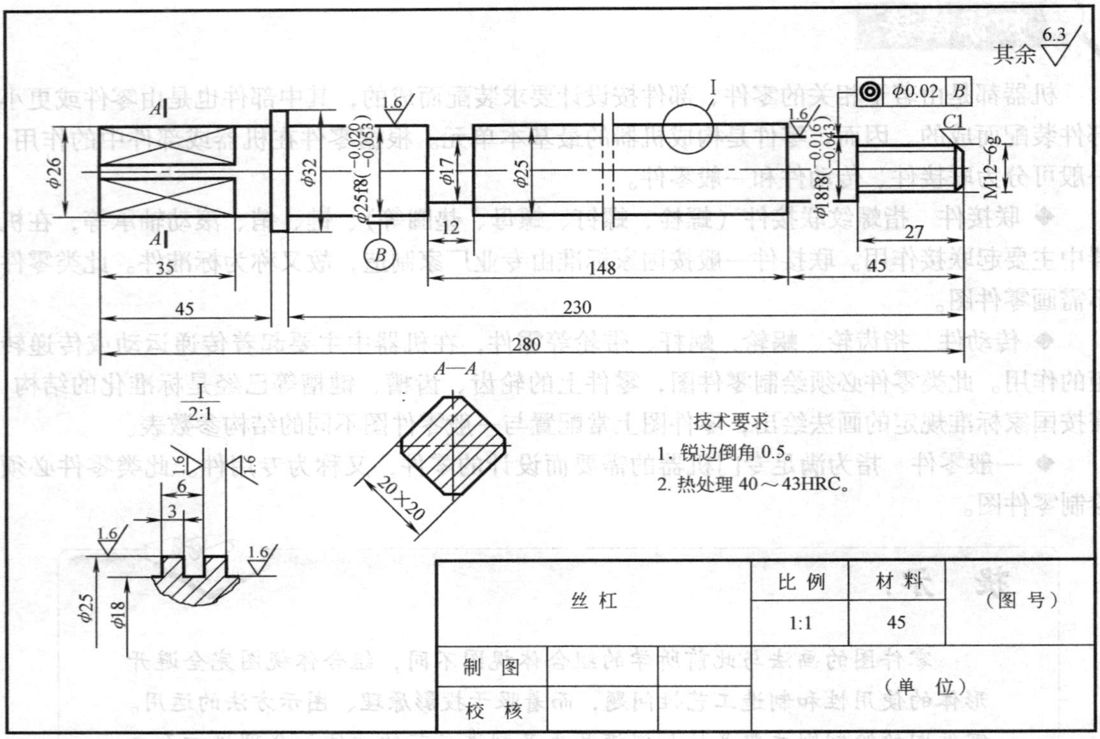


图 14-1 丝杠零件图

系的那个方向作为主视图的投射方向，同时还应考虑合理利用图幅。

如图 14-2 中，箭头 *K* 所示方向的投影能清楚地显示出支座的各部分形状、大小及相互位置关系，选择该方向作为主视图的投射方向，较其他方向（如 *Q* 向、*R* 向）更能清楚地显示零件的形状特征。

2）主视图中零件的摆放位置

① 加工位置原则：为使生产时便于看图，主视图的摆放位置应尽量与零件在生产过程中的主要加工位置一致。如图 14-3 所示，轴类零件的主要加工工序在车床和磨床上完成，因此，零件主视图应选择其轴线水平放置。

② 工作位置原则：对于支架、箱体、泵体、机座等非回转体零件，由于结构复杂，制造时需要在不同的机床上加工，而且加工时零件的装夹位置亦不相同，所以，此

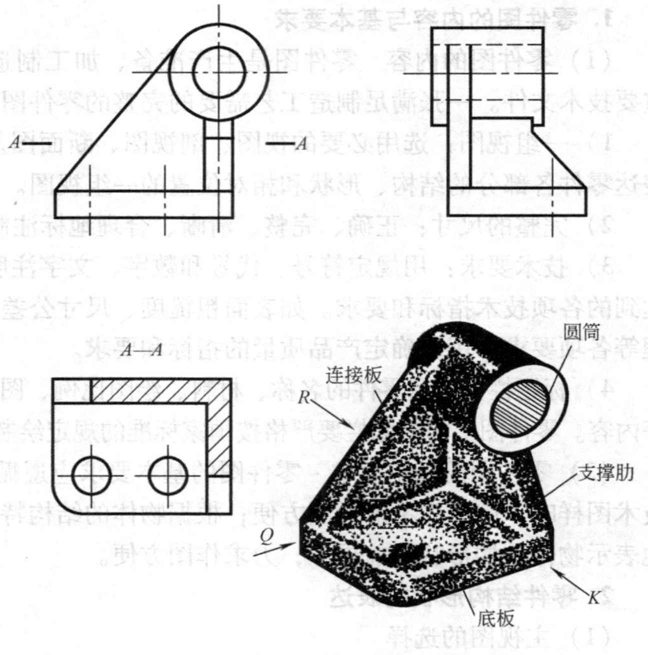


图 14-2 支座的主视图选择

类零件主视图的摆放位置一般与零件在机器上的工作位置（安装位置）一致。如图 14-4 所示，吊钩的主视图即反映了工作位置。又如图 14-2 中的支座主视图既反映出零件的形状特征，又体现了工作位置原则。

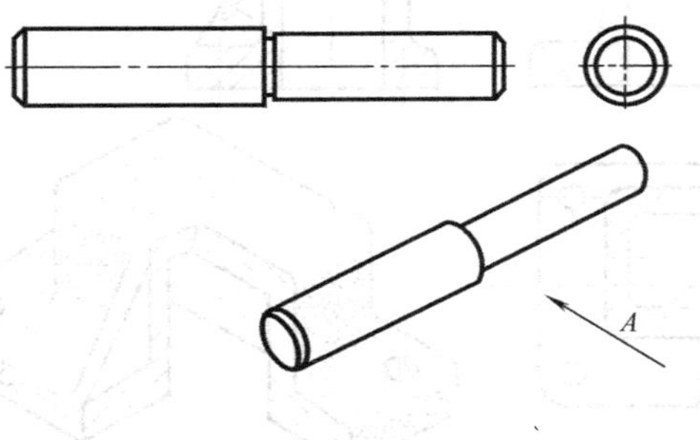


图 14-3　轴类零件的主视图选择

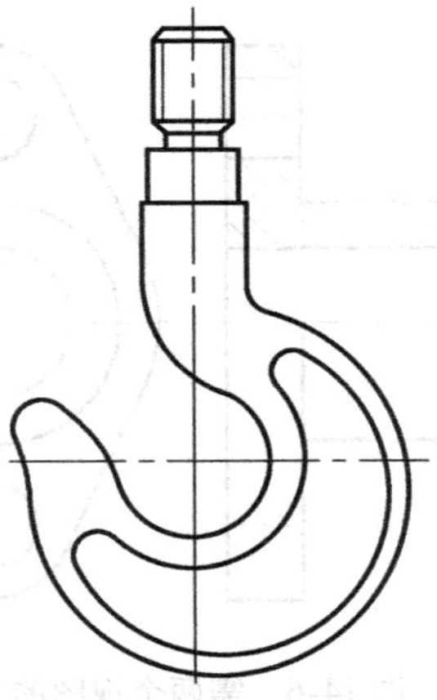

图 14-4　吊钩的工作位置

（2）其他视图的选择　主视图中没有表达清楚的部分，应考虑选择适当的其他视图加以表示。其他视图的选择应遵守以下原则：

1）根据零件的复杂程度和内外结构特点，综合考虑所需要的其他视图，使每一个视图都有表达重点。视图数量的确定应在能够正确、完整、清晰地表达零件内外结构的前提下，尽量减少视图的数量，以便于绘图和读图。

2）优先考虑采用基本视图，在基本视图上作剖视图，并尽可能按投影关系配置各视图。

**示例：**

图 14-5 所示的回转体零件，由于尺寸中标注了符号“$\phi$”和“$S\phi$”，表达了回转体的形状特征，因此，只需用一个视图就足以使零件表达清晰。

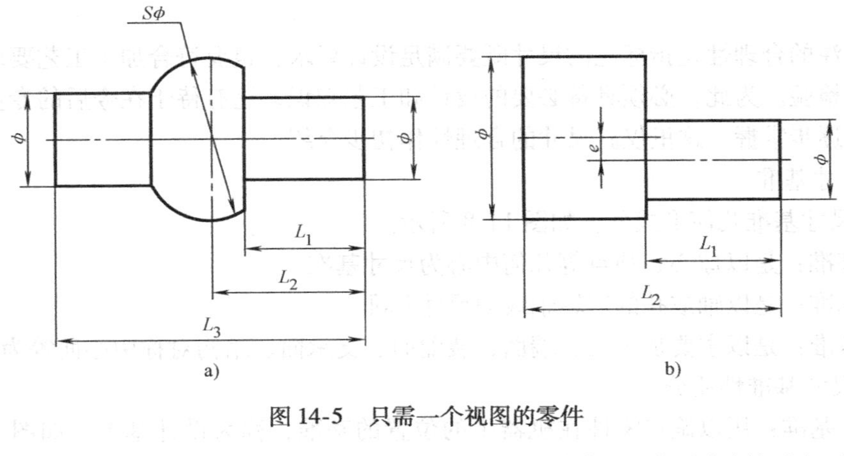


图 14-5　只需一个视图的零件

图 14-6 所示的零件，至少需要两个视图加以表达。主视图采用半剖视图，同时表达零件的内、外结构，左视图主要是表达联接板的形状和各孔的分布情况。

图 14-7 所示的箱体零件，可采用三个视图。主视图因左右对称，用半剖视图表达内腔，

局部视图表达小孔内形；俯视图表达了三部分结构间的相对位置关系，四个小孔的分布情况以及底板上的四个圆角，并用局部剖视图显示了内腔圆角的形状；左视图主要用全剖视图表达内腔，还在肋板上用重合断面表达了肋板的断面形状。

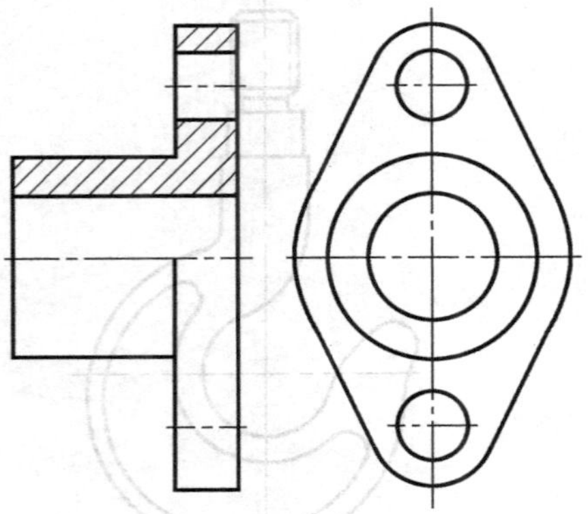

图 14-6　需两个视图的零件

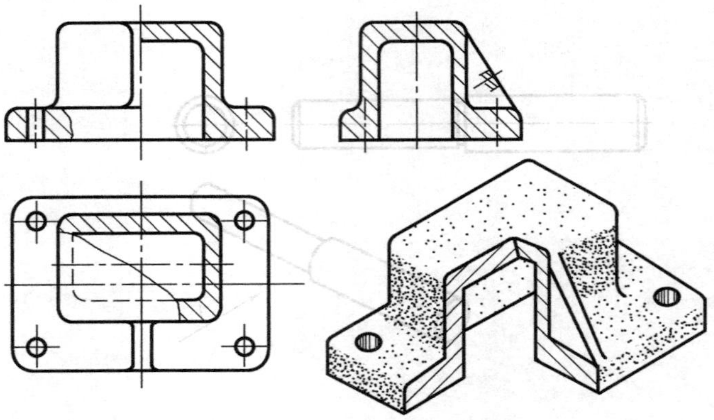

图 14-7　需三个视图的零件

总之，确定零件的主视图及整体表达方案，应灵活地运用上述各原则。从实际出发，根据具体情况全面地加以分析、比较，使零件的表达符合正确、完整、清晰而又简洁的要求。

**小试身手：**

根据任务书第 1 项任务要求，尝试用三种表达方案表达曲柄的结构形状。

**3. 零件图的尺寸标注**

零件图尺寸标注的基本要求是：正确、完整、清晰、合理。关于正确、完整、清晰的要求，在前面有关涉及尺寸标注的课题中已叙述过，本课题着重讨论零件图的尺寸标注合理性问题。

尺寸标注的合理性是指标注的尺寸既要满足设计要求，也要符合加工工艺要求，便于加工、测量和检验。为此，必须具备必要的设计和工艺知识，这有待于在今后的专业课学习和工作实践中逐步掌握。这里仅就尺寸的合理性作初步介绍。

（1）尺寸基准

1）按尺寸基准几何形式分，如图 14-8 所示。

◆ 点基准：是以球心、顶点等几何中心为尺寸基准。

◆ 线基准：是以轴或孔的回转轴线为尺寸基准。

◆ 面基准：是以主要加工面、端面、装配面、支承面、结构对称中心面等为尺寸基准。

2）按尺寸基准性质分：

◆ 设计基准：用以确定零件在机器中的位置的基准，称为设计基准。如图 14-8a 中的轴承座底面，图 14-8b 中的轴线等。

◆ 工艺基准：在零件加工过程中，为满足加工和测量要求而确定的基准，称为工艺基准。如图 14-8a 轴承座顶面的辅助基准，即是为便于测量沉孔的深度而设置的。

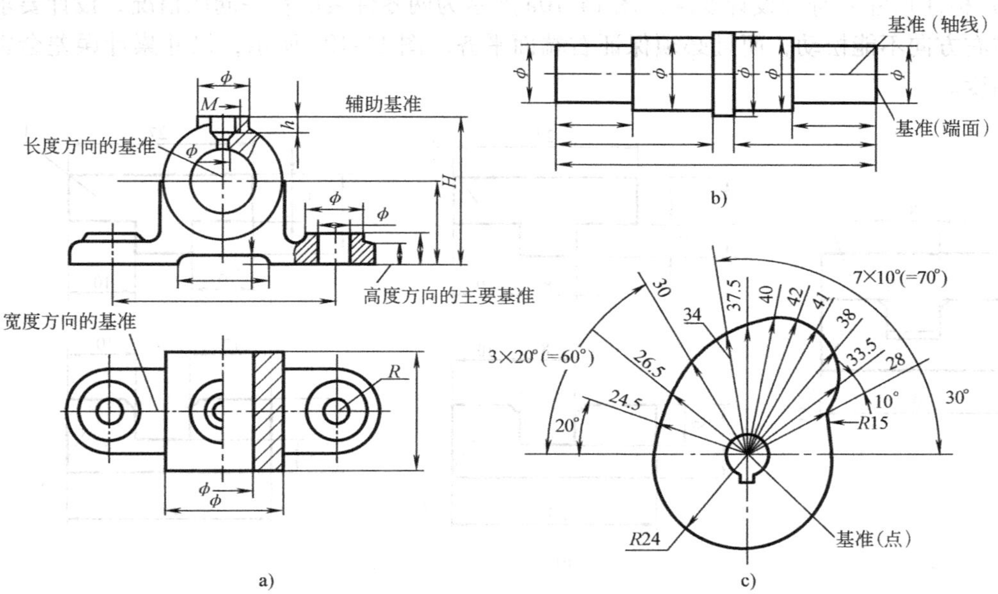


图 14-8　常见的尺寸基准

3）按尺寸基准重要性分（如图 14-8 所示）

◆ 主要基准：决定零件主要尺寸的基准。

◆ 辅助基准：为便于加工和测量而附加的基准。

尺寸基准的选择是否正确，关系到整个零件尺寸标注的合理性。应注意：零件都有长、宽、高三个方向的尺寸，每个方向至少应有一个尺寸基准。同一方向的尺寸基准之间一定要有尺寸联系，如图 14-8a 轴承座高度方向的主、辅尺寸基准之间的联系尺寸 $H$。应尽可能使设计基准和工艺基准一致，这样既能满足设计要求，又便于加工和测量，满足工艺要求。当设计基准和工艺基准不能统一时，主要尺寸应从设计基准出发标注。

（2）尺寸标注

1）重要尺寸要从主要基准直接注出。零件上的配合尺寸、安装尺寸、特性尺寸等，即影响零件在机器中的工作性能和装配精度等要求的尺寸为重要尺寸，如图 14-9 中的尺寸 $a$ 和 $k$。

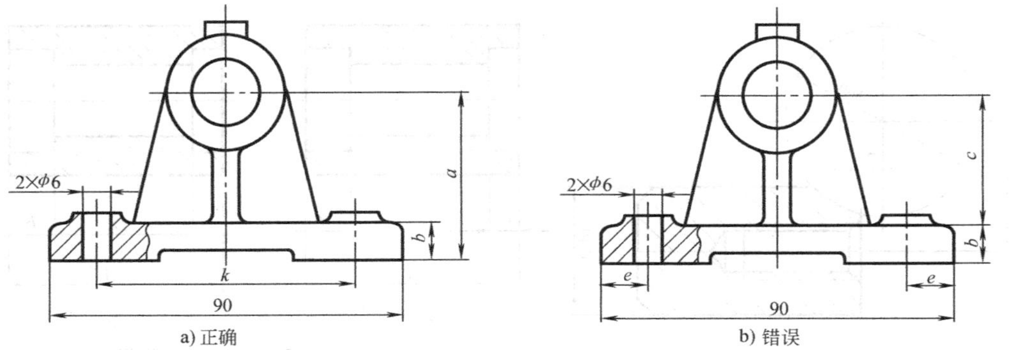


图 14-9　重要尺寸要直接标出

2）标注尺寸要符合设计要求。图 14-10a 所示为两零件装配在一起的情况，设计要求两零件左右方向不能松动，而且必须保证右端面平齐。图 14-10c 所示，尺寸累计误差会影响装配精度。

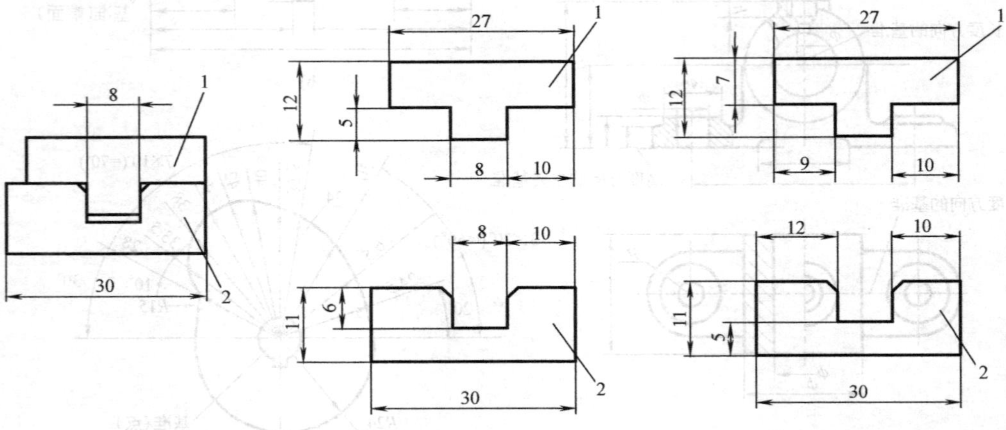


a)　　b)　　c)

图 14-10　根据设计要求标注尺寸

a）两零件配合　b）合理　c）不合理

3）标注尺寸要符合加工工艺要求。标注尺寸要符合加工工艺要求，就是要符合加工顺序，便于测量，如图 14-11、图 14-12、图 14-13 和图 14-14 所示。

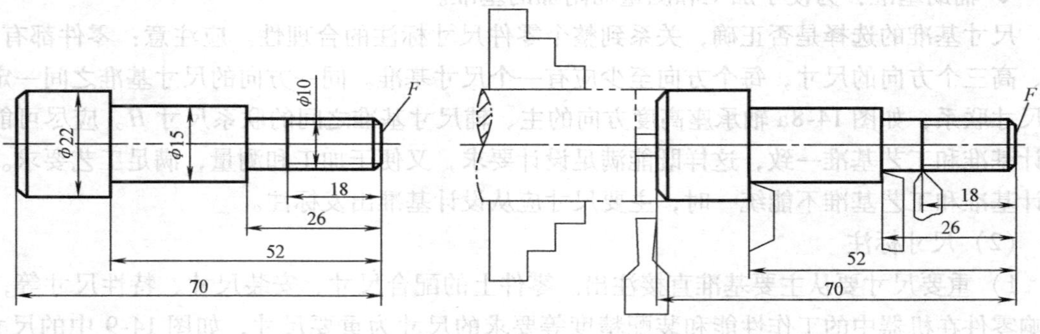


图 14-11　按加工顺序、便于测量标注尺寸

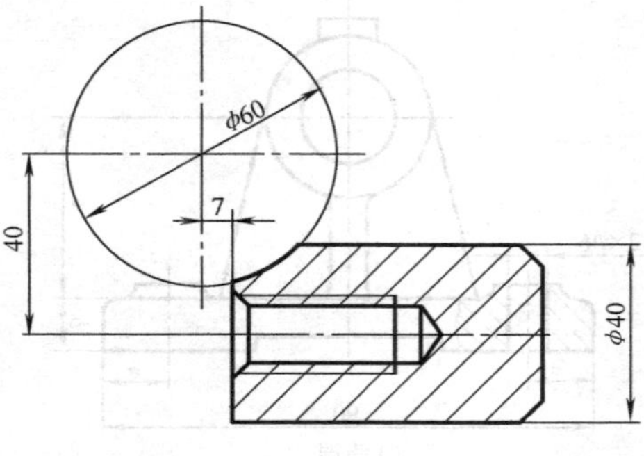


图 14-12　尺寸标注符合加工方法要求

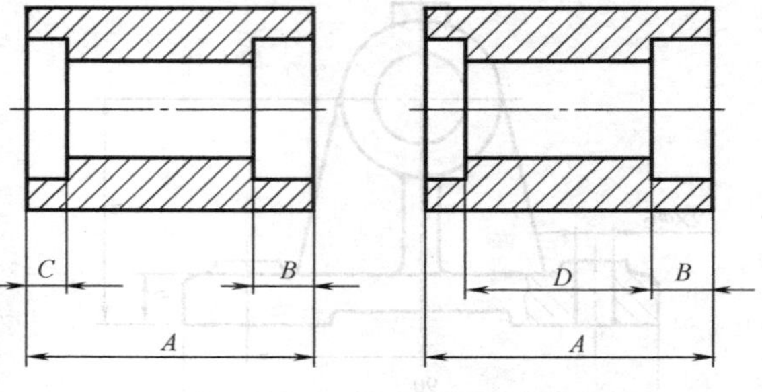


a)　　b)

图 14-13　尺寸标注便于测量

a）正确　b）错误

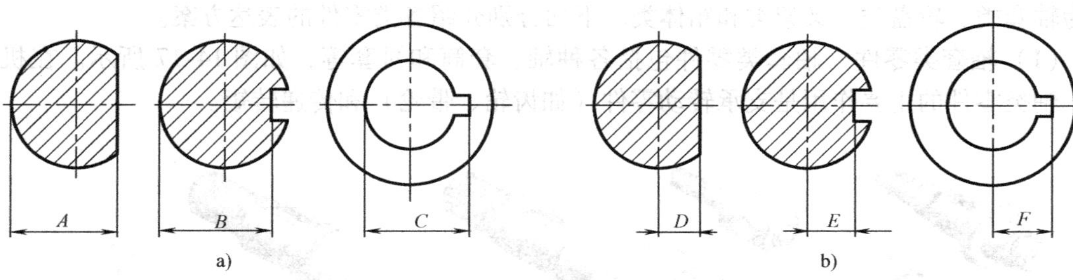


图 14-14　尺寸标注便于测量

a）正确　b）错误

4）标注尺寸要避免注成封闭尺寸链。图 14-15a 所示的尺寸链是正确的，图 14-15b 所示的封闭尺寸链中的各段尺寸 $A$、$B$、$C$ 的累计误差会使总长尺寸 $L$ 的尺寸精度得不到保证。

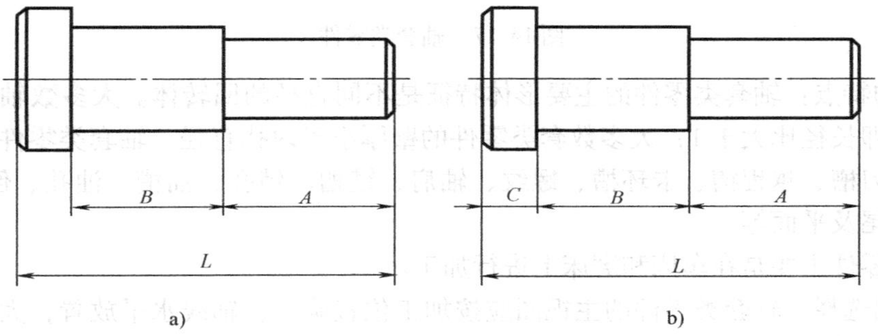


图 14-15　避免出现封闭的尺寸链

a）正确　b）错误

5）铸件毛面相关尺寸的标注。铸件表面俗称毛面。标注零件上有关毛面的尺寸时，在同一方向上一般应只有一个毛面与加工面联系，其他毛面尺寸按形体结构标注，只与该尺寸的毛面端联系，以利于保证毛面尺寸的精度，如图 14-16 所示。

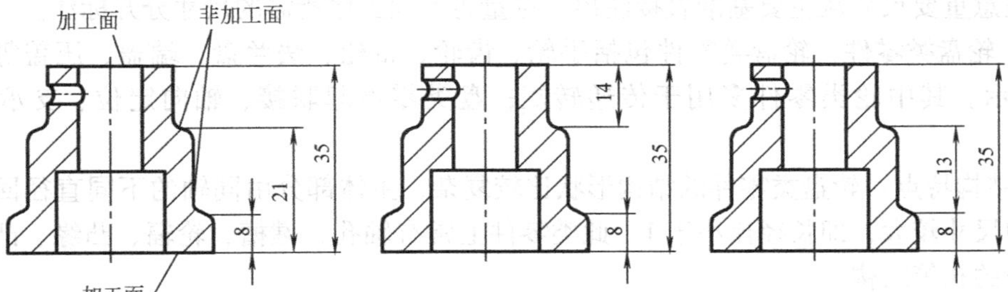


图 14-16　铸件毛面的尺寸标注

a）、b）错误　c）正确

**4. 各类典型零件的表达方法**

机器零件的结构形状千差万别，它们既有共同之处，又各有特点。为了便于掌握绘制零件图的一般规律，对于需画出零件图的传动件和一般零件，通常又按结构形状特征将其大致分为轴套类、轮盘类、叉架类和箱体类。下面分别介绍各类零件的表达方案。

（1）轴套类零件　轴套类零件包括各种轴、套筒和衬套等，如图 14-17 所示。在机器中，轴类零件的主要作用是支承转动零件（如齿轮、带轮）和传递转矩。

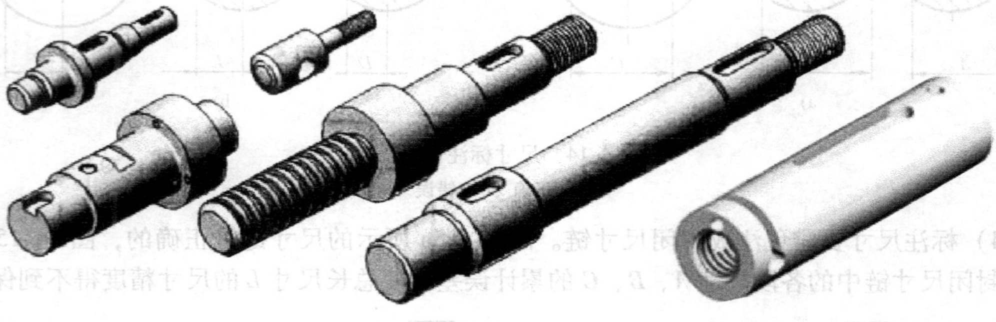

图 14-17　轴套类零件

1）结构特点：轴套类零件的主要形体特征是不同直径的回转体。大多数轴的长度大于它的直径，即长径比大于 1；大多数套类零件的壁厚小于内孔直径。轴套类零件上常见的局部结构有退刀槽、越程槽、卡环槽、螺纹、轴肩、键槽、销孔、油槽、油孔、倒圆、倒角、中心孔、扁尾及平面等。

轴套类零件主要是在车床和磨床上进行加工。

2）视图选择：轴套类零件的主视图应按加工位置确定，轴线水平放置，大头在左，小头在右。一般采用一个基本视图（主视图）来表达主体结构，中空的套类零件，主视图一般画成剖视图。零件上的局部结构采用局部放大图、局部剖视图、断面图等来表达。过长的轴可采用折断画法。轴套类零件的视图表达实例如图 14-18 和图 14-19 所示。

3）尺寸标注：此类零件的定形尺寸一般为表示直径大小的径向尺寸和表示各段长度的轴向尺寸两种，此外还有确定各局部结构的定形尺寸和轴向定位。径向尺寸以轴线为基准，轴向尺寸根据零件的作用及装配要求选择重要定位面（轴肩或端面）为主要尺寸基准。标注时应注意重要尺寸从主要基准直接注出，尽量将不同工序所需的尺寸分开标注。

（2）轮盘类零件　轮盘类零件包括手轮、齿轮、带轮、法兰盘、端盖、压盖等，如图 14-20 所示。其中轮类零件多用于传递转矩；盘类零件起联接、轴向定位、支承和密封作用。

1）结构特点：轮盘类零件的结构形状比较复杂，主体部分由同轴的不同直径回转体构成，径向尺寸较大，即长径比小于 1。此类零件上常有轴孔、键槽、轮辐、凸缘、凸台、沿周边均布的孔等结构。

此类零件多为铸件制造，主要的加工方法有车削、刨削和铣削。

2）视图选择：轮盘类零件的结构形状一般采用两个视图表达。以车削加工为主的零件，按加工位置使轴线水平横放，并多用全剖视图或半剖视图表达内部结构；左视图或右视图表达外形轮廓和孔、肋、轮辐、凸缘、凸台、沿周边均布孔等结构，如图 14-21 所示。

齿轮、V 形带轮等零件上的标准结构，须按国家标准的规定画法绘出；齿轮轴孔、键槽结构可采用简化画法绘制，如图 14-22 所示。

3）尺寸标注：此类零件以轴线作为径向尺寸的基准，轴向尺寸以重要端面（与其他零

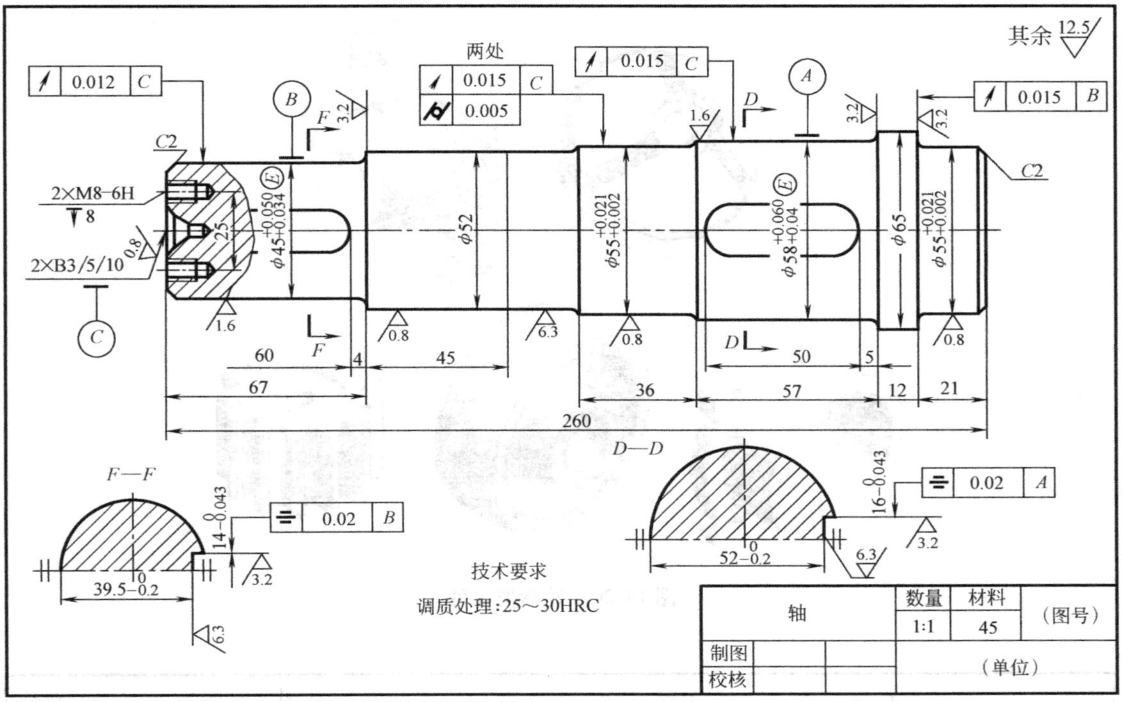


图 14-18　轴的零件图

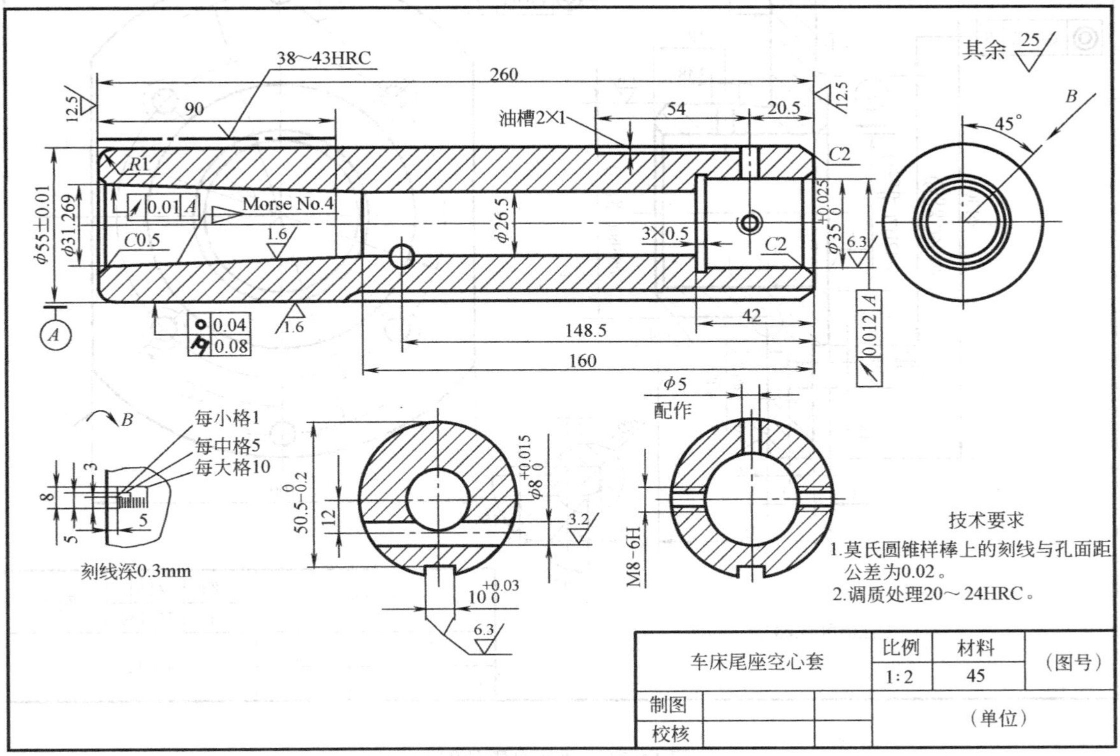


图 14-19　车床尾座空心套零件图

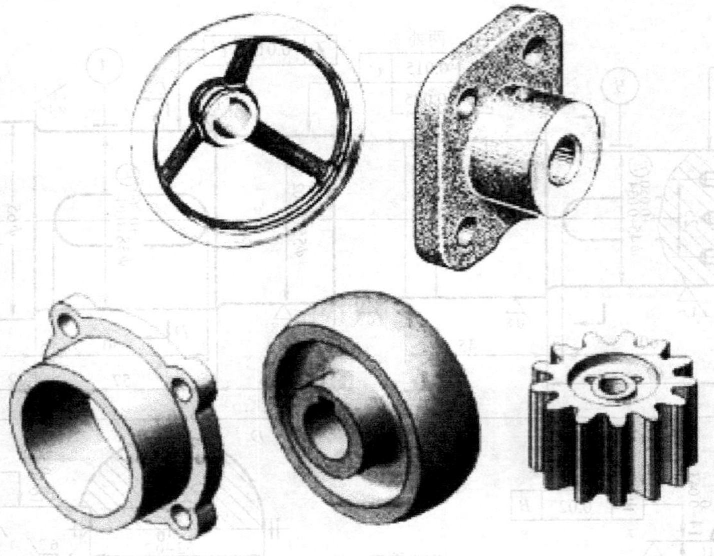

图 14-20　轮盘类零件

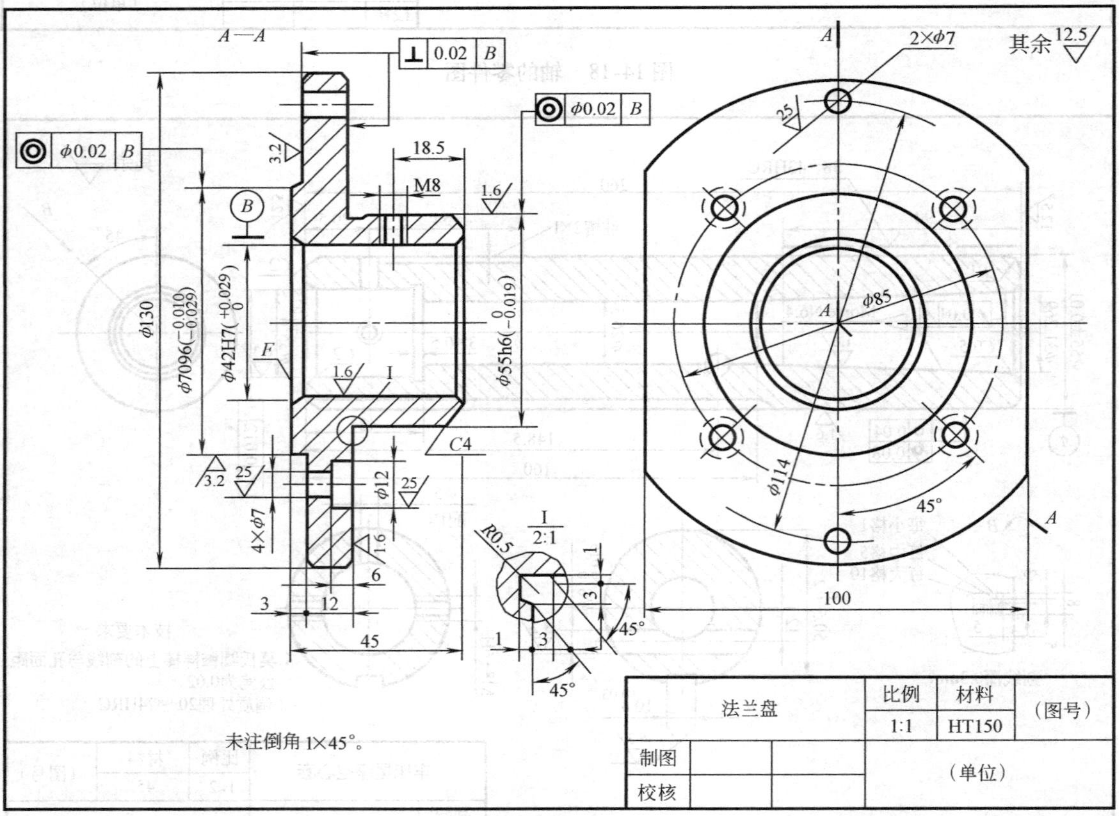


图 14-21　法兰盘零件图

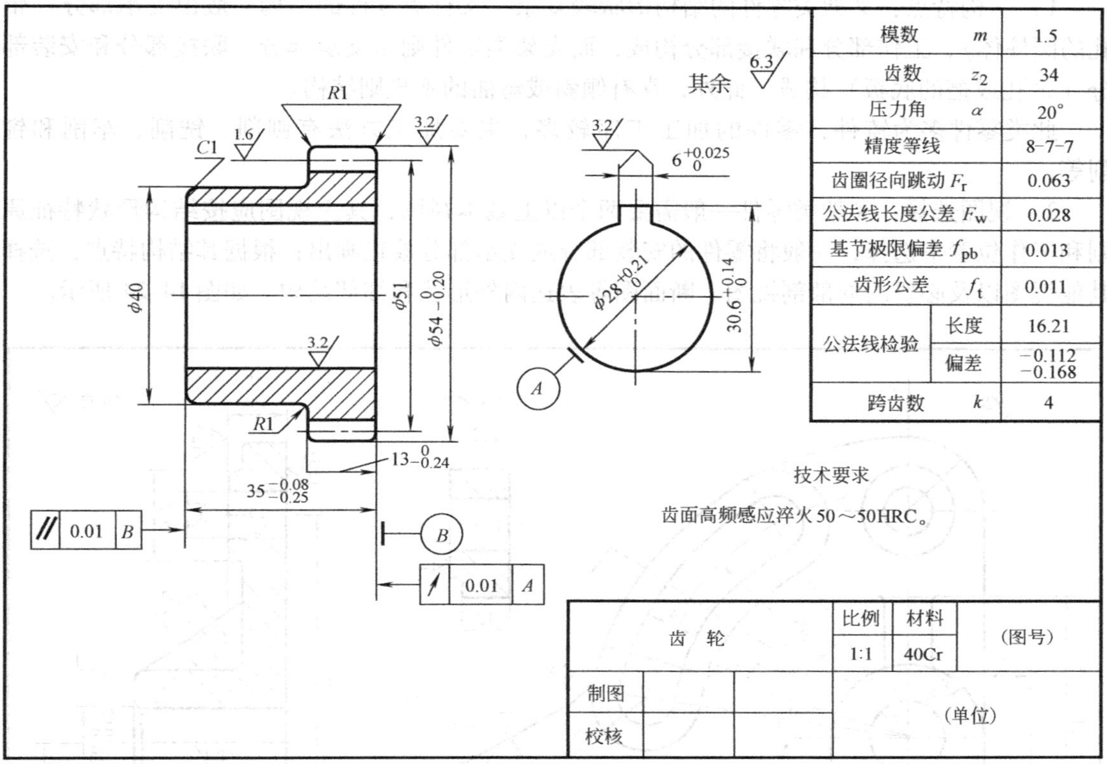


图 14-22 齿轮零件图

件的重要接触面）为基准进行标注。标注尺寸时应注意，重要尺寸尽量标注在主视图上，圆柱体的直径一般都注在投影为非圆的视图上，且尽量将内、外结构的尺寸分开标注。沿周边分布的孔、槽等结构的尺寸应尽量标注在反映其分布情况的视图中。

齿轮的模数、压力角等技术参数须在图样的右上角的参数表中列出。

（3）叉架类零件 叉架类零件包括拨叉、连杆、支架、支座、曲柄、手柄等，如图 14-23所示。叉架类零件在机器中主要是起操纵、联接、传动或支承作用。

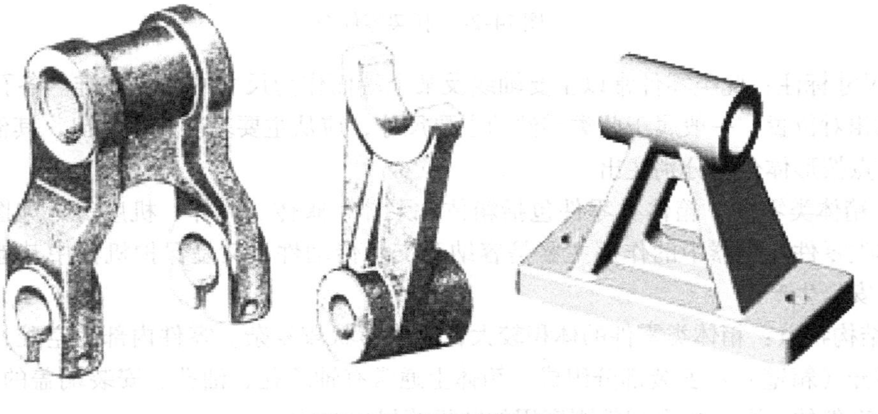

图 14-23 叉架类零件

1）结构特点：叉架类零件的结构形状较复杂，叉杆类零件的结构一般由支承部分（带孔的圆柱体）、工作部分和联接部分构成；而支架类零件则由支承部分、联接部分和安装部分（带孔或槽的底板）构成。此外，常有倾斜或弯曲的不规则结构。

此类零件多为铸件，零件的加工工序较多，主要加工方法有刨削、铣削、车削和镗削等。

2）视图选择：叉架类零件一般需要两个以上基本视图，其主视图应按结构形状特征原则和工作位置来选择，一般将零件的安装部分或支承部分放正画出；根据其结构特点，选择其他视图以及必要的局部剖视图、断面图等表达内外形状和细部结构，如图 14-24 所示。

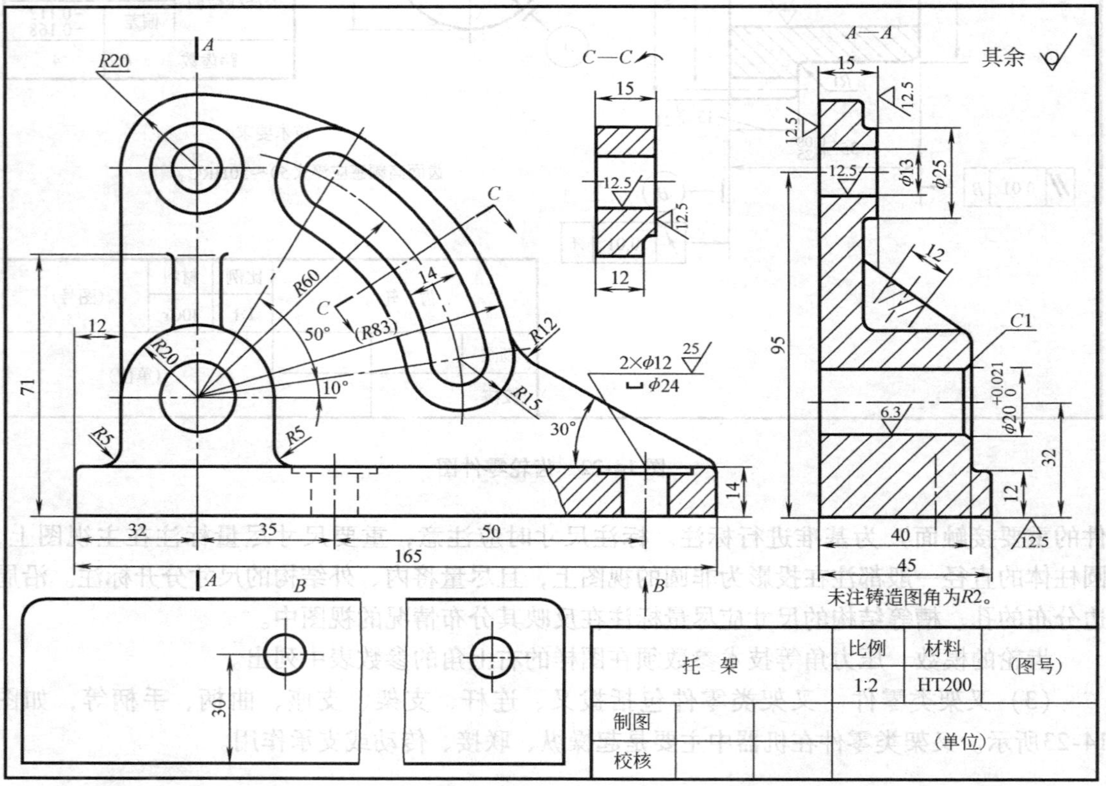


图 14-24　托架零件图

3）尺寸标注：此类零件常以主要轴线及某个端面作为尺寸的主要基准。各孔的中心距和它们的相对位置，一般属于此类零件的主要尺寸，应从主要基准直接注出，其他尺寸根据零件的特点按形体分析分别注出。

（4）箱体类零件　箱体类零件包括箱体、泵体、阀体、壳体、机座等，如图 14-25 所示。箱体类零件在机器中的作用主要是容纳和支承传动件，又是保护机器中其他零件的外壳，利于安全生产。

1）结构特点：箱体类零件的体积较大，结构形状较复杂。零件内部为空腔，主体一般由外壳部分（箱壁）和安装部分组成，箱体上通常有轴承孔、油孔、安装端盖的均布螺孔、安装其他零件的螺孔、加强零件刚度用的肋板等局部结构。

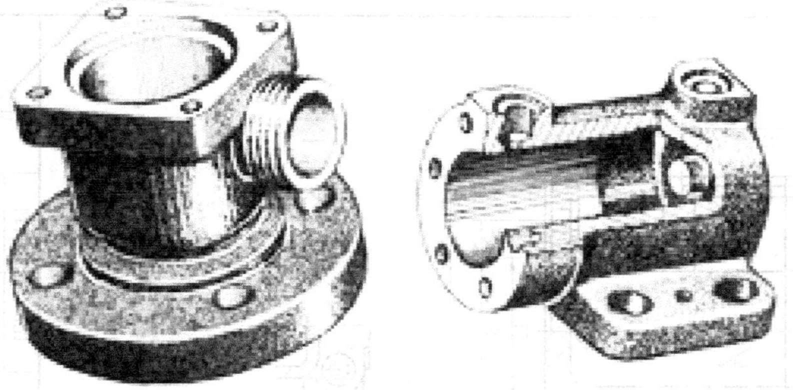

图 14-25　箱体类零件

箱体类零件多为铸件制造，加工工序较多，主要加工方法有刨削、铣削、钻削和镗削等。

2）视图选择：此类零件的形状结构比较复杂，加工工序亦较多，一般应按其工作位置确定主视图，并以反映形状特征和各部分相对位置最明显的方向作为主视图的投射方向。零件一般需要三个或三个以上基本视图及其他辅助视图，由于箱体外形往往较为简单，内部结构比较复杂，因此，一般需要采用剖视图和其他多种图样画法才能表达清楚零件的形状和结构，如图 14-26 所示。

3）尺寸标注：箱体类零件结构复杂，尺寸较多，标注较困难，箱体的长、宽、高方向的主要基准一般为加工的大底面、对称平面或大孔的轴线。定形尺寸一般按形体分析法标注，定位尺寸一般注出孔的轴线（中心）间的距离，或孔轴线到平面间的距离，或平面到平面间的距离。主要孔的配合尺寸、与装配有关的定位尺寸等直接影响机器工作性能和质量，属于重要尺寸，应直接注出。其余尺寸可按形体分析和结构分析标注，同时要注意尺寸的合理性，如图 14-26 所示。

**小试身手：**

综合考虑零件图的视图表达和尺寸标注两方面要求，在前面已确定的曲柄的三种视图表达方案中选择一种最佳表达方案，依照任务书的第 1、2 项要求在标准的 A4 图纸上正式绘制曲柄视图，并按照零件图尺寸标注基本要求标注曲柄的全部尺寸，

**5. 零件图的技术要求**

零件图上仅有图形和尺寸尚不能完全反映对零件的全面要求，因此，零件图上还必须注写必要的技术要求，以便控制零件质量。技术要求主要包括表面粗糙度、尺寸公差、形状和位置公差、材料热处理、表面处理以及一些机械加工工艺要求等内容。这些内容多数采用国家标准规定的符号和代号直接标注在视图上，有些内容则以简明文字注写在图纸的适当位置。

（1）表面粗糙度

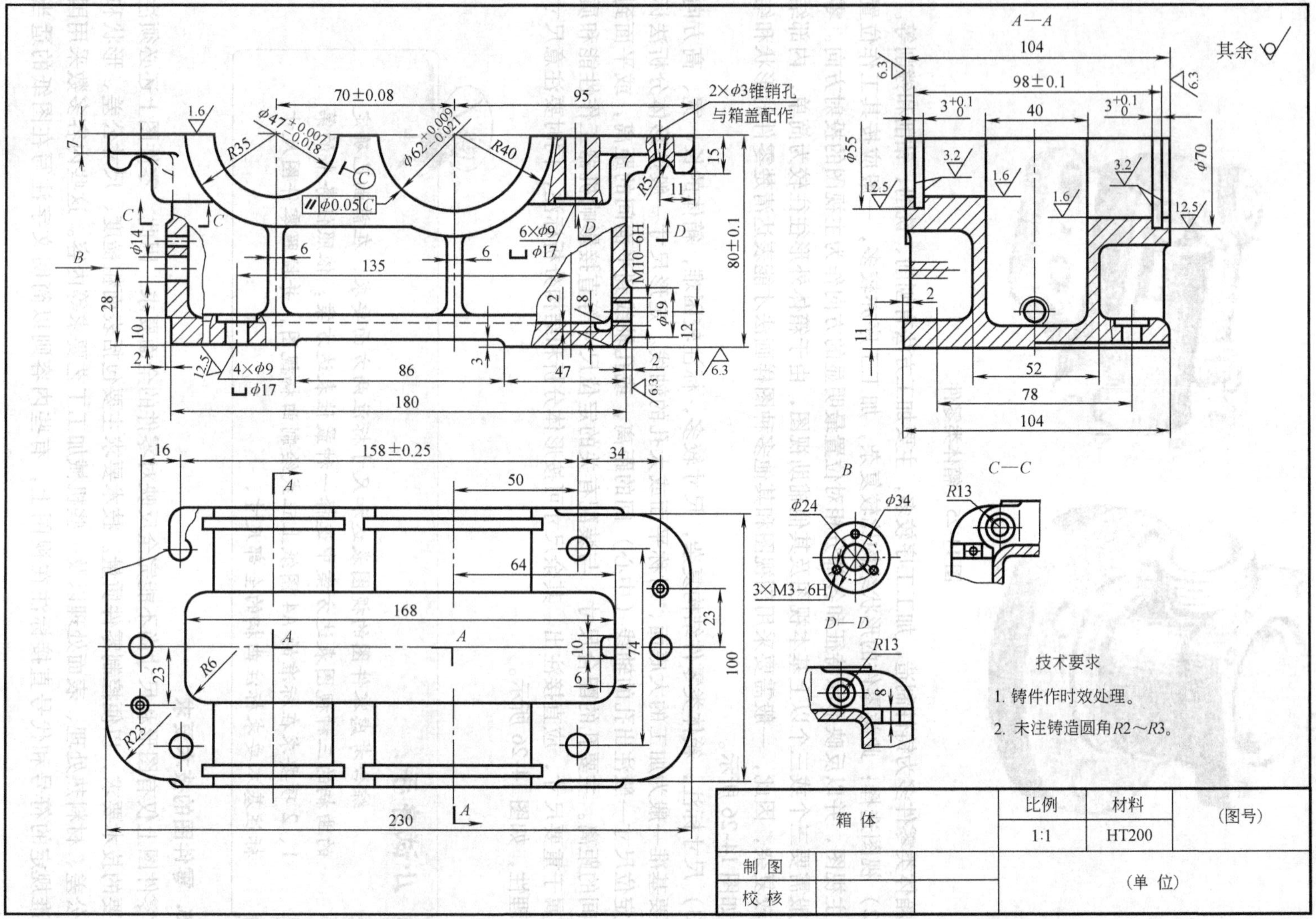

其余
A—A
B
C—C
D—D
2×φ3锥销孔
与箱盖配作
6×φ9
4×φ9
3×M3−6H
M10−6H
技术要求
1. 铸件作时效处理。
2. 未注铸造圆角R2～R3。
箱 体
比例
材料
1:1
HT200
(图号)
制 图
校 核
(单 位)


图 14-26　箱体零件图

1）表面粗糙度的基本概念：零件加工后表面上具有的较小间距和峰谷所组成的微观几何形状不平程度称为表面粗糙度。表面粗糙度是评定零件表面质量的一项重要指标，它对零件的耐磨性、抗腐蚀性、抗疲劳性、密封性和外观以及零件间的配合性质均有很大的影响。在满足使用要求的前提下，应选用较为经济的表面粗糙度评定参数值。

2）常用表粗糙度评定参数。国家标准（GB/T 1031—1995）中规定的表面粗糙度高度参数主要有两个：

$R_a$——轮廓算术平均偏差。

$R_z$——微观不平度十点高度。

其中，$R_a$ 最为常用，其数值见表 14-1。

**表 14-1　轮廓算术平均偏差（$R_a$）的系列值**　　（单位：μm）

| 参　数 | 系列值 | 系列值 | 系列值 | 系列值 |
|---|---|---|---|---|
| $R_a$ | 0.012 | 0.2 | 3.2 | 50 |
| | 0.025 | 0.4 | 6.3 | 100 |
| | 0.05 | 0.8 | 12.5 | |
| | 0.1 | 1.6 | 25 | |

3）表面粗糙度符号、代号及其注法：国家标准（GB/T 131—1993）规定了表面粗糙度的符号、代号及其注法。图样上所标注的表面粗糙度代（符）号是对该表面完工后的要求。表面粗糙度符号的画法如图 14-27 所示，符号的含义见表 14-2。

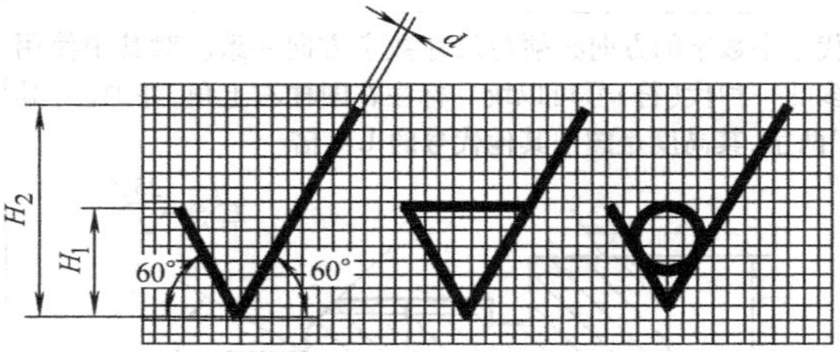


图 14-27　表面粗糙度符号画法

表面粗糙度代号包含表面粗糙度符号、表面粗糙度参数以及其他有关规定。若需要加工（采用去除材料的方法或不去除材料的方法），但对表面粗糙度的其他规定没有要求时，允许只注表面粗糙度基本符号。表面粗糙度代号及其意义见表 14-3。标注 $R_a$ 值时，参数值前不需标注参数代号 $R_a$，标注 $R_z$ 值时，参数值前需标注相应的参数代号 $R_z$。

**表 14-2　表面粗糙度符号及其含义**

| 符　号 | 意义及说明 |
|---|---|
|  | 基本符号，表示表面可用任何方法获得。当不加注表面粗糙度参数值或有关说明（例如：表面处理、局部热处理状况等）时，仅适用于简化代号标注 |
| 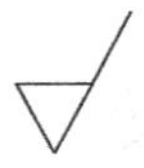 | 基本符号加一短画，表示表面是用去除材料的方法获得，例如：车、铣、刨、钻、磨、剪切、抛光、腐蚀、电火花加工、气割等 |
|  | 基本符号加一小圆，表示表面是用不去除材料的方法获得，如铸、锻、冲压变形、热轧、冷轧、粉末冶金等。或者用于保持原供应状况的表面（包括保持上道工序的状况） |

**表 14-3　表面粗糙度代号及其意义**

| 代　号 | 意　义 | 代　号 | 意　义 |
|---|---|---|---|
| 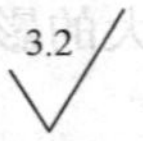  | 用任何方法获得的表面粗糙度，$R_a$ 的上限值为 3.2μm | 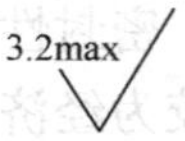  | 用任何方法获得的表面粗糙度，$R_a$ 的最大值为 3.2μm |
| 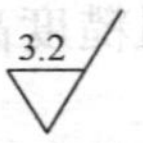  | 用去除材料方法获得的表面粗糙度，$R_a$ 的上限值为 3.2μm | 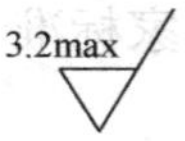  | 用去除材料方法获得的表面粗糙度，$R_a$ 的最大值为 3.2μm |
|   | 用不去除材料方法获得的表面粗糙度，$R_a$ 的上限值为 3.2μm |   | 用不去除材料方法获得的表面粗糙度，$R_a$ 的最大值为 3.2μm |
| 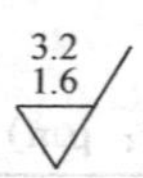  | 用去除材料方法获得的表面粗糙度，$R_a$ 的上限值为 3.2μm，$R_a$ 的下限值为 1.6μm | 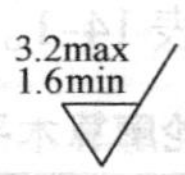  | 用去除材料方法获得的表面粗糙度，$R_a$ 的最大值为 3.2μm，$R_a$ 的最小值为 1.6μm |

4）表面粗糙度代（符）号在图样上的标注方法：在同一图样中，所有的表面都需要标注表面粗糙度，每一表面一般只标注一次代（符）号，并尽可能标注在具有确定该表面大小或位置尺寸的视图上。表面粗糙度代（符）号一般标注在图样的可见轮廓线、尺寸界线、引出线或它们的延长线上。符号的尖端必须从材料外指向该表面。具体标注方法参见表 14-4。

**表 14-4　表面粗糙度的标注方法**

| 图例及说明 | 图例及说明 |
|---|---|
| 代号中数字的方向必须与尺寸数字方向一致。对其中使用最多的一种代(符)号可以统一标注在图样右上角，并加注“其余”两字，其高度是图中其他代号的 1.4 倍 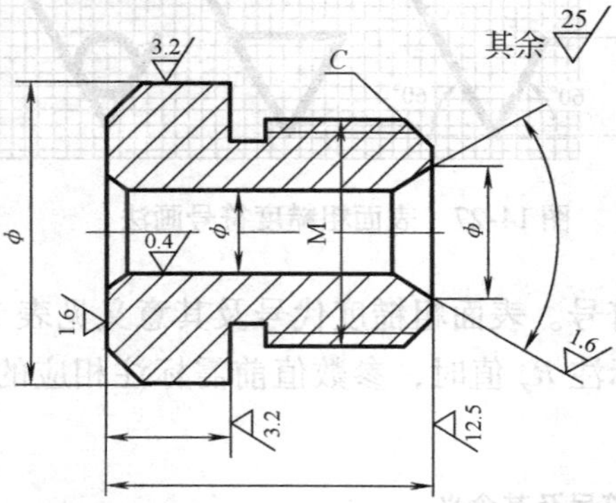  | 若标注位置受到限制或为了简化标注，可用简化代号标注，但简化代号的含义必须在标题栏附近加以说明 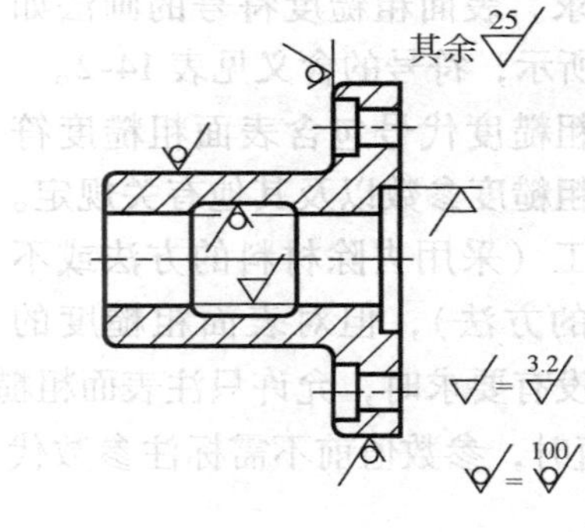  |
| 对不连续的同一表面，可用细实线相连，其表面粗糙度代号可只标注一次 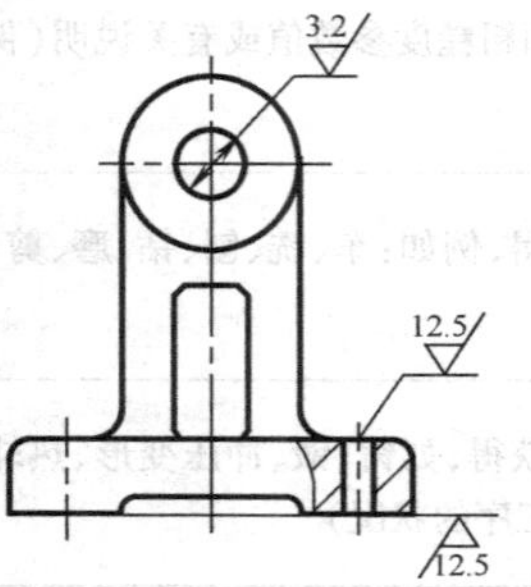  | 不同位置表面粗糙度代号的注法，符号的尖端必须从材料外指向表面 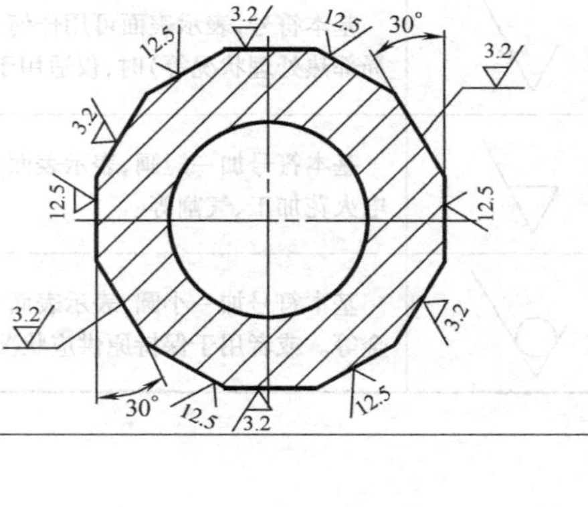  |

（续）

| 图例及说明 | 图例及说明 |
| --- | --- |
| 当零件的所有表面具有相同的表面粗糙度时，其代（符）号可在右上角统一标注，其高度是图中其他代号的1.4倍<br>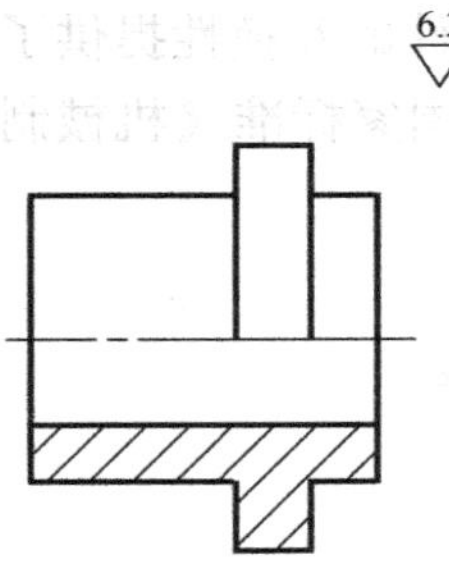 | 零件上连续表面及重复要素（孔、槽、齿等）的表面，其表面粗糙度只标注一次<br>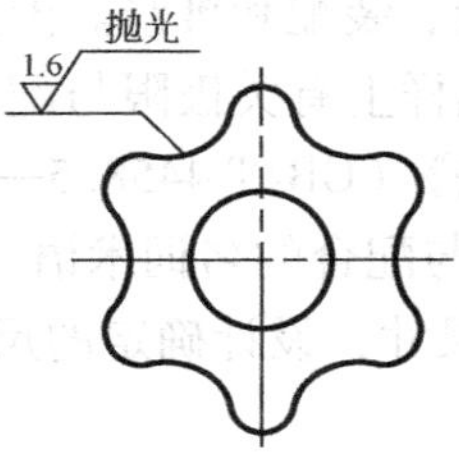 |
| 中心孔的工作面、键槽工作面、倒角、圆角的表面粗糙度，其代号可以简化标注<br>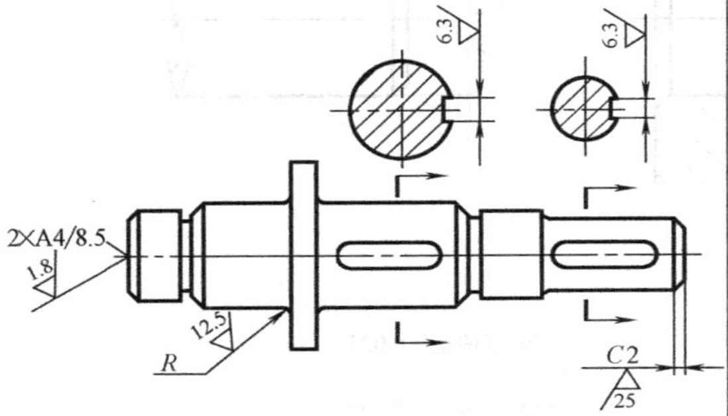 | 表示螺纹工作面的表面粗糙度，可标注在螺纹的尺寸线上<br>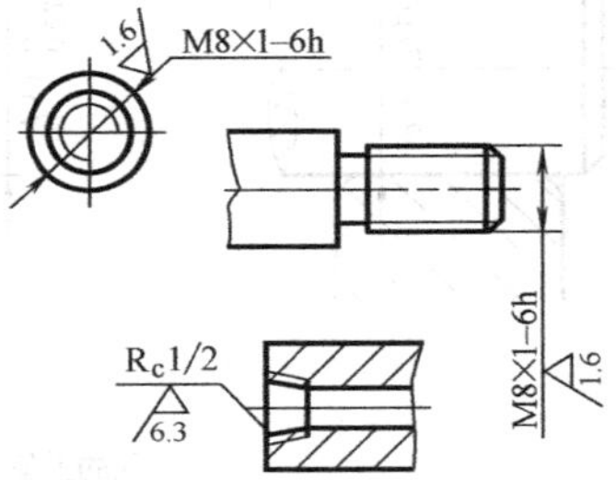 |
| 表示齿轮齿面的表面粗糙度，可标注在轮齿的分度线上<br>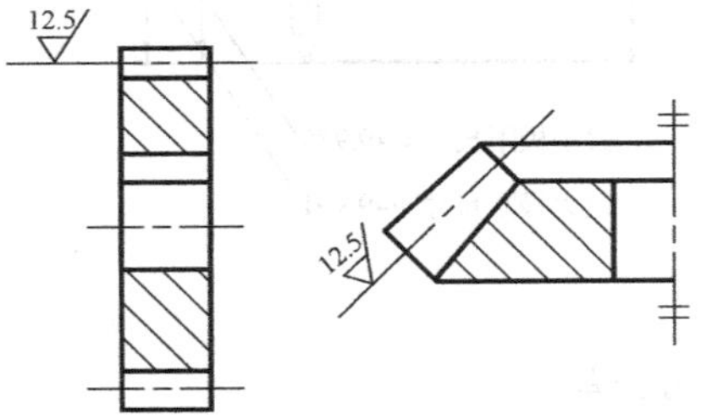 | 同一表面上有不同的表面粗糙度要求，须用细实线画出其分界线并注出相应的表面粗糙度代号<br>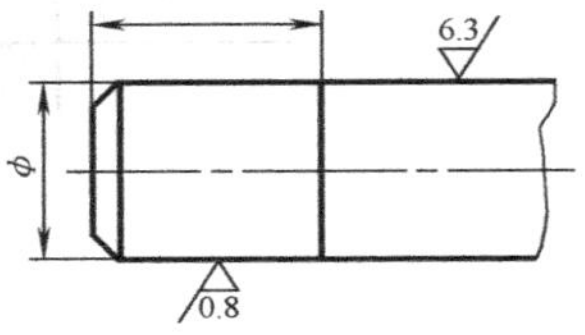 |

**小试身手：**

根据任务书第3项作业要求，在前面已正式绘制且已标注尺寸的曲柄图样上，完整标注零件各表面的表面粗糙度代号。

（2）极限与配合　按同一零件图加工出来的一批零件，不经任何选择或修配，能够彼此相互替换而顺利地装配到机器上，并能达到规定的技术性能，零件的这种性质称为互换性。

零件具有互换性，便于组织高效率、大规模的专业化协作生产，提高产品质量，降低成本，便于制造、装配和维修。国家标准《极限与配合》为零件的互换性提供了必要的技术保证。机械图样上有关极限与配合的注写，必须要严格执行国家标准《机械制图　尺寸公差与配合注法》（GB/T 4458.5—2003）的规定。

1）极限与配合的名词术语

◆ 基本尺寸：设计确定的尺寸，如图 14-28 中的 $\phi$50mm。

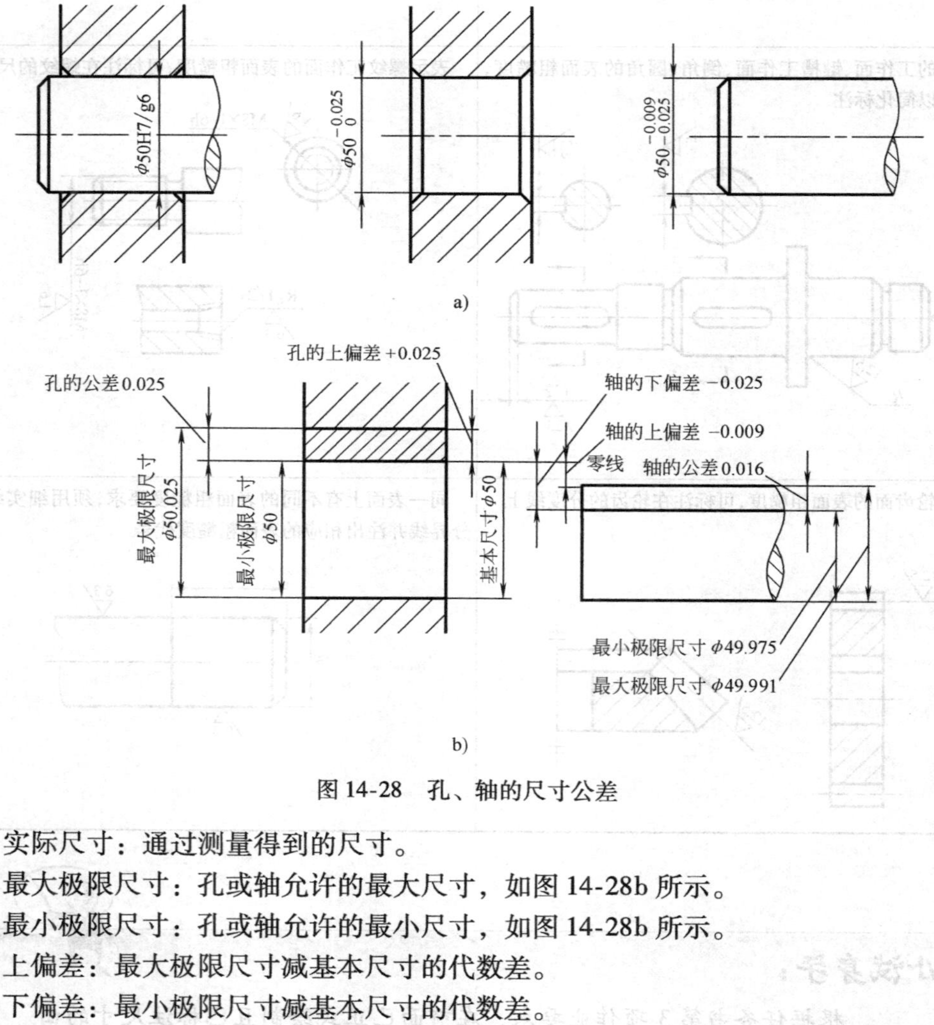


图 14-28　孔、轴的尺寸公差

◆ 实际尺寸：通过测量得到的尺寸。

◆ 最大极限尺寸：孔或轴允许的最大尺寸，如图 14-28b 所示。

◆ 最小极限尺寸：孔或轴允许的最小尺寸，如图 14-28b 所示。

◆ 上偏差：最大极限尺寸减基本尺寸的代数差。

◆ 下偏差：最小极限尺寸减基本尺寸的代数差。

◆ 尺寸公差：允许的尺寸变动量，简称公差，它是一个没有正负号的绝对值。如图 14-28所示，孔的直径允许在 0 ~ 50.025mm 之间变动，轴的直径允许在 49.975 ~ 49.991mm 之间变动。

公差＝最大极限尺寸－最小极限尺寸＝上偏差－下偏差

2）标准公差与基本偏差

◆ 标准公差：国家标准中规定的用以确定公差带大小的任一公差。基本尺寸在500mm以内，规定有20个公差等级：IT01、IT0、IT1……IT18，IT01精度最高，IT18精度最低。

◆ 基本偏差：确定公差带相对于零线位置的上偏差或下偏差，一般为靠近零线的那个偏差。国家标准中，对孔和轴的每一基本尺寸段规定了28个基本偏差，构成基本偏差系列，如图14-29所示。

3）配合：基本尺寸相同的，相互结合的孔和轴公差带之间的关系称为配合。根据使用的要求不同，孔和轴之间的配合有松有紧，国家标准将配合分为三类：

◆ 间隙配合：保证具有间隙（包括最小间隙为零）的配合。

◆ 过盈配合：保证具有过盈（包括最小过盈为零）的配合。

◆ 过渡配合：可能具有间隙或过盈的配合。

4）配合制：根据生产实际需要，国家标准规定了两种配合制，即基孔制和基轴制，一般情况下优先采用基孔制配合。

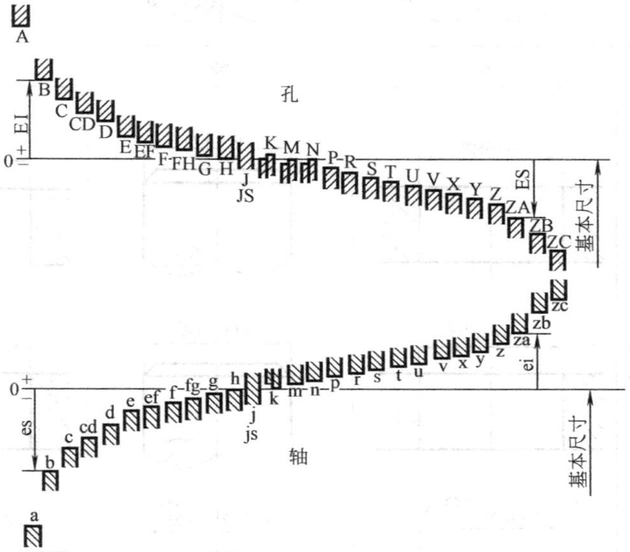


图14-29 基本偏差系列

◆ 基孔制：基本偏差为一定的孔公差带，与不同基本偏差的轴公差带形成各种配合的一种制度。基孔制的孔称为基准孔，其基本偏差代号为H，下偏差为零。

◆ 基轴制：基本偏差为一定的轴公差带，与不同基本偏差的孔公差带形式成各种配合的一种制度。基轴制的轴称为基准轴，其基本偏差代号为h，上偏差为零。

5）极限与配合的标注：在装配图上标注极限与配合，采用组合式注法（如图14-28中的$\phi$50H7/g6），分子H7为孔的公差带代号，字母大写；分母g6为轴的公差带代号，字母小写。通常分子中含H的为基孔制配合，分母中含h为基轴制配合。具体标注形见表14-5。

在零件图上标注极限与配合的形式有三种：①只注写公差带代号；②只注写极限偏差数值；同时注写公差带代号及极限偏差数值。具体标注形见表14-5。

注写公差带代号和配合代号时应注意：

◆ 标注公差代号时，基本偏差代号和公差等级数字均应与基本尺寸数字等高，如$\phi$40f6、$\phi$50H7/g6。

◆ 标注偏差数值时，上偏差应注在基本尺寸右上方，下偏差应与基本尺寸注在同一底线上，字体应比基本尺寸小一号；当上、下偏差中有一个为零时，数字“0”要标出，并与另一偏差的小数点前的个位数对齐，见表14-5；当上、下偏差的绝对值相同，只是符号相反时，则偏差数字可只注写一次，且字高与基本尺寸相同，如 $\phi40\pm0.2$。

表 14-5　极限与配合注法示例

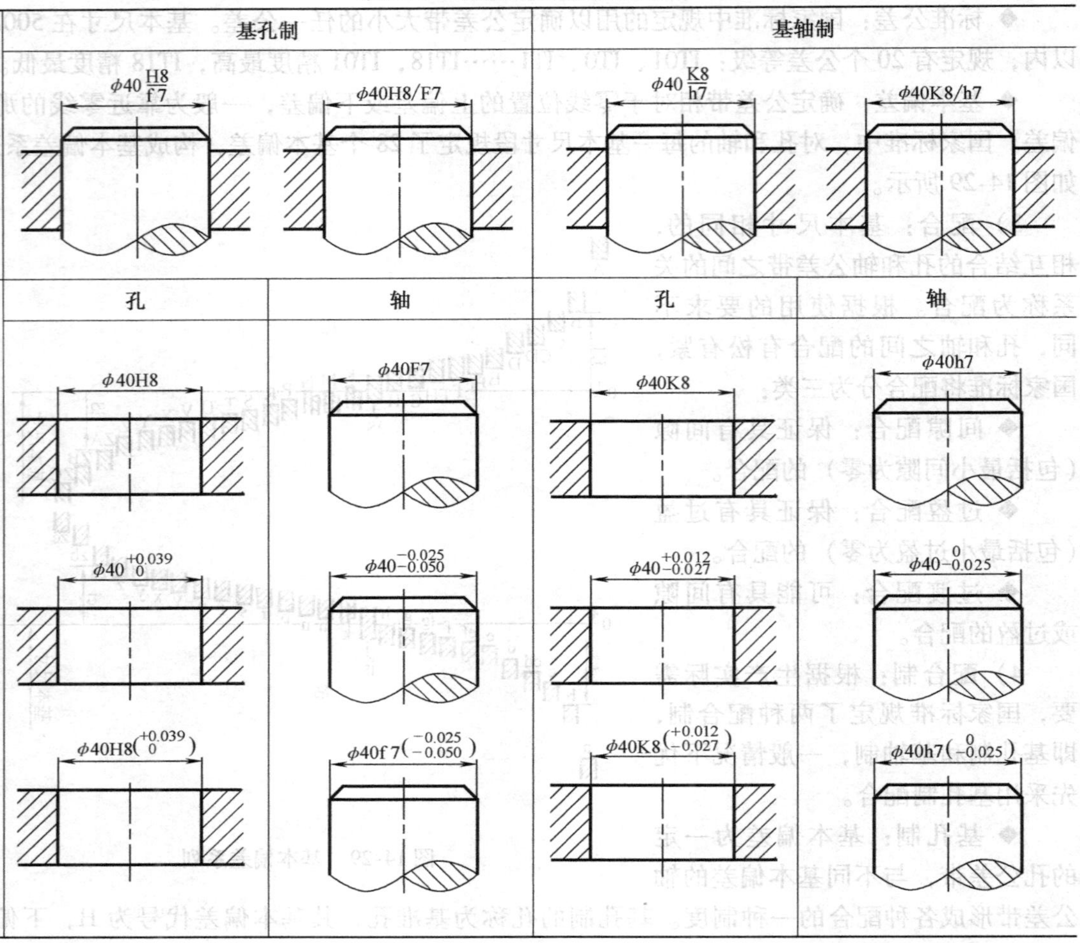

**小试身手：**

继续按任务书第 3 项作业要求，在前面已正式绘制并标注尺寸、表面粗糙度的曲柄图样上，完整标注有关尺寸的公差带代号及其上、下偏差值。

(3) 形状和位置公差　零件的加工质量，不仅需要用表面粗糙度、尺寸公差给予保证，而且还要对零件的宏观几何形状和相对位置的准确度加以限制，这样才能满足零件的使用和装配要求，保证互换性。因此零件的形状和位置公差（简称形位公差）也是评定零件质量的一项重要指标。国家标准为此作了相关规定。

1）形位公差的特征项目和符号。国家标准对形状与位置的每个特征项目都规定了专用符号，见表 14-6。

表 14-6　形位公差特征项目及符合

| 分　类 | | 特征项目 | 符　号 | 分　类 | | 特征项目 | 符　号 |
|---|---|---|---|---|---|---|---|
| 形状 | | 直线度 | ⏤ | 位置 | 定向 | 平行度 | ∥ |
| | | 平面度 | ▱ | | | 垂直度 | ⊥ |
| | | 圆度 | ○ | | | 倾斜度 | ∠ |
| | | 圆柱度 | ⌭ | | 定位 | 同轴度 | ◎ |
| 形状或位置 | 轮廓 | 线轮廓度 | ⌒ | | | 对称度 | ⌯ |
| | | 面轮廓度 | ⌓ | | | 位置度 | ⌖ |
| | | | | | 跳动 | 圆跳动 | ↗ |
| | | | | | | 全跳动 | ⌰ |

2）形位公差的标注

① 公差框格：形位公差要求在矩形方框中给出，方框由两格或多格组成，每格的填写内容如图 14-30 所示。若公差带是圆形或圆柱形的，则在公差值前加注“$\phi$”，如是球形的，则加注“$S\phi$”。第三格根据需要而定，形状公差无基准；对于位置公差，需一个或多个字母表示基准要素或基准体系。公差框格可水平或垂直放置。

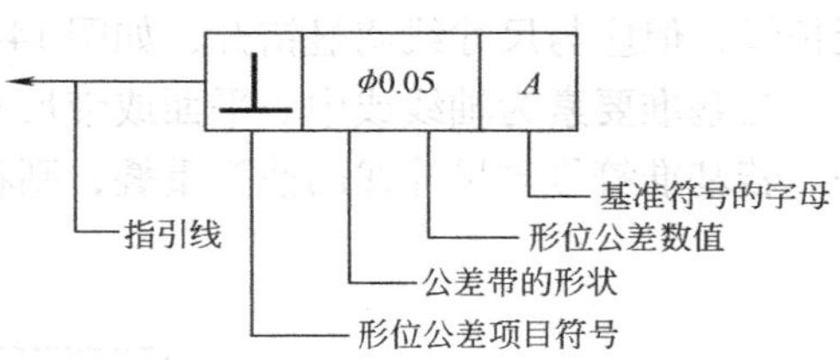


图 14-30　公差框格

② 被测要素的标注：用带箭头的指引线将框格与被测要素相连，按以下方式标注：

当公差涉及轮廓线或表面时，指引线箭头应垂直指向该要素的轮廓线或其延长线，并与相应的尺寸线明显错开，如图 14-31 所示。

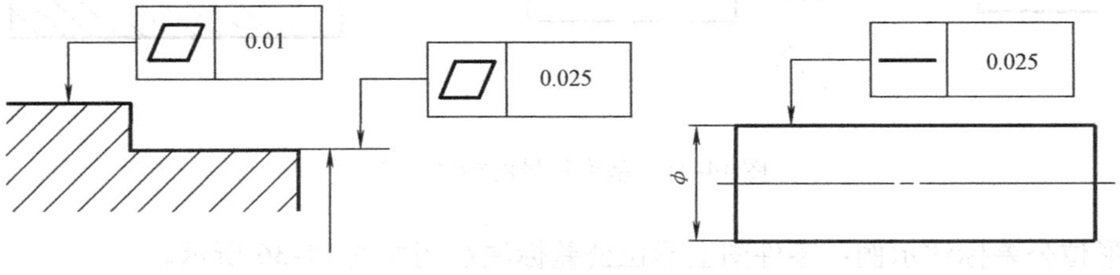


图 14-31　被测要素标注方式（一）

当公差涉及轴线或中心平面时，带箭头的指引线应与其尺寸线的延长线重合，如图 14-32所示。

对于多个被测要素具有同一形位公差要求时，其标注方法如图 14-33 所示。

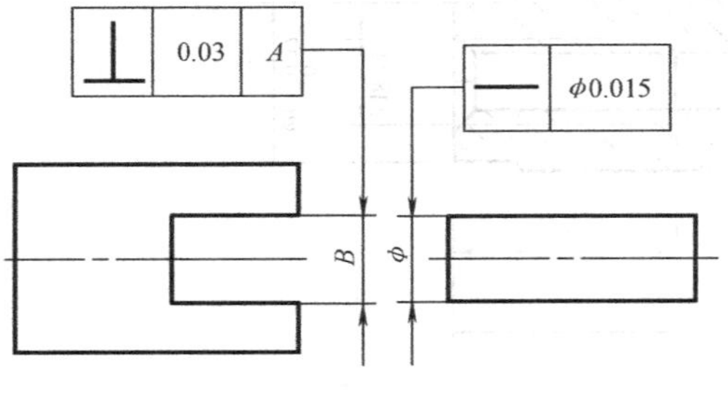


图 14-32　被测要素标注方式（二）

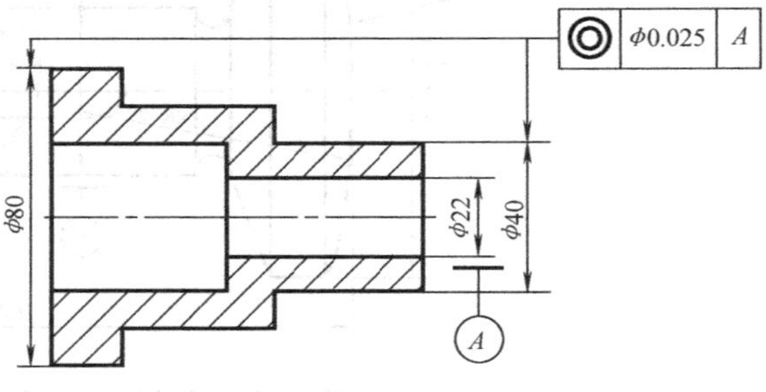


图 14-33　被测要素标注方式（三）

③ 基准要素的标注：基准要素用基准字母表示，基准符号用带小圆（直径为图内尺寸数字高的二倍）的大写字母通过细实线与粗的短横线相连，如图 14-34a 所示。

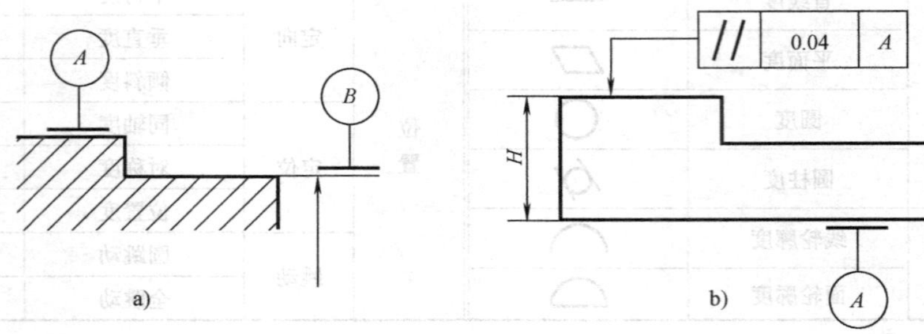


图 14-34　基准符号的标注（一）

当基准要素为轮廓线或表面时，基准符号的短横线贴近基准要素的外轮廓线上或在它的延长线，但应与尺寸线明显错开，如图 14-34 所示。

当基准要素为轴线或中心平面或带尺寸的要素确定的点时，基准符号中的线与尺寸线对齐。若基准符号与尺寸线的箭头重叠，则将该尺寸线的箭头省去，如图 14-35 所示。

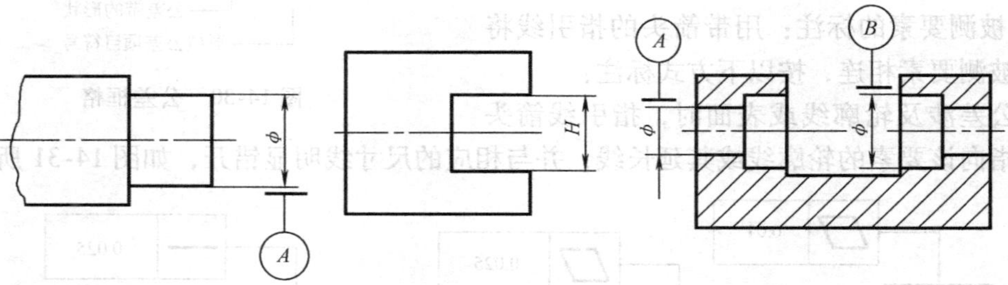


图 14-35　基准符号的标注（二）

④ 形位公差标注示例：零件图上形位公差标注示例如图 14-36 所示。

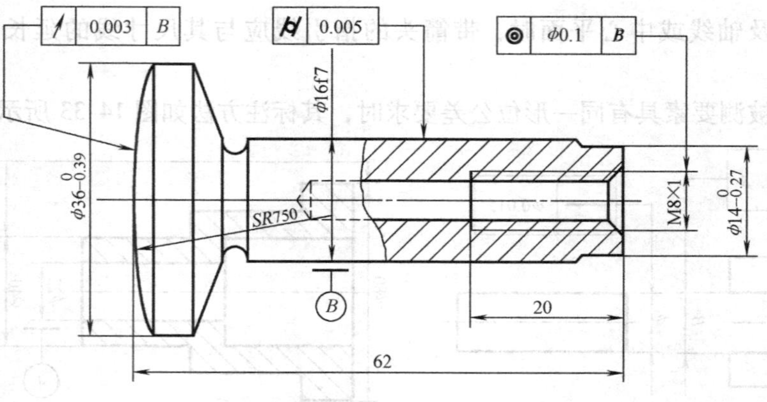


图 14-36　气门阀盖零件图上形位公差标注示例

| ↗ | 0.003 | B |
|---|---|---|

$SR750$ 球面对 $\phi16f7$ 圆柱面轴线的圆跳动公差为 0.003mm。

| ⌭ | 0.005 |
|---|---|

$\phi16f7$ 圆柱面的圆柱度公差为 0.005mm。

| ◎ | $\phi0.1$ | B |
|---|---|---|

M8 ×1 螺纹孔的轴线对 $\phi16f7$ 外圆柱面轴线的同轴度公差为 $\phi0.1$mm。

## 巩固练习

1. 分析题图 14-1 所示支架的结构形状，选择最佳的视图表达方案，徒手画出草图（不标尺寸）。

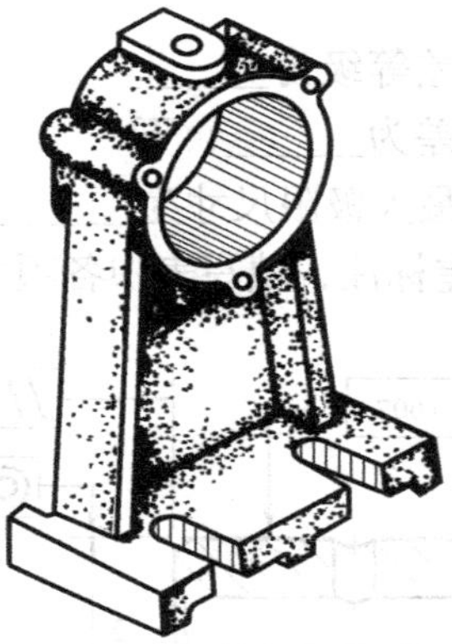

题图 14-1

2. 在题图 14-2 中标注尺寸（按 1∶1 从图中量取尺寸数值，取整数），按表中给出的 $R_a$ 数值在图中标注表面粗糙度。

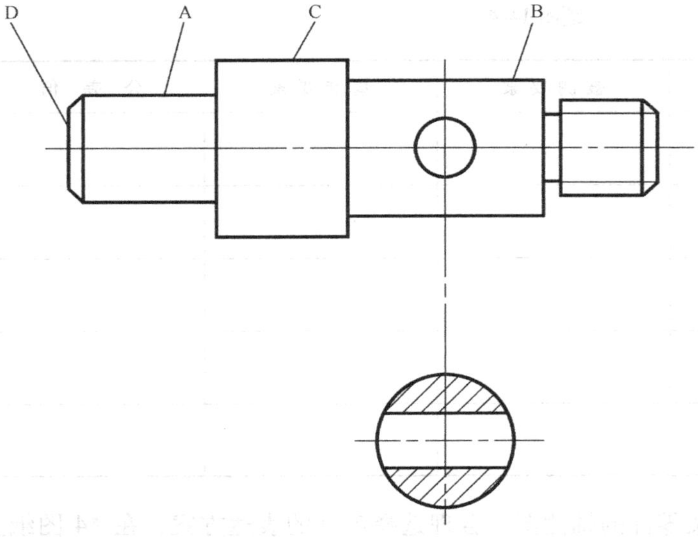


| 表面 | *A* | *B* | *C* | *D* | 其余 |
|---|---|---|---|---|---|
| $R_a$ | 6.3 | 12.5 | 3.2 | 6.3 | 25 |

题图 14-2

3. 读懂题图 14-3 中尺寸公差与配合的标注，解释其含义，并计算相关数值。

（1）$\phi 18\ \frac{H7}{s6}$为基______制的______配合。

（2）$\phi 22\ \frac{H8}{e7}$为基______制的______配合。

（3）$\phi 28\ \frac{H7}{n6}$中：

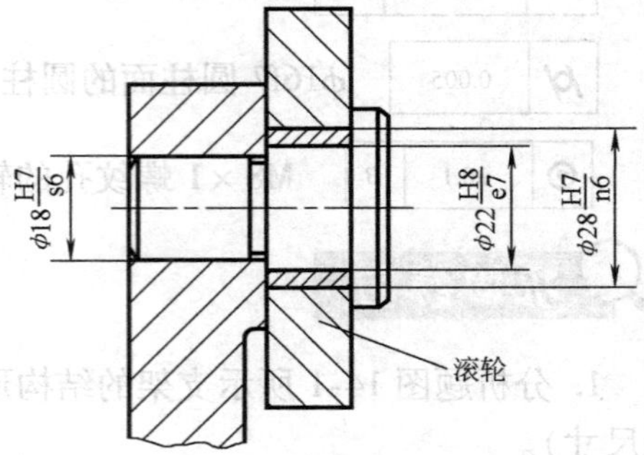


题图 14-3

孔：公差带代号为______，公差等级为______级，基本偏差代号为______，上偏差为______，下偏差为______，公差值为______，最大极限尺寸为______，最小极限尺寸为______。

轴：公差带代号为______，公差等级为______级，基本偏差代号为______，上偏差为______，下偏差为______，公差值为______，最大极限尺寸为__________，最小极限尺寸为______。

4. 读懂题图 14-4 中的形位公差标注，填写表中各项内容，解释其含义。

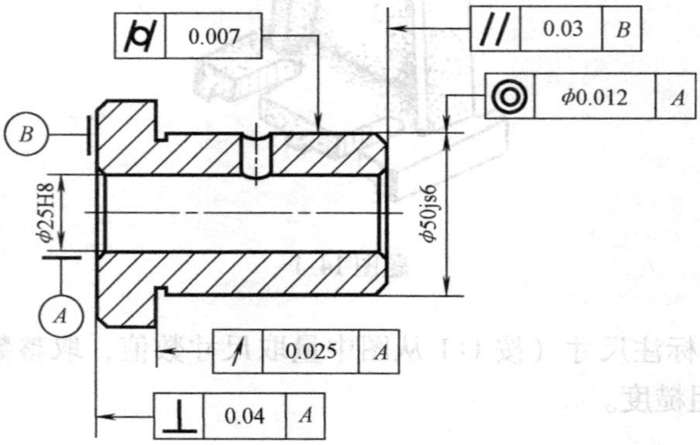


题图 14-4

| 项目符号 | 公差项目名称 | 被测要素 | 基准要素 | 公差值 |
|---|---|---|---|---|
| ⌭ | | | | |
| // | | | | |
| ◎ | | | | |
| ↗ | | | | |
| ⊥ | | | | |

＊5. 根据题图 14-5 所示支架零件的轴测图，合理选择零件的表达方案，在 A4 图纸上画出正式的零件图。（本题可作为视图表达练习，仅徒手画出零件图，不注尺寸。）

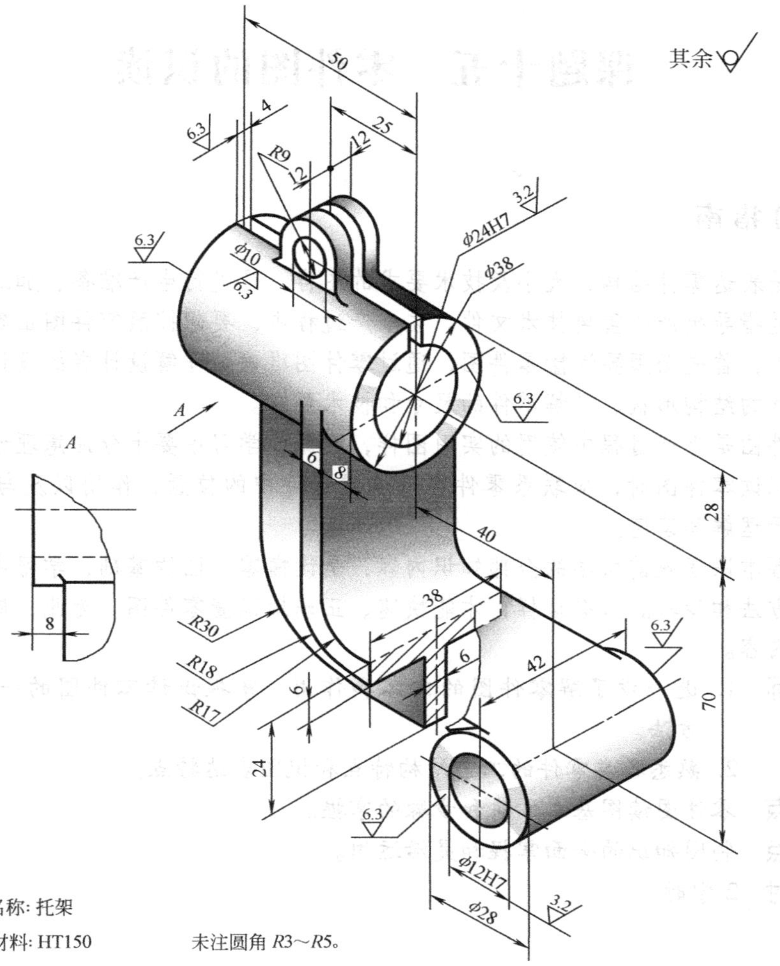


名称: 托架

材料: HT150　　　未注圆角 *R*3～*R*5。

题图 14-5

# 课题十五　零件图的识读

## 学习指南

零件图是表达零件结构、大小及技术要求的图样，是进行生产准备、加工制造和检验的主要依据，是指导生产的重要技术文件。在生产过程中，要想按照零件图正确地制造出图样所要求的零件，首先必须要读懂零件图，通过零件图准确地理解设计者的设计意图，根据零件图想象零件的结构形状、了解零件的尺寸和技术要求。

由于零件图是生产过程中使用的实用图样，因此，学习中要十分注意理论知识与实际运用相结合。识读零件图时，应联系零件在机器或部件中的位置、作用以及与其他零件的关系，才能易于理解和读懂。

全面掌握本课程此前所学的全部知识内容，是读懂零件图的基础，学习中特别注意要有正确的读图方法和步骤。只有这样，才能快速、正确地读懂零件图。为此，应十分注意本课题中的提示内容。

**教学目标**　1. 进一步了解零件图的内容和作用，掌握识读零件图的一般步骤和基本方法。

2. 熟悉各类零件的工艺结构特点和视图表达特点。

**教学重点**　零件图读图基本方法和步骤的掌握。

**教学难点**　制图知识的全面掌握和灵活运用。

**教学课时**　2 学时。

任务书

# 识读阀杆零件图

<table>
<tr><td>项　目</td><td>识读阀杆零件图</td><td>用　时</td><td>90 分钟</td></tr>
<tr><td>目的</td><td colspan="3">通过阀杆零件图的识读，进一步了解零件图的内容和作用，熟悉零件的工艺结构特点和视图表达特点，掌握识读零件图的一般步骤和基本方法。</td></tr>
<tr><td>要求</td><td colspan="3">读懂阀杆零件图（图 1-2），解答填空题：<br>1. 该零件的名称为________，属于______类零件，材料选用______钢，钢材种类为______钢。<br>2. 零件图采用的比例为______，其含义是：______________________________________________________________。<br>3. 零件的结构形状共用______个图形表达，其中主视图按________原则放置画出，右边的圆形图为________视图，表达______端的凸榫结构，另外还用一个________断面图表达________端的________体结构。<br>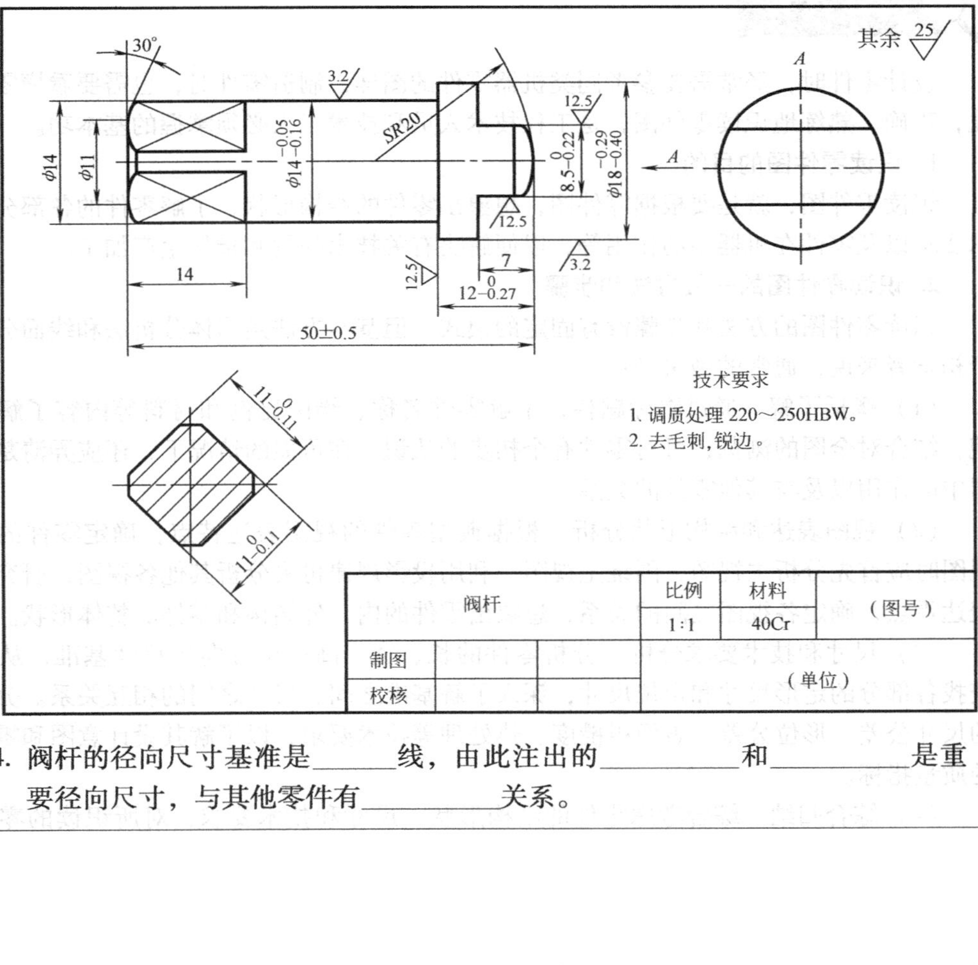<br><br>4. 阀杆的径向尺寸基准是______线，由此注出的__________和__________是重要径向尺寸，与其他零件有__________关系。</td></tr>
</table>

（续）

| 项 目 | 识读阀杆零件图 | 用 时 | 90 分钟 |
|---|---|---|---|
| 要求 | 5. 阀杆的长度方向（轴向）主要尺寸基准是________面，辅助基准分别是________面和________面。<br>6. 尺寸 *SR*20 中的 *S* 表示该尺寸所指的表面为______面。<br>7. 零件上表面粗糙度要求最高的是______，共有______处。左端面的表面粗糙度为______。<br>8. $\phi18_{-0.40}^{-0.29}$为定___尺寸，表示基本尺寸为_____，上偏差为______，下偏差为______，最大极限尺寸为______，最小极限尺寸为______，公差为______。<br>9. 阀杆应做的热处理是______处理，其目的是提高材料的______和________。 | | |
| 后记 | | | |

## 知识链接

设计零件时，经常需要参考同类机器零件的图样，制造零件时，也需要看懂零件图，因此，正确、熟练地识读零件图，是工程技术人员和技术工人必须掌握的基本功。

**1. 识读零件图的目的**

识读零件图，就是要根据零件图，想象出零件的结构形状，了解零件的各部分尺寸、技术要求以及零件在机器中的作用等，以便解决有关技术问题和指导生产加工。

**2. 识读零件图的一般方法和步骤**

识读零件图的方法和步骤没有固定的模式，但基本方法是形体分析法和线面分析法，对于初学者来说，通常的做法是：

（1）概括了解　通过看标题栏，了解零件名称、绘图比例和材料等内容了解零件的概貌，结合对全图的浏览，可对零件有个初步的认识。在可能的情况下，还应弄清楚零件在机器中的作用以及与其他零件的关系。

（2）视图表达和结构形状分析　根据典型零件的视图表达特点，确定零件的类别。看视图时应首先分析主视图，围绕主视图，利用投影规律再去分析其他各视图，研究各视图的表达重点，确定各视图之间的关系，想象出零件的内、外结构和零件的整体形状。

（3）尺寸和技术要求分析　分析零件的长、宽、高三个方向的尺寸基准，从基准出发查找各部分的定形尺寸和定位尺寸，深入了解基准之间、尺寸之间的相互关系。分析所标注的尺寸公差、形位公差、表面粗糙度、热处理等技术要求，以了解其设计意图和零件应达到的质量指标。

（4）综合归纳　综合考虑零件的结构形状、尺寸和技术要求，对所识读的零件图形成完整、全面的认识。

## 实例解读

要求：分析并读懂图15-1所示的端盖零件图。

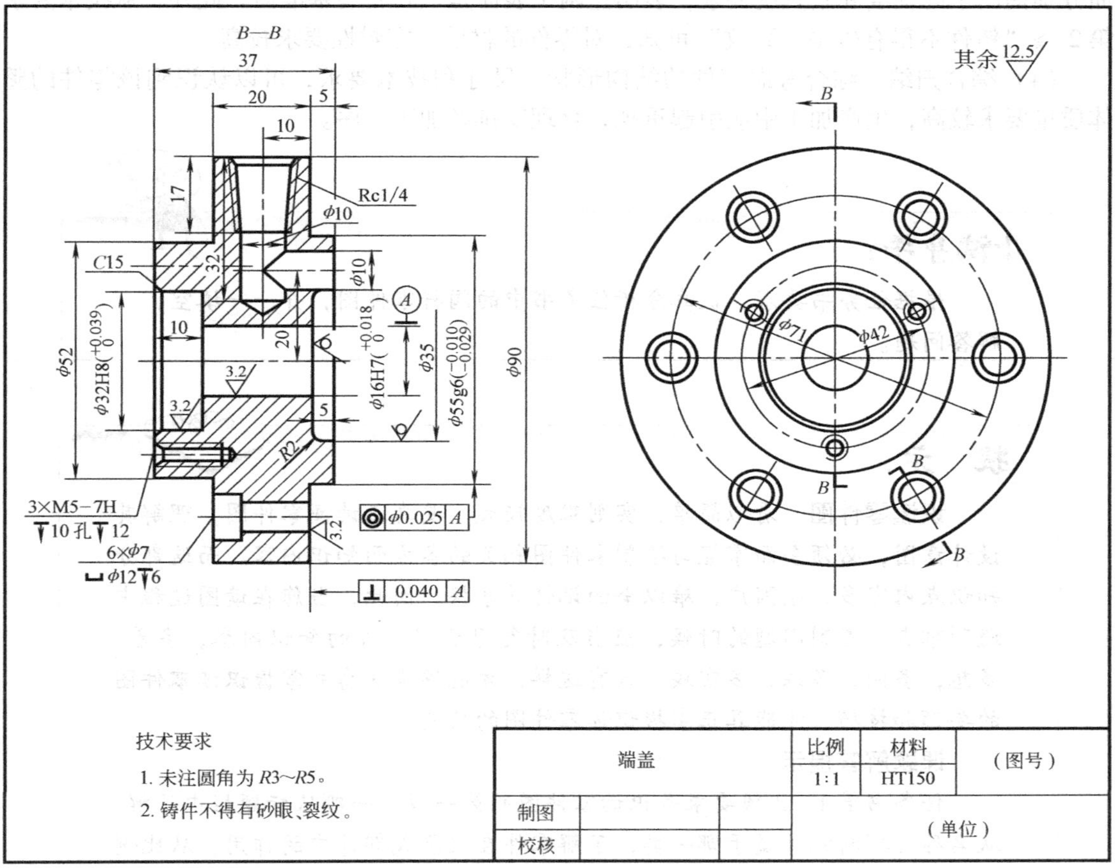


图15-1　端盖零件图

> **提　示：**
>
> 正确判断零件的作用，需具备一定的见识和经验，这需要在长期的学习和工作中逐步积累。

读图分析：

（1）概括了解　从图样的标题栏可知：零件的名称为端盖；制造零件的材料牌号为HT150，是灰铸铁；绘图比例为1∶1。浏览零件的各视图及有关技术要求，可以判断该零件工作在有液体的环境中。

（2）视图表达和结构形状分析　从两个视图可看出该零件的直径比轴向尺寸大，外形是短而粗的回转体，属于轮盘类零件。其主要加工工序在车床，故主视图的轴线水平放置，符合零件的加工位置原则。主视图采用两个相交剖切面的全剖视图，清楚地表达了零件的内部结构。左视图的表达重点是反映六个安装孔和三个螺孔的分布情况。

（3）尺寸和技术要求分析　零件的径向尺寸基准是零件中心轴线，其中 $\phi16$、$\phi32$ 内孔和 $\phi55$ 外圆注出了尺寸公差带代号和极限偏差值，说明是重要尺寸。轴向尺寸的主要基准是标有表面粗糙度值为 $Ra3.2$ 的右侧台阶面；图样还对 $\phi55$ 外圆表面和 $Ra3.2$ 的右侧台阶面分别提出了同轴度和垂直度要求，表明这两个表面是重要安装基准面。此外，从技术要求第 2 条“铸件不得有砂眼、裂纹”可知，对零件的材质、密封性要求较高。

（4）综合归纳　综合考虑零件的结构形状、尺寸和技术要求，可以认识到该零件的整体质量要求较高，生产加工中应引起重视，合理安排各加工工序。

**小试身手：**

根据任务书要求，认真分析任务书中的阀杆零件图，并一一填空，解答问题。

**提　示：**

**识读零件图**　看似简单，实则难度较大。要真正读懂零件图，理解其设计意图，必须全面掌握与绘制零件图相关的各方面知识内容。而这部分知识点内容多，范围广，难以全面记忆并掌握。因此，当您在读图过程中遇到难点、遇到问题的时候，应当及时复习已经学过的知识内容，多看，多想，多问，多练，多实践。只有这样，才能逐步熟悉并掌握识读零件图的要领和技巧，才能真正掌握识读零件图的技能。

**课题解答提示**

任务书第 1、2 项要求是识读零件图的第一步，一般从标题栏中了解。从名称可判断零件属于哪一类，了解零件在机器或部件中的作用，从比例可估计零件的实际大小，从材料可大致了解其加工方法。

第 3 项是读图的第二步，进行视图分析，想象零件形状。这部分可复习课题八、课题十和课题十四的相关内容。分析视图的一般顺序是：先整体、后局部，先主体、后细节，先简单、后复杂。

第 4 ~9 项要求是读图的第三步，分析尺寸和技术要求。这部分可复习课题十三和本课题的相关内容。进行尺寸和技术要求分析可了解设计意图、了解零件的加工精度要求，可初步考虑其加工方法。其中，对于第 7 ~9 项要求还可以参考其他专业教材《公差与配合》和《金属材料与热处理》中的相关内容，以对零件的质量要求作进一步了解。

## 巩固练习

1. 识读题图 15-1 所示的轴零件图，回答下列问题：

（1）该零件属于______类零件，材料选用________钢，钢种为________钢。零件图采用的比例为______，其含义是：________________________________。

（2）零件上的键槽和小孔结构采用______视图形式予以表达。补画 *B—B* 视图。

（3）轴上的键槽总长度为______，宽度为______，深度为______，均为定______尺寸，其定位尺寸为________。

（4）零件上表面粗糙度共有______级要求，最高的是________，共有________处。右端面的表面粗糙度为__________。

（5）左端轴段直径 *Φ*28js6 为定______尺寸，其基本尺寸为______，上偏差为______，下偏差为______，最大极限尺寸为______，最小极限尺寸为______，公差为______。

（6）指出该轴径向尺寸基准（用▲标出）。

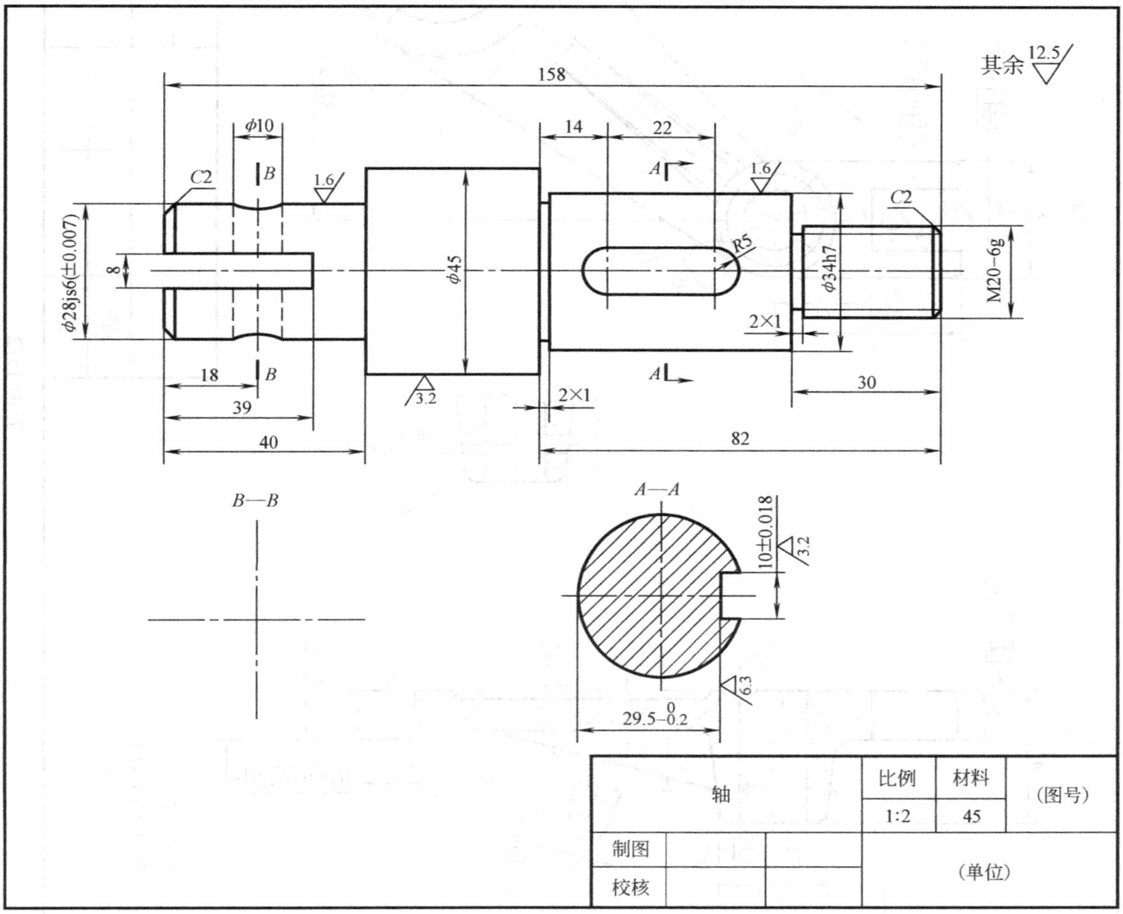


题图 15-1

2. 读懂题图 15-2 所示的拨叉零件图，填空解答问题。

（1）该零件的名称是________，属于______类零件，材料选用________，绘图比例为________，即图形线性尺寸大小与实际机件________（比较大小）。

（2）零件图采用了______个图形，其中基本视图有____个，主视图是__________图，采用的剖切方法是______剖；左视图主要表达了拨叉的____________。

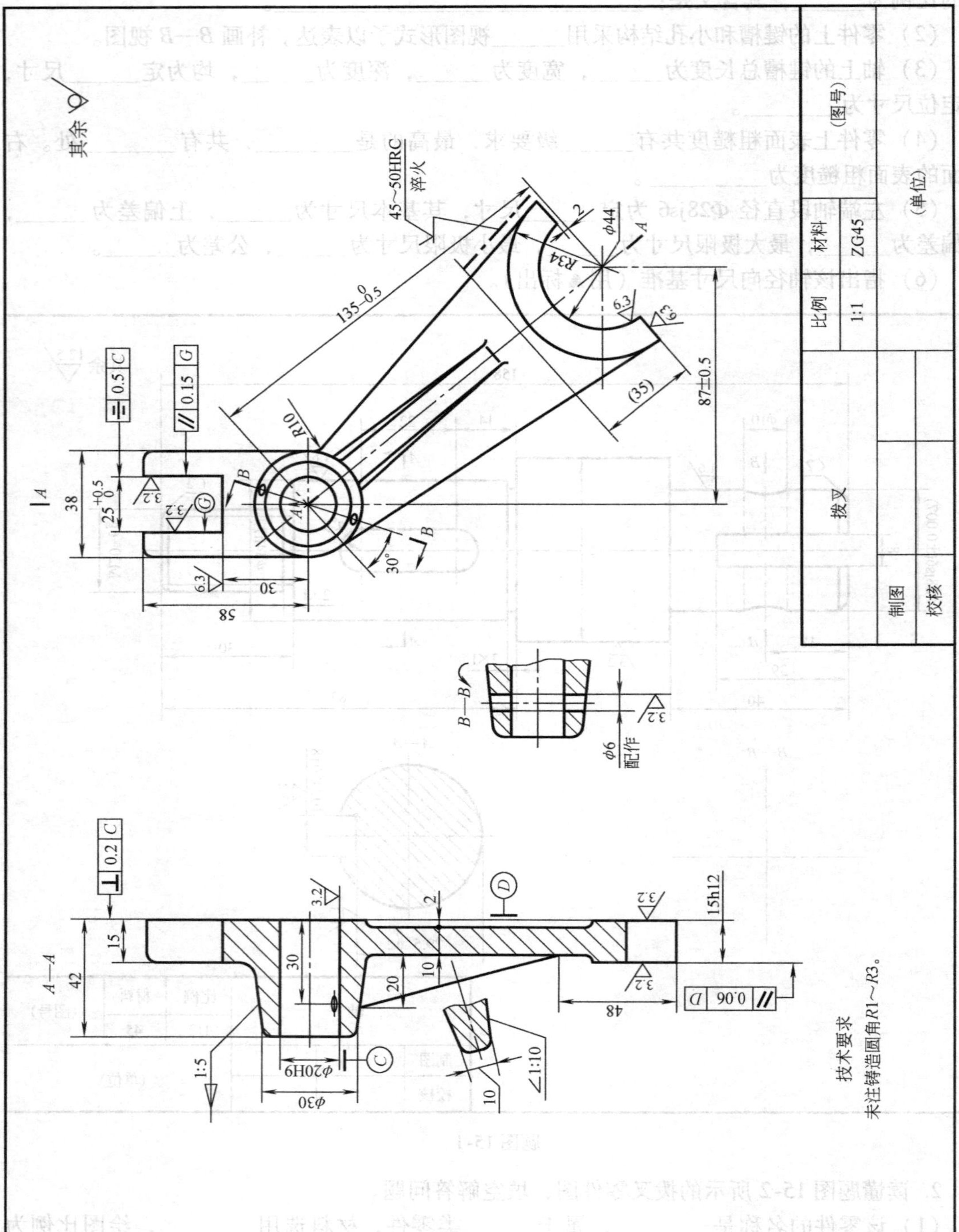
其余
45~50HRC
淬火
拨叉
比例
1:1
材料
ZG45
(图号)
(单位)
制图
校核
A—A
B—B
φ6
配作
技术要求
未注铸造圆角R1~R3。

题图 15-2

（3）*B—B* 视图是______视图，表明______上开有销孔；最左边的小图形是______图，表达了________断面形状。

（4）长度方向的主要尺寸基准是拨叉的________（填某某线或某某面，下同），高度方向的主要尺寸基准是________，宽度方向的主要尺寸基准是________。

（5）尺寸 $\phi6$ 配作表示该销孔应在______时候加工。

（6）粗点画线表示________部位应作______处理，______度达到 45 ~ 50HRC。

（7）零件上表面粗糙度要求最高为________，最低为________，圆台外表面的表面粗糙度为________。

（8）87 ±0.5 为定______尺寸，其基本尺寸为______，上偏差为________，下偏差为______，最大极限尺寸为______，最小极限尺寸为______，公差为______。

（9）形位公差标有______处，其中 | ÷ | 0.5 | *C* | 表示方形叉口的________平面对圆台孔的________的________ 度公差为 0.5mm。

3. 读懂题图 15-3 所示的零件图，并填空：

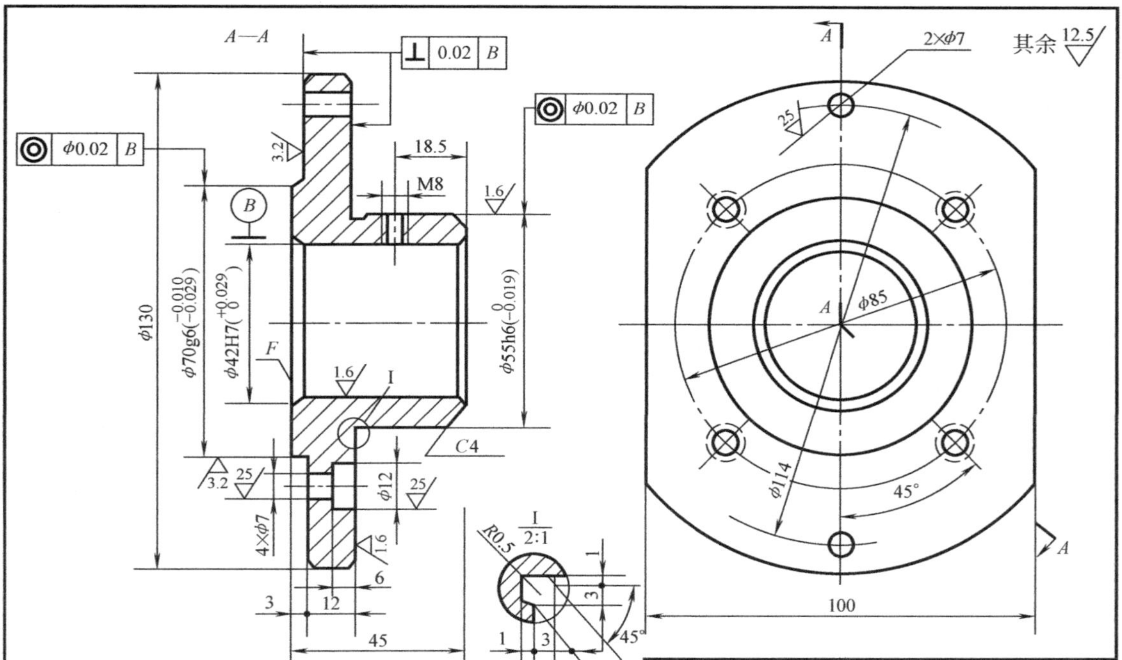


| 法兰盘 | | 比例 | 材料 | (图号) |
|---|---|---|---|---|
| | | 1:1 | HT150 | |
| 制图 | | | (单位) | |
| 校核 | | | | |

题图 15-3

（1）该零件的名称是______，材料选用______，零件图采用的比例为______，其含义是：__________________________________________。

（2）零件图采用了______个图形，其中主视图采用了________图，主要目的是表达________。

（3）零件上带沉孔的 $\phi7$ 孔共有________个，其沉孔直径为________，定位尺寸为________、________。孔内表面粗糙度为________。

（4）零件上表面粗糙度要求最高的是________，右端面的表面粗糙度为________。

（5）$\phi55h6(^{\ 0}_{-0.019})$ 为定________尺寸，表示基本尺寸为________，上偏差为________，下偏差为________，最大极限尺寸为________，最小极限尺寸为________，公差为________。

（6）图中形位公差的共标注了________处，其中右侧 | ◎ | $\phi0.02$ | $B$ | 的公差项目是____________，被测要素是________________，基准要素是________________，公差值为________。

# 课题十六 零件的测绘

## 学习指南

零件测绘是装配体测绘（将在后续的第二十课题中学习）工作的一部分，零件测绘是对实际零件进行尺寸测量、绘制视图、标注尺寸并分析确定其技术要求和条件的过程。零件测绘是在机器设备维修、仿制以及技术革新中经常遇到的工作。

测绘工作是一次综合性、实践性的再学习过程，通过测绘实践，可以进一步培养空间想象力、创新思维能力和较完整的机械图样绘制能力。因此，它可为后续专业课的学习打下良好基础，也是机械专业学生毕业后能够从事工程技术工作所必须具备的一项基本技能。

**教学目标** 1. 在理解和掌握各种基本表示法的基础上，能比较恰当地综合应用各种基本表示法表达一般机械零件。

2. 熟悉零件测绘的一般过程，掌握零件测绘的基本方法和技能。

3. 进一步培养学生严肃认真的工作态度和耐心细致的工作作风。

**教学重点** 零件测绘基本方法和步骤的掌握。

**教学难点** 制图知识的全面掌握和灵活运用。

**教学课时** 8 学时。

## 任务书 测绘零件

| 项　目 | 零件测绘 | 用　时 | 360 分钟 |
|---|---|---|---|
| 目的 | 通过零件测绘的练习，进一步提高机械制图知识在实际工作中的运用能力；熟悉零件测绘的一般过程，掌握零件测绘的基本方法和技能；进一步培养严肃认真的工作态度和耐心细致的工作作风。 | | |
| 课前准备 | 1. 测绘的零件（或模型）：若干个。（教师提供）<br>2. 量具：0～150mm 游标卡尺、金属直尺、螺纹规、圆角规等。<br>3. A2 图板、丁字尺、绘图仪器、铅笔等。<br>4. 参考资料：专业教科书《机械制图》、《极限与配合》、《机械基础》等。<br>5. 印制绘图纸、白图纸。<br>6. 文件夹、胶带纸、油棉等用品。 | | |
| 要求 | 1. 完成零件的测绘，画出零件草图。<br>2. 与同学互相交换校核对方的零件草图。<br>3. 听取校核者的意见，修改、订正零件草图。<br>4. 根据零件草图绘制零件工作图。<br>5. 写测绘工作小结（写在下方的后记栏）。 | | |
| 后记 | | | |

## 知识链接

**1. 零件测绘的一般过程**

（1）了解和分析零件　首先应了解零件的名称、用途、材料以及它在机器或部件中的位置、作用及与相邻零件的关系，然后对零件的内外结构形状、制造工艺过程、技术要求等进行全面的了解和分析。

（2）确定表达方案　在对零件全面了解、认真分析的基础上，根据零件表达方案的选择原则，确定最佳表达方案。

（3）画零件草图　根据已选定的零件表达方案，徒手画出零件草图。

（4）标注尺寸和技术要求　测量零件的全部尺寸，并根据尺寸标注的原则和要求，标注全部必要的尺寸，并注写必要的技术要求。

（5）检查校对　根据零件草图，结合零件实物，对视图表达、尺寸标注、技术要求进行检查、校对。

（6）绘制零件工作图　根据零件草图绘制正式的零件工作图。

**2. 画零件草图的要求和步骤**

零件草图是零件真实情况的记录，又是绘制零件工作图的依据，因此，绘制零件草图要求做到内容完整、表达正确、尺寸齐全、要求合理、比例匀称、线条粗细分明、图面干净整洁，并基本上符合零件工作图的各项内容要求。一定要克服草图是潦草图的错误理解。

画零件草图一般应在测绘现场进行，草图一般以目测的比例徒手绘制在坐标纸（方格纸）或白纸上，不注比例。现以图 16-1 所示的拨杆零件草图为例，说明具体画图步骤如下：

1）根据零件的总体大小确定图幅，画出图框、标题栏框。在确定表达方案的基础上，布置图面，画好各视图的基准线（视图的中心位置）。安排各视图的位置时，要考虑到各视图间应留有标注尺寸的余地，右下角留有标题栏的位置。

2）画出基本视图的外部轮廓。

3）画出其他各视图、剖视图、断面图等，并加深粗实线。

4）选择长、宽、高各方向标注尺寸的基准，画出尺寸界线、尺寸线。

5）测量尺寸，标注必要的尺寸；标注各种必要的技术要求；填写标题栏。检查有无错误和遗漏。

**3. 绘制零件工作图的方法和步骤**

由于测绘是在现场进行的，所画的草图不一定很完善。因此在画零件工作图前，要对草图进行全面审查校核；对所测得的尺寸要参照相关标准尺寸进行圆整；对于标准件的规格等要查阅标准系列值选取；对有些问题，如方案的选择、尺寸的标注等，可能绘制草图时比较匆忙，需要重新考虑。经过复查、修改后即可进行零件工作图的绘制。

具体绘图步骤如下：

1）根据零件的复杂程度、体积大小、结构形状，确定绘图比例。

2）根据选定的绘图比例和确定的表达方案及视图数量，估计各视图所占的面积，并充分留有余地，选取较合适的图幅。

3）用细实线轻轻画出各视图的基准线，完成底稿。

4）检查底稿，加深。

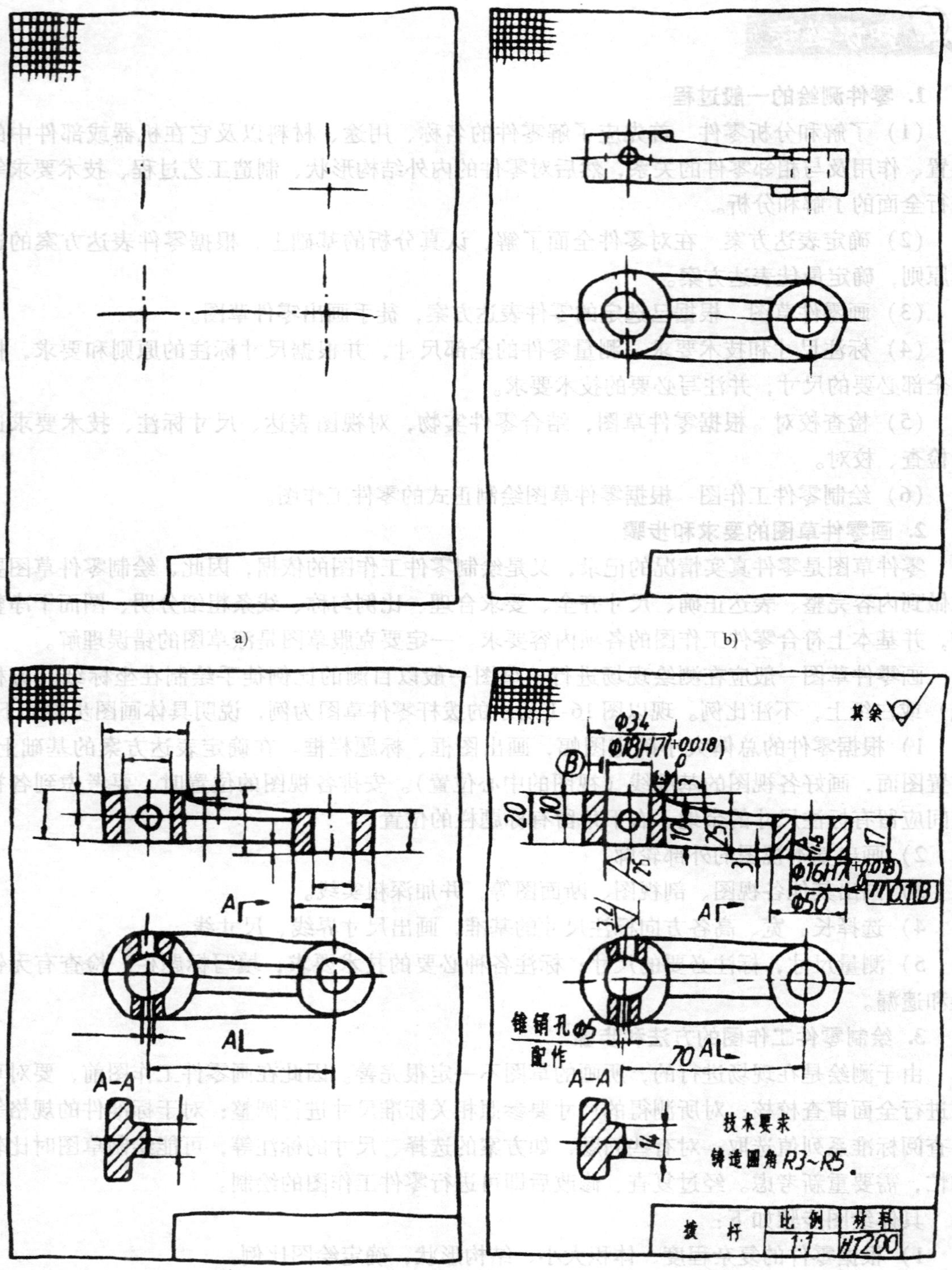


图 16-1　零件草图绘图步骤

5）标注尺寸、注写技术要求、填写标题栏。

6）责任者签字。

**4. 测绘注意事项**

1）零件上的制造缺陷（如砂眼、气孔等），以及由于长期使用造成的磨损、碰伤等，均不应画出。

2）零件上标准功能、工艺结构（如键槽、销孔、中心孔、螺纹、退刀槽、砂轮越程槽、铸造圆角、倒角、倒圆、凸台和凹坑等）的尺寸，必须查阅相应国家标准，并予以标准化。

3）先集中画出所有的尺寸界线、尺寸线，再依次测量，逐个记入尺寸数字。

4）与相邻零件的相关尺寸（如泵体上螺纹孔、销孔、沉孔的定位尺寸，以及有配合关系的尺寸等）一定要一致。

5）注写技术要求（如表面粗糙度、极限与配合、形位公差等），通常可采用类比法，区别重要程度分别给出。

**5. 零件尺寸的测量**

测量尺寸是零件测绘过程中一个很重要的环节，尺寸测量得准确与否，将直接影响机器的装配和工作性能，因此，测量尺寸要谨慎、细致。测量尺寸要做到：测量基准合理，量具选用适当，测量方法正确，测量结果准确。

测量基准面一般是选择零件上磨损较轻的、较大的加工表面。基准选择是否合理，将直接影响到测量的精确程度。

各种量具的精度不同，使用的范围也不同。测量时，应根据零件的尺寸精度要求、加工和使用情况适当地选用测量工具。常用的量具有金属直尺、卷尺、卡钳、游标卡尺、千分尺等；此外，还有专用量具，如螺纹规、圆角规等。

零件测绘示例如图 16-2 ~ 图 16-5 所示。

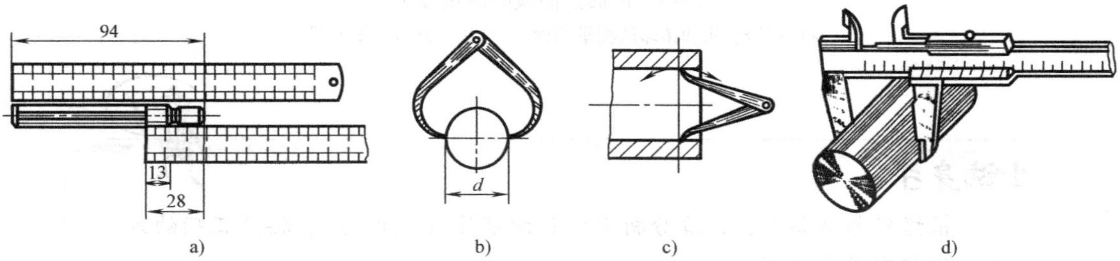


图 16-2　线性尺寸及内、外径尺寸的测量方法

a）用直尺测一般轮廓　b）用外卡钳测外径　c）用内卡钳测内径　d）用游标卡尺测精确尺寸

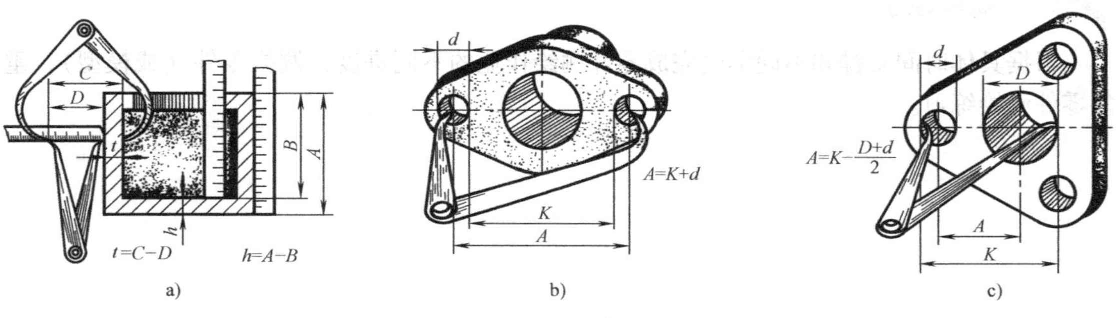


图 16-3　壁厚、孔间距的测量方法

a）测量壁厚　b）测量孔间距　c）测量孔间距

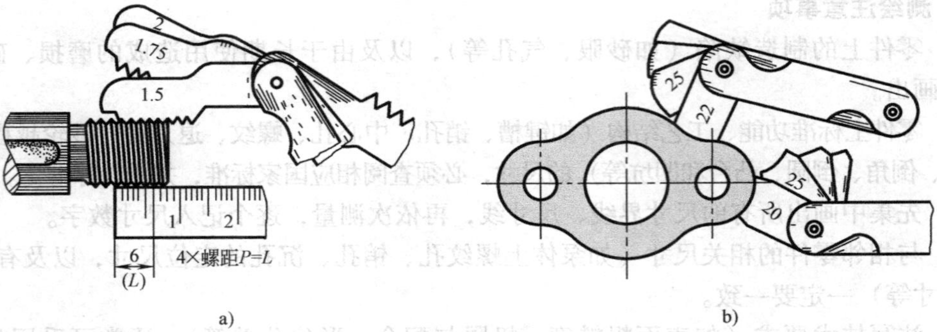


**图 16-4　螺距、圆弧半径的测量方法**

**a）用螺纹规测量螺距　b）用圆角规测量圆弧半径**

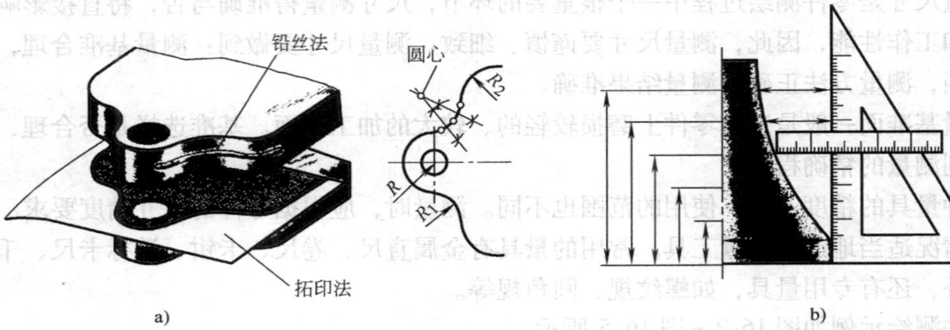


**图 16-5　曲面、曲线的测量方法**

**a）用铅丝法和拓印法测量曲面　b）用坐标法测量曲线**

## 小试身手：

根据任务书要求，认真分析发给你的零件（或模型），按照正确的方法和步骤完成零件测绘。

## 巩固练习

根据具体时间安排和不同学生完成零件测绘作业的不同进度，调换零件（或模型），重复零件测绘练习。

# 第五单元　装　配　图

## 课题十七　装配图的绘制

### 学习指南

装配图是表达机器或部件的工作原理、装配关系、结构形状和技术要求的图样。设计时一般先根据设计要求画出装配图，然后再根据装配图画出零件图。装配机器或部件时，装配图用以指导装配生产活动。因此，装配图是制订装配工艺规程、进行装配、调试、检验、安装、使用和维修的主要依据，是表达设计思想、指导生产和进行技术交流的重要技术文件。

“绘制装配图”和“识读装配图”，两者相比，对中等职业学校的学生来讲后者更为重要。学习“绘制装配图”的主要目的就是通过“绘制”来了解、熟悉装配图的基本内容和表达方法，以提高识读装配图的能力，更加容易地理解、读懂装配图。本课题将首先通过学习有关标准结构、标准件、常用件在装配图中的联接装配画法，了解装配图的基本表达形式，而后再完整地学习装配图的绘制方法与步骤。

由于装配图是生产过程中使用的实用图样，因此，学习中要十分注意理论知识与实际运用相结合，利用一切可能的机会，深入生产现场，多看、多思考，提高自己的绘图、识图能力。

**教学目标**　1. 熟悉装配图的基本内容。
2. 了解装配图的表达方法及绘制步骤。
3. 了解常用螺纹紧固件联接、键联接、销联接和滚动轴承、弹簧等常用机件在装配图中的规定画法。

**教学重点**　装配图的表达方法。

**教学难点**　简单装配图的绘制。

**教学课时**　12 学时。

任务书

# 一、标准件、常用件的装配画法

| 项　目 | 螺栓联接和键联接的装配画法 | 用　时 | 180 分钟 |
|---|---|---|---|
| 目的 | 1. 掌握螺纹联接及螺纹紧固件联接的装配画法。<br>2. 掌握普通平键联接的装配画法。<br>3. 熟悉装配图的基本表达方法 | | |
| 要求 | 1. 找出螺纹联接画法的错误，将正确的画在右侧位置。<br>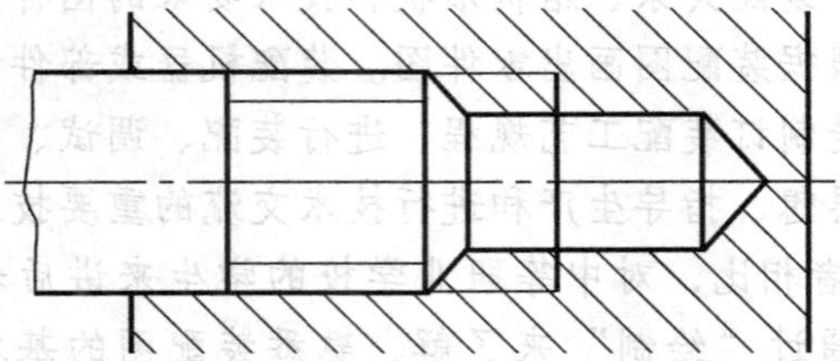<br>2. 根据下图所示的一组紧固件（其中螺栓的公称直径 $d=8\text{mm}$，两个被联接件厚度分别为 $\delta_1=12\text{mm}$，$\delta_2=10\text{mm}$），在右侧用比例画法画出螺栓联接装配图。<br>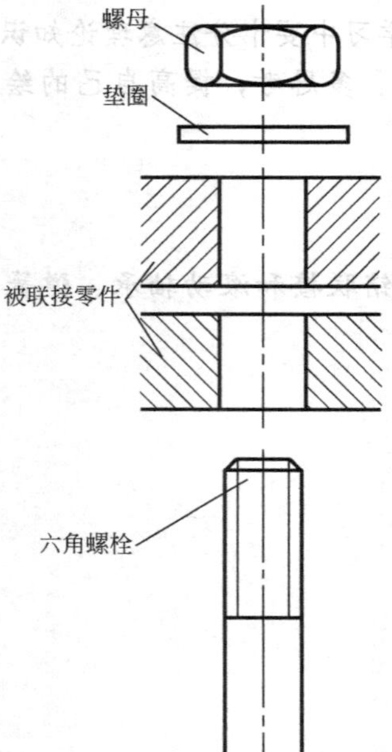<br> | | |

（续）

| 项　目 | 螺栓联接和键联接的装配画法 | 用　时 | 180 分钟 |
| --- | --- | --- | --- |
| 要求 | 3. 根据第十三课题第五个学习项目的已知条件，画出键联接的装配图。<br>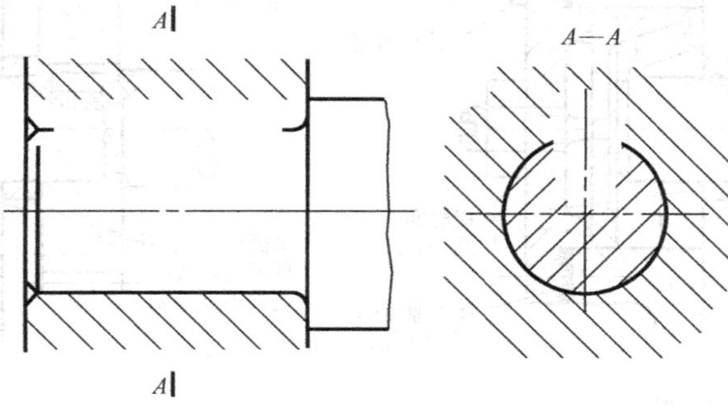<br> | | |
| 提示 | 1. 注意螺纹联接画法与螺栓联接画法的区别。<br>2. 在绘制键联接装配图时注意平键的哪一面有间隙。 | | |
| 后记 | | | |

## 知识链接

**1. 装配图画法的基本规定**

图 17-1 所示为铣刀头部件的装配图，从中可以看出机器或部件（下称装配体）是由多种零件经过装配而成的，因此，装配图的画法包括了各类零件的画法。零件图中的各种表达方法和选用原则，同样适用于装配图。但是，由于两种图样表达的侧重点不同，国家标准对装配图的画法还作了专门的规定。

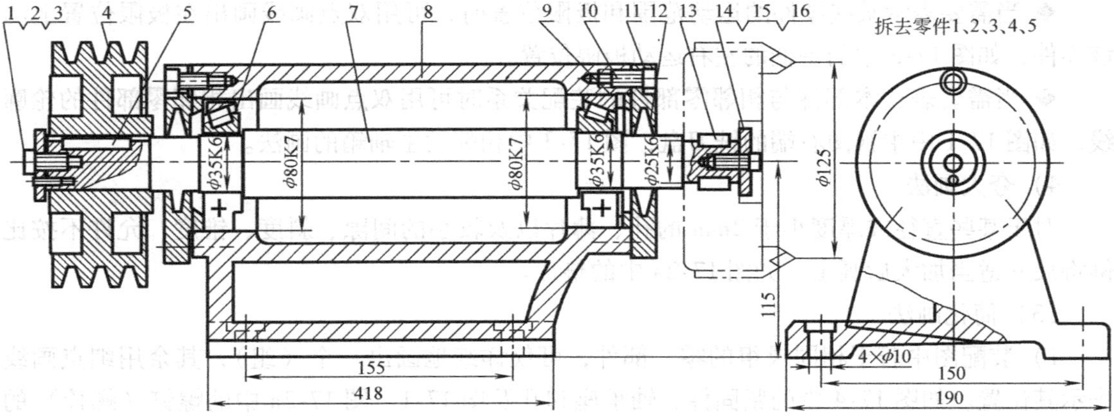


图 17-1　铣刀头装配图

（1）装配图的规定画法

1）零件接触面与配合面的画法：两个零件的接触面和配合面只画一条线，而不接触的表面或非配合表面即使间隙很小也应画两条线，如图 17-2a 所示。

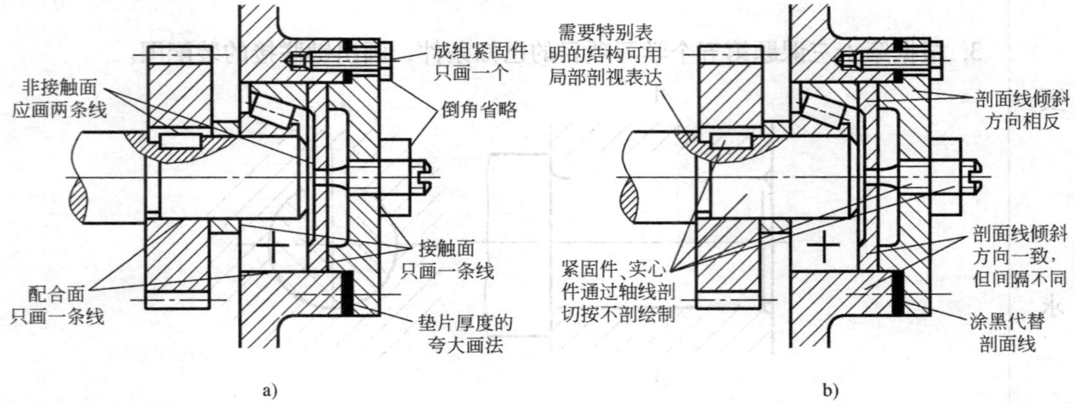


图 17-2　装配图的规定画法

2）剖视图中剖面线的画法：相邻两金属零件剖面线的倾斜方向应相反，或方向一致而间隔不同；各视图上，同一零件的剖面线方向和间隔应一致；断面厚度在 2mm 以下的图形允许以涂黑来代替剖面符号，如图 17-2b 所示。

3）剖视图中，对于螺纹紧固件及轴、手柄、连杆、球、钩、键、销等实心零件，若剖切平面纵向通过其对称平面或轴线，则这些零件按不剖绘制，如图 17-2b 所示。

（2）装配图的特殊表达方法

1）拆卸画法：当装配体上的某个（或某些）零件在某个视图上遮住了其他零件需要表达的部分时，可假想沿某些零件的结合面剖切，或假想拆卸某些零件后再画出该视图，此时，须注明“拆卸××”。如图 17-1 中的左视图、图 17-18 中的俯视图。

2）展开画法：为了展示传动机构的传动路线和装配关系，可假想按传动路线沿轴线剖切，并依次展开画出剖视图，在展开图上方须注明“×-×展开”，如图 17-3 所示。

3）假想画法

◆ 当需要表示某些零件的运动范围和极限位置时，可用双点画线画出在极限位置上的该零件，如图 17-3 中的手柄的左右运动极限位置。

◆ 当需要表达本部件与相邻零部件的装配关系时可用双点画线画出相邻零部件的轮廓线，如图 17-1 中主视图右端的铣刀盘，图 17-3 中相邻的主轴箱的画法。

4）夸大画法

对于某些直径或厚度小于 2mm 的孔、薄片以及较小的间隙、斜度、锥度，允许不按比例将尺寸适当加大后画出。如图 17-2a 中的垫片。

（3）简化画法

1）装配图中若干相同成组的零、部件，可仅详细地画出一个（组），其余用细点画线表示其位置。如图 17-4 中的紧固件、轴承座和孔及图 17-1、图 17-2a 中的螺钉（螺栓）的画法。

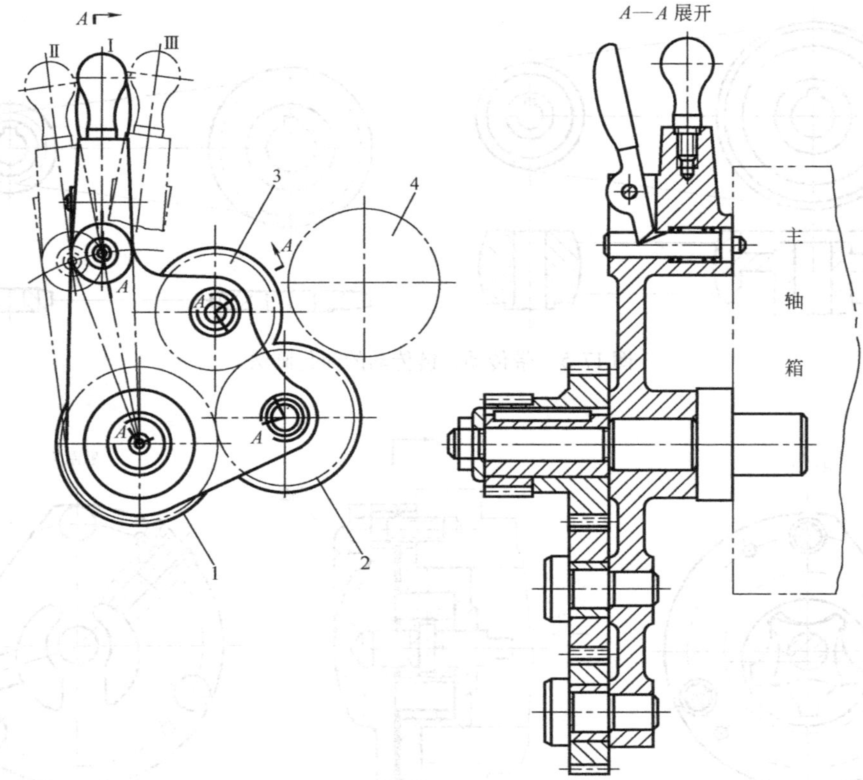


图 17-3　展开画法

2）在装配图中，零件的倒角、圆角、凹坑、凸台、沟槽、滚花、刻线等细节结构可省略不画。如图 17-2a 所示。

3）当剖切平面通过某些外购件、标准产品的部件或已由其他视图表示清楚的部件时，可按不剖绘制，而只画外形，如图 17-18 中的油杯。

4）在装配图中，可用细实线表示带传动中的带，用细点画线表示链传动中的链，如图 17-5 所示。

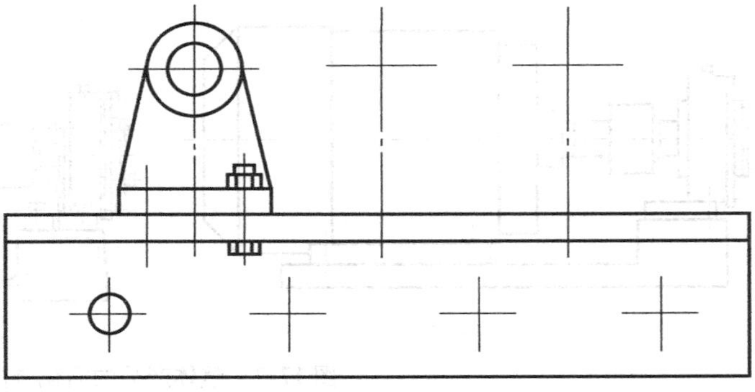

图 17-4　成组相同要素的简化画法

5）在装配图中，可以单独画出某一零件，但必须标注清楚投射方向和名称并注上相同的字母，如图 17-6 所示。

6）在能够清楚表达产品特征和装配关系的条件下，装配图中可以仅画出其简化后的轮廓，如图 17-7 所示。

**2. 标准结构的规定画法**

（1）螺纹联接的规定画法　以剖视图表示内、外螺纹的旋合联接时，其旋合部分按外

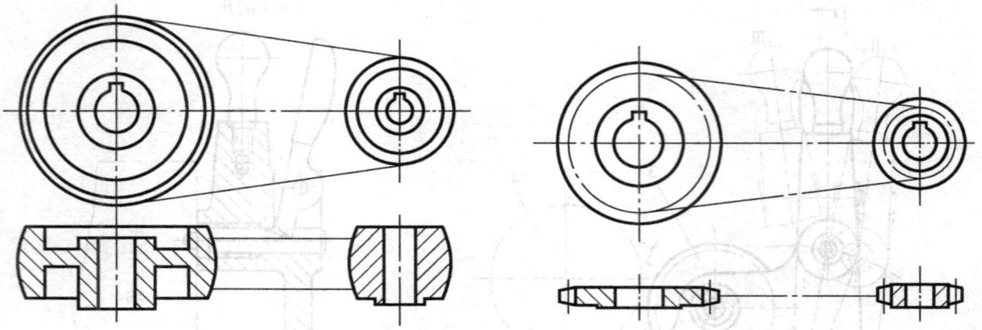

图 17-5　带传动、链传动的简化画法

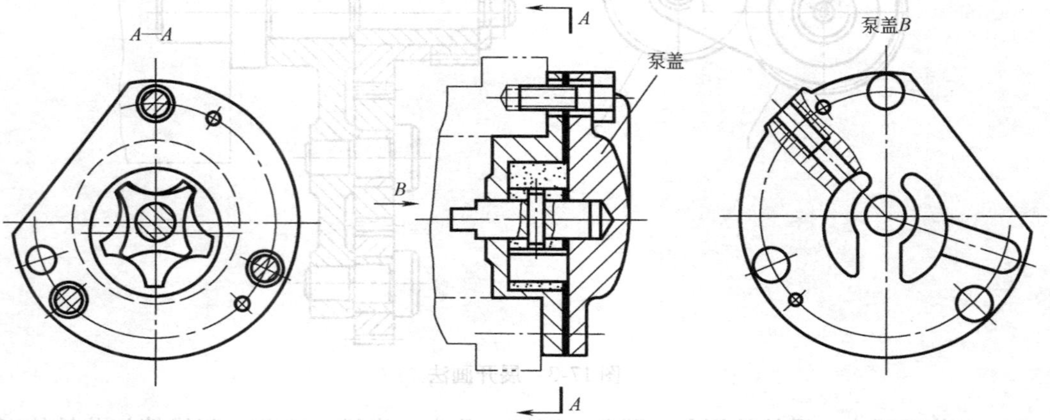


图 17-6　单个零件的表示

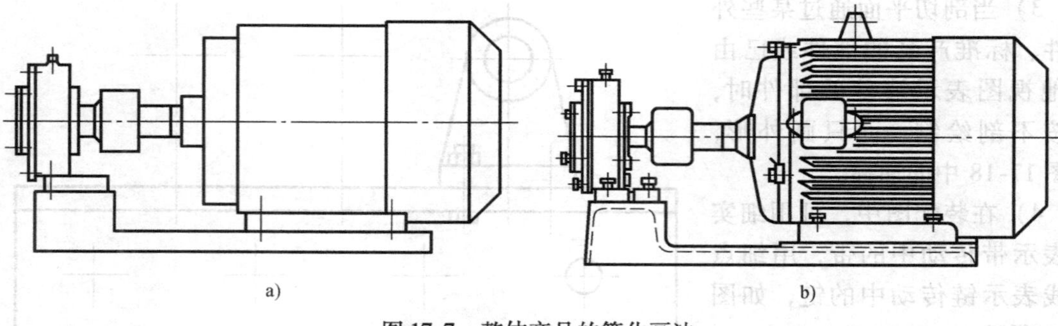


图 17-7　整体产品的简化画法

a）简化后　b）简化前

螺纹的画法绘制，其余部分按各自的画法绘制，如图 17-8 所示。注意不同剖切位置上剖视图和非剖视图的画法区别。

（2）圆柱齿轮的啮合画法　一对相互啮合的标准圆柱齿轮，在标准安装情况下节圆与分度圆重合。其啮合图一般采用两个视图，在投影为圆的视图中，啮合区内的齿顶圆均用粗实线绘制，细点画线绘制的分度圆相切，如图 17-9a 所示；啮合区内的齿顶圆也可省略不画，如图 17-9b 所示。

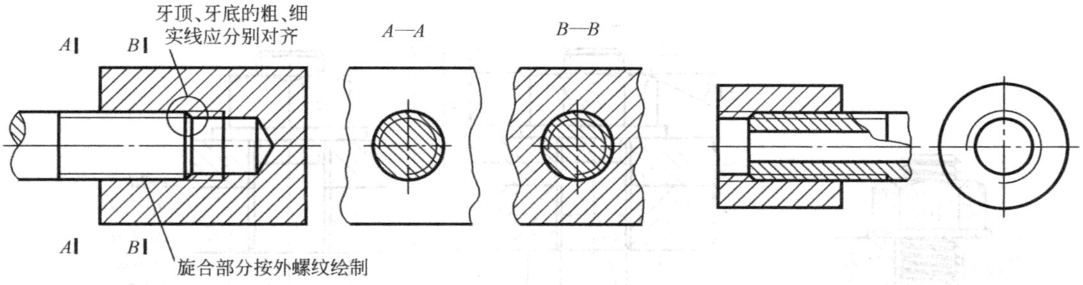


a)　　b)

图 17-8　螺纹联接的画法

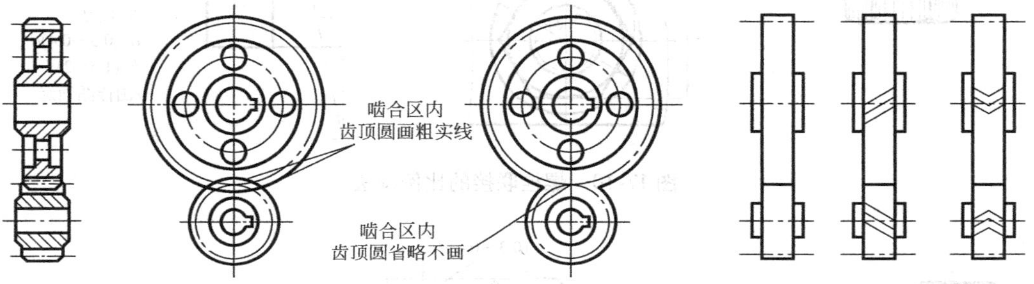


a)　　b)　　c)

图 17-9　圆柱齿轮的啮合画法

在齿轮啮合剖视图中，当剖切平面通过两啮合齿轮的轴线时，在啮合区内，一个齿轮的轮齿用粗实线绘制，另一个齿轮的轮齿被遮挡部分用虚线绘制（图 17-9a）也可省略不画被遮挡的轮齿。非啮合轮齿按单个齿轮的剖视画法画出，如图 17-9a 所示。

在平行于齿轮轴线的视图中，啮合区的齿顶线、齿根线不需画出，分度圆相切处用粗实线绘制；其他处的分度线仍用细点线画出，如图 17-9c 所示。

**小试身手：**

根据任务书第 1 项要求，认真分析螺纹联接的画法，找出其中的错误画法，画出正确的螺纹联接图。

**3. 标准件联接装配的规定画法**

（1）螺纹紧固件联接的规定画法　螺纹紧固件的联接分为螺栓联接、螺柱联接和螺钉联接三种基本联接形式。为了提高画图速度，在装配图中通常采用比例画法。

1）螺栓联接：螺栓联接适用于两个联接零件的联接处厚度都不大且需要经常拆卸的场合，其比例画法如图 17-10 所示。

2）螺柱联接：当两个联接零件的连接处一个厚度较薄，另一个较厚或不能穿通时，通常采用双头螺柱联接，其比例画法如图 17-11 所示。旋入端的螺纹长度 $b_m$ 由带螺孔的零件材料决定。

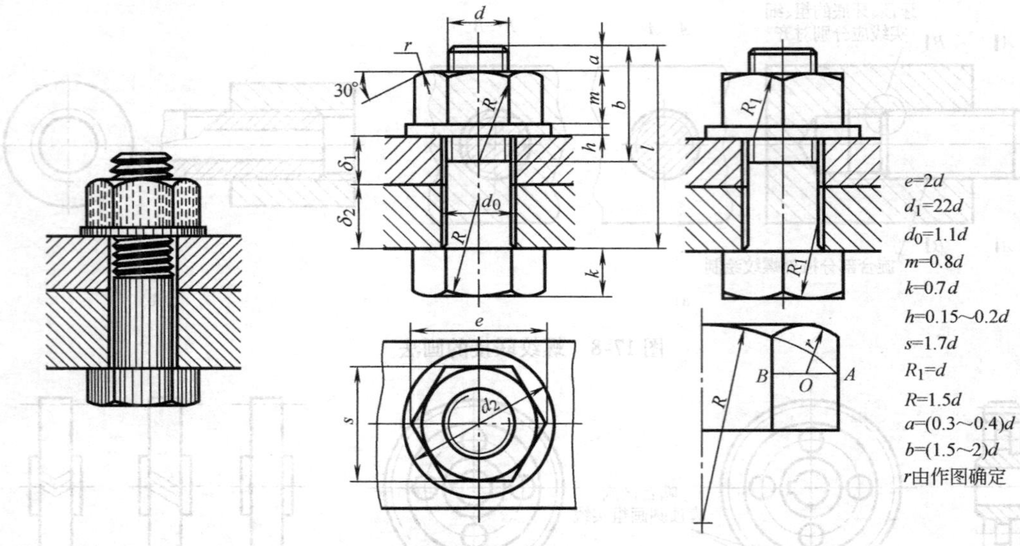


图 17-10　螺栓联接的比例画法

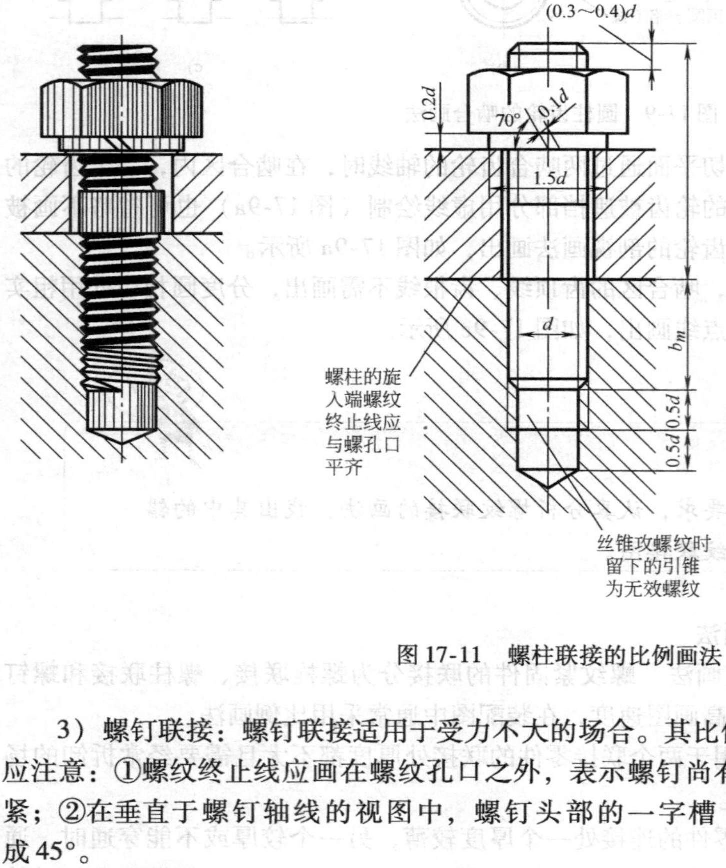


| 标准号 | $b_m$ | 材料 |
| --- | --- | --- |
| GB/T 897 | d | 铜或青铜 |
| GB/T 898 | 1.25d | 铸铁 |
| GB/T 899 | 1.5d | 铸铁或铝合金 |
| GB/T 900 | 2d | 铝合金或软材料 |

图 17-11　螺柱联接的比例画法

3）螺钉联接：螺钉联接适用于受力不大的场合。其比例画法如图 17-12 所示。画图时应注意：①螺纹终止线应画在螺纹孔口之外，表示螺钉尚有拧紧的余地，被联接件已被压紧；②在垂直于螺钉轴线的视图中，螺钉头部的一字槽（或十字槽）要画成与水平线成 45°。

4）紧定螺钉联接：紧定螺钉用来固定两个零件的相对位置，使其不产生相对运动。图 17-13 所示为轴与轮毂之间的固定用的紧钉螺钉的画法。

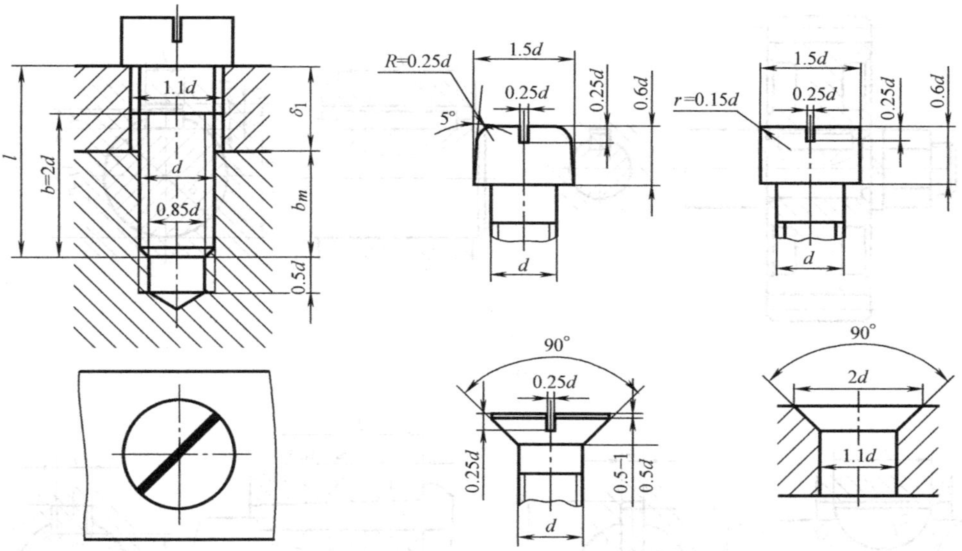


图 17-12　螺钉联接的比例画法

5）紧固件联接的简化画法：在装配图中，螺纹紧固件的倒角、螺纹终止线、螺钉头部槽的结构、不通的内螺纹孔底结构等可采用简化画法，如图 17-14 所示。

（2）键连接的规定画法　常用的键有普通型平键、普通型半圆键和钩头型楔键等。在装配图中，键联接的规定画法如图 17-15 所示。应注意：普通型平键和普通型半圆键的顶面与轮毂之间有空隙，画成两条线。钩头型楔键的两侧面与键槽的两侧面之间有空隙，画成两条线。

（3）销联接的规定画法　常用销联接的规定画法如图 17-16所示。

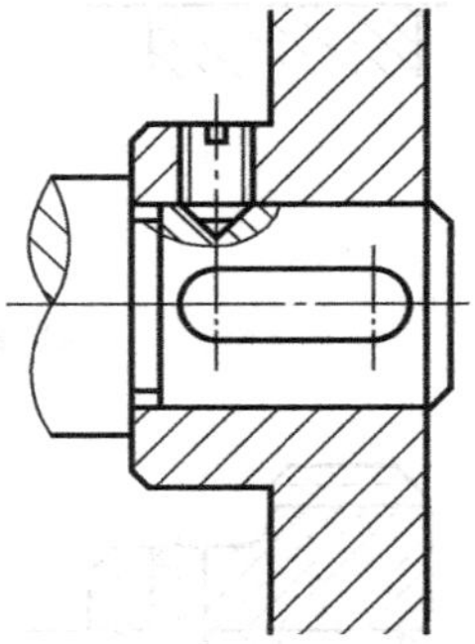

图 17-13　紧定螺钉的联接画法

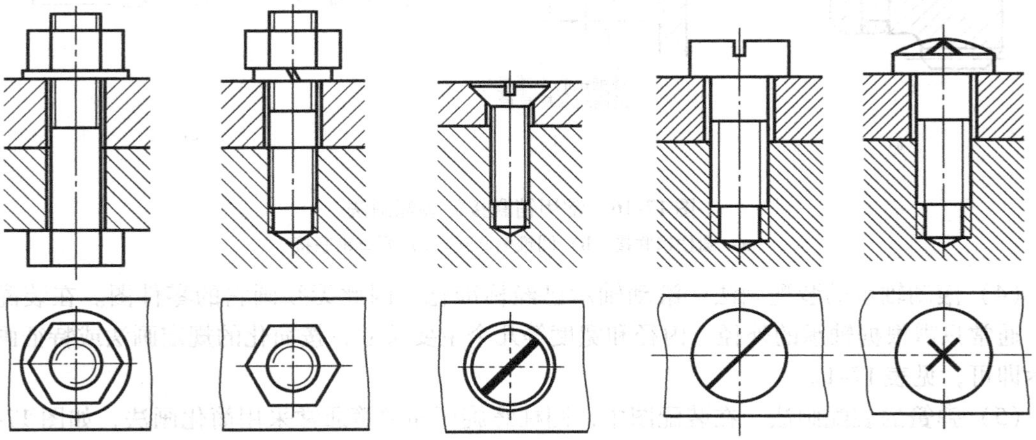

图 17-14　螺纹紧固件联接的简化画法

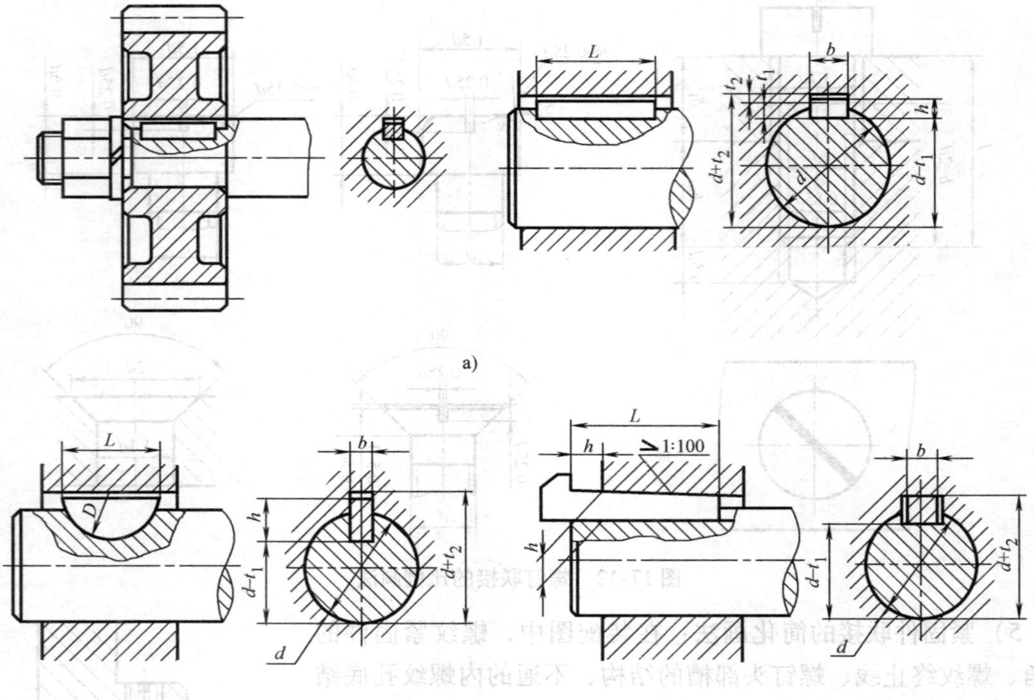


图 17-15　常用键联接的装配画法

a）普通型平键联接　b）普通型半圆键联接　c）钩头型楔键联接

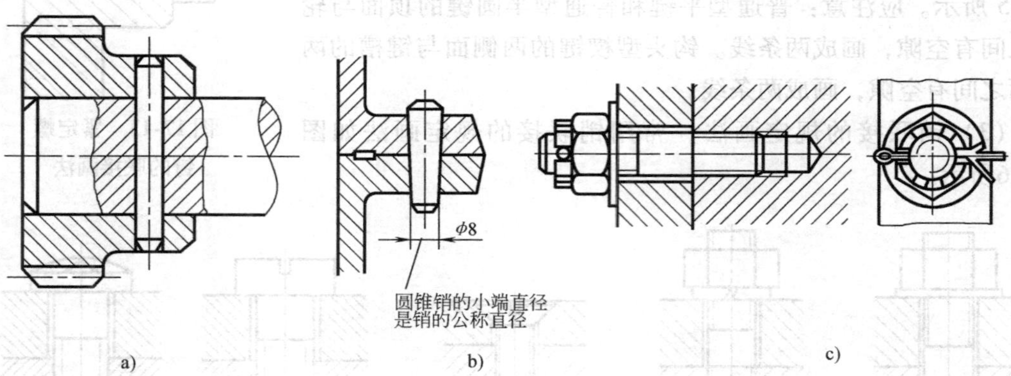


图 17-16　常用销联接的装配画法

a）圆柱销联接　b）圆锥销联接　c）开口销联接

（4）滚动轴承的装配画法　滚动轴承已经标准化，因此无须画它的零件图。在装配图中，通常只需根据轴承的外径、内径和宽度等几个主要尺寸，按简化的规定画法或特征画法表示即可，见表 17-1。

（5）弹簧的装配画法　在装配图中，圆柱螺旋压缩弹簧通常采用简化画法，如图 17-17 所示。

**表 17-1　常用滚动轴承的表示法**

| 轴承类型 | 结构形式 | 通用画法 | 特征画法 | 规定画法 |
| --- | --- | --- | --- | --- |
| | | (均指滚动轴承在所属装配图的剖视图中的画法) | | |
| 深沟球轴承（GB/T 276—1994）6000 型 | 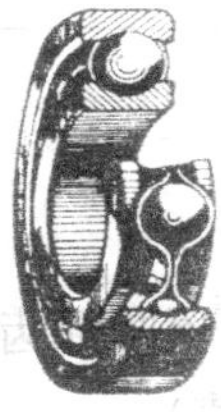 | | 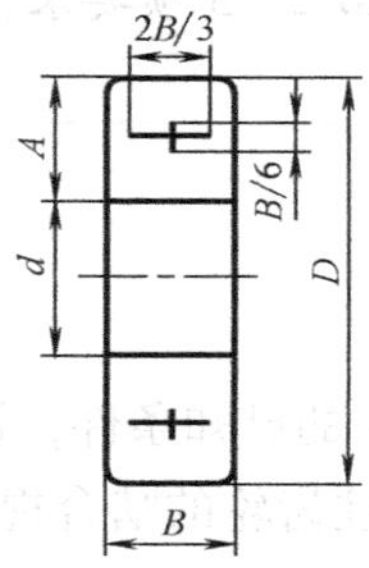 | 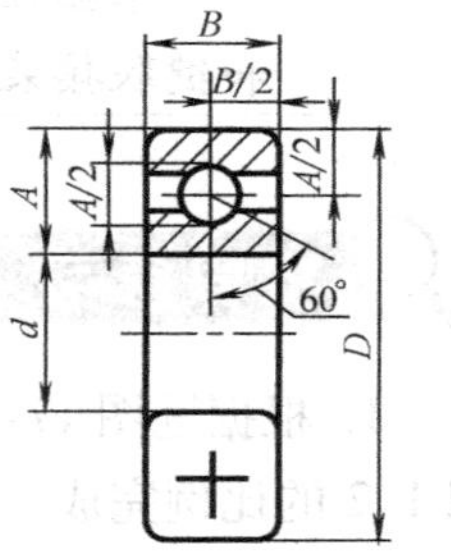 |
| 圆锥滚子轴承（GB/T 297—1994）30000 型 | 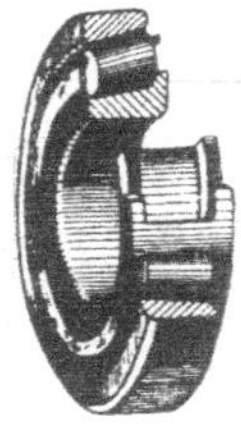 | 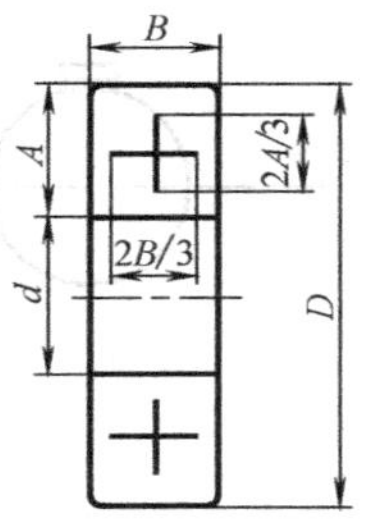 | 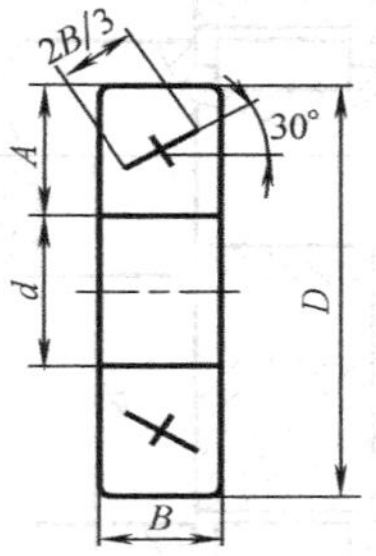 | 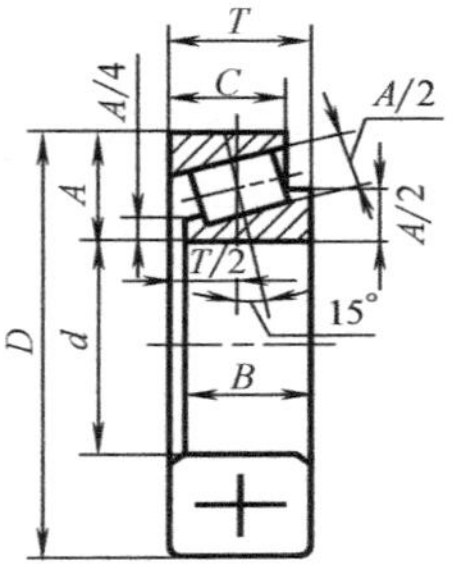 |
| 推力球轴承（GB/T 301—1995）51000 型 | 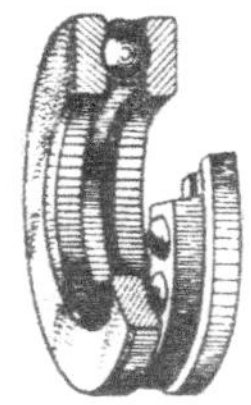 | | 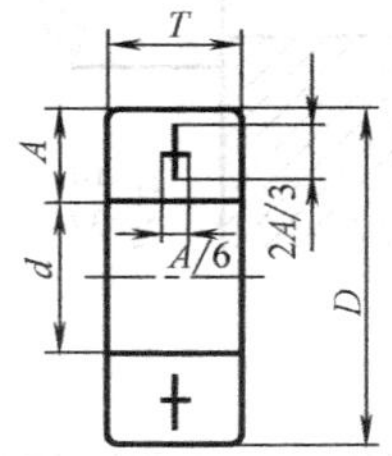 | 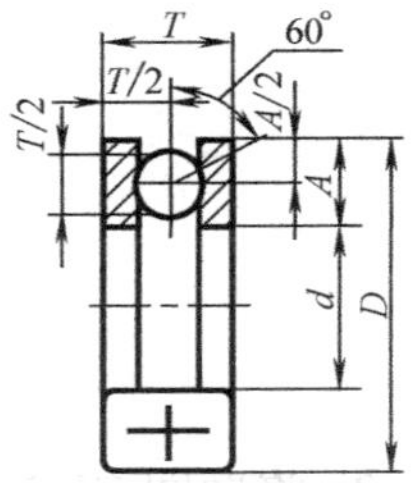 |

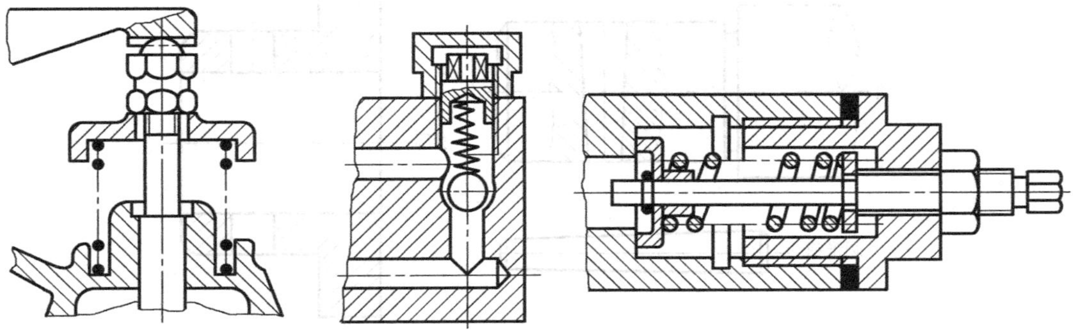

图 17-17　弹簧的装配画法

**小试身手：**

根据任务书第 2、3 项要求，按比例画法分别绘制螺栓联接装配图和键联接装配图。

**巩固练习**

1. 根据题图 17-1 所示的已知条件，计算两个齿轮的分度圆、齿顶圆和齿根圆直径，并以 1∶2 的比例完成一对圆柱齿轮的啮合视图（提示：先算出模数 $m$ 值）。

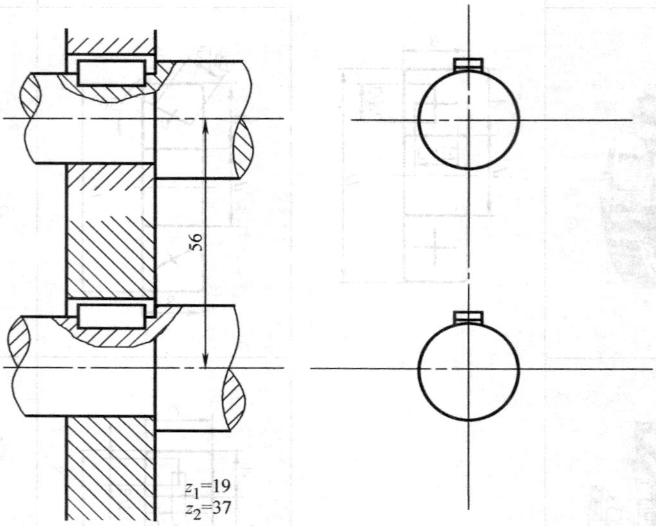


题图 17-1

2. 将题图 17-2 所示的孔、轴和圆锥销，拼画成销联接的装配图。

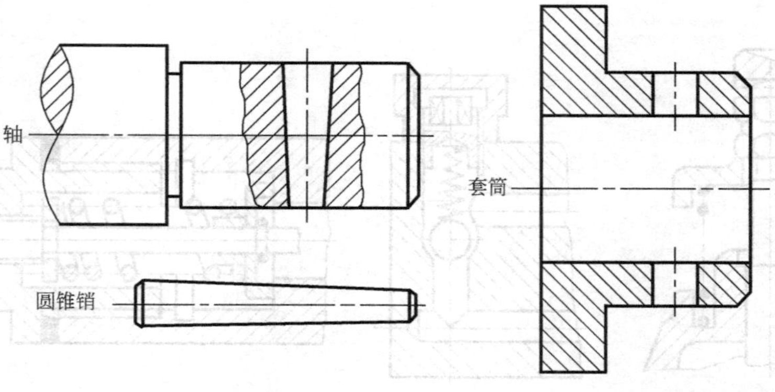


题图 17-2

任务书

# 二、装配图的画图方法与步骤

| 项　目 | 绘制支顶装配图 | 用　时 | 360 分钟 |
| --- | --- | --- | --- |
| 目的 | 通过支顶装配图绘图练习，熟悉和掌握装配图的内容及装配图表达方法。 | | |
| 要求 | 仔细阅读支顶的每张零件图，并参照装配示意图，拼画出支顶装配图。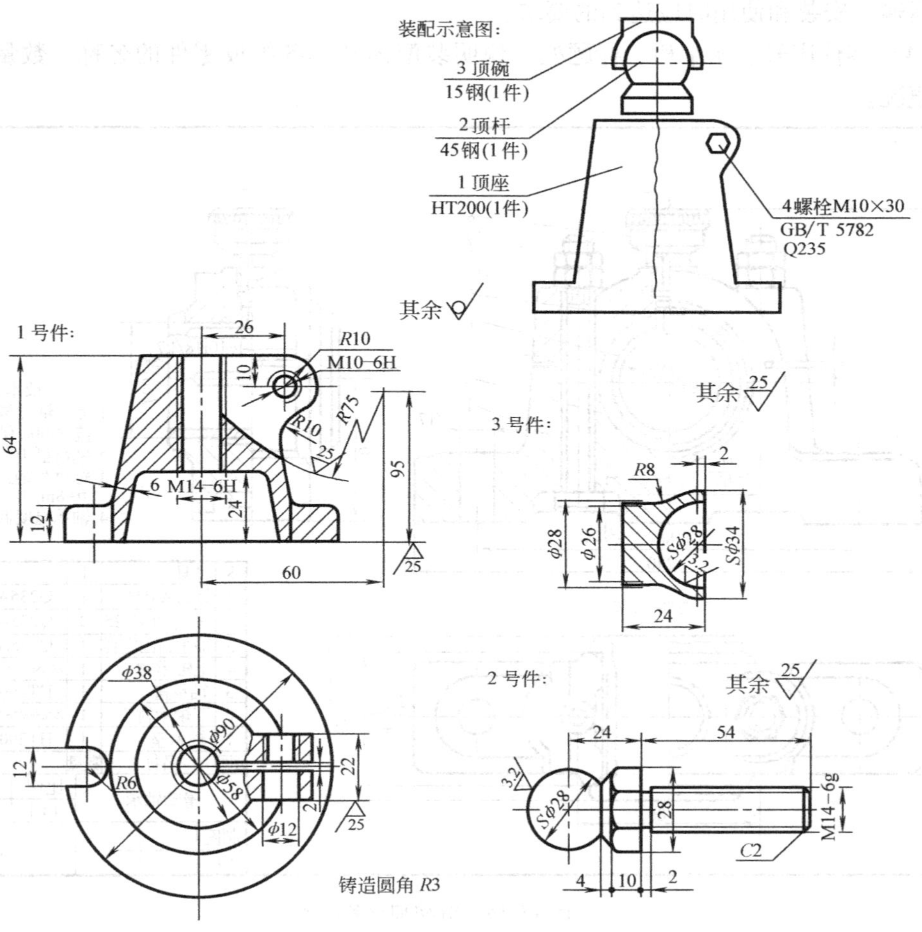 | | |
| 提示 | 1. 绘图比例及图纸幅面，根据支顶各零件图的尺寸标注自行计算确定。<br>2. 弄清支顶工作原理及零件间的装配关系；确定合理的表达方案。<br>3. 要先在草稿纸上试画，经检查无误后，再正式着手绘制。 | | |
| 后记 | | | |

知识链接

**1. 装配图的内容**

由图 17-18 滑动轴承装配图可以看出，一张完整的装配图应具备以下内容：

（1）一组图形　用一组图形完整、清晰地表达机器或部件（下称装配体）的工作原理、装配关系、传动路线和主要零件的结构形状。

（2）必要尺寸　装配图中只标注出表明装配体的规格性能、总体大小、零件间的配合关系和装配、检验、安装所必需的一些尺寸。

（3）技术要求　用文字或符号说明装配体的性能、装配和调整要求、试验和验收条件，以及运输、安装和使用时应达到的要求。

（4）零件序号、明细栏、标题栏　说明装配体及其各组成零件的名称、数量和材料等一般概况。

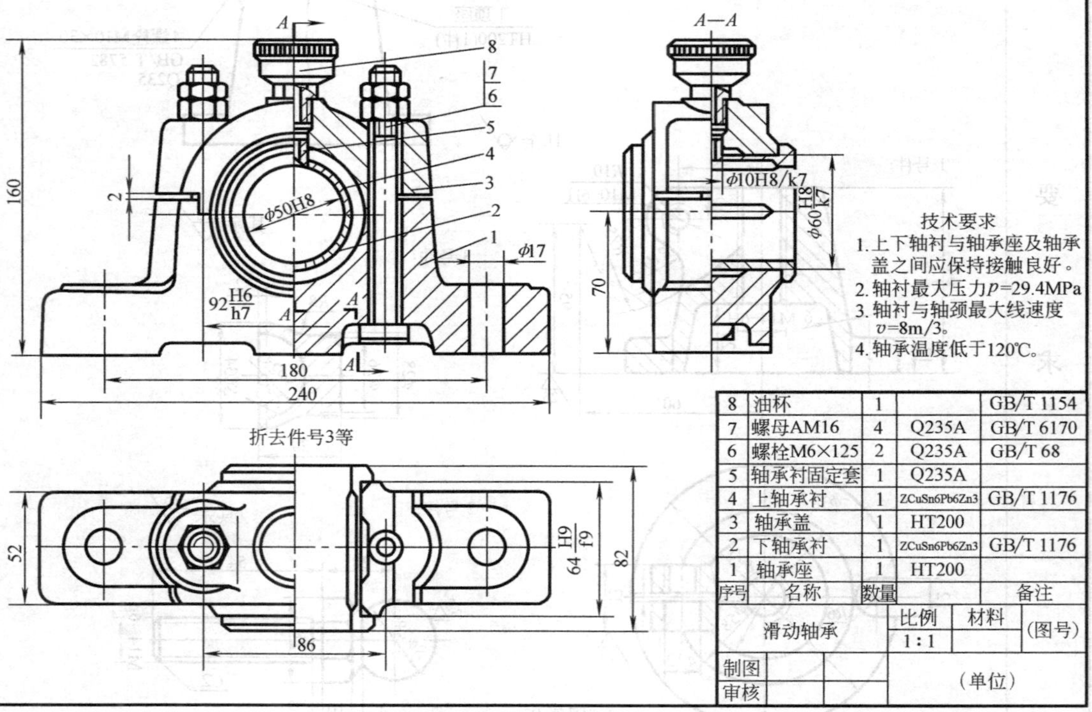


| 8 | 油杯 | 1 | | GB/T 1154 |
|---|---|---|---|---|
| 7 | 螺母AM16 | 4 | Q235A | GB/T 6170 |
| 6 | 螺栓M6×125 | 2 | Q235A | GB/T 68 |
| 5 | 轴承衬固定套 | 1 | Q235A | |
| 4 | 上轴承衬 | 1 | ZCuSn6Pb6Zn3 | GB/T 1176 |
| 3 | 轴承盖 | 1 | HT200 | |
| 2 | 下轴承衬 | 1 | ZCuSn6Pb6Zn3 | GB/T 1176 |
| 1 | 轴承座 | 1 | HT200 | |
| 序号 | 名称 | 数量 | | 备注 |

| 滑动轴承 | | 比例 | 材料 | （图号） |
|---|---|---|---|---|
| | | 1∶1 | | |
| 制图 | | | （单位） | |
| 审核 | | | | |

图 17-18　滑动轴承装配图

**2. 装配图的画图方法与步骤**

画装配图的步骤与画零件图的步骤相似，主要的不同点就是画装配图时要从装配体的整体结构特点、工作原理出发，确定合理的表达方案。本课题仅以装配体测绘装配图的过程来介绍装配图的画法。画装配图的一般过程如下：

（1）了解、分析装配体

1）分析装配体的实物，了解其用途、结构特点、各零件的形状与作用、零件间的装配关系，以及工作原理、装拆顺序等。

2）绘制装配示意图或机构运动简图。如图 17-1 所示铣刀头部件的装配示意图如图 17-19所示。

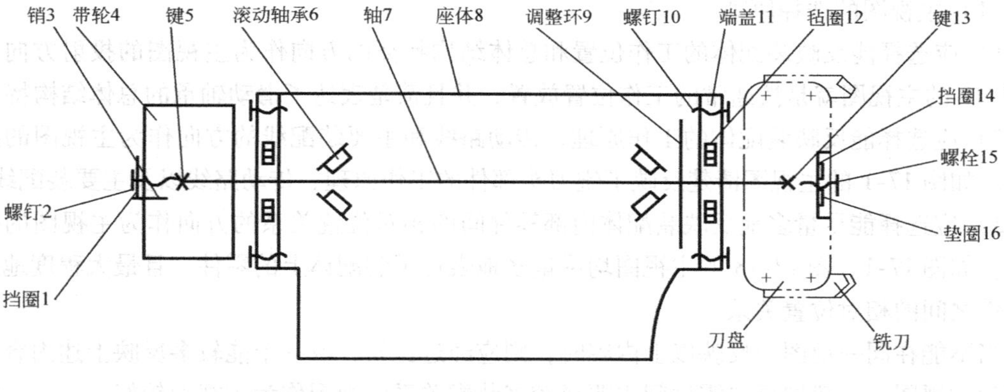


图 17-19　铣刀头的装配示意图

（2）确定表达方案

1）选择主视图：根据主视图的选择原则（将在下面具体介绍）确定主视图。

2）其他视图的选择：其他视图主要应考虑对尚未表达清楚的装配关系及零件等加以补充。

（3）确定比例、图幅：根据装配体结构的大小、复杂程度及其确定的表达方案，确定画图的比例、图幅，合理布局。

（4）画图步骤

1）画图框、标题栏和明细栏，画出各视图的主要基准线。

2）画出各视图。一般是从主要装配干线入手，逐一画出干线上的每个零件，逐步延伸，完成该视图。几个视图可以相互配合，穿插进行，完成底稿。

3）校核、描深、画剖面线。

4）标注尺寸、编排序号。

5）填写技术要求、明细栏、标题栏，完成全图。

**提　示：**

熟悉正确的画图方法和步骤，是顺利完成绘图任务的基础。这里学习的是绘制装配图的一般步骤，你在后面的每个学习环节中，请注意时刻回来看看这部分内容。

**3. 装配图表达方案的确定**

装配图要正确、清晰地表达装配体的结构、工作原理及零件间的装配关系，并不要求把每个零件的各部分结构都完整地表达出来，而应善于运用装配图的各种表达方法，恰当地选择视图，视图表达方案要力求简洁，便于读图。在按画法规定绘制装配图前，必须先合理地确定表达方案。

装配图与零件图一样，要以主视图的选择为中心来确定整个装配图“一组视图”的表达方案。表达方案的确定依据是装配体的工作原理和零件之间的装配关系。

（1）主视图的选择原则

1）应选择能反映装配体的工作位置和总体结构特征的方向作为主视图的投射方向。如图 17-18 的主视图就是按通常的工作位置放置，并且清楚表达了滑动轴承的总体结构特征。

2）应选择能反映装配体的工作原理、传动路线和主要装配线的方向作为主视图的投射方向。如图 17-1 的主视图清楚反映了铣刀头部件的工作原理、传动路线以及主要装配线。

3）应选择能尽量多地反映装配体内部零件间的相对位置关系的方向作为主视图的投射方向。如图 17-1、图 17-18 的主视图均尽量多地表达了装配体上的零件，且最大程度地表达了零件之间的相对位置关系。

当不能在同一视图上反映以上内容时，则应经过比较，取一个能较多反映上述内容的视图作为主视图。一般取反映零件间主要或较多装配关系的视图作为主视图较好。

（2）其他视图的选择　为补充表达主视图上没有而又必须表达的内容，对其他尚未表达清楚的部位必须再选择相应的视图进一步说明。所选择的视图要重点突出，相互配合，避免重复。其他视图应尽可能采用基本视图或在基本视图上作剖视（包括拆卸画法等）来表达内容。

如图 17-1 中的左视图进一步将铣刀头座体的形状以及座体底板与其他零件的安装情况表达清楚；为了突出座体的主要形状特征，还采取了装配图的拆卸画法。如图 17-18 中的左视图清楚地表达了上、下轴衬与相邻零件的配合关系；俯视图进一步表达了滑动轴衬的形状特征。

**小试身手：**

根据任务书要求，认真分析并读懂任务书中的各零件图和装配示意图，构思并确定支顶装配图的视图表达方案，并在正式图纸上画出支顶应有的一组视图（图纸幅面注意留足标注尺寸，编写零件序号、明细栏和技术要求的余地）。

**4. 装配图中的尺寸标注**

装配图与零件图的作用不同，对尺寸标注的要求也不同。装配图是设计和装配机器（或部件）时用的图样，因此不必把零件制造时所需要的全部尺寸都标注出来。

装配图一般应标注以下几类尺寸。

（1）规格（性能）尺寸　表示装配体的产品规格和工作性能的尺寸。这类尺寸是设计产品的依据，也是用户选用产品的依据。如图 17-1 所示的铣刀头中心高尺寸 115，图 17-18 所示滑动轴承的轴孔尺寸 $\phi$50H8。

（2）装配尺寸　用以保证机器（或部件）装配性能的尺寸。装配尺寸包括以下两种。

1）配合尺寸：零件间有配合要求的尺寸，如图 17-18 中的配合尺寸 $92\dfrac{H8}{h7}$、$\phi60\dfrac{H8}{k7}$。

2）相对位置尺寸：表示装配体在装配时需要保证的零件间较重要的距离尺寸和间隙尺寸，如图 17-18 中轴承盖与轴承座之间的非接触面间距尺寸 2。

（3）安装尺寸　表示将零、部件安装在机器上，或将机器安在固定基础上所需要的尺寸。如图 17-1 中的尺寸 155、150 和 $4\times\phi10$，图 17-18 中的安装孔尺寸 $\phi17$、孔距 180。

（4）外形（总体）尺寸　表示装配体外形轮廓的尺寸，即总长、总宽、总高尺寸，它反映了装配体所占空间的大小。如图 17-18 中的尺寸 240、82 和 160。

（5）其他重要尺寸　设计确定的，对装配体有重要作用的尺寸。如运动件的极限位置尺寸、零件间的主要定位尺寸、重要结构尺寸等。

总之，在装配图上标注尺寸要根据情况作具体分析，上述五类尺寸并不是每张装配图都必须全部标出，而是按需要进行标注。

**小试身手：**

根据任务书要求，认真分析支顶各部分结构，确定应标注的尺寸，在已经画好的支顶视图上标注尺寸。

**5. 装配图中的零件序号、明细栏和技术要求**

（1）零件序号的编排　序号是为便于读图、管理图样和组织生产而对装配图上每种零（或部件）按顺序编排的号码。编写序号必须按以下规定和方法进行：

1）所有零、部件按顺序编排序号，同一种零件或组件只编一个序号，一般只标注一次。

2）序号应注写在视图周围，按水平或垂直方向整齐排列，按顺时针或逆时针方向绕视图顺序排列。序号字高比图中的尺寸数字大一号或两号。

3）序号用指引线与所指零、部件连接，指引线应从零件的可见轮廓内引出，末端画一圆点。若所指零件很薄或是涂黑的剖面不宜画圆点时，可画箭头指向该零件的轮廓。指引线相互不得交叉，避免与剖面线平行，必要时允许曲折，但只能曲折一次，如图 17-20 所示。

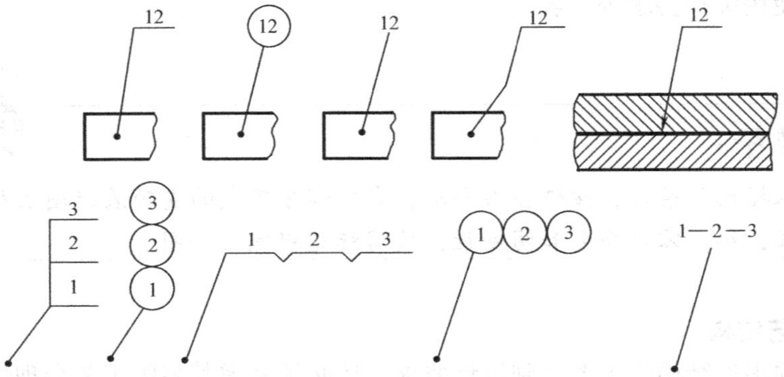


图 17-20　零件序号及指引线

4）对于一组紧固件或装配关系明显的零件组，允许采用公共指引线，如图 17-20 所示。

（2）明细栏的编制　明细栏中包括序号、代号、名称、数量、材料、重量、备注等内容，格式如图 17-21 所示。明细栏中的序号应与图中的编号一致，并且由下往上排列，这样排列便于填写增添的零件。明细栏画在标题栏上方，位置不够时，可在标题栏左边继续列表。具体填写方法参见图 17-18。

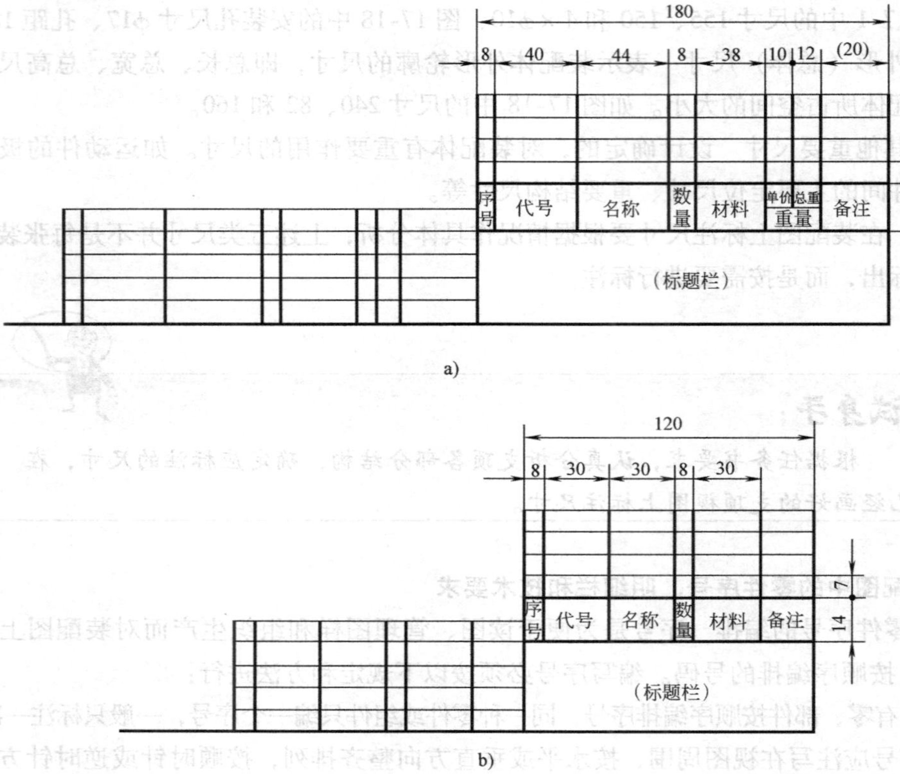


图 17-21　明细栏格式

a）国标推荐的明细栏　b）推荐学习用的明细栏

（3）技术要求　零件图上已经注明的技术要求一般不再在装配图上重复，装配图上的技术要求一般说明对装配体的性能要求、装配要求、检验要求、试验要求、验收要求、外观和包装要求、使用维护要求等内容。

**小试身手：**

根据已知条件，按任务书要求，在已部分完成的支顶装配图上标注技术要求，编写零件序号和明细栏，填写标题栏完成全图。

**6. 装配工艺结构**

装配体中的零件结构除了要达到设计要求，还必须考虑其装配工艺合理性，否则会使安装、拆卸困难，甚至达不到设计要求。常见的装配工艺结构有下面几种：

（1）接触面的数量　两个零件在同一方向只能有一对接触面或配合面。这样既能保证接触理想，又能降低加工精度，如图 17-22 所示。

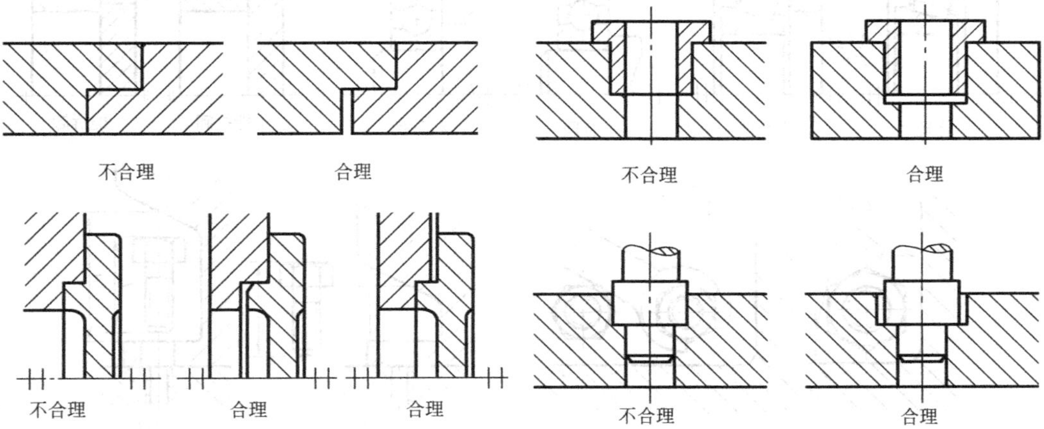


图 17-22　接触面处的结构

（2）接触面交角处的结构　两个零件在不同方向同时接触时，两个接触面的交角处应加工成倒角或沟槽，以保证各接触面接触良好，如图 17-23 所示。

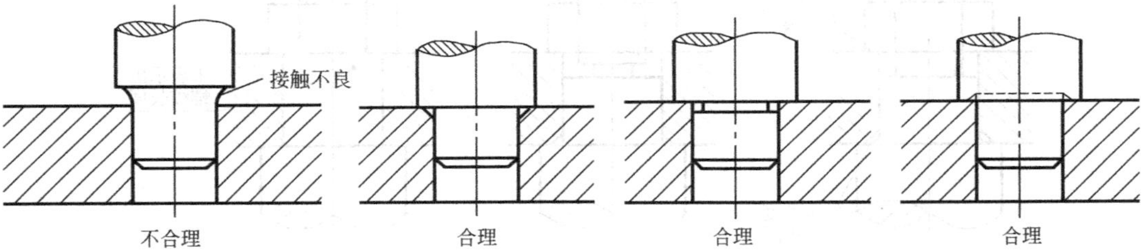


图 17-23　接触面交角处的结构

（3）锥面接触　锥面配合同时确定了轴向和径向两个方向的位置，所以不能再有其他端面接触，以保证锥面配合的可靠性，如图 17-24 所示。

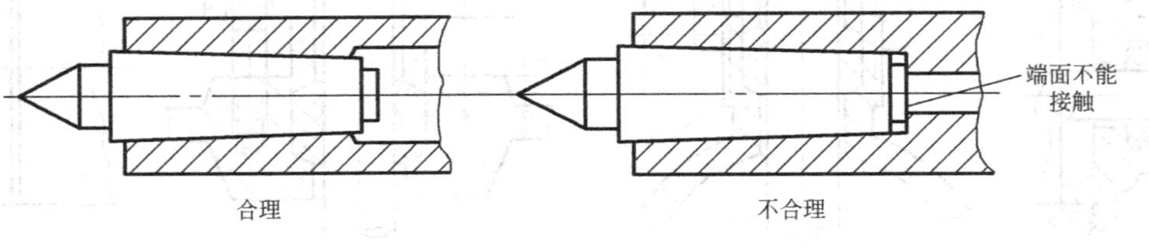


图 17-24　锥面接触的结构

（4）便于装拆的结构　为了便于零件的装配和拆卸，必须保证必要的安装、拆卸紧固件的空间位置或设置必要的工艺孔，如图 17-25 所示。

（5）轴端螺纹紧固联接结构　为保证紧固联接可靠，应保证被紧固零件孔的长度大于孔内轴段的长度，孔的倒角宽度大于轴肩上的小圆角的半径，如图 17-26 所示。

（6）密封装置　为防止部件内部的液体（或气体）渗漏和灰尘进入部件内，需设有密封装置，常用的密封装置如图 17-27 所示。

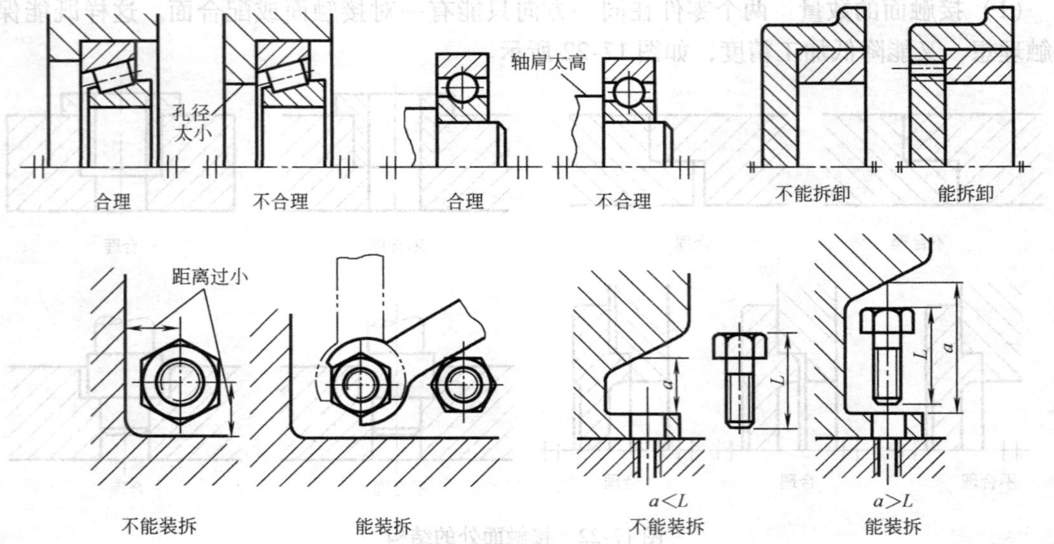


图 17-25　便于装拆的结构和空间

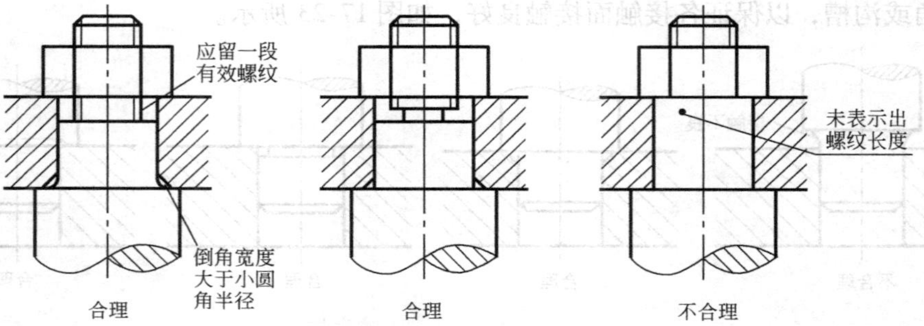


图 17-26　轴端的螺纹连接结构

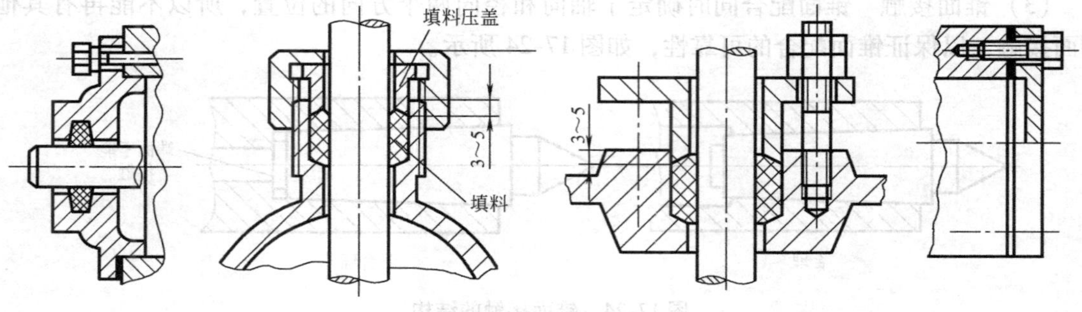


图 17-27　常用的密封装置

**提　示：**

对照学过的有关装配工艺结构的知识内容，仔细检查一遍前已绘制完成的支顶装配图，看看是否有不符装配工艺要求的地方，并予以修正。

## 巩固练习

以 A4 图幅抄画题图 17-3 所示的钻模装配图。

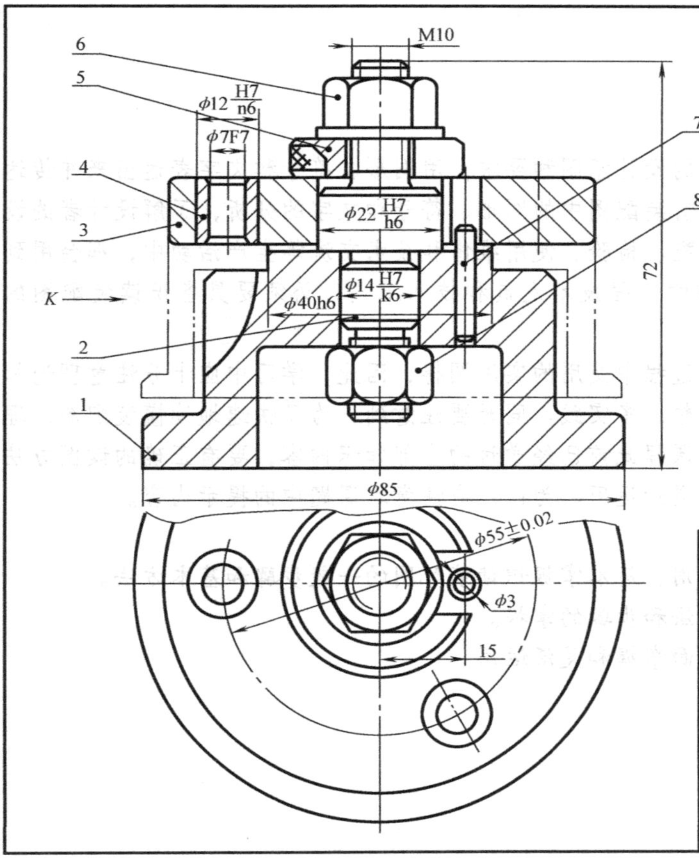


| 序号 | 名称 | 数量 | 材料 | 备注 |
|---|---|---|---|---|
| 8 | 螺母M10 | 1 | | GB/T 41 |
| 7 | 圆柱销A3×28 | 1 | | GB/T 119 |
| 6 | 螺母M10 | 1 | | GB/T 2148 |
| 5 | 开口垫圈10-30 | 1 | 45 | GB/T 851 |
| 4 | 钻套 | 3 | T8 | |
| 3 | 钻模板 | 1 | 45 | |
| 2 | 轴 | 1 | 45 | |
| 1 | 底座 | 1 | HT150 | |

| | | | |
|---|---|---|---|
| 钻　　模 | 比例 1:1 | 材料 | （图号） |
| 制图 | | （单位） | |
| 校核 | | | |

题图 17-3

# 课题十八　装配图的识读

## 学习指南

绘制装配图的目的是把设计者的设计意图和要求，用图形、符号和文字表达出来并传达给他人，而读装配图则是通过对现有装配图中的图形、符号和文字的分析，了解设计者的设计意图和要求。在机器的设计、装配、检验、使用维修和技术交流等生产活动中，都会用到装配图。因此，从事机械专业工作的工程技术人员和技术工人，必须要具备识读装配图的能力。

与零件图一样，装配图是生产过程中使用的实用图样，因此，学习中应十分注意理论知识与实际运用的相结合。多看、多想，多实践。同时要注意到，为了快速地读懂装配图，理解设计意图和要求，应全面掌握本课程此前已经学过的全部知识内容，要有正确的读图方法和步骤，各方面知识要融会贯通，灵活运用。为此，应注意本课题中的提示内容。

**教学目标**

进一步了解装配图的内容和作用，基本掌握识读装配图的一般步骤和基本方法。

**教学重点**　装配图读图基本方法和步骤的掌握。

**教学难点**　机械制图知识的全面掌握和灵活运用。

**教学课时**　7 学时。

任务书

# 识读装配图

<table>
<tr><td>项　目</td><td colspan="2">识读齿轮泵装配图</td><td>用　时</td><td>315 分钟</td></tr>
<tr><td>目的</td><td colspan="4">通过齿轮泵装配图的识读练习，进一步了解装配图的内容和作用，基本掌握识读装配图的一般步骤和基本方法。</td></tr>
<tr><td>要求</td><td colspan="4">读懂齿轮液压泵装配图，解答填空题：<br>1. 齿轮泵是由______种零件装配而成的，其中标准件有______种。<br>2. 齿轮泵的总体尺寸为：总长______，总宽______，总高______。<br>3. 本装配图共采用了______个图形来表达，主视图是______剖的______剖视图，B—B 左视图属于______图。<br>4. C 向视图是______视图，D 向视图属于装配图特殊表达方法中的______画法的视图，主视图中用双点画线画出了一个齿轮和一个用于联接的销，这种画法称为______画法。<br>5. 图中标注的尺寸，属于安装尺寸的有______和______。<br>6. 主动齿轮轴外伸的轴颈直径为______，其上偏差是______，下偏差是______，最大极限尺寸______，最小极限尺寸______，公差______；轴的中心高尺寸______，销孔直径______。<br>7. 进出油口管螺纹的特征、尺寸代号是______，其中心高尺寸______。<br>8. 件 10（填料）的作用是____________，件 11（螺母）的作用是__________，D 向视图中件 11 的四个缺口的作用是______________。<br>9. $\phi 14\frac{H7}{g6}$ 表示件 5（从动轴）和件__________之间的配合是______制的____________配合，而 $\phi 16\frac{H7}{p6}$ 表示件 5 和件__________之间的配合是______制的________________配合。因此，液压泵工作时，件 5（从动轴）的状态是__________的（填：旋转或静止）。<br>10. 当件 6（主动齿轮轴）的转速为 $n$ = 500r/min 时，体积流量 $q_v$ = ________________ L/min。</td></tr>
</table>

（续）

要求

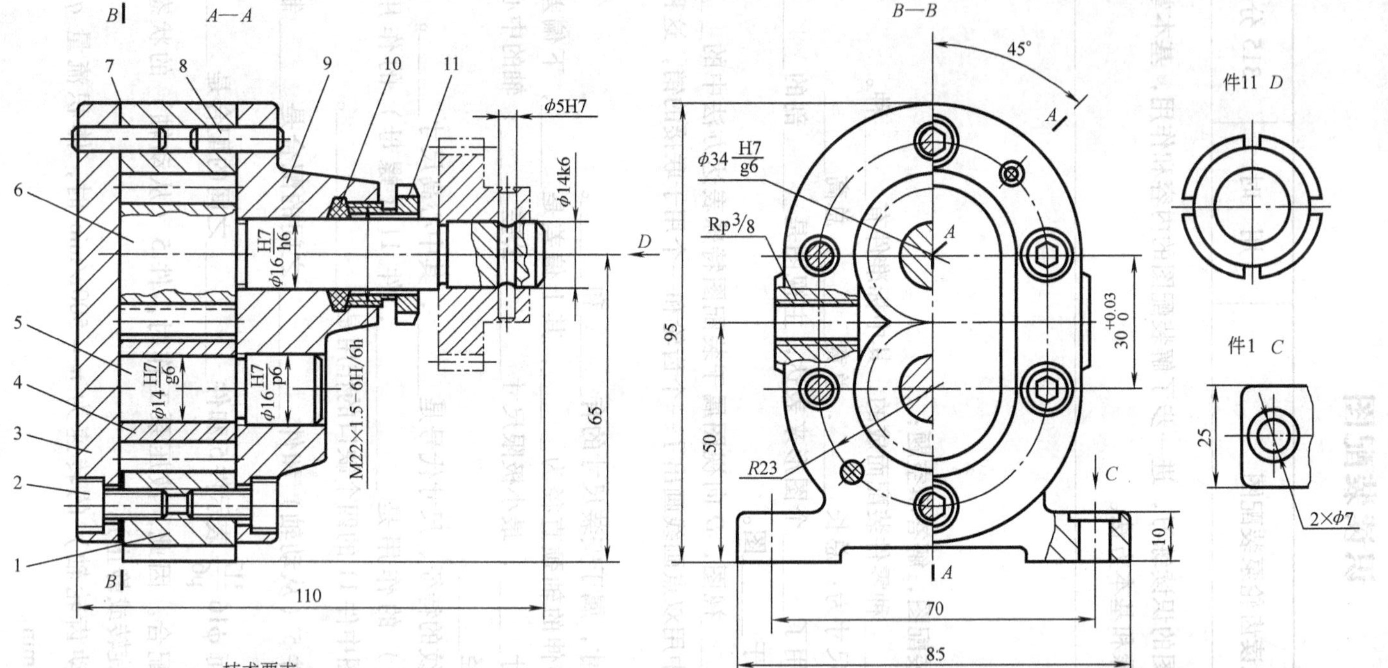


技术要求

1. 本齿轮油泵的输油量可按下式计算：

$q_V = 0.007n$　　式中 $q_V$ —体积流量(L/min)

$n$ — 转速(r/min)

2. 进入高度不得大于 500mm。
3. φ50H7两圆柱销孔装配时钻。
4. 件 4 从动齿轮、件 6 主动齿轮轴的轴向间隙，用改变件 7 垫片的厚度来调整，装配完毕后，用手转动主动齿轮轴，应能灵活旋转。

| 序号 | 代号 | 名称 | 数量 | 材料 | 备注 |
|---|---|---|---|---|---|
| 11 | Z-03-08 | 螺母 | 1 | Q235 | |
| 10 | | 填料 | 1 | 毛毡 | 无图 |
| 9 | Z-03-07 | 泵座 | 1 | HT200 | |
| 8 | GB 119-86 | 销A5×20 | 4 | | |
| 7 | Z-03-06 | 垫片 | 1 | 软钢垫板 | |
| 6 | Z-03-05 | 主动齿轮轴 | 1 | 45 | $m=2$, $z=15$ |
| 5 | Z-03-04 | 从动轴 | 1 | 45 | |
| 4 | Z-03-03 | 从动齿轮 | 1 | 45 | $m=2$, $z=15$ |
| 3 | Z-03-02 | 泵盖 | 1 | HT200 | |
| 2 | GB/T 70 | 螺钉M6×12 | 12 | | |
| 1 | Z-03-01 | 泵体 | 1 | HT200 | |

齿轮泵　Z-03-00

后记

## 知识链接

**1. 识读装配图的基本要求**

1）了解装配体的名称、规格、用途、性能和工作原理。

2）了解各组成零件间的相对位置、联接形式、装配关系等。

3）了解各组成零件的主要结构形状和在装配体中的作用。

4）了解装配体的技术要求、装拆顺序。

**2. 识读装配图的一般方法和步骤**

识读装配图的方法和步骤没有固定的模式，但对初学者来说，通常的读图方法和步骤是：

（1）概括了解

1）从标题栏了解装配体的名称、比例、数量和大致的用途。

2）看明细栏并对照视图中的零件序号，了解各组成零件的名称、数量、规格及位置。

3）分析视图表达方法和各视图间的关系，弄清各视图的表达重点。

（2）了解装配关系和工作原理　在一般了解的基础上，分析各装配干线，弄清零件间的配合、定位、联接关系，即分析装配体中各零件之间的装配关系，并读懂装配体的工作原理，这是识读装配图的重要环节。

（3）分析视图，读懂零件的结构形状　分析视图，从装配图的几个视图中分离出零件相应的投影轮廓，利用装配图特有的表达方法和投影关系，弄清零件的结构形状。分析零件应从主要视图中的主要零件开始，可按先简单，后复杂的顺序进行。

（4）分析尺寸和技术要求　分析装配图上标注的尺寸及技术要求，了解对装配体提出的装配、检验、使用等方面的要求，进行综合归纳。

综上所述，看装配图只有按步骤对装配体进行全面了解和分析，认真归纳，才能准确无误地看懂装配图。

## 实例解读

要求：分析并读懂图 18-1 所示的针形阀装配图。

读图分析：

第一步，概括了解　从装配图标题栏、明细栏及各视图可知道，针形阀是一种安装在管路上，用来控制液体的流量和启闭的部件。针形阀由 12 种零件组成，其中标准件有两种。针形阀装配图采用了两个视图来表达。

第二步，了解装配关系和工作原理　针形阀利用阀体下部的管螺纹 G1/2A 可安装在管路中或容器上，此处为进口；出口通过套头与软管路联接。通过手柄使阀杆旋转，可控制阀的启闭和流量的大小，图示位置为关闭，随着阀杆的旋转上升，可使阀打开，并加大流量。针形阀的装配干线是阀的中轴线，其上按序有阀体、阀杆、垫片、阀盖、垫环、填料、填料压盖、压紧螺母、手柄和六角螺母十种零件。针形阀的密封由垫片和填料来实现。

**提　示：**

与零件图的识读一样，正确、快速地判断零件的作用，需具备一定的见识和经验，这需要在长期的学习和工作中逐步积累。

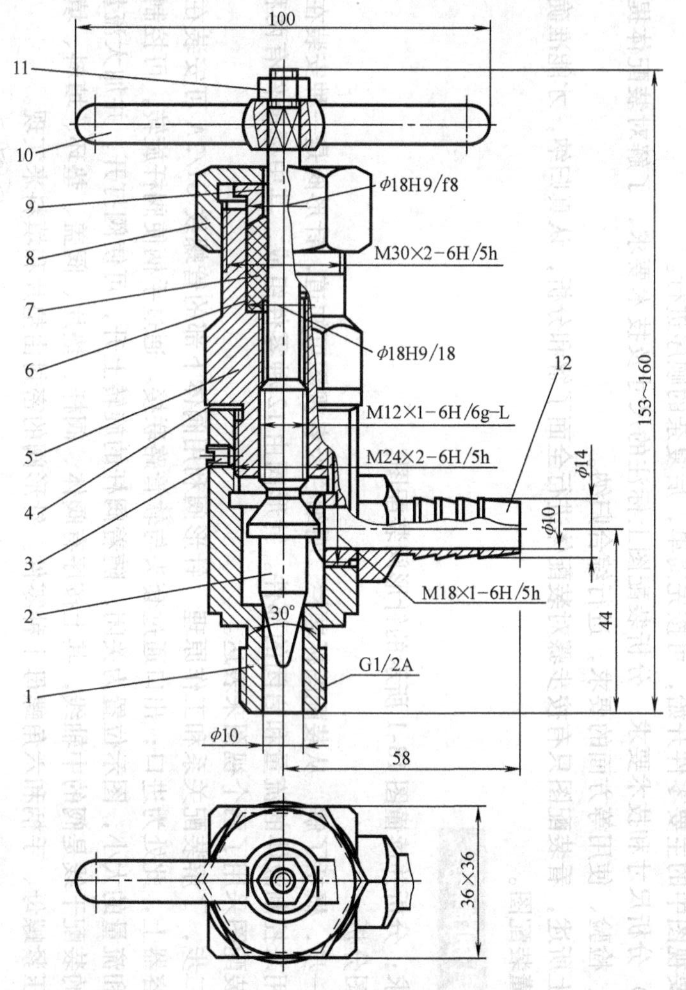


技术要求

1.装配前各零件应仔细清除毛刺，清洗污垢。
2.各螺纹联接部位装配时应涂二硫化钼。
3.手柄表面涂灰色漆，周边带蓝色条。

| | | | | | |
|---|---|---|---|---|---|
| 12 | F−04−09 | 套头 | 1 | 1Cr18Ni9Ti | |
| 11 | GB 6170 | 螺母M6 | 1 | | |
| 10 | F−04−08 | 手柄 | 1 | Q235 | |
| 9 | F−04−07 | 填料压盖 | 1 | 1Cr18Ni9Ti | |
| 8 | F−04−06 | 压紧螺母 | 1 | Q235 | |
| 7 | | 填料 | | 石棉 | 无图 |
| 6 | F−04−05 | 垫环 | 1 | 1Cr18Ni9Ti | |
| 5 | F−04−04 | 阀盖 | 1 | 2Cr18Ni9Ti | |
| 4 | F−04−03 | 垫片 | 1 | 聚乙烯 | |
| 3 | GB 73 | 螺钉M6×6 | 1 | | |
| 2 | F−04−02 | 阀杆 | 1 | 3Cr13 | |
| 1 | F−04−01 | 阀体 | 1 | 2Cr18Ni9Ti | |
| 序号 | 代号 | 名称 | 数量 | 材料 | 备注 |
| | | 针形阀 | | | F−04−00 |

图 18-1　针形阀装配图

第三步，分析视图，看零件　针形阀装配图采用了主、俯两个基本视图，主视图上作了局部剖视，清楚地表达了装配干线上各零件的结构形状及相互之间的装配关系；其次，从没剖到的部位可看出阀盖和压紧螺母是六角外形。俯视图采用了局部视图的画法，表达重点是阀体的方形外形和手柄的外形。

第四步，分析尺寸和技术要求　阀体和套头中的 $\phi10$ 孔径是针形阀的性能尺寸，决定了阀的最大流量；管螺纹尺寸 G1/2A 套头外径 $\phi14$ 是规格尺寸，表明了阀与外部的联接装配关系；总体尺寸有 100、36 和 153 ~ 160；58 和 44 为重要尺寸，表明套头的安装位置和外伸长度；其余的均为配合尺寸，表明相关零件间的配合关系。文字注写的技术要求表明了对针形阀的装配要求、清洁要求和涂漆修饰要求。

**小试身手：**

根据任务书要求，认真分析任务书中的齿轮泵装配图，并一一填空，解答问题。

**提　示：**

识读装配图　与识读零件图相比，识读装配图所牵涉的知识面更广，难度更大。除了课本上的知识以外，还必须具备其他专业课程知识，了解一些机械制造工艺知识。仅就机械制图这门课来讲，要真正读懂装配图，理解其设计意图，必须全面掌握投影制图原理、零件图的绘图知识以及与绘制装配图相关的各方面知识内容。而这些知识点内容多，范围广，难以全面记忆并掌握。因此，当您在读图过程中遇到难点和问题的时候，应当及时复习已经学过的知识内容，多看，多想，多问，多练，多实践。只有这样，才能逐步熟悉并掌握识读装配图的要领和技巧，才能真正提高识读装配图的能力。

解答提示：

完成任务书第 1 项，需要了解构成机器的零件分成两大类，即按照国家标准制造的标准件和专门设计制造的专用件，这从明细栏中即可了解，代号标为国家标准号的是标准件，代号标为自行编排的图号的是专用件。

第 2、5、7 项需对装配图上标注的尺寸进行分析，分清装配图上标注的尺寸类别。第 2 题要求了解齿轮泵外形大小；第 5、7 题需了解装配图上标注的尺寸分类。复习“课题十七　装配图的绘制”的相关内容。

第 3、4 项需对装配图进行视图分析，需要熟悉各种视图（如基本视图、剖视图）的表达形式以及装配图中的特殊表达方法。这部分内容面比较广，应认真复习第三单元各课题的相关内容。

第 6、9 项系“极限与配合”的内容。这部分可复习“课题十四　零件图的绘制”的相关内容，也可以参考其他专业课本《公差与配合》中的相关内容。

## 巩固练习

1. 识读课题十七的“巩固练习”中的题图“钻模装配图”，回答下列问题：

（1）该装配图由________个视图组成。主视图采用了________图，其目的是清楚表达各零件之间的________关系，俯视图采用________视图。

（2）$\phi12\frac{H7}{n6}$表示件4与件3之间是基________制的________配合，件4的作用是防止件________被________，钻孔时件4将________（填不动或转动）。

（3）该钻模可对工件钻________个直径为________的孔。

（4）钻孔时，先放上工件，再放上件__________，然后放入件________，旋紧件________，即可开始钻孔。卸取工件的顺序与上述________。

（5）底座上圆弧槽的槽宽为________________，共有____________处，其作用是________________。件7销的作用是________________。

（6）尺寸$\phi85$、72是________尺寸，$\phi14\frac{H7}{k6}$和$\phi12\frac{H7}{n6}$是________尺寸。

（7）钻模中采用了________种专用件和________种标准件。

（8）用双点画线表示工件的画法称为__________画法；主视图中件5左侧画出的交叉粗实线表示____________（①滚花结构　②非金属材料），属于____________画法。

2. 进一步分析图18-1所示针形阀，回答下列问题：

（1）主视图的剖视图中，件2（阀杆）和件3（螺钉）没有画剖面线，是因为件2是________，件3是____________，所以它们被________向剖切时规定不画剖面线。

（2）俯视图中，用虚线画的正六边形表示的是件________的外形轮廓，而件1（阀体）的外形是________形的，其尺寸为________。

（3）两处$\phi18H9/f8$表示件______与件______、件______之间的配合，其属于基______制的________配合。

（4）$M30\times2$-6H/5h表示件________与件________之间是用螺纹联接的，数字2表示________为2mm，同时也表明该螺纹是________________螺纹。

（5）件2上下移动的最大距离为__________ mm，该阀从关闭到完全开足，件10（手柄）共要旋转__________圈。

（6）简述图18-1所示针形阀的装配顺序：________________________________________________________________________________________________________________________________________________________________________________________________________________________________________________________。

# 课题十九  拆画零件图训练

## 学习指南

从装配图拆画零件图是设计工作中的重要一环。机器的设计过程中，通常都是根据设计要求先画装配图，再由装配图拆画零件图。机器维修时，常会遇到缺少某个被损坏零件的零件图，此时也要从装配图中将该零件拆画出来，给制造更换用的零件提供技术依据。就是在我们学习识读装配图的教学过程中，也常要求拆画其中某个零件图以检查是否真正读懂装配图。

由装配图拆画零件图是机械制图这门课的最后学习阶段，是前面各学习阶段学习效果的综合反映。因此，要真正掌握本阶段的学习内容，首先必须全面掌握本课程此前已经学过的全部知识内容，要理论联系实际，各方面知识融会贯通，灵活运用，同时还应该掌握拆画零件图的正确方法和步骤。

**教学目标**　1. 一般掌握从装配图中拆画简单零件图的方法与步骤。

　　2. 进一步熟悉零件图和装配图的内容、作用和画法。

**教学重点**　掌握拆画零件图的基本方法和步骤。

**教学难点**　1. 零件的分离、零件图表达方案的重新确定。

　　2. 机械制图知识的全面掌握和灵活运用。

**教学课时**　6 学时。

任务书

## 拆画零件图

| 项　目 | 拆画针形阀的阀体零件图 | 用　时 | 270 分钟 |
|---|---|---|---|
| 目的 | 通过针形阀（图 18-1）的阀体零件图的拆画练习，基本掌握拆画简单零件图的方法和步骤，并进一步熟悉零件图和装配图的内容、作用和画法。 | | |
| 要求 | 在读懂课题十八中图 18-1 所示的针形阀装配图的基础上，拆画其中件 1（阀体）的零件图。 | | |
| 提示 | 拆画之前，全面复习有关零件图和装配图的画法。 | | |
| 后记 | | | |

### 知识链接

零件图是从装配图中拆画出来的，应在读懂装配图的基础上进行，简称拆图。一般的拆画过程是：首先要确定零件的结构形状，也就是要把要拆画的零件从装配图中分离出来，画出零件图形。若装配图对该零件的结构形状表达得不够清楚，还应根据零件的功用和它与相邻零件的关系进行分析判断，然后再解决尺寸标注和技术要求等问题。下面以拆画课题十八任务书中齿轮泵的泵盖零件图为例，阐述拆画零件图的一般方法与过程。

**1. 分离零件**

根据泵盖的零件序号 3 及主视图、左视图间的投影关系（有时可从同一零件剖面线倾斜方向相同这方面去分析）确定泵盖的范围，分离出泵盖的视图轮廓，如图 19-1 所示。

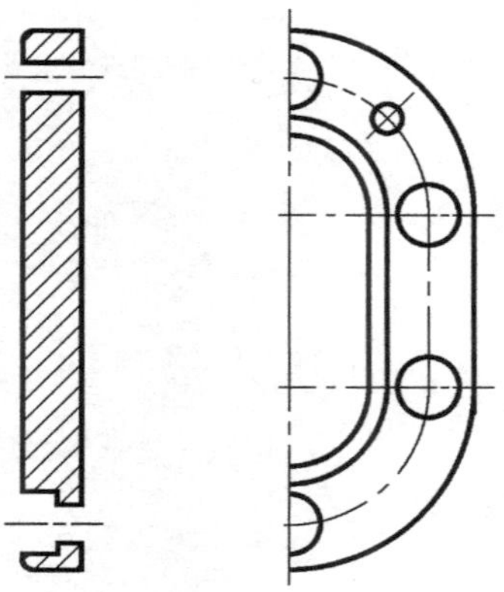

图 19-1　分离零件

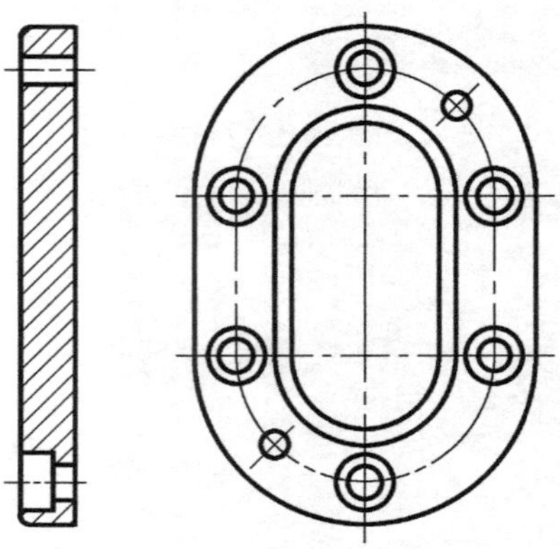

图 19-2　补画被遮挡的图线

泵盖零件分离后，将该零件在装配图中被遮挡的图线准确、完整地补画齐全，如图19-2所示。对于零件上各种孔、槽的位置要根据装配图所标注的有关尺寸和与被拆画零件有联接装配关系的其他零件的结构尺寸综合分析予以确定。

**2. 确定零件视图表达方案**

装配图中，由于主要表达的是零件间的装配关系，对零件形状的表达往往不够全面和清楚，因此，拆画零件图的表达方案不一定要抄袭装配图中该零件的表达方法。从装配图中拆画零件图，要根据零件在装配体中的作用以及装配关系，进行补充设计，应按选择零件图视图的工作位置原则、加工位置原则和表达结构形状特征原则，重新考虑确定零件的表达方案。对泵盖来说，原装配图中泵盖的主视图没有突出表达其形状结构特征，因此，可重新考虑泵盖的表达方法，如图 19-3 所示。

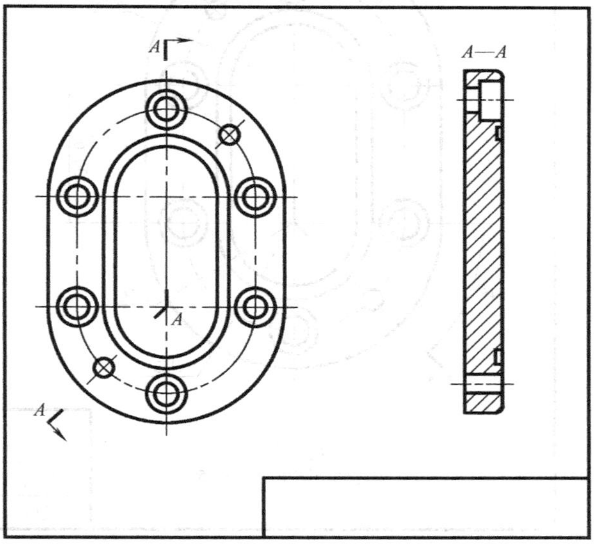

图 19-3　确定泵盖的表达方案

应注意，在装配图上，无法也没必要将每个零件的全部结构表达完整，但在拆画零件图时，对这些没有表达清楚的结构（如倒角、倒圆、退刀槽等），必须予以补充，使之完整。

**3. 确定零件图中的尺寸标注**

拆画零件图时，零件各部分尺寸可从以下几个方面获得：

（1）抄注　凡是装配图中已确定的配合尺寸和其他已标注的尺寸，都是设计零件图时的重要尺寸，应直接抄注在相应的零件图上。

（2）查表　对一些具有标准功能、工艺结构的零件，可以通过查明细栏，或查阅有关标准、手册予以确定。如螺纹、键、倒角、倒圆、退刀槽等。

（3）计算　零件上的某些重要尺寸，可以通过所给的数据进行计算确定。如齿轮的分度圆，齿顶圆可通过模数、齿数计算确定。

（4）实测　对于装配图中没有注出的一些不重要的尺寸，在装配图比例准确时，也可以在装配图上量取，然后按装配图的比例进行计算，再参考有关标准使其符合标准系列圆整后标注。

标注时要注意一些装配尺寸要互相协调，同时应考虑到零件的设计和工艺要求，合理选择尺寸基准，使尺寸标注符合正确、完整、清晰、合理的基本要求。对于有配合关系的尺寸，特别要注意相互对应，不可出现矛盾。泵盖的尺寸标注如图 19-4 所示。

**4. 技术要求的确定**

1）零件有配合要求的部位，要确定基准制和配合，标注公差代号或偏差值，可从装配图上移注或查表确定。

2）表面粗糙度应根据各表面的作用和要求确定。

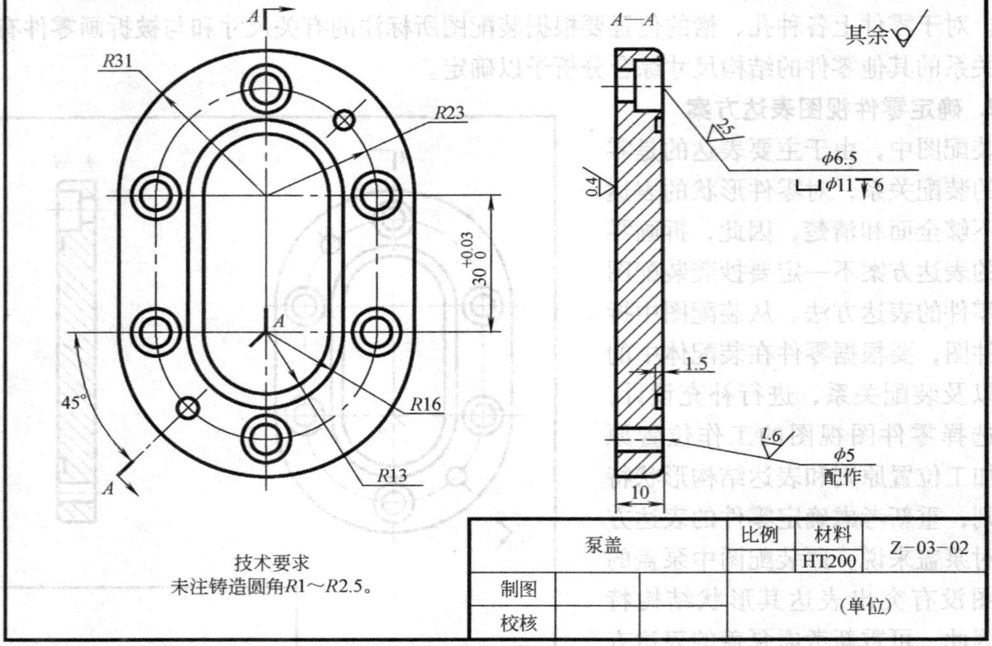


图 19-4　标注尺寸和技术要求

3）形位公差要求可根据零件在装配体中的具体功用及各零件的具体情况予以确定。

上述技术要求的具体数值，通常在《机械设计手册》中可根据零件的尺寸大小、精度等级查到，也可以采用类比法加以确定。其他如热处理、表面修饰等可加注必要文字说明。泵盖的技术要求标注如图 19-4 所示。

最后，对所拆画的零件图进行一次全面校核，认真审查零件图所表达的内容是否齐全，零件的名称、材料、数量等是否与明细栏一致，检查无差错后，方可最终结束拆图工作。

## 小试身手：

根据项目任务书要求，仿照上述拆画齿轮泵泵盖零件图的方法与步骤，拆画针形阀装配图中的阀体零件图，完成本课题的拆画零件图任务。

## 巩固练习

1. 读懂课题十七“巩固练习”中的钻模装配图，分别拆画其中的件 1（底座）、件 2（轴）和件 3（钻模板）的零件图。

2. 读懂课题十八图 18-1 所示的针形阀装配图，分别拆画其中的件 2（阀杆）、件 5（阀盖）和件 9（填料压盖）的零件图。

*3. 读懂课题十八任务书中的齿轮泵装配图，分别拆画其中的件 1（泵体）、件 6（主动齿轮轴）和件 9（泵座）的零件图。

# *课题二十 装配体的测绘

## 学习指南

在机械产品设计过程中，或在技术改造、设备维修工作中，往往需要对装配体进行全面测绘。因此，装配体的测绘是机械专业工程技术人员和技术工人必须掌握的一项基本技能。

与从装配图拆画零件图相比，装配体的测绘需要更加全面地掌握机械制图知识和绘图技能，而且，还需具备必要的有关机械设计、机械制造等机械专业其他课程的相关知识。因此，与课题十九的要求一样，为了学好本阶段的知识内容，切实掌握装配体的测绘技能，首先必须全面掌握本课程此前已经学过的全部知识内容。同时，应注意学习和运用其他课程的知识，理论联系实际，多方面知识融会贯通，灵活运用，真正掌握测绘装配体的正确方法和步骤。

**教学目标** 1. 在理解和掌握零件图、装配图画法的基础上，能比较恰当地综合应用各种基本表示法表达简单装配体。

2. 熟悉装配体测绘的一般过程，掌握测绘装配体的基本方法和技能。

**教学重点** 1. 装配图表达方法的综合运用。

2. 测绘装配体的基本方法和步骤的掌握。

**教学难点** 机械制图知识的全面掌握和灵活运用。

**教学课时** 20 学时。

任务书

## 测绘装配体

<table>
<tr><td colspan="2">项　目</td><td>测绘千斤顶、液压泵等装配体</td><td>用　时</td><td>900 分钟</td></tr>
<tr><td colspan="2">目的</td><td colspan="3">通过千斤顶、液压泵等装配体的测绘练习，基本掌握测绘简单装配体的方法和步骤，并进一步熟悉零件图和装配图的内容、作用和画法。</td></tr>
<tr><td colspan="2">要求</td><td colspan="3">根据自己对机械制图的知识和绘图技能掌握程度，在教师的指导下选择难度合适的装配体进行测绘。要求绘制所选装配体的装配图和该装配体所属全部专用件的零件图。测绘对象从以下装配体中选取。<br><br>a）机用虎钳<br><br>b）齿轮液压泵<br>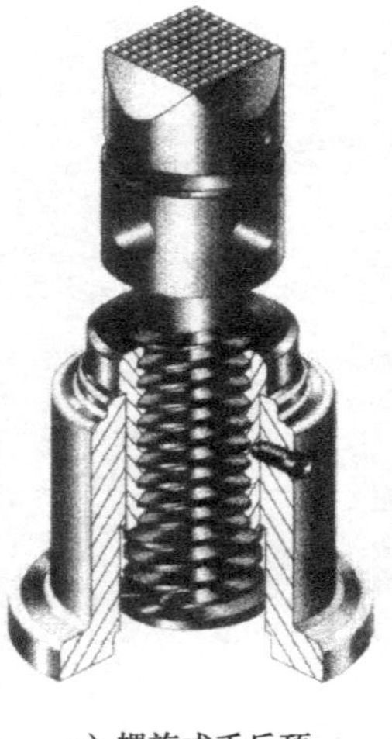<br>c）螺旋式千斤顶<br>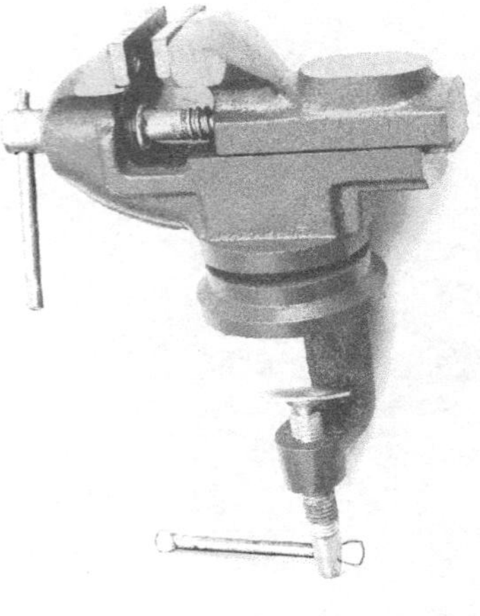<br>d）台虎钳</td></tr>
</table>

（续）

| 项　目 | 测绘千斤顶、液压泵等装配体 | 用　时 | 900 分钟 |
| --- | --- | --- | --- |
| 要求 |  e）手摇砂轮机  f）滑动轴承 | | |
| 提示 | 测绘之前，全面复习有关零件图和装配图的画法。 | | |
| 后记 | | | |

## 知识链接

装配体的测绘就是拆卸现有的装配体，然后进行测量、绘制草图、再根据草图绘制装配图和零件工作图的过程。

现以联动夹持杆接头（图 20-1）的测绘为例，说明装配体测绘的一般方法和步骤。

**1. 了解测绘对象**

在测绘之前，首先要了解装配体的大致情况，即对装配体的用途、工作原理、性能、结构特点、各零件间的装配关系、相对位置以及加工方法等进行必要的分析研究。为此，需要进行实地观察，查阅有关技术资料。

如通过了解，可以知道图 20-1 所示的联动夹持杆接头是测量工具中配套使用的一个部件，主要用于在测量工具基座上夹持、固定量具量仪的。其工作原理是：旋紧螺母时，拉杆沿轴向拉紧，使套筒紧压夹头，利用拉杆与套筒间的长度差和夹头中的开槽，同时锁紧两个安装孔中的杆状物，固定被夹持的量具。

**2. 绘制装配示意图**

为进一步了解装配体的构造及其各零件的结构，画装配示意图前首先要对装配体进行拆

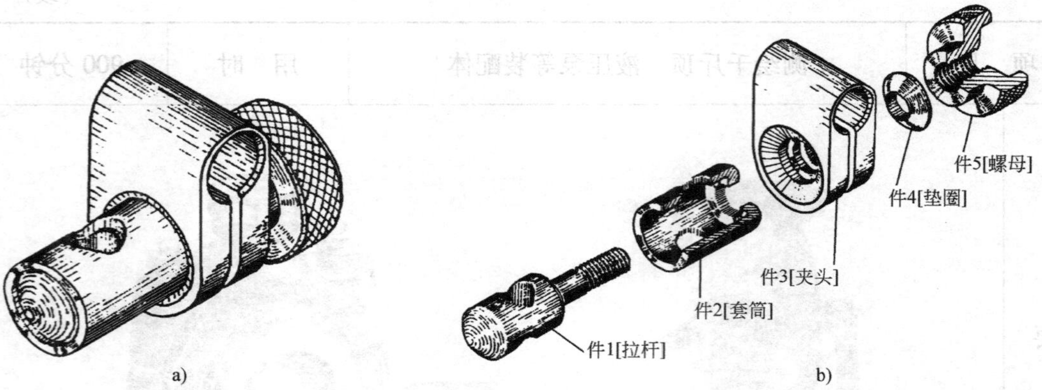


图 20-1 联动夹持杆接头

卸。拆卸要在了解装配体的装拆顺序的前提下进行，拆卸时应注意：

1）拆卸前，先测量并记录如相对位置尺寸、极限位置尺寸、装配间隙尺寸等重要的装配尺寸，以便校核图样和装配部件。

2）拆卸时应合理使用拆卸工具，保证拆卸顺利，且不损坏零件。特别是一些精密零件或重要零件，更应注意保护。

3）对不可拆卸或不好拆卸的联接，尽量不拆，如过盈配合、铆接等，原则上不拆卸；对过渡配合联接，若不影响测量工作，一般也不拆卸。

4）拆下的零件要进行编号，加上标签，妥善保管，以免损坏或丢失。

对零件较多的装配体，需绘制装配示意图。装配示意图可采用简明的符号和线条绘制，表达各零件间的相互位置、联接方式和装配关系。示意图中有些零件应按国家标准《机构运动简图符号》（GB/T 4460—1984）绘制。

联动夹持杆接头的装配示意图如图 20-2 所示。

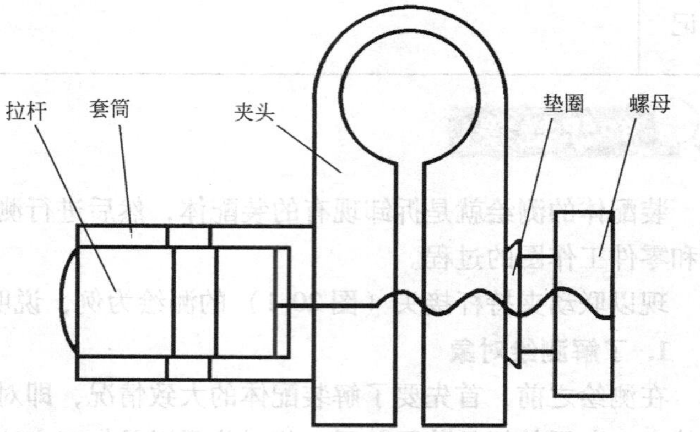


图 20-2 联动夹持杆接头装配示意图

**3. 绘制零件草图**

对组成装配体的零件逐一画出零件草图（标准件不必画零件草图，但应注写出标准件的标记和数量。在确定尺寸、技术要求时还要注意：

1）零件间有联系的尺寸数值要协调一致，配合尺寸在两个零件的草图上的基本尺寸必须相同（不受尺寸误差的影响）。如测得拉杆（图 20-3）外径尺寸为 $\phi 19.90$，测得套筒上相应的内孔尺寸为 $\phi 20.03$，则在该两个零件的草图上应标注基本尺寸 $\phi 20$，其后注出极限偏差值或代号。

2）标准件不必绘制零件草图，只需测量其基本尺寸，查阅相应的标准手册确定标准件的公称尺寸即可。零件上与标准件有关的尺寸（如安装螺栓的孔等），也可根据标准件的公

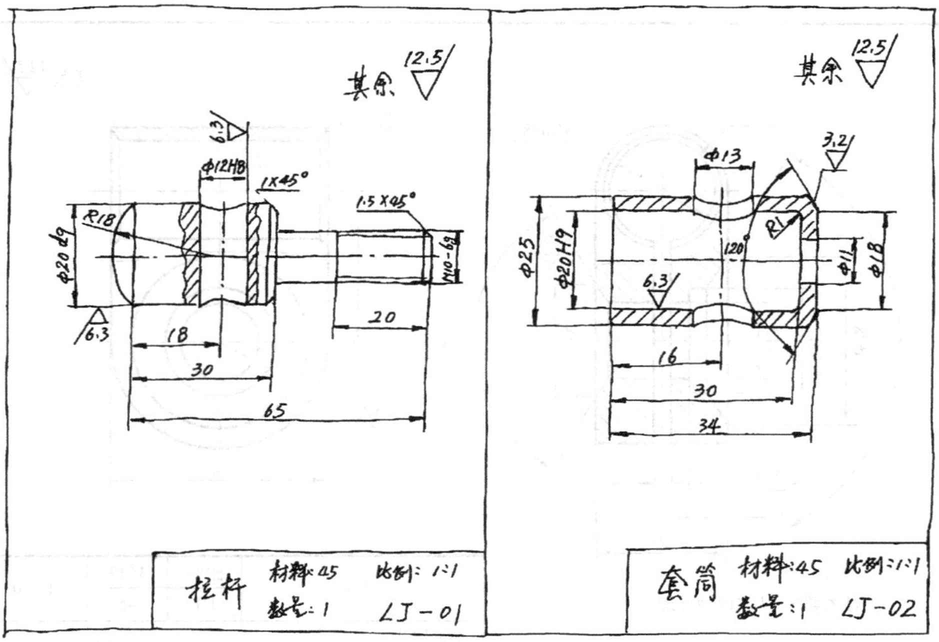


图 20-3　拉杆、套筒的零件草图

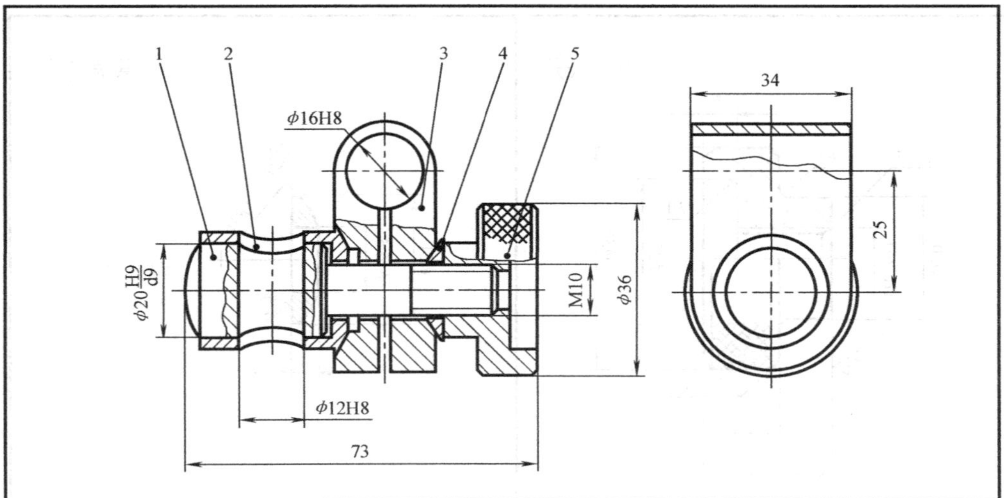


| | | | | | |
|---|---|---|---|---|---|
| 5 | LJ−05 | 螺母 | 1 | 45 | |
| 4 | LJ−04 | 垫圈 | 1 | 45 | |
| 3 | LJ−03 | 夹头 | 1 | 45 | |
| 2 | LJ−02 | 套筒 | 1 | 45 | |
| 1 | LJ−01 | 拉杆 | 1 | 45 | |
| 序号 | 代号 | 名称 | 数量 | 材料 | 备注 |
| 联动夹持杆接头 | | | 材料 | 比例 | LJ−00 |
| | | | | 1:1 | |
| 制图 | | | | | |
| 审核 | | | | | |

图 20-4　联动夹持杆接头装配图

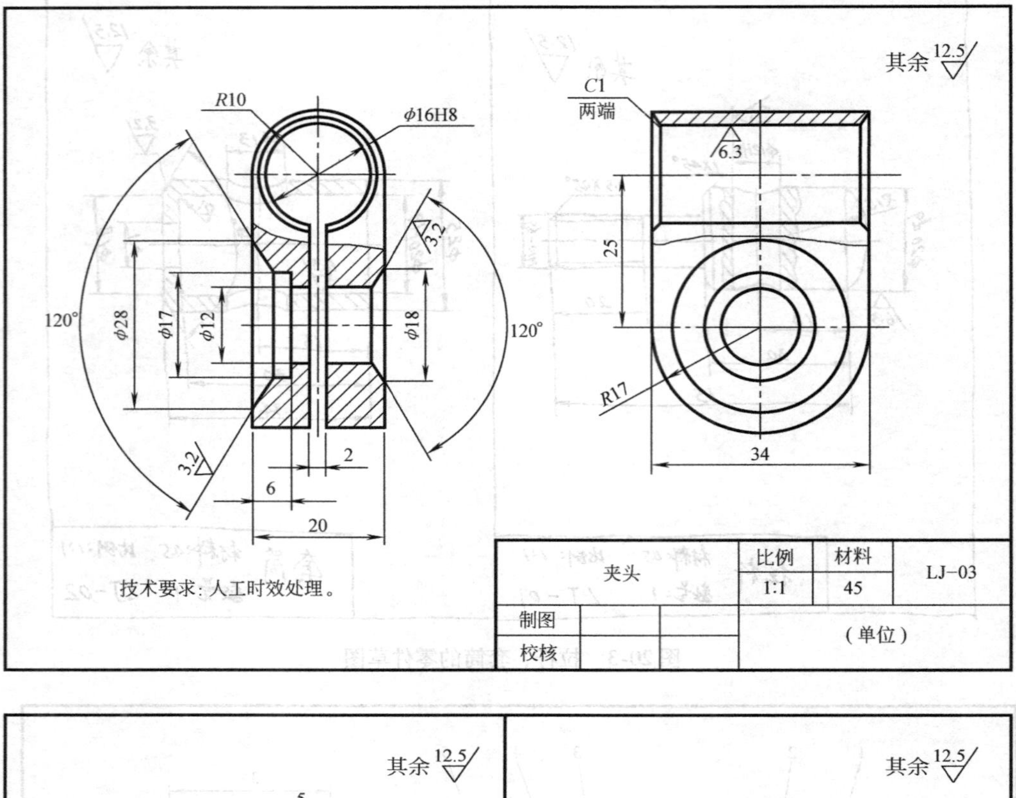


图 20-5　联动夹持杆接头的部分零件工作图

称尺寸查阅相关标准手册予以确定。

3）零件表面粗糙度、配合性质、形位公差、热处理等技术要求，应根据零件在装配体中的作用及零件相关表面的具体功用，结合实测情况，参阅有关资料或与同类产品进行类比、综合分析后予以确定。有些一时难以确定的技术要求，也可以在绘制零件工作图时再加以补充和完善。

**4. 绘制装配图**

根据零件草图和装配示意图，绘制装配图。画装配图时，要注意及时发现零件草图中的错误或零件草图间的相互矛盾之处，并予以纠正。

绘制装配图的工作应按照规范的画图方法和步骤进行，详见此前已学过的课题十七。联动夹持杆接头的装配图如图 20-4 所示。

**5. 绘制零件工作图**

根据装配图和零件草图绘制零件工作图。零件工作图中的视图表达、尺寸标注和技术要求内容，应在零件草图的基础上更臻完善、准确。

零件工作图的绘制方法和步骤参见此前已学过的课题十四。图 20-5 列举了联动夹持杆接头的部分零件工作图。

**6. 审核图样**

最后，对所有图样进行一次全面的校核，认真审查。确认无遗漏、无差错后，方可结束装配体测绘工作。

**小试身手：**

根据项目任务书要求，选择其中的一个装配体，按照上述装配体测绘的方法与步骤进行测绘，完成本课题的装配体测绘任务。

## 巩固练习

从本课题任务书中选择另一装配体，再次进行测绘练习，熟练、提高测绘技能。

# 附　　录

## 附录A　螺　　纹

**表 A-1　普通螺纹（摘自 GB/T 193—2003、GB/T 196—2003）**　（单位：mm）

标记示例

M10-5g6g（普通粗牙螺纹，公称直径 10mm，中径公差带代号 5g，顶径公差带代号 6g，中等旋合长度）

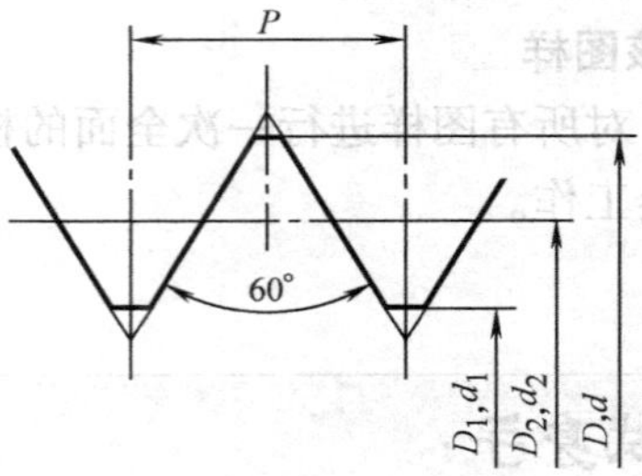


| 公称直径 D、d | | 螺距 P | | 粗牙小径 $D_1$、$d_1$ | 公称直径 D、d | | 螺距 P | | 粗牙小径 $D_1$、$d_1$ |
|---|---|---|---|---|---|---|---|---|---|
| 第一系列 | 第二系列 | 粗牙 | 细牙 | | 第一系列 | 第二系列 | 粗牙 | 细牙 | |
| 3 | | 0.5 | 0.35 | 2.459 | 20 | | 2.5 | 2,1.5,1 | 17.294 |
| | 3.5 | 0.6 | | 2.850 | | 22 | 2.5 | | 19.294 |
| 4 | | 0.7 | 0.5 | 3.242 | 24 | | 3 | | 20.752 |
| | 4.5 | 0.75 | | 3.688 | | 27 | 3 | | 23.752 |
| 5 | | 0.8 | | 4.134 | 30 | | 3.5 | (3),2,1.5,1 | 26.211 |
| 6 | | 1 | 0.75 | 4.917 | | 33 | 3.5 | (3),2,1.5 | 29.211 |
| | 7 | 1 | | 5.917 | 36 | | 4 | 3、2,1.5 | 31.670 |
| 8 | | 1.25 | 1、0.75 | 6.647 | | 39 | 4 | | 34.670 |
| 10 | | 1.5 | 1.25、1、0.75 | 8.376 | 42 | | 4.5 | 4,3,2,1.5 | 37.129 |
| 12 | | 1.75 | 1.25、1 | 10.106 | | 45 | 4.5 | | 40.129 |
| | 14 | 2 | 1.5,1.25,1 | 11.835 | 48 | | 5 | | 42.587 |
| 16 | | 2 | 1.5,1 | 13.835 | | 52 | 5 | | 46.587 |
| | 18 | 2.5 | 2,1.5,1 | 15.294 | 56 | | 5.5 | | 50.046 |

注：1. 优先选用第一系列，括号内尺寸尽可能不用。第三系列未列入。

2. M14 × 1.25 仅用于发动机的火花塞。

**表 A-2　梯形螺纹（摘自 GB/T 5796.1～5796.4—2005）**　　（单位：mm）

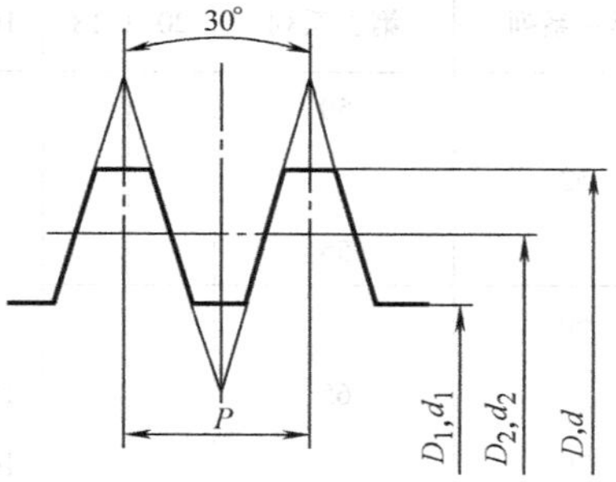


标记示例

Tr40×7-7H(梯形螺纹,公称直径 40mm,螺距 7mm,中径公差带代号 7H,中等旋合长度)

Tr40×14(P7)LH-7e-L(梯形螺纹,公称直径 40mm,导程 14mm,螺距 7mm,左旋(LH),中径公差带代号 7e,长旋合长度)

| 公称直径 $D$、$d$ | | 螺距 $P$ | | | | | | | | | | | | | | |
|---|---|---|---|---|---|---|---|---|---|---|---|---|---|---|---|---|
| 第一系列 | 第二系列 | 20 | 18 | 16 | 14 | 12 | 10 | 9 | 8 | 7 | 6 | 5 | 4 | 3 | 2 | 1.5 |
| 8 | | | | | | | | | | | | | | | | 1.5 |
| | 9 | | | | | | | | | | | | | | 2 | 1.5 |
| 10 | | | | | | | | | | | | | | | 2 | 1.5 |
| | 11 | | | | | | | | | | | | | 3 | 2 | |
| 12 | | | | | | | | | | | | | | 3 | 2 | |
| | 14 | | | | | | | | | | | | | 3 | 2 | |
| 16 | | | | | | | | | | | | | 4 | | 2 | |
| | 18 | | | | | | | | | | | | 4 | | 2 | |
| 20 | | | | | | | | | | | | | 4 | | 2 | |
| | 22 | | | | | | | | | 8 | | 5 | | 3 | | |
| 24 | | | | | | | | | | 8 | | 5 | | 3 | | |
| | 26 | | | | | | | | | 8 | | 5 | | 3 | | |
| 28 | | | | | | | | | | 8 | | 5 | | 3 | | |
| | 30 | | | | | | 10 | | | | 6 | | | 3 | | |
| 32 | | | | | | | 10 | | | | 6 | | | 3 | | |
| | 34 | | | | | | 10 | | | | 6 | | | 3 | | |
| 36 | | | | | | | 10 | | | | 6 | | | 3 | | |
| | 38 | | | | | | 10 | | | 7 | | | | 3 | | |
| 40 | | | | | | | 10 | | | 7 | | | | 3 | | |
| | 42 | | | | | | 10 | | | 7 | | | | 3 | | |
| 44 | | | | | | 12 | | | | 7 | | | | 3 | | |
| | 46 | | | | | 12 | | | 8 | | | | | 3 | | |
| 48 | | | | | | 12 | | | 8 | | | | | 3 | | |

（续）

| 公称直径 $D$、$d$ | | 螺距 $P$ | | | | | | | | | | | | | | |
|---|---|---|---|---|---|---|---|---|---|---|---|---|---|---|---|---|
| 第一系列 | 第二系列 | 20 | 18 | 16 | 14 | 12 | 10 | 9 | 8 | 7 | 6 | 5 | 4 | 3 | 2 | 1.5 |
| | 50 | | | | | 12 | | | 8 | | | | | 3 | | |
| 52 | | | | | | 12 | | | 8 | | | | | 3 | | |
| | 55 | | | | 14 | | | 9 | | | | | | 3 | | |
| 60 | | | | | 14 | | | 9 | | | | | | 3 | | |
| | 65 | | | 16 | | | 10 | | | | | | 4 | | | |
| 70 | | | | 16 | | | 10 | | | | | | 4 | | | |

注：1. 优先选用第一系列。

2. 螺距优先选用粗线框内的。

**表 A-3　55°非密封管螺纹**（摘自 GB/T 7307—2001）　　（单位：mm）

标记示例

G3/4-LH（55°非密封管螺纹，尺寸代号为 3/4，左旋）

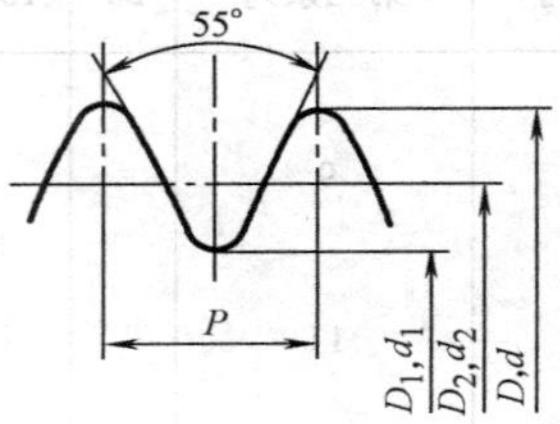


| 尺寸代号 | 每 25.4mm 内所包含的牙数 $n$ | 螺距 $P$ | 基本直径 | |
|---|---|---|---|---|
| | | | 大径 $D,d$ | 小径 $D_1,d_1$ |
| 1/8 | 28 | 0.907 | 9.728 | 8.566 |
| 1/4 | 19 | 1.337 | 13.157 | 11.445 |
| 3/8 | 19 | 1.337 | 16.662 | 14.950 |
| 1/2 | 14 | 1.814 | 20.955 | 18.631 |
| 5/8 | 14 | 1.814 | 22.911 | 20.587 |
| 3/4 | 14 | 1.814 | 26.441 | 24.117 |
| 7/8 | 14 | 1.814 | 20.201 | 27.877 |
| 1 | 11 | 2.309 | 33.249 | 30.291 |
| 1⅛ | 11 | 2.309 | 37.897 | 34.939 |
| 1¼ | 11 | 2.309 | 41.910 | 38.952 |
| 1½ | 11 | 2.309 | 47.803 | 44.845 |
| 1¾ | 11 | 2.309 | 53.746 | 50.788 |
| 2 | 11 | 2.309 | 59.614 | 56.656 |
| 2¼ | 11 | 2.309 | 65.710 | 62.752 |
| 2½ | 11 | 2.309 | 75.184 | 72.226 |
| 2¾ | 11 | 2.309 | 81.534 | 78.576 |
| 3 | 11 | 2.309 | 87.884 | 84.926 |

# 附录B 螺栓

**表 B-1 六角头螺栓（摘自 GB/T 5782—2000、GB/T 5783—2000）** （单位：mm）

六角头螺栓(GB/T 5782—2000)　　　　六角头螺栓　全螺纹(GB/T 5783—2000)

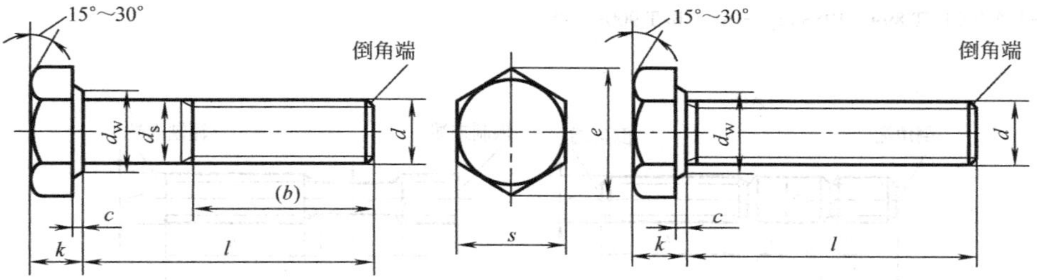


标记示例

螺栓　GB/T 5782　M12×80（螺纹规格 $d$ = M12、公称长度 $l$ = 80mm、性能等级为 8.8 级、表面氧化、产品等级为 A 级的六角头螺栓）

螺栓　GB/T 5783　M12×80（螺纹规格 $d$ = M12、公称长度 $l$ = 80mm、性能等级为 8.8 级、表面氧化、全螺纹、产品等级为 A 级的六角头螺栓）

| 螺纹规格 | $d$ | M4 | M5 | M6 | M8 | M10 | M12 | M16 | M20 | M24 | M30 | M36 | M42 | M48 |
|---|---|---|---|---|---|---|---|---|---|---|---|---|---|---|
| $b$ 参考 | $l$≤125 | 14 | 16 | 18 | 22 | 26 | 30 | 38 | 46 | 54 | 66 | — | — | — |
| | 125<$l$≤200 | 20 | 22 | 24 | 28 | 32 | 36 | 44 | 52 | 60 | 72 | 84 | 96 | 108 |
| | $l$>200 | 33 | 35 | 37 | 41 | 45 | 49 | 57 | 65 | 73 | 85 | 97 | 109 | 121 |
| $c_{max}$ | | 0.4 | 0.5 | | 0.6 | | | 0.8 | | | | | 1 | |
| $k_{max}$ | A | 2.925 | 3.65 | 4.15 | 5.45 | 6.58 | 7.68 | 10.18 | 12.715 | 15.215 | — | — | — | — |
| | B | 3 | 3.74 | 4.24 | 5.54 | 6.69 | 7.79 | 10.29 | 12.85 | 15.35 | 19.12 | 22.92 | 26.42 | 30.42 |
| $d_{smax}$ | | 4 | 5 | 6 | 8 | 10 | 12 | 16 | 20 | 24 | 30 | 36 | 42 | 48 |
| $s_{max}$ | | 7 | 8 | 10 | 13 | 16 | 18 | 24 | 30 | 36 | 46 | 55 | 65 | 75 |
| $e_{min}$ | A | 7.66 | 8.79 | 11.05 | 14.38 | 17.77 | 20.03 | 26.75 | 33.53 | 39.98 | — | — | — | — |
| | B | 7.50 | 8.63 | 10.89 | 14.2 | 17.59 | 19.85 | 26.17 | 32.95 | 39.55 | 50.85 | 60.79 | 71.3 | 82.6 |
| $d_{wmin}$ | A | 5.88 | 6.88 | 8.88 | 11.63 | 14.63 | 16.63 | 22.49 | 28.19 | 33.61 | — | — | — | — |
| | B | 5.74 | 6.74 | 8.74 | 11.47 | 14.47 | 16.47 | 22 | 27.7 | 33.25 | 42.75 | 51.11 | 59.95 | 69.45 |
| $l$ 范围 | GB/T 5782 | 25~40 | 25~50 | 30~60 | 40~80 | 45~100 | 50~120 | 65~160 | 80~200 | 90~240 | 110~300 | 140~360 | 160~440 | 180~480 |
| | GB/T 5783 | 8~40 | 10~50 | 12~60 | 16~80 | 20~100 | 25~150 | 30~150 | 40~150 | 50~150 | 60~200 | 70~200 | 80~200 | 100~200 |
| $l$ 系列 | GB/T 5782 | 20~65(5 进位)、70~160(10 进位)、180~500(20 进位) | | | | | | | | | | | | |
| | GB/T 5783 | 8、10、12、16、20~65(5 进位)、70~160(10 进位)、180、200 | | | | | | | | | | | | |

注：1. $P$——螺距。末端应倒角，对螺纹规格 $d$≤M4 为辗制末端（GB/T 2—2000）。

2. 螺纹公差带：6g。

3. 产品等级：A 级用于 $d$ = 1.6~24mm 和 $l$≤10$d$ 或≤150mm（按较小值）；

B 级用于 $d$>24mm 或 $l$<10$d$ 或>150mm（按较小值）的螺栓。

# 附录 C 螺柱

**表 C-1 双头螺柱（摘自 GB/T 897～900—1988）** （单位：mm）

$b_m = 1d$(GB/T 897—1988) $b_m = 1.25d$(GB/T 898—1988)

$b_m = 1.5d$(GB/T 899—1988) $b_m = 2d$(GB/T 900—1988)

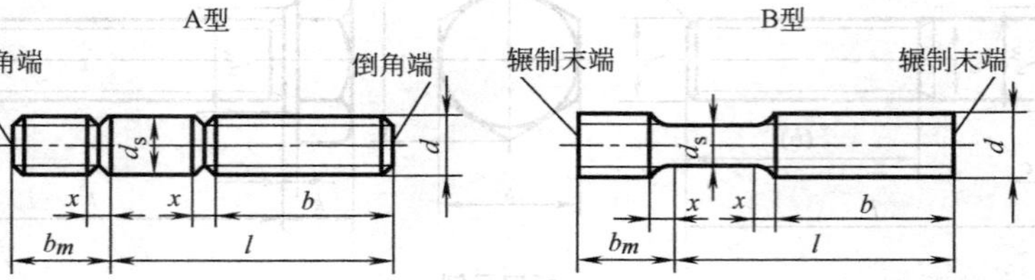


标记示例

螺柱 GB/T 897 M10×50(两端均为粗牙普通螺纹, $d = 10$mm, $l = 50$mm, 性能等级为 4.8 级, B 型, $b_m = 1d$)

螺柱 GB/T 897 AM10-M10×1×50(旋入一端为粗牙普通螺纹, 旋螺母一端为螺距 $P = 1$mm 的细牙普通螺纹, $d = 10$mm, $l = 50$mm, 性能等级为 4.8 级, A 型, $b_m = 1d$)

螺柱 GB/T 897 GM10-M10×50-8.8(旋入一端为过渡配合的第一种配合, 旋螺母一端为粗牙普通螺纹, $d = 10$mm, $l = 50$mm, 性能等级为 8.8 级, B 型, $b_m = 1d$)

| 螺纹规格 $d$ | | M5 | M6 | M8 | M10 | M12 | M16 | M20 | M24 | M30 | M36 | M42 | M48 |
|---|---|---|---|---|---|---|---|---|---|---|---|---|---|
| $b_m$ | GB/T 897 | 5 | 6 | 8 | 10 | 12 | 16 | 20 | 24 | 30 | 36 | 42 | 48 |
| | GB/T 898 | 6 | 8 | 10 | 12 | 15 | 20 | 25 | 30 | 38 | 45 | 52 | 60 |
| | GB/T 899 | 8 | 10 | 12 | 15 | 18 | 24 | 30 | 36 | 45 | 54 | 63 | 72 |
| | GB/T 900 | 10 | 12 | 16 | 20 | 24 | 32 | 40 | 48 | 60 | 72 | 84 | 96 |
| $d_s$ | | 5 | 6 | 8 | 10 | 12 | 16 | 20 | 24 | 30 | 36 | 42 | 48 |
| $X$ | | $1.5P$ | $1.5P$ | $1.5P$ | $1.5P$ | $1.5P$ | $1.5P$ | $1.5P$ | $1.5P$ | $1.5P$ | $1.5P$ | $1.5P$ | $1.5P$ |
| $\frac{l}{b}$ | | $\frac{16\sim22}{10}$ | $\frac{20\sim22}{10}$ | $\frac{20\sim22}{12}$ | $\frac{25\sim28}{14}$ | $\frac{25\sim30}{16}$ | $\frac{30\sim38}{20}$ | $\frac{35\sim40}{25}$ | $\frac{45\sim50}{30}$ | $\frac{60\sim65}{40}$ | $\frac{65\sim75}{45}$ | $\frac{70\sim80}{50}$ | $\frac{80\sim90}{60}$ |
| | | $\frac{25\sim50}{16}$ | $\frac{25\sim30}{14}$ | $\frac{25\sim30}{16}$ | $\frac{30\sim38}{16}$ | $\frac{32\sim40}{20}$ | $\frac{40\sim55}{30}$ | $\frac{45\sim65}{35}$ | $\frac{55\sim75}{45}$ | $\frac{70\sim90}{50}$ | $\frac{80\sim110}{60}$ | $\frac{85\sim110}{70}$ | $\frac{95\sim110}{80}$ |
| | | | $\frac{32\sim75}{18}$ | $\frac{32\sim90}{22}$ | $\frac{40\sim120}{26}$ | $\frac{45\sim120}{30}$ | $\frac{60\sim120}{38}$ | $\frac{70\sim120}{46}$ | $\frac{80\sim120}{54}$ | $\frac{95\sim120}{60}$ | $\frac{120}{78}$ | $\frac{120}{90}$ | $\frac{120}{102}$ |
| | | | | | $\frac{130}{32}$ | $\frac{130\sim180}{36}$ | $\frac{130\sim200}{44}$ | $\frac{130\sim200}{52}$ | $\frac{130\sim200}{60}$ | $\frac{130\sim200}{72}$ | $\frac{130\sim200}{84}$ | $\frac{130\sim200}{96}$ | $\frac{130\sim200}{108}$ |
| | | | | | | | | | | $\frac{210\sim250}{85}$ | $\frac{210\sim300}{97}$ | $\frac{210\sim300}{109}$ | $\frac{210\sim300}{121}$ |
| $l$(系列) | | 16、(18)、20、(22)、25、(28)、(30)、(32)、35、(38)、40、45、50、(55)、60、(65)、70(75)、80、(85)、90、(95)、100、110、120、130、140、150、160、170、180、190、200、210、220、230、240、250、260、280、300 | | | | | | | | | | | |

注：1. 括号内的规格尽可能不采用。

2. $P$ 为螺距。

3. $d_s$≈螺纹中径（仅适用于 B 型）。

# 附录D 螺 母

**表 D-1 六角螺母**（摘自 GB/T 6170—2000、GB/T 41—2000） （单位：mm）

1 型六角螺母（GB/T 6170—2000） 六角螺母 C 级（GB/T 41—2000）

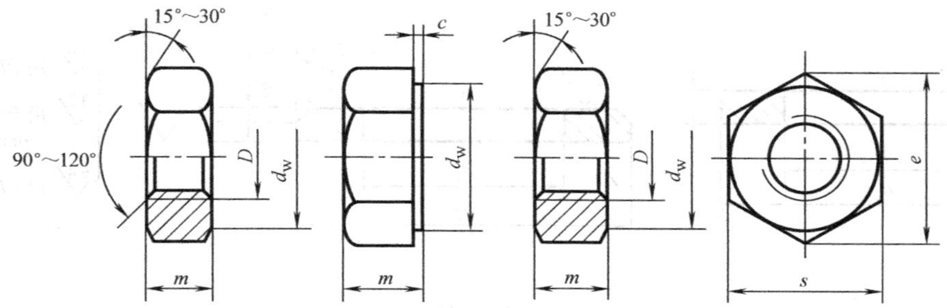


标记示例

螺母 GB/T 6170 M12（螺纹规格 $D$ = M12、性能等级为 10 级、不经表面处理、产品等级为 A 级的 1 型六角螺母）

螺母 GB/T 41 M12（螺纹规格 $D$ = M12、性能等级为 5 级、不经表面处理、产品等级为 C 级的六角螺母）

| 螺纹规格 $D$ | | M4 | M5 | M6 | M8 | M10 | M12 | M16 | M20 | M24 | M30 | M36 | M42 | M48 |
|---|---|---|---|---|---|---|---|---|---|---|---|---|---|---|
| $c_{max}$ | | 0.4 | 0.5 | | 0.6 | | | 0.8 | | | | | 1 | |
| $s$ 公称 = max | | 7 | 8 | 10 | 13 | 16 | 18 | 24 | 30 | 36 | 46 | 55 | 65 | 75 |
| $e_{min}$ | A、B 级 | 7.66 | 8.79 | 11.05 | 14.38 | 17.77 | 20.03 | 26.75 | 32.95 | 39.55 | 50.85 | 60.79 | 71.3 | 82.6 |
| | C 级 | — | 8.63 | 10.89 | 14.2 | 17.59 | 19.85 | 26.17 | 32.95 | 39.55 | 50.85 | 60.79 | 71.3 | 82.6 |
| $m_{max}$ | A、B 级 | 3.2 | 4.7 | 5.2 | 6.8 | 8.4 | 10.8 | 14.8 | 18 | 21.5 | 25.6 | 31 | 34 | 38 |
| | C 级 | — | 5.6 | 6.4 | 7.9 | 9.5 | 12.2 | 15.9 | 19.0 | 22.3 | 26.4 | 31.9 | 34.9 | 38.9 |
| $d_{wmin}$ | A、B 级 | 5.9 | 6.9 | 8.9 | 11.6 | 14.6 | 16.6 | 22.5 | 27.7 | 33.3 | 42.8 | 51.1 | 60 | 69.5 |
| | C 级 | — | 6.7 | 8.7 | 11.5 | 14.5 | 16.5 | 22 | 27.7 | 33.3 | 42.8 | 51.1 | 60 | 69.5 |

注：1. A 级用于 $D$≤16mm 的 1 型六角螺母；B 级用于 $D$>16mm 的 1 型六角螺母；C 级用于螺纹规格为 M5 ~ M64 的六角螺母。

2. 螺纹公差：A、B 级为 6H，C 级为 7H；性能等级：A、B 级为 6、8、10 级（钢）；C 级为 4、5 级。

# 附录 E 垫圈

**表 E-1 平垫圈（摘自 GB/T 97.1～97.2—2002）** （单位：mm）

平垫圈 A 级（GB/T 97.1—2002） 平垫圈 倒角型 A 级（GB/T 97.2—2002）

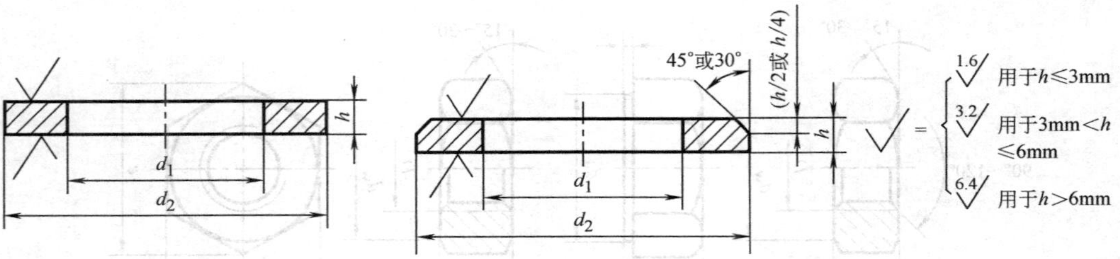


标记示例

垫圈 GB/T 97.1 8（标准系列、公称尺寸 $d=8$mm、性能等级为 140HV 级、不经表面处理的平垫圈）

| 公称规格（螺纹大径 $d$） | 内径 $d_1$ | | 外径 $d_2$ | | 厚度 $h$ | | |
|---|---|---|---|---|---|---|---|
| | 公称（min） | max | 公称（max） | min | 公称 | max | min |
| 1.6 | 1.7 | 1.84 | 4 | 3.7 | 0.3 | 0.35 | 0.25 |
| 2 | 2.2 | 2.34 | 5 | 4.7 | 0.3 | 0.35 | 0.25 |
| 2.5 | 2.7 | 2.84 | 6 | 5.7 | 0.5 | 0.55 | 0.45 |
| 3 | 3.2 | 3.38 | 7 | 6.64 | 0.5 | 0.55 | 0.45 |
| 4 | 4.3 | 4.48 | 9 | 8.64 | 0.8 | 0.9 | 0.7 |
| 5 | 5.3 | 5.48 | 10 | 9.64 | 1 | 1.1 | 0.9 |
| 6 | 6.4 | 6.62 | 12 | 11.57 | 1.6 | 1.8 | 1.4 |
| 8 | 8.4 | 8.62 | 16 | 15.57 | 1.6 | 1.8 | 1.4 |
| 10 | 10.5 | 10.77 | 20 | 19.48 | 2 | 2.2 | 1.8 |
| 12 | 13 | 13.27 | 24 | 23.48 | 2.5 | 2.7 | 2.3 |
| 16 | 17 | 17.27 | 30 | 29.48 | 3 | 3.3 | 2.7 |
| 20 | 21 | 21.33 | 37 | 36.38 | 3 | 3.3 | 2.7 |
| 24 | 25 | 25.33 | 44 | 43.38 | 4 | 4.3 | 3.7 |
| 30 | 31 | 31.39 | 56 | 55.26 | 4 | 4.3 | 3.7 |
| 36 | 37 | 37.62 | 66 | 64.8 | 5 | 5.6 | 4.4 |
| 42 | 45 | 45.62 | 78 | 76.8 | 8 | 9 | 7 |
| 48 | 52 | 52.74 | 92 | 90.6 | 8 | 9 | 7 |
| 56 | 62 | 62.74 | 105 | 103.6 | 10 | 11 | 9 |
| 64 | 72 | 70.74 | 115 | 113.6 | 10 | 11 | 9 |

注：平垫圈 倒角型 A 级（GB/T 97.2—2002）用于螺纹规格为 M5～M64。

# 附录F 螺　　钉

**表 F-1　螺钉**（摘自 GB/T 65—2000、GB/T 67—2000）　　　　（单位：mm）

1. 开槽圆柱头螺钉(GB/T 65—2000)

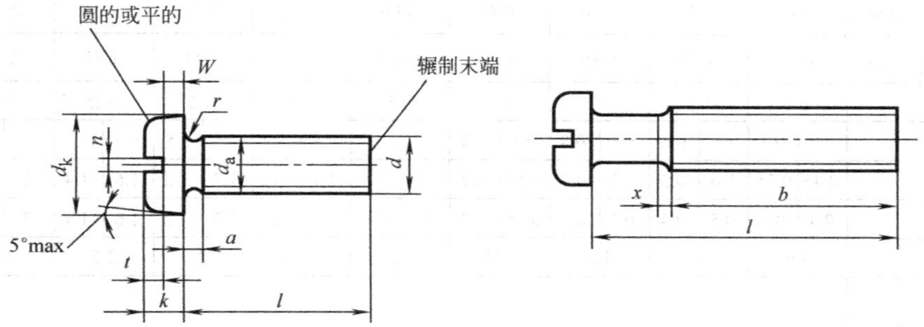


无螺纹部分杆径约等于中径或允许等于螺纹大径

标 记 示 例

螺钉　GB/T 65　M5×20(螺纹规格 $d$ = M5、公称长度 $l$ = 20mm、性能等级为 4.8 级、不经表面处理的 A 级开槽圆柱头螺钉)

2. 开槽盘头螺钉(GB/T 67—2000)

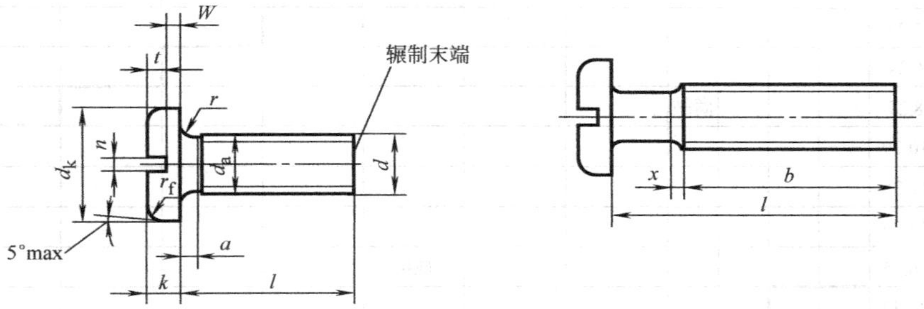


无螺纹部分杆径约等于中径或允许等于螺纹大径

标 记 示 例

螺钉　GB/T 67　M5×20(螺纹规格 $d$ = M5、公称长度 $l$ = 20mm、性能等级为 4.8 级、不经表面处理的 A 级开槽盘头螺钉)

| 螺纹规格 $d$ | | M1.6 | | M2 | | M2.5 | | M3 | | (M3.5) | | M4 | | M5 | | M6 | | M8 | | M10 | |
|---|---|---|---|---|---|---|---|---|---|---|---|---|---|---|---|---|---|---|---|---|---|
| 类别 | | GB/T 65 | GB/T 67 | GB/T 65 | GB/T 67 | GB/T 65 | GB/T 67 | GB/T 65 | GB/T 67 | GB/T 65 | GB/T 67 | GB/T 65 | GB/T 67 | GB/T 65 | GB/T 67 | GB/T 65 | GB/T 67 | GB/T 65 | GB/T 67 | GB/T 65 | GB/T 67 |
| $P$ | | 0.35 | | 0.4 | | 0.45 | | 0.5 | | 0.6 | | 0.7 | | 0.8 | | 1 | | 1.25 | | 1.5 | |
| $a_{max}$ | | 0.7 | | 0.8 | | 0.9 | | 1 | | 1.2 | | 1.4 | | 1.6 | | 2 | | 2.5 | | 3 | |
| $b_{min}$ | | 25 | | 25 | | 25 | | 25 | | 38 | | 38 | | 38 | | 38 | | 38 | | 38 | |
| $d_k$ | 公称 = max | 3.00 | 3.2 | 3.80 | 4.0 | 4.50 | 5.0 | 5.50 | 5.6 | 6.00 | 7.00 | 7 | 8 | 8.5 | 9.5 | 10 | 12 | 13 | 16 | 16 | 20 |
| | min | 2.86 | 2.9 | 3.62 | 3.7 | 4.32 | 4.7 | 5.32 | 5.3 | 5.82 | 6.64 | 6.78 | 7.64 | 8.28 | 9.14 | 9.78 | 11.57 | 12.73 | 15.57 | 15.73 | 19.48 |
| $d_{amax}$ | | 2 | | 2.6 | | 3.1 | | 3.6 | | 4.1 | | 4.7 | | 5.7 | | 6.8 | | 9.2 | | 11.2 | |

（续）

| 螺纹规格 $d$ | | | M1.6 | | M2 | | M2.5 | | M3 | | (M3.5) | | M4 | | M5 | | M6 | | M8 | | M10 | |
|---|---|---|---|---|---|---|---|---|---|---|---|---|---|---|---|---|---|---|---|---|---|---|
| $k$ | 公称=max | | 1.10 | 1.00 | 1.40 | 1.30 | 1.80 | 1.50 | 2.00 | 1.80 | 2.40 | 2.10 | 2.6 | 2.40 | 3.30 | 3.00 | 3.9 | 3.6 | 5 | 4.8 | 6 | |
| | min | | 0.96 | 0.86 | 1.26 | 1.16 | 1.66 | 1.36 | 1.86 | 1.66 | 2.26 | 1.96 | 2.46 | 2.26 | 3.12 | 2.86 | 3.6 | 3.3 | 4.7 | 4.5 | 5.7 | |
| $n$ | 公称 | | 0.4 | | 0.5 | | 0.6 | | 0.8 | | 1 | | 1.2 | | 1.2 | | 1.6 | | 2 | | 2.5 | |
| | min | | 0.46 | | 0.56 | | 0.66 | | 0.86 | | 1.06 | | 1.26 | | 1.26 | | 1.66 | | 2.06 | | 2.56 | |
| | max | | 0.60 | | 0.70 | | 0.80 | | 1.00 | | 1.20 | | 1.51 | | 1.51 | | 1.91 | | 2.31 | | 2.81 | |
| $r_{min}$ | | | 0.1 | | 0.1 | | 0.1 | | 0.1 | | 0.1 | | 0.2 | | 0.2 | | 0.25 | | 0.4 | | 0.4 | |
| $r_f$ 参考 | | | — | 0.5 | — | 0.6 | — | 0.8 | — | 0.9 | — | 1 | — | 1.2 | — | 1.5 | — | 1.8 | — | 2.4 | — | 3 |
| $t_{min}$ | | | 0.45 | 0.35 | 0.6 | 0.5 | 0.7 | 0.6 | 0.85 | 0.7 | 1 | 0.8 | 1.1 | 1 | 1.3 | 1.2 | 1.6 | 1.4 | 2 | 1.9 | 2.4 | |
| $w_{min}$ | | | 0.4 | 0.3 | 0.5 | 0.4 | 0.7 | 0.5 | 0.75 | 0.7 | 1 | 0.8 | 1.1 | 1 | 1.3 | 1.2 | 1.6 | 1.4 | 2 | 1.9 | 2.4 | |
| $x_{max}$ | | | 0.9 | | 1 | | 1.1 | | 1.25 | | 1.5 | | 1.75 | | 2 | | 2.5 | | 3.2 | | 3.8 | |
| | $l$ | | | | | | | | | | | | | | | | | | | | | |
| 公称 | min | max | | | | | | | | | | | | | | | | | | | | |
| 2 | 1.8 | 2.2 | | | | | | | | | | | | | | | | | | | | |
| 2.5 | 2.3 | 2.7 | | | | | | | | | | | | | | | | | | | | |
| 3 | 2.8 | 3.2 | | | | | | | | | | | | | | | | | | | | |
| 4 | 3.76 | 4.24 | | | | | | | | | | | | | | | | | | | | |
| 5 | 4.76 | 5.24 | | | | | | | | | | | | | | | | | | | | |
| 6 | 5.76 | 6.24 | | | | | | | | | | | | | | | | | | | | |
| 8 | 7.71 | 8.29 | | | | 商品 | | | | | | | | | | | | | | | | |
| 10 | 9.71 | 10.29 | | | | | | | | | | | | | | | | | | | | |
| 12 | 11.65 | 12.35 | | | | | | | | | | | | | | | | | | | | |
| (14) | 13.65 | 14.35 | | | | | | | | | | | | | | | | | | | | |
| 16 | 15.65 | 16.35 | | | | | | | | | 规格 | | | | | | | | | | | |
| 20 | 19.58 | 20.42 | | | | | | | | | | | | | | | | | | | | |
| 25 | 24.58 | 25.42 | | | | | | | | | | | | | | | | | | | | |
| 30 | 29.58 | 30.42 | | | | | | | | | | | | | | | | | | | | |
| 35 | 34.5 | 35.5 | | | | | | | | | | | | | | | | | 范围 | | | |
| 40 | 39.5 | 40.5 | | | | | | | | | | | | | | | | | | | | |
| 45 | 44.5 | 45.5 | | | | | | | | | | | | | | | | | | | | |
| 50 | 49.5 | 50.5 | | | | | | | | | | | | | | | | | | | | |
| (55) | 54.05 | 55.95 | | | | | | | | | | | | | | | | | | | | |
| 60 | 59.05 | 60.95 | | | | | | | | | | | | | | | | | | | | |

注：1. 尽可能不采用括号内的规格。

2. $P$——螺距。

3. 公称长度在阶梯虚线以上的螺钉，制出全螺纹（$b=l-a$）。

4. 开槽圆柱头螺钉（GB/T 65）无公称长度 $l=2.5$mm 规格。

# 附录G 销

**表 G-1 圆柱销 不淬硬钢和奥氏体不锈钢**（摘自 GB/T 119.1—2000） （单位：mm）

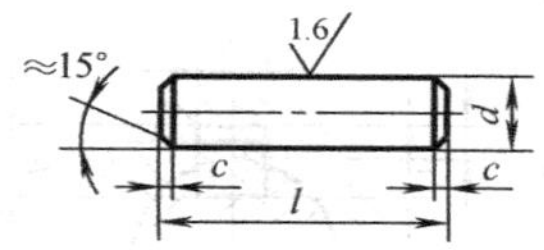


标 记 示 例

销 GB/T 119.1 8 m6×30（公称直径 $d=8$mm、公差为 m6、公称长度 $l=30$mm、材料为钢、不经淬火、不经表面处理的圆柱销）

| d 公称 | 2 | 2.5 | 3 | 4 | 5 | 6 | 8 | 10 | 12 | 16 | 20 |
|---|---|---|---|---|---|---|---|---|---|---|---|
| c≈ | 0.35 | 0.40 | 0.50 | 0.63 | 0.80 | 1.2 | 1.6 | 2.0 | 2.5 | 3.0 | 3.5 |
| l（商品范围） | 6~20 | 6~24 | 8~30 | 8~40 | 10~50 | 12~60 | 14~80 | 16~95 | 22~140 | 26~180 | 35~200 |
| l（系列） | 2,3,4,5,6,8,10,12,14,16,18,20,22,24,26,28,30,32,35,40,45,50,55,60,65,70,75,80,85,90,95,100,120,140,160,180,200 | | | | | | | | | | |

注：1. 公称直径 $d$ 的公差规定为 m6 和 h8，其他公差由供需双方协议。

2. 公称长度 $l$ 大于 200mm，按 20mm 递增。

**表 G-2 圆锥销**（摘自 GB/T 117—200） （单位：mm）

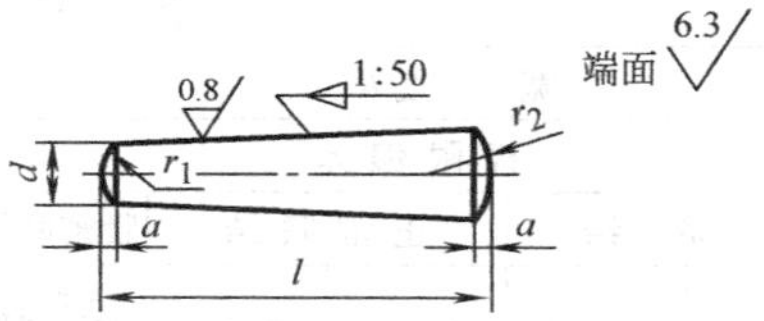


$$r_1=d,r_2\approx\frac{a}{2}+d+\frac{(0.02l)^2}{8a}$$

标 记 示 例

销 GB/T 117 10×60（公称直径 $d=10$mm、公称长度 $l=60$mm、材料 35 钢，热处理硬度 28~38HRC、表面氧化处理的 A 型圆锥销）

| d 公称 | 2 | 2.5 | 3 | 4 | 5 | 6 | 8 | 10 | 12 | 16 | 20 |
|---|---|---|---|---|---|---|---|---|---|---|---|
| a≈ | 0.25 | 0.3 | 0.4 | 0.5 | 0.63 | 0.8 | 1 | 1.2 | 1.6 | 2 | 2.5 |
| l（商品范围） | 10~35 | | 12~45 | 14~55 | 18~60 | 22~90 | 22~120 | 26~160 | 32~180 | 40~200 | 45~200 |
| l（系列） | 2,3,4,5,6,8,10,12,14,16,18,20,22,24,26,28,30,32,35,40,45,50,55,60,65,70,75,80,85,90,95,100,120,140,160,180,200 | | | | | | | | | | |

注：1. 公称直径 $d$ 的公差规定为 h10，其他公差如 a11、c11 和 f8 由供需双方协议。

2. 圆锥销有 A 型和 B 型。A 型为磨削，锥面 $R_a=0.8\mu m$；B 型为切削或冷墩，锥面 $R_a=3.2\mu m$。

3. 公称长度 $l$ 大于 200mm，按 20mm 递增。

# 附录H 键

**表 H-1 普通型平键（摘自 GB/T 1095—2003、GB/T 1096—2003）（单位：mm）**

1. GB/T 1095—2003 平键 键槽的剖面尺寸

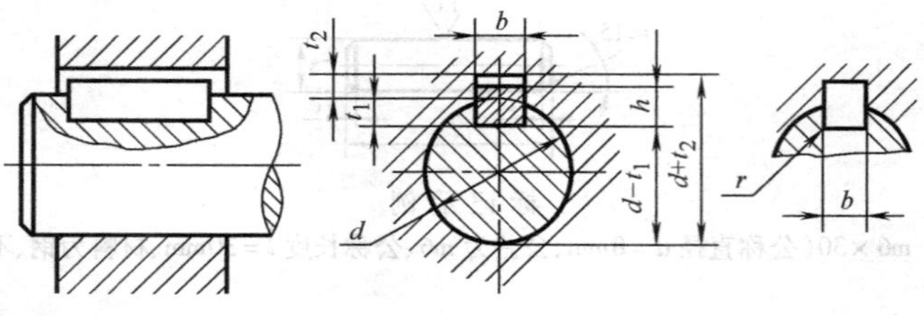

2. GB/T 1096—2003 普通型 平键

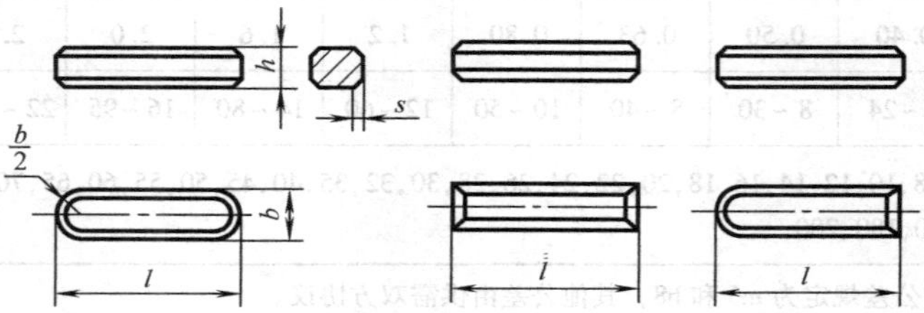

标记示例

GB/T 1096 键 B16×10×100(平头普通平键(B型) $b=16$mm、$h=10$mm、$L=100$mm)

| 键尺寸 | | | | 键槽 | | | | | | | | | | | |
|---|---|---|---|---|---|---|---|---|---|---|---|---|---|---|---|
| | | | | 宽度 $b$ | | | | | | 深度 | | | | 半径 $r$ | |
| | | | | 基本尺寸 | 极限偏差 | | | | | 轴 $t_1$ | | 毂 $t_2$ | | | |
| | | | | | 松联结 | | 正常联结 | | 紧密联结 | | | | | | |
| 宽度 $b$ | 高度 $h$ | 长度 $L$ | 倒角或倒圆 $s$ | | 轴 H9 | 毂 D10 | 轴 N9 | 毂 JS9 | 轴和毂 P9 | 基本尺寸 | 极限偏差 | 基本尺寸 | 极限偏差 | min | max |
| 2 | 2 | 6~20 | 0.16~0.25 | 2 | +0.025<br>0 | +0.060<br>+0.020 | −0.004<br>−0.029 | ±0.0125 | −0.006<br>−0.031 | 1.2 | +0.1<br>0 | 1 | +0.1<br>0 | 0.08 | 0.16 |
| 3 | 3 | 6~36 | | 3 | | | | | | 1.8 | | 1.4 | | | |
| 4 | 4 | 8~45 | | 4 | +0.030<br>0 | +0.078<br>+0.030 | 0<br>−0.030 | ±0.015 | −0.012<br>−0.042 | 2.5 | | 1.8 | | | |
| 5 | 5 | 10~56 | 0.25~0.40 | 5 | | | | | | 3.0 | | 2.3 | | 0.16 | 0.25 |
| 6 | 6 | 14~70 | | 6 | | | | | | 3.5 | | 2.8 | | | |
| 8 | 7 | 18~90 | | 8 | +0.036<br>0 | +0.098<br>+0.040 | 0<br>−0.036 | ±0.018 | −0.015<br>−0.051 | 4.0 | +0.2<br>0 | 3.3 | +0.2<br>0 | | |
| 10 | 8 | 22~110 | | 10 | | | | | | 5.0 | | 3.3 | | 0.25 | 0.40 |
| 12 | 8 | 28~140 | 0.40~0.60 | 12 | +0.043<br>0 | +0.120<br>+0.050 | 0<br>−0.043 | ±0.0215 | −0.018<br>−0.061 | 5.0 | | 3.3 | | | |
| 14 | 9 | 36~160 | | 14 | | | | | | 5.5 | | 3.8 | | | |
| 16 | 10 | 45~180 | | 16 | | | | | | 6.0 | | 4.3 | | | |
| $L$(系列) | 6,8,10,12,14,16,18,20,22,25,28,32,36,40,45,50,56,63,70,80,90,100,110,125,140,160,180 | | | | | | | | | | | | | | |

注：1. 轴槽、轮毂槽的键槽宽度 $b$ 两侧面的表面粗糙度参数 $R_a$ 值推荐为 1.6~3.2μm。

2. 轴槽底面、轮毂槽底面的表面粗糙度参数 $R_a$ 值为 6.3μm。

**表 H-2　半圆键**（摘自 GB/T 1098—2003、GB/T 1099. 1—2003）　（单位：mm）

1. GB/T 1098—2003 半圆键　键槽的剖面尺寸
2. GB/T 1099. 1—2003　普通型　半圆键

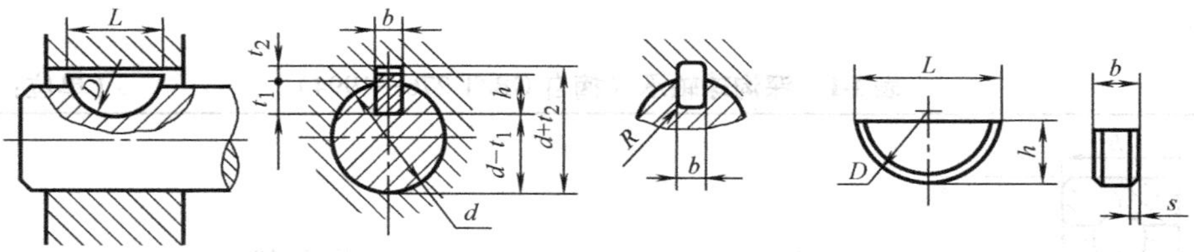


标记示例

GB/T 1099. 1　键　6×10×25（普通型　半圆键 $b=6\text{mm}$、$h=10\text{mm}$、$d_1=25\text{mm}$）

| 键 | | | 键槽 | | | | | | | | | | | |
|---|---|---|---|---|---|---|---|---|---|---|---|---|---|---|
| 键尺寸 $b\times h\times D$ | 倒角或倒圆 $s$ | | 宽度 $b$ | | | | | | 深度 | | | | 半径 $R$ | |
| | | | 基本尺寸 | 极限偏差 | | | | | 轴 $t_1$ | | 毂 $t_2$ | | | |
| | | | | 正常联结 | | 紧密联结 | 松联结 | | | | | | | |
| | min | max | | 轴 N9 | 毂 JS9 | 轴和毂 P9 | 轴 H9 | 毂 D10 | 基本尺寸 | 极限偏差 | 基本尺寸 | 极限偏差 | min | max |
| 1×1.4×4 | 0.16 | 0.25 | 1.0 | -0.004<br>-0.029 | ±0.0125 | -0.006<br>-0.031 | +0.025<br>0 | +0.060<br>+0.020 | 1.0 | +0.1<br>0 | 0.6 | +0.1<br>0 | 0.08 | 0.16 |
| 1.5×2.6×7 | | | 1.5 | | | | | | 2.0 | | 0.8 | | | |
| 2×2.6×7 | | | 2.0 | | | | | | 1.8 | | 1.0 | | | |
| 2×3.7×10 | | | 2.0 | | | | | | 2.9 | | 1.0 | | | |
| 2.5×3.7×10 | | | 2.5 | | | | | | 2.7 | | 1.2 | | | |
| 3×5×13 | | | 3.0 | | | | | | 3.8 | +0.2<br>0 | 1.4 | | | |
| 3×6.5×16 | | | 3.0 | | | | | | 5.3 | | 1.4 | | | |
| 4×6.5×16 | 0.25 | 0.40 | 4.0 | 0<br>-0.030 | ±0.015 | -0.012<br>-0.042 | +0.030<br>0 | +0.078<br>+0.030 | 5.0 | | 1.8 | | 0.16 | 0.25 |
| 4×7.5×19 | | | 4.0 | | | | | | 6.0 | | 1.8 | | | |
| 5×6.5×16 | | | 5.0 | | | | | | 4.5 | | 2.3 | | | |
| 5×7.5×19 | | | 5.0 | | | | | | 5.5 | | 2.3 | | | |
| 5×9×22 | | | 5.0 | | | | | | 7.0 | +0.3<br>0 | 2.3 | | | |
| 6×9×22 | | | 6.0 | | | | | | 6.5 | | 2.8 | | | |
| 6×10×25 | | | 6.0 | | | | | | 7.5 | | 2.8 | +0.2<br>0 | | |
| 8×11×28 | 0.40 | 0.60 | 8.0 | 0<br>-0.036 | ±0.018 | -0.015<br>-0.051 | +0.036<br>0 | +0.098<br>+0.040 | 8.0 | | 3.3 | | 0.25 | 0.40 |
| 10×13×32 | | | 10.0 | | | | | | 10.0 | | 3.3 | | | |

注：1. 轴槽、轮毂槽的键槽宽度 $b$ 两侧面的表面粗糙度参数按 GB/T 1031，选 $R_a$ 值为 1.6～3.2μm。

2. 轴槽底面、轮毂槽底面的表面粗糙度参数按 GB/T 1031，选 $R_a$ 为 6.3μm。

# 附录 I 滚动轴承

**表 I-1 深沟球轴承（摘自 GB/T 276—1994）** （单位：mm）

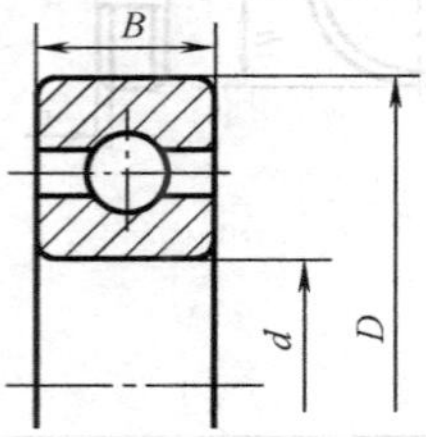


类型代号
6

代号示例
尺寸系列代号为(02)、内径代号为 06 的深沟球轴承:6206

| 轴承代号 | | 外形尺寸 d | D | B | 轴承代号 | | 外形尺寸 d | D | B |
|---|---|---|---|---|---|---|---|---|---|
| 10系列 | 6004 | 20 | 42 | 12 | 03系列 | 6304 | 20 | 52 | 15 |
| | 6005 | 25 | 47 | 12 | | 6305 | 25 | 62 | 17 |
| | 6006 | 30 | 55 | 13 | | 6306 | 30 | 72 | 19 |
| | 6007 | 35 | 62 | 14 | | 6307 | 35 | 80 | 21 |
| | 6008 | 40 | 68 | 15 | | 6308 | 40 | 90 | 23 |
| | 6009 | 45 | 75 | 16 | | 6309 | 45 | 100 | 25 |
| | 6010 | 50 | 80 | 16 | | 6310 | 50 | 110 | 27 |
| | 6011 | 55 | 90 | 18 | | 6311 | 55 | 120 | 29 |
| | 6012 | 60 | 95 | 18 | | 6312 | 60 | 130 | 31 |
| | 6013 | 65 | 100 | 18 | | 6313 | 65 | 140 | 33 |
| | 6014 | 70 | 110 | 20 | | 6314 | 70 | 150 | 35 |
| | 6015 | 75 | 115 | 20 | | 6315 | 75 | 160 | 37 |
| | 6016 | 80 | 125 | 22 | | 6316 | 80 | 170 | 39 |
| | 6017 | 85 | 130 | 22 | | 6317 | 85 | 180 | 41 |
| | 6018 | 90 | 140 | 24 | | 6318 | 90 | 190 | 43 |
| | 6019 | 95 | 145 | 24 | | 6319 | 95 | 200 | 45 |
| | 6020 | 100 | 150 | 24 | | 6320 | 100 | 215 | 47 |
| 02系列 | 6204 | 20 | 47 | 14 | 04系列 | 6404 | 20 | 72 | 19 |
| | 6205 | 25 | 52 | 15 | | 6405 | 25 | 80 | 21 |
| | 6206 | 30 | 62 | 16 | | 6406 | 30 | 90 | 23 |
| | 6207 | 35 | 72 | 17 | | 6407 | 35 | 100 | 25 |
| | 6208 | 40 | 80 | 18 | | 6408 | 40 | 110 | 27 |
| | 6209 | 45 | 85 | 19 | | 6409 | 45 | 120 | 29 |
| | 6210 | 50 | 90 | 20 | | 6410 | 50 | 130 | 31 |
| | 6211 | 55 | 100 | 21 | | 6411 | 55 | 140 | 33 |
| | 6212 | 60 | 110 | 22 | | 6412 | 60 | 150 | 35 |
| | 6213 | 65 | 120 | 23 | | 6413 | 65 | 160 | 37 |
| | 6214 | 70 | 125 | 24 | | 6414 | 70 | 180 | 42 |
| | 6215 | 75 | 130 | 25 | | 6415 | 75 | 190 | 45 |
| | 6216 | 80 | 140 | 26 | | 6416 | 80 | 200 | 48 |
| | 6217 | 85 | 150 | 28 | | 6417 | 85 | 210 | 52 |
| | 6218 | 90 | 160 | 30 | | 6418 | 90 | 225 | 54 |
| | 6219 | 95 | 170 | 32 | | 6419 | 95 | 240 | 55 |
| | 6220 | 100 | 180 | 34 | | 6420 | 100 | 250 | 58 |

**表 I-2　圆锥滚子轴承**（摘自 GB/T 297—1994）　　（单位：mm）

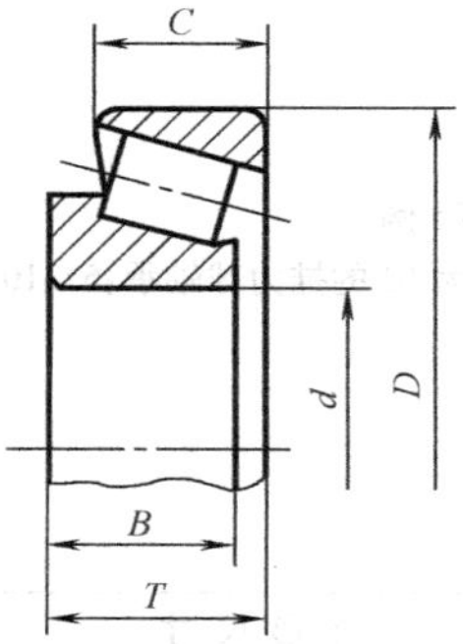


| 类型代号 | 代号示例 |
| --- | --- |
| 3 | 尺寸系列代号为03、内径代号为12的圆锥滚子轴承:30312 |

| 轴承代号 | | 外形尺寸 | | | | | 轴承代号 | | 外形尺寸 | | | | |
| --- | --- | --- | --- | --- | --- | --- | --- | --- | --- | --- | --- | --- | --- |
| | | *d* | *D* | *T* | *B* | *C* | | | *d* | *D* | *T* | *B* | *C* |
| 02系列 | 30204 | 20 | 47 | 15.25 | 14 | 12 | 22系列 | 32204 | 20 | 47 | 19.25 | 18 | 15 |
| | 30205 | 25 | 52 | 16.25 | 15 | 13 | | 32205 | 25 | 52 | 19.25 | 18 | 16 |
| | 30206 | 30 | 62 | 17.25 | 16 | 14 | | 32206 | 30 | 62 | 21.25 | 20 | 17 |
| | 30207 | 35 | 72 | 18.25 | 17 | 15 | | 32207 | 35 | 72 | 24.25 | 23 | 19 |
| | 30208 | 40 | 80 | 19.75 | 18 | 16 | | 32208 | 40 | 80 | 24.75 | 23 | 19 |
| | 30209 | 45 | 85 | 20.75 | 19 | 16 | | 32209 | 45 | 85 | 24.75 | 23 | 19 |
| | 30210 | 50 | 90 | 21.75 | 20 | 17 | | 32210 | 50 | 90 | 24.75 | 23 | 19 |
| | 30211 | 55 | 100 | 22.75 | 21 | 18 | | 32211 | 55 | 100 | 26.75 | 25 | 21 |
| | 30212 | 60 | 110 | 23.75 | 22 | 19 | | 32212 | 60 | 110 | 29.75 | 28 | 24 |
| | 30213 | 65 | 120 | 24.75 | 23 | 20 | | 32213 | 65 | 120 | 32.75 | 31 | 27 |
| | 30214 | 70 | 125 | 26.25 | 24 | 21 | | 32214 | 70 | 125 | 33.25 | 31 | 27 |
| | 30215 | 75 | 130 | 27.25 | 25 | 22 | | 32215 | 75 | 130 | 33.25 | 31 | 27 |
| | 30216 | 80 | 140 | 28.25 | 26 | 22 | | 32216 | 80 | 140 | 35.25 | 33 | 28 |
| | 30217 | 85 | 150 | 30.50 | 28 | 24 | | 32217 | 85 | 150 | 38.50 | 36 | 30 |
| | 30218 | 90 | 160 | 32.50 | 30 | 26 | | 32218 | 90 | 160 | 42.50 | 40 | 34 |
| | 30219 | 95 | 170 | 34.50 | 32 | 27 | | 32219 | 95 | 170 | 45.50 | 43 | 37 |
| | 30220 | 100 | 180 | 37 | 34 | 29 | | 32220 | 100 | 180 | 49 | 46 | 39 |
| 03系列 | 30304 | 20 | 52 | 16.25 | 15 | 13 | 23系列 | 32304 | 20 | 52 | 22.25 | 21 | 18 |
| | 30305 | 25 | 62 | 18.25 | 17 | 15 | | 32305 | 25 | 62 | 25.25 | 24 | 20 |
| | 30306 | 30 | 72 | 20.75 | 19 | 16 | | 32306 | 30 | 72 | 28.75 | 27 | 23 |
| | 30307 | 35 | 80 | 22.75 | 21 | 18 | | 32307 | 35 | 80 | 32.75 | 31 | 25 |
| | 30308 | 40 | 90 | 25.25 | 23 | 20 | | 32308 | 40 | 90 | 35.25 | 33 | 27 |
| | 30309 | 45 | 100 | 27.25 | 25 | 22 | | 32309 | 45 | 100 | 38.25 | 36 | 30 |
| | 30310 | 50 | 110 | 29.25 | 27 | 23 | | 32310 | 50 | 110 | 42.25 | 40 | 33 |
| | 30311 | 55 | 120 | 31.50 | 29 | 25 | | 32311 | 55 | 120 | 45.50 | 43 | 35 |
| | 30312 | 60 | 130 | 33.50 | 31 | 26 | | 32312 | 60 | 130 | 48.50 | 46 | 37 |
| | 30313 | 65 | 140 | 36 | 33 | 28 | | 32313 | 65 | 140 | 51 | 48 | 39 |
| | 30314 | 70 | 150 | 38 | 35 | 30 | | 32314 | 70 | 150 | 54 | 51 | 42 |
| | 30315 | 75 | 160 | 40 | 37 | 31 | | 32315 | 75 | 160 | 58 | 55 | 45 |
| | 30316 | 80 | 170 | 42.50 | 39 | 33 | | 32316 | 80 | 170 | 61.50 | 58 | 48 |
| | 30317 | 85 | 180 | 44.50 | 41 | 34 | | 32317 | 85 | 180 | 63.50 | 60 | 49 |
| | 30318 | 90 | 190 | 46.50 | 43 | 36 | | 32318 | 90 | 190 | 67.50 | 64 | 53 |
| | 30319 | 95 | 200 | 49.50 | 45 | 38 | | 32319 | 95 | 200 | 71.50 | 67 | 55 |
| | 30320 | 100 | 215 | 51.50 | 47 | 39 | | 32320 | 100 | 215 | 77.50 | 73 | 60 |

**表 I-3　推力球轴承（摘自 GB/T 301—1995）**　（单位：mm）

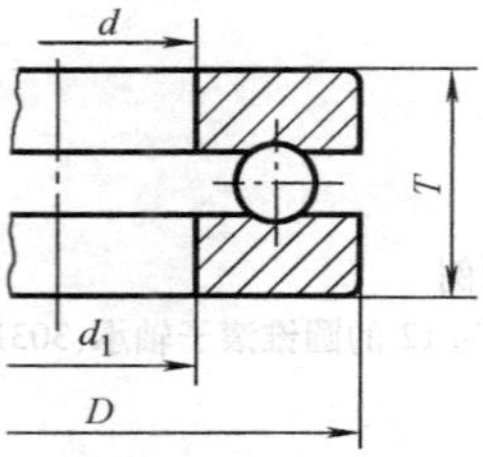


类型代号　5

代号示例　尺寸系列代号为 13、内径代号为 10 的推力球轴承:51310

| 轴承代号 | | 外形尺寸 | | | | 轴承代号 | | 外形尺寸 | | | |
|---|---|---|---|---|---|---|---|---|---|---|---|
| | | $d$ | $D$ | $T$ | $d_{1min}$ | | | $d$ | $D$ | $T$ | $d_{1min}$ |
| 11系列 | 51104 | 20 | 35 | 10 | 21 | 13系列 | 51304 | 20 | 47 | 18 | 22 |
| | 51105 | 25 | 42 | 11 | 26 | | 51305 | 25 | 52 | 18 | 27 |
| | 51106 | 30 | 47 | 11 | 32 | | 51306 | 30 | 60 | 21 | 32 |
| | 51107 | 35 | 52 | 12 | 37 | | 51307 | 35 | 68 | 24 | 37 |
| | 51108 | 40 | 60 | 13 | 42 | | 51308 | 40 | 78 | 26 | 42 |
| | 51109 | 45 | 65 | 14 | 47 | | 51309 | 45 | 85 | 28 | 47 |
| | 51110 | 50 | 70 | 14 | 52 | | 51310 | 50 | 95 | 31 | 52 |
| | 51111 | 55 | 78 | 16 | 57 | | 51311 | 55 | 105 | 35 | 57 |
| | 51112 | 60 | 85 | 17 | 62 | | 51312 | 60 | 110 | 35 | 62 |
| | 51113 | 65 | 90 | 18 | 67 | | 51313 | 65 | 115 | 36 | 67 |
| | 51114 | 70 | 95 | 18 | 72 | | 51314 | 70 | 125 | 40 | 72 |
| | 51115 | 75 | 100 | 19 | 77 | | 51315 | 75 | 135 | 44 | 77 |
| | 51116 | 80 | 105 | 19 | 82 | | 51316 | 80 | 140 | 44 | 82 |
| | 51117 | 85 | 110 | 19 | 87 | | 51317 | 85 | 150 | 49 | 88 |
| | 51118 | 90 | 120 | 22 | 92 | | 51318 | 90 | 155 | 50 | 93 |
| | 51120 | 100 | 135 | 25 | 102 | | 51320 | 100 | 170 | 55 | 103 |
| 12系列 | 51204 | 20 | 40 | 14 | 22 | 14系列 | 51405 | 25 | 60 | 24 | 27 |
| | 51205 | 25 | 47 | 15 | 27 | | 51406 | 30 | 70 | 28 | 32 |
| | 51206 | 30 | 52 | 16 | 32 | | 51407 | 35 | 80 | 32 | 37 |
| | 51207 | 35 | 62 | 18 | 37 | | 51408 | 40 | 90 | 36 | 42 |
| | 51208 | 40 | 68 | 19 | 42 | | 51409 | 45 | 100 | 39 | 47 |
| | 51209 | 45 | 73 | 20 | 47 | | 51410 | 50 | 110 | 43 | 52 |
| | 51210 | 50 | 78 | 22 | 52 | | 51411 | 55 | 120 | 48 | 57 |
| | 51211 | 55 | 90 | 25 | 57 | | 51412 | 60 | 130 | 51 | 62 |
| | 51212 | 60 | 95 | 26 | 62 | | 51413 | 65 | 140 | 56 | 68 |
| | 51213 | 65 | 100 | 27 | 67 | | 51414 | 70 | 150 | 60 | 73 |
| | 51214 | 70 | 105 | 27 | 72 | | 51415 | 75 | 160 | 65 | 78 |
| | 51215 | 75 | 110 | 27 | 77 | | 51416 | 80 | 170 | 68 | 83 |
| | 51216 | 80 | 115 | 28 | 82 | | 51417 | 85 | 180 | 72 | 88 |
| | 51217 | 85 | 125 | 31 | 88 | | 51418 | 90 | 190 | 77 | 93 |
| | 51218 | 90 | 135 | 35 | 93 | | 51420 | 100 | 210 | 85 | 103 |
| | 51220 | 100 | 150 | 38 | 103 | | 51422 | 110 | 230 | 95 | 113 |

# 附录 J 标准公差数值

**表 J-1 标准公差数值**（摘自 GB/T 1800.3—1998）

| 基本尺寸 mm | | 标准公差等级 | | | | | | | | | | | | | | | | | |
|---|---|---|---|---|---|---|---|---|---|---|---|---|---|---|---|---|---|---|---|
| | | IT1 | IT2 | IT3 | IT4 | IT5 | IT6 | IT7 | IT8 | IT9 | IT10 | IT11 | IT12 | IT13 | IT14 | IT15 | IT16 | IT17 | IT18 |
| 大于 | 至 | μm | | | | | | | | | | | mm | | | | | | |
| — | 3 | 0.8 | 1.2 | 2 | 3 | 4 | 6 | 10 | 14 | 25 | 40 | 60 | 0.1 | 0.14 | 0.25 | 0.4 | 0.6 | 1 | 1.4 |
| 3 | 6 | 1 | 1.5 | 2.5 | 4 | 5 | 8 | 12 | 18 | 30 | 48 | 75 | 0.12 | 0.18 | 0,3 | 0.48 | 0.75 | 1.2 | 1.8 |
| 6 | 10 | 1 | 1.5 | 2.5 | 4 | 6 | 9 | 15 | 22 | 36 | 58 | 90 | 0.15 | 0.22 | 0.36 | 0.58 | 0.9 | 1.5 | 2.2 |
| 10 | 18 | 1.2 | 2 | 3 | 5 | 8 | 11 | 18 | 27 | 43 | 70 | 110 | 0.18 | 0.27 | 0.43 | 0.7 | 1.1 | 1.8 | 2.7 |
| 18 | 30 | 1.5 | 2.5 | 4 | 6 | 9 | 13 | 21 | 33 | 52 | 84 | 130 | 0.21 | 0.33 | 0.52 | 0.84 | 1.3 | 2.1 | 3.3 |
| 30 | 50 | 1.5 | 2.5 | 4 | 7 | 11 | 16 | 25 | 39 | 62 | 100 | 160 | 0.25 | 0.39 | 0.62 | 1 | 1.6 | 2.5 | 3.9 |
| 50 | 80 | 2 | 3 | 5 | 8 | 13 | 19 | 30 | 46 | 74 | 120 | 190 | 0.3 | 0.46 | 0.74 | 1.2 | 1.9 | 3 | 4.6 |
| 80 | 120 | 2.5 | 4 | 6 | 10 | 15 | 22 | 35 | 54 | 87 | 140 | 220 | 0.35 | 0.54 | 0.87 | 1.4 | 2.2 | 3.5 | 5.4 |
| 120 | 180 | 3.5 | 5 | 8 | 12 | 18 | 25 | 40 | 63 | 100 | 160 | 250 | 0.4 | 0.63 | 1 | 1.6 | 2.5 | 4 | 6.3 |
| 180 | 250 | 4.5 | 7 | 10 | 14 | 20 | 29 | 46 | 72 | 115 | 185 | 290 | 0.46 | 0.72 | 1.15 | 1.85 | 2.9 | 4.6 | 7.2 |
| 250 | 315 | 6 | 8 | 12 | 16 | 23 | 32 | 52 | 81 | 130 | 210 | 320 | 0.52 | 0.81 | 1.3 | 2.1 | 3.2 | 5.2 | 8.1 |
| 315 | 400 | 7 | 9 | 13 | 18 | 25 | 36 | 57 | 89 | 140 | 230 | 360 | 0.57 | 0.89 | 1.4 | 2.3 | 3.6 | 5.7 | 8.9 |
| 400 | 500 | 8 | 10 | 15 | 20 | 27 | 40 | 63 | 97 | 155 | 250 | 400 | 0.63 | 0.97 | 1.55 | 2.5 | 4 | 6.3 | 9.7 |

注：尺寸小于或等于 1mm 时，无 IT14 至 IT18。

# 附录 K　轴的

**表 K-1　基本尺寸至 500mm**

| 代号 | c | d | | e | | f | | g | | h | | | | | | | js |
|---|---|---|---|---|---|---|---|---|---|---|---|---|---|---|---|---|---|
| 基本尺寸/mm | 等 | | | | | | | | | | | | | | | | |
| | 11 | 8 | 9 | 7 | 8 | 7 | 8 | 6 | 7 | 5 | 6 | 7 | 8 | 9 | 10 | 11 | 6 |
| ≤3 | -60<br>-120 | -20<br>-34 | -20<br>-45 | -14<br>-24 | -14<br>-28 | -6<br>-16 | -6<br>-20 | -2<br>-8 | -2<br>-12 | 0<br>-4 | 0<br>-6 | 0<br>-10 | 0<br>-14 | 0<br>-25 | 0<br>-40 | 0<br>-60 | ±3 |
| >3<br>~6 | -70<br>-145 | -30<br>-48 | -30<br>-60 | -20<br>-32 | -20<br>-38 | -10<br>-22 | -10<br>-28 | -4<br>-12 | -4<br>-16 | 0<br>-5 | 0<br>-8 | 0<br>-12 | 0<br>-18 | 0<br>-30 | 0<br>-48 | 0<br>-75 | ±4 |
| >6<br>~10 | -80<br>-170 | -40<br>-62 | -40<br>-76 | -25<br>-40 | -25<br>-47 | -13<br>-28 | -13<br>-35 | -5<br>-14 | -5<br>-20 | 0<br>-6 | 0<br>-9 | 0<br>-15 | 0<br>-22 | 0<br>-36 | 0<br>-58 | 0<br>-90 | ±4.5 |
| >10<br>~14 | -95 | -50 | -50 | -32 | -32 | -16 | -16 | -6 | -6 | -0 | 0 | 0 | 0 | 0 | 0 | 0 | ±5.5 |
| >14<br>~18 | -205 | -77 | -93 | -50 | -59 | -34 | -43 | -17 | -24 | -8 | -11 | -18 | -27 | -13 | -70 | -110 | |
| >18<br>~24 | -110 | -65 | -65 | -40 | -40 | -20 | -20 | -7 | -7 | 0 | 0 | 0 | 0 | 0 | 0 | 0 | ±6.5 |
| >24<br>~30 | -240 | -98 | -117 | -61 | -73 | -41 | -53 | -20 | -28 | -9 | -13 | -21 | -33 | -52 | -84 | -130 | |
| >30<br>~40 | -120<br>-280 | -80 | -80 | -50 | -50 | -25 | -25 | -9 | -9 | 0 | 0 | 0 | 0 | 0 | 0 | 0 | ±8 |
| >40<br>~50 | -130<br>-290 | -119 | -142 | -75 | -89 | -50 | -64 | -25 | -34 | -11 | -16 | —25 | -39 | -62 | -100 | -160 | |
| >50<br>~65 | -140<br>-330 | -100 | -100 | -60 | -60 | -30 | -30 | -10 | -10 | 0 | 0 | 0 | 0 | 0 | 0 | 0 | ±9.5 |
| >65<br>~80 | -150<br>-340 | -146 | -174 | -90 | -106 | -60 | -76 | -29 | -40 | -13 | -19 | -30 | 46 | -74 | -120 | -190 | |
| >80<br>~100 | -170<br>-390 | -120 | -120 | 72 | -72 | 36 | 36 | 12 | -12 | 0 | 0 | 0 | 0 | 0 | 0 | 0 | ±11 |
| >100<br>~120 | -180<br>-400 | -174 | -207 | -107 | -126 | -71 | -90 | -34 | -47 | -15 | -22 | -35 | -54 | -87 | -140 | -220 | |
| >120<br>~140 | -200<br>-450 | -145 | -145 | -85 | -85 | -43 | -43 | -14 | -14 | 0 | 0 | 0 | 0 | 0 | 0 | 0 | ±12.5 |
| >140<br>~160 | -210<br>-460 | | | | | | | | | | | | | | | | |
| >160<br>~180 | -230<br>-480 | -208 | -245 | -125 | -148 | -83 | -106 | -39 | -54 | -18 | -25 | -40 | -63 | -100 | -160 | -250 | |
| >180<br>~200 | -240<br>-530 | -170 | -170 | -100 | -100 | -50 | -50 | -15 | -15 | 0 | 0 | 0 | 0 | 0 | 0 | 0 | ±14.5 |
| >200<br>~225 | -260<br>-550 | | | | | | | | | | | | | | | | |
| >225<br>~250 | -280<br>-570 | -242 | -285 | -146 | -172 | -96 | -122 | -44 | -61 | -20 | -29 | -46 | -72 | -115 | -185 | -290 | |
| >250<br>~280 | -300<br>-620 | -190 | -190 | -110 | -110 | -56 | -56 | -17 | -17 | 0 | 0 | 0 | 0 | 0 | 0 | 0 | ±16 |
| >280<br>~315 | -330<br>-650 | -271 | -320 | -162 | -191 | -108 | -137 | -49 | -69 | -23 | -32 | -52 | -81 | -130 | -210 | -320 | |
| >315<br>~355 | -360<br>-720 | -210 | -210 | -125 | -125 | -62 | -62 | -18 | -18 | 0 | 0 | 0 | 0 | 0 | 0 | 0 | ±18 |
| >355<br>~400 | -400<br>-760 | -299 | -350 | -182 | -214 | -119 | -151 | -54 | -75 | -25 | -36 | -57 | -89 | -140 | -230 | -360 | |
| >400<br>~450 | -440<br>-840 | -230 | -230 | -135 | -135 | -68 | -68 | -20 | -20 | 0 | 0 | 0 | 0 | 0 | 0 | 0 | ±20 |
| >450<br>~500 | -480<br>-880 | -327 | -385 | -198 | -232 | -131 | -165 | -60 | -83 | -27 | -40 | -63 | -97 | -155 | 250 | -400 | |

# 极限偏差表

**的轴的极限偏差表**（摘自 GB/T 1800. 4—1999）

μm

| k | | m | | n | | p | | r | | s | | t | | u | v | x | y | z |
|---|---|---|---|---|---|---|---|---|---|---|---|---|---|---|---|---|---|---|
| 级 | | | | | | | | | | | | | | | | | | |
| 6 | 7 | 6 | 7 | 5 | 6 | 6 | 7 | 6 | 7 | 5 | 6 | 6 | 7 | 6 | 6 | 6 | 6 | 6 |
| +6<br>0 | +10<br>0 | +8<br>+2 | +12<br>+2 | +8<br>+4 | +10<br>+4 | +12<br>+6 | +16<br>+6 | +16<br>+10 | +20<br>+10 | +18<br>+14 | +20<br>+14 | — | — | +24<br>+18 | — | +26<br>+20 | — | +32<br>+26 |
| +9<br>+1 | +13<br>+1 | +12<br>+4 | +16<br>+4 | +13<br>+8 | +16<br>+8 | +20<br>+12 | +24<br>+12 | +23<br>+15 | +27<br>+15 | +24<br>+19 | +27<br>+19 | — | — | +31<br>+23 | — | +36<br>+28 | — | +43<br>+35 |
| +10<br>+1 | +16<br>+1 | +15<br>+6 | +21<br>+6 | +16<br>+10 | +19<br>+10 | +24<br>+15 | +30<br>+15 | +28<br>+19 | +34<br>+19 | +29<br>+23 | +32<br>+23 | — | — | +37<br>+28 | — | +43<br>+34 | — | +51<br>+42 |
| +12 | +19 | +18 | +25 | +20 | +23 | +29 | +36 | +34 | +41 | +36 | +39 | — | — | +44 | — | +51<br>+40 | — | +61<br>+50 |
| +1 | +1 | +7 | +7 | +12 | +12 | +18 | +18 | +23 | +23 | +28 | +28 | | | +33 | +50<br>+39 | +56<br>+45 | — | +71<br>+60 |
| +15 | +23 | +21 | +29 | +24 | +28 | +35 | +43 | +41 | +49 | +44 | +48 | — | — | +54<br>+41 | +60<br>+47 | +67<br>+54 | +76<br>+63 | +86<br>+73 |
| +2 | +2 | +8 | +8 | +15 | +15 | +22 | +22 | +28 | +28 | +35 | +35 | +54<br>+41 | +62<br>+41 | +61<br>+48 | +68<br>+55 | +77<br>+64 | +88<br>+75 | +101<br>+88 |
| +18 | +27 | +25 | +34 | +28 | +33 | +42 | +51 | +50 | +59 | +54 | +59 | +64<br>+48 | +73<br>+48 | +76<br>+60 | +84<br>+68 | +96<br>+80 | +110<br>+94 | +128<br>+112 |
| +2 | +2 | +9 | +9 | +17 | +17 | +26 | +26 | +34 | +34 | +43 | +43 | +70<br>+54 | +79<br>+54 | +86<br>+70 | +97<br>+81 | +113<br>+97 | +130<br>+114 | +152<br>+136 |
| +21 | +32 | +30 | +41 | +33 | +39 | +51 | +62 | +60<br>+41 | +70<br>+41 | +66<br>+53 | +72<br>+53 | +85<br>+66 | +96<br>+66 | +106<br>+87 | +121<br>+102 | +141<br>+122 | +163<br>+144 | +191<br>+172 |
| +2 | +2 | +11 | +11 | +20 | +20 | +32 | +32 | +62<br>+43 | +72<br>+43 | +72<br>+59 | +78<br>+59 | +94<br>+75 | +105<br>+75 | +121<br>+102 | +139<br>+120 | +165<br>+146 | +193<br>+174 | +229<br>+210 |
| +25 | +38 | +35 | +48 | +38 | +45 | +59 | +72 | +73<br>+51 | +86<br>+51 | +86<br>+71 | +93<br>+71 | +113<br>+91 | +126<br>+91 | +146<br>+124 | +168<br>+146 | +200<br>+178 | +236<br>+214 | +280<br>+258 |
| +3 | +3 | +13 | +13 | +23 | +23 | +37 | +37 | +76<br>+54 | +89<br>+54 | +94<br>+79 | +101<br>+79 | +126<br>+04 | +139<br>+104 | +166<br>+144 | +194<br>+172 | +232<br>+210 | +276<br>+254 | +332<br>+310 |
| +28 | +43 | +40 | +55 | +45 | +52 | +68 | +83 | +88<br>63 | +103<br>+63 | +110<br>+92 | +117<br>+92 | +147<br>+122 | +162<br>+122 | +195<br>+170 | +227<br>+202 | +273<br>+248 | +325<br>+300 | +390<br>+365 |
| | | | | | | | | +90<br>+65 | +105<br>+65 | +118<br>+100 | +125<br>+100 | +159<br>+134 | +174<br>+134 | +215<br>+190 | +253<br>+228 | +305<br>+280 | +365<br>+340 | +440<br>+415 |
| +3 | +3 | +15 | +15 | +27 | +27 | +43 | +43 | +93<br>+68 | +108<br>+68 | +126<br>+108 | +133<br>+108 | +171<br>+146 | +186<br>+146 | +235<br>+210 | +277<br>+252 | +335<br>+310 | +405<br>+380 | +490<br>+465 |
| +33 | +50 | +46 | +63 | +51 | +60 | +79 | +96 | +106<br>+77 | +123<br>+77 | +142<br>+122 | +151<br>+122 | +195<br>+166 | +212<br>+166 | +265<br>+236 | +313<br>+284 | +379<br>+350 | +454<br>+425 | +549<br>+520 |
| | | | | | | | | +109<br>+80 | +126<br>+80 | +150<br>+130 | +159<br>+130 | +209<br>+180 | +226<br>+180 | +287<br>+258 | +339<br>+310 | +414<br>+385 | +499<br>+470 | +604<br>+575 |
| +4 | +4 | +17 | +17 | +31 | +31 | +50 | +50 | +113<br>+84 | +130<br>+84 | +160<br>+140 | +169<br>+140 | +225<br>+196 | +242<br>+196 | +313<br>+284 | +369<br>+340 | +454<br>+425 | +549<br>+520 | +669<br>+640 |
| +36 | +56 | +52 | +72 | +57 | +66 | +88 | +108 | +126<br>+94 | +146<br>+94 | +181<br>+158 | +190<br>+158 | +250<br>+218 | +270<br>+218 | +347<br>+315 | +417<br>+385 | +507<br>+475 | +612<br>+580 | +742<br>+710 |
| +4 | +4 | +20 | +20 | +34 | +34 | +56 | +56 | +130<br>+98 | +150<br>+98 | +193<br>+170 | +202<br>+170 | +272<br>+240 | +292<br>+240 | +382<br>+350 | +457<br>+425 | +557<br>+525 | +682<br>+650 | +822<br>+790 |
| +40 | +61 | +57 | +78 | +62 | +73 | +98 | +119 | +144<br>+108 | +165<br>+108 | +215<br>+190 | +226<br>+190 | +304<br>+268 | +325<br>+268 | +426<br>+390 | +511<br>+475 | +626<br>+590 | +766<br>+730 | +936<br>+900 |
| +4 | +4 | +21 | +21 | +37 | +37 | +62 | +62 | +150<br>+114 | +171<br>+114 | +233<br>+208 | +244<br>+208 | +330<br>+294 | +351<br>+294 | +471<br>+435 | +566<br>+530 | +696<br>+660 | +856<br>+820 | +1036<br>+1000 |
| +45 | +68 | +63 | +86 | +67 | +80 | +108 | +131 | +166<br>+126 | +189<br>+126 | +259<br>+232 | +272<br>+232 | +370<br>+330 | +393<br>+330 | +530<br>+490 | +635<br>+595 | +780<br>+740 | +960<br>+920 | +1140<br>+1100 |
| +5 | +5 | +23 | +23 | +40 | +40 | +68 | +68 | +172<br>+132 | +195<br>+132 | +279<br>+252 | +292<br>+252 | +400<br>+360 | +423<br>+360 | +580<br>+540 | +700<br>+660 | +860<br>+820 | +1040<br>+1000 | +1290<br>+1250 |

# 附录 L 孔的

**表 L-1 基本尺寸至 500mm**

| 代号 | C | D | | E | | F | | G | | H | | | | | | |
|---|---|---|---|---|---|---|---|---|---|---|---|---|---|---|---|---|
| 基本尺寸 | | | | | | | | 等 | | | | | | | | |
| mm | 11 | 9 | 10 | 8 | 9 | 8 | 9 | 6 | 7 | 6 | 7 | 8 | 9 | 10 | 11 | 12 |
| ≤3 | +120<br>+60 | +45<br>+20 | +60<br>+20 | +28<br>+14 | +39<br>+14 | +20<br>+6 | +31<br>+6 | +8<br>+2 | +12<br>+2 | +6<br>0 | +10<br>0 | +14<br>0 | +25<br>0 | +40<br>0 | +60<br>0 | +100<br>0 |
| >3<br>~6 | +145<br>+70 | +60<br>+30 | +78<br>+30 | +38<br>+20 | +50<br>+20 | +28<br>+10 | +40<br>+10 | +12<br>+4 | +16<br>+4 | +8<br>0 | +12<br>0 | +18<br>0 | +30<br>0 | +48<br>0 | +75<br>0 | +120<br>0 |
| >6<br>~10 | +170<br>+80 | +76<br>+40 | +98<br>+40 | +47<br>+25 | +61<br>+25 | +35<br>+13 | +49<br>+13 | +14<br>+5 | +20<br>+5 | +9<br>0 | +15<br>0 | +22<br>0 | +36<br>0 | +58<br>0 | +90<br>0 | +150<br>0 |
| >10<br>~14 | +205 | +93 | +120 | +59 | +75 | +43 | +59 | +17 | +24 | +11 | +18 | +27 | +43 | +70 | +110 | +180 |
| >14<br>~18 | +95 | +50 | +50 | +32 | +32 | +16 | +16 | +6 | +6 | 0 | 0 | 0 | 0 | 0 | 0 | 0 |
| >18<br>~24 | +240 | +117 | +149 | +73 | +92 | +53 | +72 | +20 | +28 | +13 | +21 | +33 | +52 | +84 | +130 | +210 |
| >24<br>~30 | +110 | +65 | +65 | +40 | +40 | +20 | +20 | +7 | +7 | 0 | 0 | 0 | 0 | 0 | 0 | 0 |
| >30<br>~40 | +280<br>+120 | +142 | +180 | +89 | +112 | +64 | +87 | +25 | +34 | +16 | +25 | +39 | +62 | +100 | +160 | +250 |
| >40<br>~50 | +290<br>+130 | +80 | +80 | +50 | +50 | +25 | +25 | +9 | +9 | 0 | 0 | 0 | 0 | 0 | 0 | 0 |
| >50<br>~65 | +330<br>+140 | +174 | +220 | +106 | +134 | +76 | +104 | +29 | +40 | +19 | +30 | +46 | +74 | +120 | +190 | +300 |
| >65<br>~80 | +340<br>+150 | +100 | +100 | +60 | +60 | +30 | +30 | +10 | +10 | 0 | 0 | 0 | 0 | 0 | 0 | 0 |
| >80<br>~100 | +390<br>+170 | +207 | +260 | +125 | +159 | +90 | +123 | +34 | +47 | +22 | +35 | +54 | +87 | +140 | +220 | +350 |
| >100<br>~120 | +400<br>+180 | +120 | +120 | +72 | +72 | +36 | +36 | +12 | +12 | 0 | 0 | 0 | 0 | 0 | 0 | 0 |
| >120<br>~140 | +450<br>+200 | +245 | +305 | +148 | +185 | +106 | +143 | +39 | +54 | +25 | +40 | +63 | +100 | +160 | +250 | +400 |
| >140<br>~160 | +460<br>+210 | | | | | | | | | | | | | | | |
| >160<br>~180 | +480<br>+230 | +145 | +145 | +85 | +85 | +43 | +43 | +14 | +14 | 0 | 0 | 0 | 0 | 0 | 0 | 0 |
| >180<br>~200 | +530<br>+240 | +285 | +355 | +172 | +215 | +122 | +165 | +44 | +61 | +29 | +46 | +72 | +115 | +185 | +290 | +460 |
| >200~<br>225 | +550<br>+260 | | | | | | | | | | | | | | | |
| >225~<br>250 | +570<br>+280 | +170 | +170 | +100 | +100 | +50 | +50 | +15 | +15 | 0 | 0 | 0 | 0 | 0 | 0 | 0 |
| >250<br>~280 | +620<br>+300 | +320 | +400 | +191 | +240 | +137 | +186 | +49 | +69 | +32 | +52 | +81 | +130 | +210 | +320 | +520 |
| >280<br>~315 | +650<br>+330 | +190 | +190 | +110 | +110 | +56 | +56 | +17 | +17 | 0 | 0 | 0 | 0 | 0 | 0 | 0 |
| >315<br>~355 | +720<br>+360 | +350 | +440 | +214 | +265 | +151 | +202 | +54 | +75 | +36 | +57 | +89 | +140 | +230 | +360 | +570 |
| >355<br>~400 | +760<br>+400 | +210 | +210 | +125 | +125 | +62 | +62 | +18 | +18 | 0 | 0 | 0 | 0 | 0 | 0 | 0 |
| >400<br>~450 | +840<br>+440 | +385 | +480 | +232 | +290 | +165 | +223 | +60 | +83 | +40 | +63 | +97 | +155 | +250 | +400 | +630 |
| >450<br>~500 | +880<br>+480 | +230 | +230 | +135 | +135 | +68 | +68 | +20 | +20 | 0 | 0 | 0 | 0 | 0 | 0 | 0 |

# 极限偏差表

的孔的极限偏差表（摘自 GB/T 1800.4—1999）

μm

| JS | | K | | M | | N | | P | | R | | S | | T | | U |
|---|---|---|---|---|---|---|---|---|---|---|---|---|---|---|---|---|
| 级 | | | | | | | | | | | | | | | | |
| 7 | 8 | 6 | 7 | 7 | 8 | 6 | 7 | 6 | 7 | 6 | 7 | 6 | 7 | 6 | 7 | 6 |
| ±5 | ±7 | 0<br>−6 | 0<br>−10 | −2<br>−12 | −2<br>−16 | −4<br>−10 | −4<br>−14 | −6<br>−12 | −6<br>−16 | −10<br>−16 | −10<br>−20 | −14<br>−20 | −14<br>−24 | — | — | −18<br>−24 |
| ±6 | ±9 | +2<br>−6 | +3<br>−9 | 0<br>−12 | +2<br>−16 | −5<br>−13 | −4<br>−10 | −9<br>−17 | −8<br>−20 | −12<br>−20 | −11<br>−23 | −16<br>−24 | −15<br>−27 | — | — | −20<br>−28 |
| ±7 | ±11 | +2<br>−7 | +5<br>−10 | 0<br>−15 | +1<br>−21 | −7<br>−16 | −4<br>−19 | −12<br>−21 | −9<br>−24 | −16<br>−25 | −13<br>−28 | −20<br>−29 | −17<br>−32 | — | — | −25<br>−34 |
| ±9 | ±13 | +2<br>−9 | +6<br>−12 | 0<br>−18 | +2<br>−25 | −9<br>−20 | −5<br>−23 | −15<br>−26 | −11<br>−29 | −20<br>−31 | −16<br>−34 | −25<br>−36 | −21<br>−39 | — | — | −30<br>−41 |
| ±10 | ±16 | +2 | +6 | 0 | +4 | −11 | −7 | −18 | −14 | −24 | −20 | −31 | −27 | — | — | −37<br>−50 |
| | | −11 | −15 | −21 | −29 | −24 | −28 | −91 | −35 | −37 | −41 | −44 | −48 | −37<br>−50 | −33<br>−54 | −44<br>−57 |
| ±12 | ±19 | +3 | +7 | 0 | +5 | −12 | −8 | −21 | −17 | −29 | −25 | −38 | −34 | −43<br>−59 | −39<br>−64 | −55<br>−71 |
| | | +13 | −18 | −25 | −34 | −28 | −33 | −37 | −42 | −45 | −50 | −54 | −59 | −49<br>−65 | −45<br>−70 | −65<br>−81 |
| ±15 | ±23 | +4 | +9 | 0 | +5 | −14 | −9 | −26 | −21 | −35<br>−54 | −30<br>−60 | −47<br>−66 | −42<br>−72 | −60<br>−79 | −55<br>−85 | −81<br>−100 |
| | | −15 | −21 | −30 | −41 | −33 | −39 | −45 | −51 | −37<br>−56 | −32<br>−62 | −53<br>−72 | −48<br>−78 | −69<br>−88 | −64<br>−94 | −96<br>−115 |
| ±17 | ±27 | +4 | +10 | 0 | +6 | −16 | −10 | −30 | −24 | −44<br>−66 | −38<br>−73 | −64<br>−86 | −58<br>−93 | −84<br>−106 | −78<br>−113 | −117<br>−139 |
| | | −18 | −25 | −35 | −48 | −38 | −45 | −52 | −59 | −47<br>−69 | −41<br>−76 | −72<br>−94 | −66<br>−101 | −97<br>−119 | −91<br>−126 | −137<br>−159 |
| ±20 | ±31 | +4 | +12 | 0 | +8 | −20 | −12 | −36 | −28 | −56<br>−81 | −48<br>−88 | −85<br>−110 | −77<br>−117 | −115<br>−140 | −107<br>−147 | −163<br>−188 |
| | | | | | | | | | | −58<br>−33 | −50<br>−90 | −93<br>−118 | −85<br>−125 | −127<br>−152 | −119<br>−159 | −183<br>−208 |
| | | −21 | −28 | −40 | −55 | −45 | −52 | −61 | −68 | −61<br>−86 | −53<br>−93 | −101<br>−126 | −93<br>−133 | −139<br>−164 | −131<br>−171 | −203<br>−228 |
| ±23 | ±36 | +5 | +13 | 0 | +9 | −22 | −14 | −41 | −33 | −68<br>−97 | −60<br>−160 | −113<br>−142 | −105<br>−151 | −157<br>−186 | −149<br>−195 | −227<br>−256 |
| | | | | | | | | | | −71<br>−100 | −63<br>−109 | −121<br>−150 | −113<br>−159 | −171<br>−200 | −163<br>−209 | −249<br>−278 |
| | | −24 | −33 | −46 | −63 | −51 | −60 | −70 | −79 | −75<br>−104 | −67<br>−113 | −131<br>−160 | −123<br>−169 | −187<br>−216 | −179<br>−225 | −275<br>−304 |
| ±26 | ±40 | +5 | +16 | 0 | +9 | −25 | −14 | −47 | −36 | −85<br>−117 | −74<br>−126 | −149<br>−181 | −138<br>−190 | −209<br>−241 | −198<br>−250 | −306<br>−338 |
| | | −27 | −36 | −52 | −72 | −57 | −66 | −79 | −88 | −89<br>−121 | −78<br>−130 | −161<br>−193 | −150<br>−202 | −231<br>−263 | −220<br>−272 | −341<br>−373 |
| ±28 | ±44 | +7 | +17 | 0 | +11 | −26 | −16 | −51 | −41 | −97<br>−133 | −87<br>−144 | −179<br>−215 | −169<br>−226 | −257<br>−293 | −247<br>−304 | −379<br>−415 |
| | | −29 | −40 | −57 | −78 | −62 | −73 | −87 | −98 | −103<br>−139 | −93<br>−150 | −197<br>−233 | −187<br>−244 | −283<br>−319 | −273<br>−330 | −424<br>−460 |
| ±31 | ±48 | +8 | +18 | 0 | +11 | −27 | −17 | −55 | −45 | −113<br>−153 | −103<br>−166 | −219<br>−259 | −209<br>−272 | −317<br>−357 | −307<br>−370 | −477<br>−517 |
| | | −32 | −45 | −63 | −86 | −67 | −80 | −95 | −108 | −119<br>−159 | −109<br>−172 | −239<br>−279 | −229<br>−292 | −347<br>−387 | −337<br>−400 | −527<br>−567 |

# 附录 M　基孔制优先、常用配合

**表 M-1　基孔制优先、常用配合（摘自 GB/T 1801—1999）**

| 基准孔 | 轴 | | | | | | | | | | | | | | | | | | | | |
|---|---|---|---|---|---|---|---|---|---|---|---|---|---|---|---|---|---|---|---|---|---|
| | a | b | c | d | e | f | g | h | js | k | m | n | p | r | s | t | u | v | x | y | z |
| | 间隙配合 | | | | | | | | 过渡配合 | | | | 过盈配合 | | | | | | | | |
| H6 | | | | | | $\frac{H6}{f5}$ | $\frac{H6}{g5}$ | $\frac{H6}{h5}$ | $\frac{H6}{js5}$ | $\frac{H6}{k5}$ | $\frac{H6}{m5}$ | $\frac{H6}{n5}$ | $\frac{H6}{p5}$ | $\frac{H6}{r5}$ | $\frac{H6}{s5}$ | $\frac{H6}{t5}$ | | | | | |
| H7 | | | | | | $\frac{H7}{f6}$ | ▼$\frac{H7}{g6}$ | ▼$\frac{H7}{h6}$ | $\frac{H7}{js6}$ | ▼$\frac{H7}{k6}$ | $\frac{H7}{m6}$ | ▼$\frac{H7}{n6}$ | ▼$\frac{H7}{p6}$ | $\frac{H7}{r6}$ | ▼$\frac{H7}{s6}$ | $\frac{H7}{t6}$ | ▼$\frac{H7}{u6}$ | $\frac{H7}{v6}$ | $\frac{H7}{x6}$ | $\frac{H7}{y6}$ | $\frac{H7}{z6}$ |
| H8 | | | | | $\frac{H8}{e7}$ | ▼$\frac{H8}{f7}$ | $\frac{H8}{g7}$ | ▼$\frac{H8}{h7}$ | $\frac{H8}{js7}$ | $\frac{H8}{k7}$ | $\frac{H8}{m7}$ | $\frac{H8}{n7}$ | $\frac{H8}{p7}$ | $\frac{H8}{r7}$ | $\frac{H8}{s7}$ | $\frac{H8}{t7}$ | $\frac{H8}{u7}$ | | | | |
| | | | | $\frac{H8}{d8}$ | $\frac{H8}{c8}$ | $\frac{H8}{f8}$ | | $\frac{H8}{h8}$ | | | | | | | | | | | | | |
| H9 | | | $\frac{H9}{c9}$ | ▼$\frac{H9}{d9}$ | $\frac{H9}{e9}$ | $\frac{H9}{f9}$ | | ▼$\frac{H9}{h9}$ | | | | | | | | | | | | | |
| H10 | | | $\frac{H10}{c10}$ | $\frac{H10}{d10}$ | | | | $\frac{H10}{h10}$ | | | | | | | | | | | | | |
| H11 | $\frac{H11}{a11}$ | $\frac{H11}{b11}$ | ▼$\frac{H11}{c11}$ | $\frac{H11}{d11}$ | | | | ▼$\frac{H11}{h11}$ | | | | | | | | | | | | | |
| H12 | | $\frac{H12}{b12}$ | | | | | | $\frac{H12}{h12}$ | | | | | | | | | | | | | |

注：1：标注▼的配合为优先配合。

2. $\frac{H6}{n5}$、$\frac{H7}{p6}$在基本尺寸小于或等于 3mm 和$\frac{H8}{r7}$在小于或等于 100mm 时，为过渡配合。

# 附表 N 基轴制优先、常用配合

**表 N-1 基轴制优先、常用配合**（摘自 GB/T 1801—1999）

| 基准轴 | 孔 | | | | | | | | | | | | | | | | | | | | |
|---|---|---|---|---|---|---|---|---|---|---|---|---|---|---|---|---|---|---|---|---|---|
| | A | B | C | D | E | F | G | H | JS | K | M | N | P | R | S | T | U | V | X | Y | Z |
| | 间隙配合 | | | | | | | | 过渡配合 | | | 过盈配合 | | | | | | | | | |
| h5 | | | | | | F6/h5 | G6/h5 | H6/h5 | JS6/h5 | K6/h5 | M6/h5 | N6/h5 | P6/h5 | R6/h5 | S6/h5 | T6/h5 | | | | | |
| h6 | | | | | | F7/h6 | ▼G7/h6 | ▼H7/h6 | JS7/h6 | ▼K7/h6 | M7/h6 | ▼N7/h6 | ▼P7/h6 | R7/h6 | ▼S7/h6 | T7/h6 | ▼U7/h6 | | | | |
| h7 | | | | | E8/h7 | ▼F8/h7 | | ▼H8/h7 | JS8/h7 | K8/h7 | M8/h7 | N8/h7 | | | | | | | | | |
| h8 | | | | D8/h8 | E8/h8 | F8/h8 | | H8/h8 | | | | | | | | | | | | | |
| h9 | | | | ▼D9/h9 | E9/h9 | F9/h9 | | ▼H9/h9 | | | | | | | | | | | | | |
| h10 | | | | D10/h10 | | | | H10/h10 | | | | | | | | | | | | | |
| h11 | A11/h11 | B11/h11 | ▼C11/h11 | D11/h11 | | | | ▼H11/h11 | | | | | | | | | | | | | |
| h12 | | B12/h12 | | | | | | H12/h12 | | | | | | | | | | | | | |

注：标注▼的配合为优先配合。

# 参 考 文 献


[1] 汪建华，等. 机械制图［M］. 北京：高等教育出版社，2000.

[2] 王幼龙，等. 机械制图［M］. 2版. 北京：高等教育出版社，2005.

[3] 孙兰凤，等. 机械制图［M］. 北京：中央广播电视大学出版社，2006.

[4] 钱可强，等. 机械制图［M］. 4版. 北京：中国劳动社会保障出版社，2001.

[5] 屠文举，等. 机械制图［M］. 北京：中国劳动社会保障出版社，1996.

[6] 王槐德，等. 机械制图新旧标准代换教程［M］. 北京：中国标准出版社，2004.